Technical Application of Diffraction Wave Imaging

绕射波分离与成像技术应用

栾锡武　李继光　著

科 学 出 版 社

北 京

内 容 简 介

本书从绕射波波场正演模拟入手，分析研究绕射波的形成机理与特征，并利用绕射波与反射波在不同域的形态差异，对绕射波与反射波的分离方法进行研究。最后应用高精度偏移方法对分离后的绕射波进行偏移成像，形成了较为系统的针对河道、缝洞、盐丘等小尺度地质目标体进行精确成像的处理技术。经大量的实际生产应用，获得了很好的效果。本书述及的技术成果对河道、缝洞、盐丘等隐蔽油气藏的勘探与开发具有实际的指导意义。

本书可供油气地震勘探开发研究工作人员及高等院校相关专业师生参考。

图书在版编目(CIP)数据

绕射波分离与成像技术应用/栾锡武，李继光著. —北京：科学出版社，2018. 11

ISBN 978-7-03-054685-2

Ⅰ. ①绕…　Ⅱ. ①栾…②李…　Ⅲ. ①地震波—地震层析成像—研究　Ⅳ. ①P631. 4

中国版本图书馆 CIP 数据核字（2017）第 240226 号

责任编辑：周　杰／责任校对：马路遥

责任印制：张　伟／封面设计：无极书装

科学出版社 出版

北京东黄城根北街 16 号

邮政编码：100717

http://www.sciencep.com

北京虎彩文化传播有限公司 印刷

科学出版社发行　各地新华书店经销

*

2018 年 11 月第　一　版　开本：720×1000　B5

2019 年 1 月第二次印刷　印张：21 3/4

字数：500 000

定价：228.00 元

序

1859年，美国人德雷克在宾夕法尼亚州钻成第一口具有现代工业意义的油井——德雷克井，标志着近代石油工业的开始。内燃机的发明开启了人类的石油利用时代。第一次世界大战和第二次世界大战在很大程度上推动了世界石油工业的发展。1941年12月到1945年8月，同盟国共消耗了70亿桶石油。所以，人们常说，第二次世界大战实际上是一场发动机和石油的战争。1945年，美国石油消耗首次超过煤炭。1967年，全球石油在一次能源消费中的比例超过煤炭，标志着人类的能源利用从煤炭时代正式进入石油时代。

随着以发动机为核心的世界工业的快速发展，世界对石油的消耗也呈快速增长的趋势。1860年，全球石油消耗为7万吨，到1900年为2043万吨，2000年为46亿吨。由于石油的不可再生性，世界油气的快速消耗使油气价格一路攀升，过去甚至有人预言世界石油在20世纪70年代即将枯竭。世界各国都把石油作为一项极为重要的战略资源进行争夺，一种说法被提出——石油是工业的命脉，谁掌握了石油，谁就控制了世界。旺盛的石油需求和资源争夺，20世纪全球几度出现能源危机，引发战争冲突。从海湾战争到最近美国对利比亚、叙利亚和伊拉克等中东国家的军事干涉，其背后都能看到石油的影子。

人类从蒸汽机时代到内燃机时代，经济社会发展和科学技术的位置关系发生了转折。科学技术的发展走在了社会经济发展的前面，开辟了经济发展的道路，在一定程度上决定了社会经济的发展方向。石油行业亦是如此。石油勘探技术的不断发展和创新，一次次化解了石油需求和供给之间的巨大矛盾，避免了石油末日的到来，支撑了整个人类社会的持续发展。以海洋石油勘探发展为例，1978年世界海洋钻井技术达到水深312米，获得的勘探储量是300多亿吨。1997年，当世界海洋钻井数据达到水深1600米时，获得的勘探储量达1650亿吨。到2005年，世界海洋钻井技术水深达到2500米到3000米，获得的勘探储量已突破2500

亿吨。陆域以我国为例，我国早期的油气勘探技术能力仅限于三角洲平原地区，发现了大庆油田和胜利油田。在此基础上，经过多年的攻关，我们的勘探技术在山地、黄土塬地区取得突破，发现了长庆油田。在黄土塬，我们又进一步发展了沙漠、戈壁的油气勘探技术，一举开拓了目前我国西部的油气勘探新局面。可以说，技术的创新，关键技术的突破，引领了我国油气新领域的开拓。

随着陆上含油气盆地逐步进入高成熟勘探阶段，隐蔽性油气藏越来越成为勘探开发工作的重点。统计资料显示，在全球范围内，构造油气藏、复合油气藏和隐蔽油气藏的储量比例分别为35%、30%和35%。我国胜利油田的济阳坳陷油气探明储量的70%以上来自隐蔽油气藏。随着油气勘探程度的进一步提高，隐蔽油气藏勘探向河道砂体、三角洲浊积砂体、砂砾岩体、滩坝砂等复杂岩性储层，向碳酸盐的缝洞、盐丘等小尺度目标发展，并在中国的东部和西部等已经取得很好的勘探效果。

应该看到，随着地震勘探领域从构造圈闭向岩性圈闭的延伸，地震勘探面临新机遇的同时也面临巨大的技术挑战。河道、缝洞、盐丘等小尺度地质目标体，它们目标尺度小，反射能量弱，反射特征变化大，横向范围和厚度变化大，纵向叠置关系复杂、连通性差，边界预测困难，这些方面都是当前隐蔽油气藏勘探开发中要解决的主要地震地质问题。

绕射波成像是随着河道、缝洞等小尺度地质目标体的勘探需求提出的一项新技术，已逐步被生产实际所重视和证实。目前，国内外已有不少研究人员在这方面进行了很多有益的尝试，取得了一定的成果。中国石油化工股份有限公司石油勘探开发研究院在这方面也做了重点部署，同志们在绕射波成像技术方面也进行了不少有益的探索，所形成的技术已成功用于塔河油田缝洞体的检测。无论是缝洞还是河道，未来隐蔽油气藏勘探将是技术攻关的主要方向。绕射波成像将是需要重点考虑的技术手段之一。针对隐蔽油气藏河道、缝洞等小目标地质体勘探成像的需要，结合当前地震处理技术，该书作者通过多年的研究与实践，对绕射勘探进行了系统的理论研究，总结出一套较为成熟的绕射波成像技术方法，并在生产实践中进行了应用，其中在胜利油田济阳拗陷中的应用获得了钻井的支持，取得了良好的效果。栾锡武是我熟悉多年的一位优秀科技工作者，邀请我作序，我欣然答应。该书的出版并不是绕射波工作的结束，恰恰是刚刚开始。未来隐蔽油气藏工作将遇到很多技术难题，绕射波是其中之一。希望此书的出版能为绕射波的研究开个好头，带动更多的科技人员投入到绕射波勘探的研究中来，也希望在不远的将来绕射波技术能成为隐蔽油气藏勘探的关键技术。

中国科学院院士

2018 年 9 月

前　　言

2011 年起作者在青岛筹建海洋地震数据处理解释中心，到 2015 年，这个中心完成了二维地震数据处理工作 46 100km，三维地震数据处理工作 600km²。就二维数据而言，其数据采集参数五花八门。有的拖缆长度达 8000m，有的只有几百米；有的震源容量达 6060in³①，有的只有几百平方英寸；有的主频 40Hz，有的高达 3000Hz。采集参数不一，处理目的也完全不同。完成上述处理任务着实提升了整个中心的技术水平。除完成生产任务以外，中心也是同国内外有关单位合作开展相关研究工作的一个平台。针对生产中遇到的技术难题，相继开展了鬼波压制、海洋宽线地震数据处理、浅水 SRME、基于小波分频的地层 Q 值提取、水合物岩石物理模型、保幅角道集提取、逆时偏移、叠前地震反演、正演模拟方法等方面的研究。部分成果已经在学术期刊上发表（Nie et al.，2014；Yang et al.，2016，2017；王小杰等，2015，2016；王小杰和栾锡武，2017；方刚等，2016，2017；潘军等，2015a，2015b，2016；颜中辉等，2017；邢子浩，2016；蒋陶，2018；刘欣欣等，2018）。此次绕射波相关内容的出版是继《面向储层预测的地震保幅处理技术》出版后，对近年来开展相关科研工作的又一个总结。

数据处理解释中心能在较短的时间内建设完成并开展相关的科研工作，离不开兄弟单位的大力支持。中国石油集团东方地球物理勘探有限责任公司研究院大港分院、斯伦贝谢西方奇科地球物理公司、CGG GeoSoftware 中国公司、中国石油化工股份有限公司勘探开发研究院、中国石化胜利油田有限公司物探研究院在软、硬件建设方面给予了大力支持。中国石油大学（华东）印兴耀教授、李振春教授、杜启振教授，国家深海基地管理中心刘保华教授，中国海洋大学王修田教授、姜校典教授、张建中教授、何兵寿教授，中国科学院地质地球物理研究所王赟教授，中国石油化工股份有限公司勘探开发研究院魏修成教授等在人才培养等方面给予了大力支持。中国石油化工股份有限公司胜利油田分公司物探研究院、中国石油化工股份有限公司勘探开发研究院、中国石油天然气股份有限公司杭州地质研究院等都在科研项目合作方面给予了大力支持。

绕射波的工作源自和中国石油化工股份有限公司胜利油田分公司物探研究院

① $1in^3 = 1.638\ 71\times10^{-5}m^3$。

长期的科研合作。近年来，随着胜利油田勘探进程的逐渐深入，构造简单、易于开采、相对大型的构造油气藏已基本勘探完毕。后续勘探开发的重点落在了低序级断层、岩性异常体和河道等复杂的小尺度非均质储层上。但由于上覆强能量的反射层屏蔽和反射波成像结果对小尺度油藏描述精度不高等影响，勘探开发进程受到一定制约。绕射波工作的开展是实际生产的驱动。

为了使读者对绕射波有系统的了解，本书增加了地震波的基本概念、绕射波的基本概念、绕射波波场特征三部分内容作为绕射波的基础。在此基础上介绍了绕射波的分离与成像。绕射波的应用来自胜利油田东部的济阳拗陷和西部准格尔盆地实际探区的例子。本书的出版得到了中国石油化工股份有限公司胜利油田分公司物探研究院有关领导、专家的支持、帮助与指导，得到了中国地质调查局青岛海洋地质研究所、中国石油大学（华东）各位同事、同学的大力支持与帮助，在此一并表示衷心感谢。

感谢青岛海洋科学与技术国家实验室项目（2017ASKJ01，QNLM201708，QNLM2016ORP0206，2016ASKJ13，2017ASKJ02）和行业基金项目（201511037）对本书出版的支持，感谢金之钧院士对本项工作的悉心指导并为本书作序。随着隐蔽油气藏勘探工作的深入，绕射波的工作应该能逐步铺开。因此，本书的工作只是个开始。由于作者水平和时间所限，书中不妥之处在所难免，恳请读者批评指正。

作者

2018 年 9 月于青岛

目　　录

第一章　绪　言

绕射是一个物理学的概念。但在物理学中,其对应的中文术语是“衍射”。两者对应的英文名词都是 diffraction。“绕射”和“衍射”没有实质的区别。按照中文的习惯,本书在描述物理学问题时,使用“衍射”一词,在描述勘探地震学问题时,更多地使用“绕射”一词。

物理学对衍射的研究比起勘探地震学对绕射的研究要早很多,理论体系也成熟得多。物理学对衍射的认识源于人们对光的各种观察和实验工作。光的衍射效应最早由弗朗西斯科·格里马第(Francesco Grimaldi)于 1660 年发现并加以描述。他也是 diffraction 一词的创始人。他提出,“光不仅会沿直线传播、折射和反射,还能够以第四种方式传播,即通过衍射的形式传播”。他的成果于 1665 年发表(Francesco Maria Grimaldi,1665①)。

荷兰科学家惠更斯(1629—1695)在 1678 年向巴黎科学院报告了其波动光学理论,其中包括对光衍射的研究。惠更斯的光学研究发表于 1690 年,这是人类历史上第一个用数学对光学进行理论描述的著作(Huygens,1690②)。英国科学家艾萨克·牛顿(1643—1727)对光的绕射现象进行了研究(1666 ~ 1704 年)(Newton,1704③),认为光是由粒子构成,衍射是因为光线发生了弯曲。由于牛顿在学界的权威,光的粒子说在很长一段时间占有主流位置,也压制了惠更斯关于光的波动学说。

1803 年,托马斯·杨进行了著名的“双缝实验”(Young,1804④)。在这个实验中,他把遮光挡板放置于光源和观测屏之间,并在遮光挡板上开了两条平行的狭缝。当光穿过狭缝并照射到挡板后面的观察屏上时,观察屏上出现了明暗相间的条纹。托马斯·杨把他的实验结果解释为光的衍射和干涉,并进一步推测光一定具有波动性质。在此基础上,法国科学家菲涅耳(1788—1827)对光的衍射进

---

① Francesco Maria Grimaldi. 1665. Physico mathesis de lumine, coloribus, et iride, aliisque annexis libri duo Bologna (“Bonomia”). Vittorio Bonati.

② Huygens C. 1690. Traité de la Lumière. Leiden: Pieter van der Aa.

③ Newton, Isaac. 1704. Opticks. London, Royal Society.

④ Thomas Young. 1804. The Bakerian Lecture: Experiments and calculations relative to physical optics. Philosophical Transactions of the Royal Society of London, 94:1-16.

行了扎实的实验和计算,其结果支持了托马斯·杨的实验和结论,也支持了惠更斯最早提出的光的波动说。菲涅耳的成果发表于 1816 和 1819 年(Fresnel,1816,1819①)。

无论是牛顿还是惠更斯都没能对衍射现象做出很好的解释。按照光线直线传播来推断,障碍物后面阴影区的边缘应该是清晰的,而不应该出现条纹以及条纹间模糊的边界。牛顿将衍射称为"弯曲"。他假定光线在传播过程中遇到障碍物发生了弯曲,但他并没有对此给出定量解释。惠更斯对波前和波包络的假设,如果不加修订的话同样难以对衍射做出解释。

托马斯·杨在 1801 年对惠更斯原理做出了两点补充:第一,障碍物边缘附近的二次波会发散到阴影区中,但由于数量有限,因此阴影区中波动的振幅较弱;第二,在障碍物边缘发生的衍射是由反射和折射光线之间的干涉引起的。托马斯·杨最早在衍射研究中提到了绕射强度和波长的相关性。在 1803 年,托马斯·杨首次证明了障碍物后面阴影区的衍射条纹是由波的干涉引起。当障碍物一侧的光被遮挡时,阴影区的衍射条纹即消失。在菲涅耳之前,托马斯·杨是唯一一个站在光的波动立场上开展绕射研究的科学家。

菲涅耳在光学方面的研究成果,使人们彻底接受了光的波动学说,而不再相信牛顿的粒子说。

菲涅耳将惠更斯的次波原理和杨氏干涉原理进行了数学表达,并假设单色光由正弦波构成,菲涅耳成功给出了衍射的解释,包括首次对波的直线传播给出了基于波动的解释。

基于波动思想,他证明了相同频率但不同相位的正弦函数的加入类似于不同方向的力的加入。同样基于波动思想,他详尽解释了光的偏振现象。在惠更斯原理的基础上,他给出了描述次波基本特征(相位和振幅)的定量表达式,并在杨氏干涉的基础上增加了"次波相干叠加"的原理,从而发展成为惠更斯-菲涅耳原理。此时,物理学对于衍射的研究,无论是从现象观察,还是用理论对现象的描述,到了基本成熟的阶段。以后的工作则是在此基础上对于该理论的各种应用。绕射在其他领域,如地学领域的应用都是基于上述理论,特别是惠更斯—菲涅耳原理。

我国地学工作者较早的绕射波研究工作见于 1964 年滕吉文院士发表在地球物理学报上的工作(滕吉文,1964)。早期关于绕射波的研究主要限于绕射波产生的机制、绕射波在地震剖面上的表现特征,以及根据绕射波的特征进行断层位置的

---

① Fresnel A J. 1816. Mémoire sur la Diffraction de la lumière, où l' on examine particulièrement le phénomène des franges colorées que présentent les ombres des corps éclairés par un point lumineux. Annales de la Chimie et de Physique,2(1): 239-281.

Fresnel A J. 1819. Mémoire sur la diffraction de la lumière. Annales de chimie et de physique,11:246-296.

确定(第六物探队661队解释方法组,1972;华北石油勘探指挥部地调一大队,1972;黄洪泽,1975,1977;钱荣钧,1976)。

因为“绕射尾巴”的问题,绕射波在地震剖面上还基本被认定为一种干扰。对绕射波的研究,更多地还是绕射干扰去除,即绕射波的收敛问题(徐中英,1981;翁史炀,1985)。用绕射波识别断层是在理解绕射波原理的基础上最早对绕射波的正面应用。20世纪90年代,徐中英等(1992)将四川盆地中部中三叠统及下三叠统顶部广泛发育的丘状结构和绕射波联系起来,认为这些小幅度、低速度的盐丘形成了绕射。这是绕射波又一重要的正面应用。更有意义的是,这一工作首次把绕射波和油气藏联系起来。绕射波的另一个应用是对地震剖面上“串珠”形成机理的认识。胡中平等通过正演模拟认为,不均匀地质体和溶洞都可以形成绕射波。在地层内部,溶洞和地层波阻抗界面的相互作用可以形成多次绕射,对这些多次波进行叠前成像,即可在垂直方向形成多个强能量团即“串珠”。因此“串珠状”特征是多次绕射成像以后的地震现象(胡中平,2006;李凡异等,2009)。这样,绕射波再一次和重要的油气储集体联系起来。对“串珠”的研究迫切需要地震资料能够对“串珠”进行精确定位,即提高地震资料的横向分辨率。

地震偏移的主要目的是提高地质目标的横向分辨率。在以碳酸盐岩缝洞型储层为目标的储层描述中,地震横向分辨率尤为重要,它决定了对缝洞体尺度与几何形态刻画的精度。但偏移结果的横向分辨率本质上受菲涅耳带控制,同时也与地震频宽、目标埋深、空间采样率等相关。在地震频宽、目标埋深等关键参数确定的情况下,偏移对横向分辨率的提升受到很大限制。

一些学者通过对偏移后的地震剖面进行处理来改善地震分辨率。被广泛使用的地震反褶积技术,通过压缩地震子波来提高地震资料的分辨率,进而揭示出被带限地震记录掩盖的细节构造。Gersztenkorn 和 Marfurt(1999)从成像点的邻域提取相干信息;Hu 等(2001)提出去模糊滤波器;Liu 和 Marfurt(2007)通过提取瞬时谱属性来突出细节信息。事实上,由瑞雷准则可知,如果没有先验信息供参考,在地震剖面上只能识别尺度大于半个波长的地质目标,这是由远源波场的带限特征决定的。因此,受瑞雷准则的限制,上述技术对成像分辨率的改善效果有限。另外,应用上述处理技术得到的成像结果所展示的细节信息可信度低,而且没有相应的不确定性评价机制,使得后续的解释具有或多或少的任意性。

对地震剖面上“串珠”等小尺度地质体的识别需求,归纳起来,其实就是隐蔽油气藏勘探开发的需求。Levorsen(1964)于1964年首次提出隐蔽油气藏的概念。随着油气勘探程度的不断提高,隐蔽油气藏已成为很多盆地油气勘探的主要目标。和构造油气藏不同,隐蔽油气藏主要指发育在层序格架的特殊部位或有特殊成因的岩性油气藏、地层油气藏以及复合型水动力油气藏等,勘探目标主要以不整合面、尖灭点、低序级层序、河道体系、缝洞、盐丘等为主要对象。在背斜构造油气藏等基础上建立起来的反射成像技术体系,已不能适应对隐蔽油气藏的描述。地震技术已从构造识别逐步转向流体识别。

流体识别的基础问题是含流体双相各向异性介质中地震波的传播理论。Gassmann(1951)提出了弹性波在多孔介质中的传播理论,并建立了著名的 Gassmann 方程。Biot(1956a,1956b)发展了 Gassmann 的流体饱和多孔介质理论,奠定了双相介质波动理论的基础。Dvorkin 等将 Biot 宏观流体机制和局部喷射流体机制有机结合起来,建立了 BISQ 模型(Dvorkin and Nur,1993;Dvorkin et al.,1994)。我国学者在双相各向异性介质地震波传播理论以及流体识别技术等方面的研究工作(如牟永光,1996;裴正林,2006;等等)基本都是在上述工作基础之上展开。

基于地震资料的流体识别技术始于 20 世纪年代中期。亮点技术作为第一个检测地下油气存在的技术进入了石油勘探领域,并流行一时。平点、V_P/V_S 比值、P 波和 S 波反射系数比、P 波和 S 波波形的定性比、AVO、弹性阻抗、时频属性、地震波吸收衰减等直接碳氢指示因子成为勘探工作者发现许多新气田的重要参数(Backus and Chen,1975;Russell et al.,2003;Connolly,1999;Castagna et al.,2003;印兴耀等,2015),明显提高了油气田勘探的成功率,降低了勘探费用。

回到提高地震资料横向分辨率的初衷。其实,提高横向分辨率的主要目的就是为了准确识别地下的"串珠"、断层、裂缝、盐丘等小尺度构造。而这些构造的地震响应主要表现为绕射波。因此,地震资料中的绕射波可以被认为是地震高分辨率信息的携带者,对提高地震成像分辨率进而提高地震解释精度意义重大。从而,绕射波的分离与成像成为与同流体识别并行的两大隐蔽油气藏勘探支撑技术。

早在 20 世纪 50 年代,Krey(1952)和 Hagedoorn(1954)已经意识到绕射/散射波成像的重要性。但是,从 20 世纪 80 年代开始,人们才开始真正对绕射波分离成像感兴趣。根据绕射能量拾取方式的不同,可将绕射目标成像方法分为"直接法"和"间接法"两类。

"间接法"绕射目标成像方法通常是在原始道集(Landa et al.,1987;Landa and Keydar,1998;Kanasewich and Phadke,1988;Taner et al.,2006;Berkovitch et al.,2009)或者由原始道集经过 Randon 变换等方式得到的叠前道集(Nowak and Imhof,2004;Khaidukov et al.,2004;Moser and Howard,2008),用于波场分离的数据量大,且分离方法大多是反演方法,因此绕射波提取耗时较长、计算效率较低。但是该类方法一般能得到压制反射波后主要含有绕射波的点源单炮记录。该绕射炮记录可以用于绕射速度分析以得到适用于绕射目标成像的偏移速度,从而提高绕射成像分辨率。与之不同,"直接法"绕射目标成像通常是通过将传统的地震处理、偏移算子改进或者直接利用反射和绕射能量在成像矩阵中的差异直接进行叠加分离或者单独成像(Kozlov,2004;Moser and Howard,2008;Koren and Ravve,2010;Zhu and Wu,2010;Landa et al. ,2008;Klokov et al. ,2010a,2010b;Bai et al. ,2011)。因此该类方法一般与常规处理效率相当,较“间接法”来说计算效率较高。但是直接法得到的绕射波道集一般是叠加剖面或者直接成像结果(比如绕射多聚焦叠加和Kirchhoff 非稳相绕射成像方法)通常很难用于速度分析。不过近几年发展起来的倾角域共成像点道集绕射目标成像方法中,由于倾角域 CIG 道集中绕射波对偏移速度的敏感性,也可用于偏移速度分析。

第二章 地震波的基本概念

2.1 弹性理论

2.1.1 在拉紧的弦上传播的波

假定一种理想情况，即弦的单位长度的质量 μ 与弦中承受的张力 τ 相比，可以忽略不计。因而弦的平衡状态在 x 方向，在 y 方向产生位移 ψ。位移 ψ 和弦长相比非常小，以至于角度 α_1 和 α_2 也很小[图 2-1(a)]由于这两个角度不相等，张力在 y 方向产生一个剩余力（在 x 方向的剩余力可忽略不计），它作用在 Δx 的微元上，

$$\text{该作用力} = \tau(\sin\alpha_2 - \sin\alpha_1) \approx \tau(\tan\alpha_2 - \tan\alpha_1)$$
$$\approx \tau(\partial\psi/\partial x|_{x_2} - \partial\psi/\partial x|_{x_1}) \approx \tau\Delta(\partial\psi/\partial x)$$

根据牛顿第一定律，该剩余力等于质量 $\mu\Delta x$ 和加速度 $\partial^2\psi/\partial t^2$ 的乘积。两边同除以 $\tau\Delta x$，并取极限，令 $\Delta x \to 0$，则得到一维的波动方程

$$\partial^2\psi/\partial x^2 = (\mu/\tau)\partial^2\psi/\partial t^2 = \frac{\frac{1}{V^2}\partial^2\psi}{\partial t^2} \tag{2-1}$$

式中，$V=(\mu/\tau)^{1/2}$。从式(2-1)可以推知，V 的量纲是距离/时间，即 V 的量纲是速度。波动方程把在空间上的变化（左端）和在时间上的变化（右端）联系起来。

式(2-1)的通解是

$$\psi(x,t) = \psi_1(x-V_t) + \psi_2(x+V_t) \tag{2-2}$$

式中，ψ_1 和 ψ_2 是任意形式的函数；ψ_1 是波的扰动在 x 正方向的传播；ψ_2 是在 x 的负方向的传播；V 是沿弦的传播速度。

利用傅氏分析，可以把任意形式的函数（假定它符合秋里赫利条件）表示成一系列简谐函数的叠加。所以，把这里的讨论转向简谐波，并不会失去一般性。现在，考虑式(2-1)的一个简谐函数解

$$\psi = A\cos[(2\pi/\lambda)](x-V_t) \tag{2-3}$$

它的波形是一个简谐函数 v，振幅(amplitude)在 $+A$ 和 $-A$ 之间变化。如果固定

一点，观察波形的变化[图 2-1(b)]，就会发现，每隔一个周期(period) T，波形就会重复，重复的频率(frequency) $\nu=1/T$，它是单位时间上波的个数。如果固定某一时刻来观察波形[图 2-1(c)]，会发现每隔一定的距离 λ，波形也会发生重复，λ 称为波长(wavelength)，$1/\lambda$ 是波数(wave number)，它是单位距离上波的个数。用 2π 乘以 $1/T$ 和 $1/\lambda$ 就会得到圆频率(angular frequency) $\omega=2\pi/T=2\pi v$ 以及圆波数(angular wave number) $k=2\pi/\lambda$。因为频率 v 是单位时间内波的个数，而波的长度是 λ，所以波的传播速度是

$$V=v\lambda \tag{2-4}$$

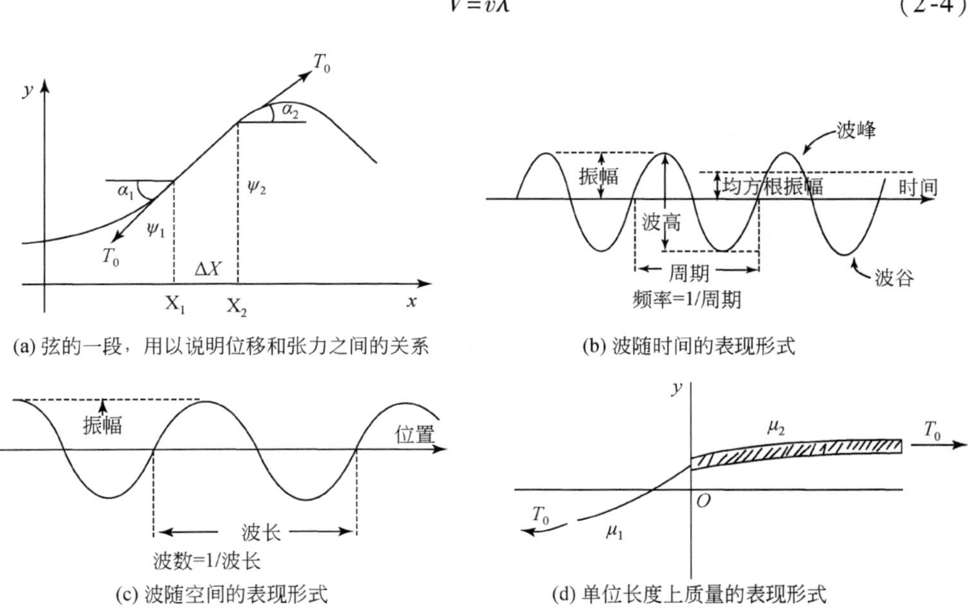

(a) 弦的一段，用以说明位移和张力之间的关系

(b) 波随时间的表现形式

(c) 波随空间的表现形式

(d) 单位长度上质量的表现形式

图 2-1　在紧绷的弦上的波动

在式(2-3)中余弦函数的自变量

$$(2\pi/\lambda)(x-Vt)=\kappa(x-Vt)=(\kappa x-\omega t)$$

被称之为相位(phase)。在原点，相位为零；在离开原点的任意时刻，把一个固定的相位角 Y_0 加入，这样在该点对应的相位变为 $\kappa x-\omega t+Y_0$。

再回到绷紧的弦上，如果单位长度上的质量 μ 在某一点有一个突变，从 μ_1 变到 μ_2，假定变化点在 $x=0$ 处[图 2-1(d)]，则尽管波前发生变化，但某些边界条件必须得到满足。在突变点 $x=0$ 处，位移必须连续，张力在 y 方向上的分量也必须连续，也就是说，这两个值在突变点上都不会发生变化。这两个边界条件可以用下述公式表达

$$\left.\begin{aligned}\psi_{\text{left}}&=\psi_{\text{right}}\\ \tau\,(\partial\psi/\partial x)_{\text{left}}&=\tau\,(\partial\psi/\partial x)_{\text{right}}\end{aligned}\right. \tag{2-5}$$

在突变点处,取一个来自左方的入射波 $A_i\cos(\kappa_1 x-\omega t)$,取一个传往右方的透射波 $A_t\cos(\kappa_2 x-\omega t)$。然而,只取两个波,无法使其在 $x=0$ 的突变点保持连续,因为他不满足式(2-5),所以必须有一个反射波 $A_r\cos(\kappa_2 x-\omega t)$,从 $x=0$ 点向左方反射。把这三个波代到式(2-5)中,将会发现,要想满足边界条件,必须有

$$\left.\begin{aligned}A_i+A_r&=A_t\\ \kappa_1 A_i-\kappa_2 A_r&=\kappa_2 A_t\end{aligned}\right\}$$

可从上式解出 A_r 和 A_t。

$$\left.\begin{aligned}R&=A_r/A_i=(\kappa_1-\kappa_2)/(\kappa_1+\kappa_2)\\ T&=A_t/A_i=2\kappa_1/(\kappa_1+\kappa_2)\end{aligned}\right\} \tag{2-6}$$

式中,R 称为反射系数;T 称为透射系数。

如果弦固定在 $x=0$ 处,其效果等价于 $\mu_2=\infty$。此时,透射系数 $T=0$,没有透射波,而反射系数 $R=+1$,这意味着反射波和入射波相等,但反射波向反方向传播。入射波和反射波在 $x=0$ 处发生完全相消干涉,使得该处的波动振幅值为零(节点)。如果弦的另一端也固定住,也必定发生完全相消干涉,出现另一个节点。

当弦的两端都固定,弦会以最低频率鸣震,其最低频率为基频 ν_0。在弦的中间,鸣震具有最大振幅值(波腹)。此时,整个振动的波形是固定的,这种波称之为驻波。如果弦长为 L,则 $L=\lambda/2$,基频 $\nu_0=V/\lambda=V/2L$。弦不只以基频振动,还以若干个频率振动,但这些频率都是基频的整数倍,称为特征状态,即 $\nu_i=n\nu_0$,其中 $n=1,2,3,\cdots$,在每一种情况中,两个端点和 $L=n\lambda=(2n)\lambda/4$ 处,都是波的节点。

如果只固定弦的左端,右端放开,可以置 $\kappa_2=0$,得反射系数 $R=-1$。放开端是一个波腹,波长满足 $L=\lambda/4$,基频为 $\nu_0=V/4L$,高次请波的频率为 $\nu=(2n+1)\nu_0$,波长满足 $L=(2n+1)\lambda/4$。弦只固定一端和同时固定两端的波的振动情形,类似于管风琴只关闭一端和同时关闭两端时波的振动。

2.1.2 应力

应力定义为单位面积上的力。当力作用于一个物体,应力等于作用力和它作用的面积之比。当作用力随空间发生变化时,应力也随作用力的变化而变化。此时,应力的计算需引入一个无穷小的面元,它等于作用在小面元上的力除以小面元的面积。如果作用力垂直于小面元,该应力称之为法向应力或压力。一般地,取应力的正值对应于张应力。当作用力的方向和受力物体的面积相切,该应力称之为剪切应力。当作用力和受力物体的面元即不平行又不垂直时,作用力可以分解为

两个分量,一个平行于面元,一个垂直于面元。所以,任何应力都能分解为法向应力和剪切应力。

如果考虑受力物体内的一个体元,作用在体元六个面上的应力,都可以按作用面分解成法向应力和剪切应力,图 2-2 标出了作用在垂直于 x 轴的两个面元上的应力。图中的角标对应于 x,y,z 三个坐标轴,如 σ_{yx} 表示应力沿 y 方向,作用在垂直于 x 轴的面元上。当两个角标相同时(如 σ_{xx}),说明该应力是法向应力;两个角标不同时(如 σ_{yx})则认为是剪切应力。

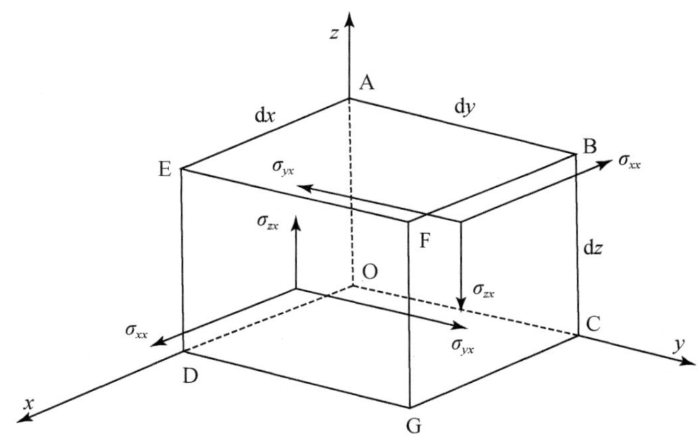

图 2-2　平行于 x 轴的平面上的应力分量

当介质处于平衡状态,应力必定相互抵消。这意味着作用 $OABC$ 面上的三个应力 σ_{xx}、σ_{yx} 和 σ_{zx} 必定和作用在 $DEFG$ 面上的三个应力大小相等,方向相反;其他四个面的应力,也互相抵消。除此之外,剪切应力还形成了力偶,如 σ_{yx} 形成的力偶,其作用是试图使体元沿 z 轴旋转。力偶的大小为

$$力\times力臂=(\sigma_{yx}\mathrm{d}y\mathrm{d}z)\mathrm{d}x$$

如果考虑其他四个面上的应力,只有应力 σ_{xy} 产生的力偶 $(\sigma_{xy}\mathrm{d}x\mathrm{d}z)\mathrm{d}y$ 和 σ_{yx} 产生的力偶大小相等,符号相反,相互抵消。因为介质处于平衡状态,总力矩必定为零。所以 $\sigma_{xy}=\sigma_{yx}$。进一步,必须有

$$\sigma_{ij}=\sigma_{ji} \tag{2-7}$$

2.1.3　应变

弹性体受到应力的作用,会产生形变和体变,这些变化总称为应变。它也可以被分解为某些基本分量。

考虑 xy 平面内的一个矩形 $PQRS$(图 2-3),当应力作用于该矩形,使得 P 点移

到了 P′点，PP′在 x 方向的分量为 u，y 方向的分量为 v。如果其他三个点 Q、R 和 S 具有和 P 相同的位移，该矩形只是整体移动，其移动量为(u, v)。在这种情况下，没有大小或形状的变化，因此也就不存在应变。然而，如果位移在四个角上不相等，该矩形则发生了大小和形状的变化，应变就会存在。

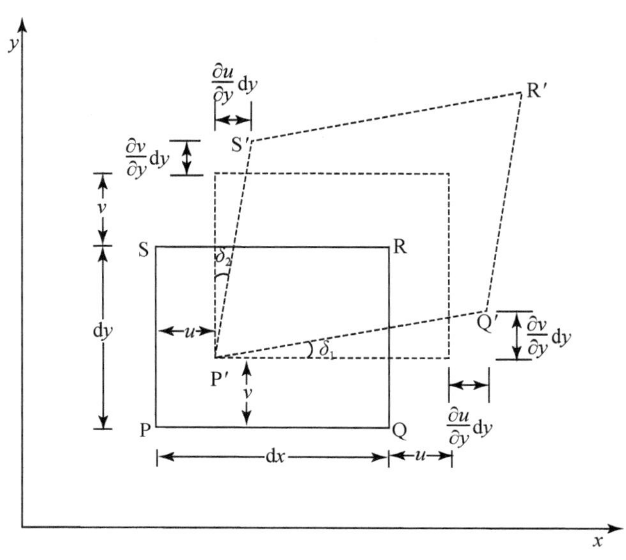

图 2-3　二维应变分析

设 $u=u(x, y)$，$v=v(x, y)$，变化前后的八个顶点 PQRS 和 P′Q′R′S′的坐标位置如下：

$$P(x, y):P'(x+u, y+v)$$

$$Q(x+\mathrm{d}x, y):Q'\left(x+\mathrm{d}x+u+\frac{\partial u}{\partial x}\mathrm{d}x, y+v+\frac{\partial v}{\partial x}\mathrm{d}x\right)$$

$$S(x, y+\mathrm{d}y):S'\left(x+u+\frac{\partial u}{\partial y}\mathrm{d}y, y+\mathrm{d}y+v+\frac{\partial v}{\partial y}\mathrm{d}y\right)$$

$$R(x+\mathrm{d}x, y+\mathrm{d}y):R'\left(x+\mathrm{d}x+u+\frac{\partial u}{\partial x}\mathrm{d}x+\frac{\partial u}{\partial y}\mathrm{d}y, y+\mathrm{d}y+v+\frac{\partial v}{\partial x}\mathrm{d}x+\frac{\partial v}{\partial y}\mathrm{d}y\right)$$

一般来讲，位移 u 和 v 远小于 $\mathrm{d}x$ 和 $\mathrm{d}y$。因此，这里将假定导数项如$\partial u/\partial x$，$\partial u/\partial y$ 等足够小，使得它们的乘积和平方都可以忽略不计。有了这个假定，得到以下四点。

1）PQ 的长度增量为$(\partial u/\partial x)\mathrm{d}x$，$PS$ 的增量为$(\partial v/\partial y)\mathrm{d}y$；其相对变化为$\partial u/\partial x$ 和$\partial v/\partial y$。

2）角度改变微量 δ_1 和 δ_2 等于$\partial v/\partial x$ 和$\partial u/\partial y$。

3）P 点的直角移动到 P 点时变小，减小量为 $\delta_1+\delta_2=\partial v/\partial x+\partial u/\partial y$。

4）整个矩形沿逆时针方向旋转的角度是$(\delta_1+\delta_2)/2=(\partial v/\partial x-\partial u/\partial y)/2$。

应变定义为受力物体的大小和形状的相对变化。$\partial u/\partial x$ 是在 x 方向上长度的相对增量，$\partial v/\partial y$ 是在 y 方向上长度的相对增量，所以，它们被称为法向应变。$\partial v/\partial x+\partial u/\partial y$是角度的减少量，所以，它是形变的度量，被称为剪切应变，用符号 $\boldsymbol{\varepsilon}_{xy}$ 表示。$(\partial v/\partial x-\partial u/\partial y)/2$ 是沿 z 轴的旋转角，没有导致形变和体变，因此它不是应变，用 θ_z 表示之。

以上分析可以推广到三维，把点 $P(x,y,z)$ 的位移分量计为(u,v,w)，它对应的应变为

法向应变：

$$\left.\begin{aligned}\boldsymbol{\varepsilon}_{xx}&=\frac{\partial u}{\partial x}\\ \boldsymbol{\varepsilon}_{yy}&=\frac{\partial v}{\partial y}\\ \boldsymbol{\varepsilon}_{zz}&=\frac{\partial w}{\partial z}\end{aligned}\right\} \tag{2-8}$$

剪切应变：

$$\left.\begin{aligned}\boldsymbol{\varepsilon}_{xy}&=\boldsymbol{\varepsilon}_{yx}=\frac{\partial v}{\partial x}+\frac{\partial u}{\partial y}\\ \boldsymbol{\varepsilon}_{yz}&=\boldsymbol{\varepsilon}_{zy}=\frac{\partial w}{\partial y}+\frac{\partial v}{\partial z}\\ \boldsymbol{\varepsilon}_{zx}&=\boldsymbol{\varepsilon}_{xz}=\frac{\partial u}{\partial z}+\frac{\partial w}{\partial z}\end{aligned}\right\} \tag{2-9}$$

除了应变外，受力物体还会沿着三个坐标轴发生旋转，其旋转量为

$$\left.\begin{aligned}\theta_x&=\frac{\frac{\partial w}{\partial y}-\frac{\partial v}{\partial z}}{2}\\ \theta_y&=\frac{\frac{\partial u}{\partial z}-\frac{\partial w}{\partial x}}{2}\\ \theta_x&=\frac{\frac{\partial v}{\partial x}-\frac{\partial u}{\partial y}}{2}\end{aligned}\right\} \tag{2-10}$$

式(2-10)可以写成矢量形式

$$\boldsymbol{\Theta}=\theta_x\boldsymbol{i}+\theta_y\boldsymbol{j}+\theta_z\boldsymbol{k}=\frac{\nabla\times\xi}{2} \tag{2-11}$$

式中，$\xi=u\boldsymbol{i}+v\boldsymbol{j}+w\boldsymbol{k}$ 是点 $P(x,y,z)$ 的位移矢量；$\boldsymbol{i}$，$\boldsymbol{j}$，$\boldsymbol{k}$ 是 x，y，z 方向的单位矢量。当一物体受到应力作用后，法向形变引起物体的大小变化，产生体变。单位体积

的体变量定义为胀缩量(dilatation)用符号 Δ 表示。在没有应变以前,讨论的体元是一个矩形的六面体,三个边长为 dx, dy 和 dz;发生了体变之后,它的边长变为 $dx(1+\varepsilon_{xx})$, $dy(1+\varepsilon_{yy})$ 和 $dz(1+\varepsilon_{zz})$。因此,其体积增加量约为 $(\varepsilon_{xx}+\varepsilon_{yy}+\varepsilon_{zz})dxdydz$。因为原有的体积是 $dxdydz$,所以单位体积的体变量为

$$\Delta=\varepsilon_{xx}+\varepsilon_{yy}+\varepsilon_{zz}=\frac{\partial u}{\partial x}+\frac{\partial v}{\partial y}+\frac{\partial w}{\partial z}=\nabla\cdot\xi \tag{2-12}$$

2.1.4 虎克定律

当应力已知,需要计算应变时,必须了解应力和应变之间的关系。当应变比较小时,它们的关系符合虎克定律,应力和应变成正比。除了近场源点外,地震波传播产生的应交量一般小于10^{-8},所以,可以应用虎克定律。当同时有几个应力时,它们产生的应变可视为是相互独立的,总应变是所有应变之和。这意味着应变是应力的线性函数,也可以反过来说,应力是应变的线性函数。线性在地震上具有非常重要的意义,弯曲的波前可以表示为平面波的线性叠加,如 $\tau-p$ 变换;反射波可以表示为各层反射的线性叠加。好多地震数据处理方法,都用到了线性叠加原理。

一般说来,虎克定律使应力和应变之间形成了一个复杂的关系。应力和应变都可以看作为二阶张量的(3×3)矩阵,用虎克定律联系两个二阶张量的比例因子,是一个四阶张量。应力和应变还可以看作(1×6)的列矩阵[如式(2-15)],而且虎克定律的比例因子可以变为一个(6×6)的矩阵,其元素是弹性常数。由于弹性系数矩阵是对称的,因此可以把 36 个元素减少到 21 个独立常数。如果介质是各向同性的,也就是说,弹性系数与波的传播方向无关,那么,应力和应变之间就交成了相对简单的关系:

$$\sigma_{ii}=\lambda\Delta+2\mu\varepsilon_{ii},\quad (i=x,y,z) \tag{2-13}$$

$$\sigma_{ij}=\mu\varepsilon_{ij},\quad (i,j=x,y,z;i\neq j) \tag{2-14}$$

把这些关系表达成矩阵形式,$\boldsymbol{\sigma}=\boldsymbol{S}\boldsymbol{\varepsilon}$

$$\begin{vmatrix}\sigma_{xx}\\\sigma_{yy}\\\sigma_{zz}\\\sigma_{xy}\\\sigma_{yz}\\\sigma_{zx}\end{vmatrix}=\begin{vmatrix}\lambda+2\mu & \lambda & \lambda & 0 & 0 & 0\\\lambda & \lambda+2\mu & \lambda & 0 & 0 & 0\\\lambda & \lambda & \lambda+2\mu & 0 & 0 & 0\\0 & 0 & 0 & \mu & 0 & 0\\0 & 0 & 0 & 0 & \mu & 0\\0 & 0 & 0 & 0 & 0 & \mu\end{vmatrix}\begin{vmatrix}\varepsilon_{xx}\\\varepsilon_{yy}\\\varepsilon_{zz}\\\varepsilon_{xy}\\\varepsilon_{yz}\\\varepsilon_{zx}\end{vmatrix} \tag{2-15}$$

该公式有时也改写为 $\varepsilon=\boldsymbol{C}\boldsymbol{\sigma}$,其中 $\boldsymbol{S}=\boldsymbol{C}^{-1}$,$\boldsymbol{C}$ 的元素有时称为刚度常数,$\boldsymbol{S}$ 的元素称为柔度常数;λ 和 μ 是拉梅常数。如果把式(2-14)变为 $\varepsilon_{ij}=\sigma_{ij}/\mu$,很显然,$\mu$ 越大,

ε_{ij}越小，所以 μ 是抵抗剪切应变的度量，它常被称为刚度模量，不可压缩性的度量或剪切模量。

尽管虎克定律的适应范围很广，但对于大的应力，它是不成立的。例如当应力超过了受力物体的弹性极限［图 2-4(a)］虎克定律就不成立了。此时，应变的增加会比在弹性极限内快当应力移去时，应变也不会彻底消失。进一步增加应力，可能会达到受力物体的塑性屈服点，导致塑性流动，使应变降低。有些介质，可能在应力没有达到塑性屈服点之前就会断裂，通常，当应变达到了$10^{-3} \sim 10^{-4}$的这一范围之上，岩石就会发生断裂。

有些介质，对应力的承受力还依赖于时间［图 2-4(b)］。当这些介质受到一个持久的应力，它们会产生蠕变；应力继续保持下去，最终会使介质断裂。如果在断裂之前移去应力，蠕变也不会完全消失。

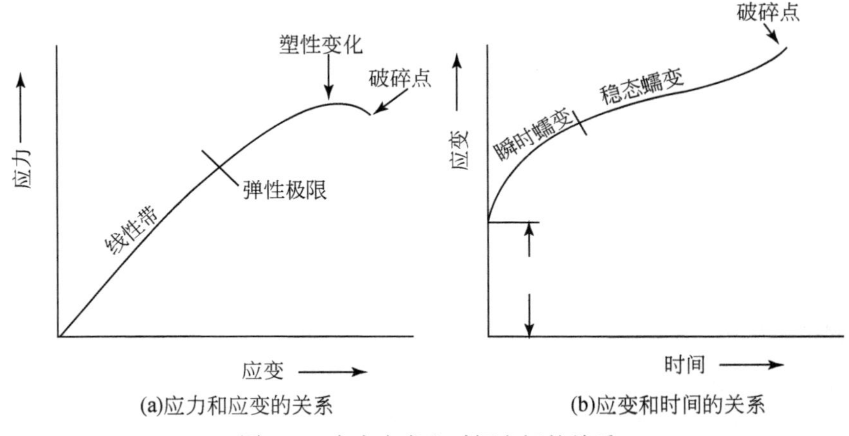

图 2-4 应力应变和时间之间的关系

2.1.5 弹性常数

尽管当应用式(2-13)和式(2-14)时，拉梅常数很方便，但有时也要用其他弹性常数，其中最常用的是杨氏模量(E)，泊松比(σ)和体积模量(k)（σ 几乎成了泊松比的标准代号，应力使用 σ_{ij} 了加下标的防止和泊松比混淆）。为了定义杨氏模量和泊松比，考虑某个介质，它所受的应力除了 σ_{xx} 外，其余都为零。假定 σ_{xx} 是正值(即它是个张应力)，受力体会沿 x 方向收缩。这也意味着 ε_{xx} 是正值(在 x 方向变长)，ε_{yy} 和 ε_{zz} 是负值。另外，还可以证明：$\varepsilon_{yy}=\varepsilon_{zz}$，$E$ 和 σ 的定义为

$$E=\sigma_{xx}/\varepsilon_{xx} \tag{2-16}$$

$$\sigma=-\frac{\varepsilon_{yy}}{\varepsilon_{xx}}=-\frac{\varepsilon_{zz}}{\varepsilon_{xx}} \tag{2-17}$$

式中为了使 σ 保持为正值,在它的表达式中加了一个负号。

为了定义体积模量 k,在这里考虑一个介质,它仅仅受压力 $\wp$ 的作用,与下述应力是等价的

$$\sigma_{xx}=\sigma_{yy}=\sigma_{zz}=\wp,\quad \sigma_{xy}=\sigma_{yz}=\sigma_{zx}=0$$

压力 $\wp$ 使受力体的体积减小 ΔV 胀缩量 $\Delta V/V$。杨氏模量定义 k 为压力和胀缩量之比,即

$$k=-\wp/\Delta \tag{2-18}$$

为保证 k 为正值,公式中加了一个负号。有时,使用体积模量的倒数 $1/k$,它是可压缩性的度量,用它替代体积模量,把虎克定律的关系式代入以上三式,就会得到 E,σ,k 和拉梅常数 λ、μ 之间的下述关系:

$$E=\frac{\mu(3\lambda+2\mu)}{\lambda+\mu} \tag{2-19}$$

$$\sigma=\frac{\lambda}{2(\lambda+\mu)} \tag{2-20}$$

$$k=\frac{1}{3}(3\lambda+2\mu) \tag{2-21}$$

在非黏滞性流体中,剪切模量 $\mu=0$,因此,$k=\lambda$,即 λ 是流体的体积模量。前面还没有将 λ 命名,可以把它称为流体的不可压缩性度量。上面三个公式共有五个弹性常数,消除其中的两个,第三个可用其余的一对表达,消除的两个也可以用剩下的一对表达。总之,它们可以变化出多个不同形式的关系。

弹性常数都定义为正值。按照泊松比的定义:它的变化范围在 0 ~ 0.5[这可以根据式(2-20)导出,因为 λ 和 μ 都是正值,因而 $\lambda/(\lambda+\mu)<1$]对于非常坚硬、刚性很强的岩石泊松比可达0.05,随着岩石的刚度降低,泊松比增大;对于软的、胶结度差的岩石,泊松比可达0.45。流体没有抵抗剪切应力的能力,因此 $\mu=0$,而 $\sigma=0.5$。对于大多数岩石,杨氏模量 E、体积模量 k 和剪切模量 μ 的变化范围在 20 ~ 120GPa(2×10^{10} ~ $12\times10^{10}\,\mathrm{N/m^2}$)。在这三个弹性模量之间,一般 E 最大,μ 最小。

2.1.6 应变的能量

当弹性介质经受应变时,外力对它做功,转化为势能,贮存在介质中。贮存的势能和波的传播有着内在的联系。

当应力 σ_{xx} 使弹性介质产生了 ε_{xx} 的位移,假定应力从 0 到 σ_{xx} 均匀增加,其平

均应力则为 $\sigma_{xx}/2$。而

$$E=\text{单位体积做的功}=\text{单位体积内的能量}=\sigma_{xx}\varepsilon_{xx}/2$$

可以把所有应力做的功都加起来，根据式(2-13)和式(2-14)，有

$$\begin{aligned}
E &= \frac{1}{2}\sum_i\sum_j \sigma_{ij}\varepsilon_{ij} \\
&= \frac{1}{2}(\sigma_{xx}\varepsilon_{xx}+\sigma_{yy}\varepsilon_{yy}+\sigma_{zz}\varepsilon_{zz}+\sigma_{xy}\varepsilon_{xy}+\sigma_{yz}\varepsilon_{yz}+\sigma_{zx}\varepsilon_{zx}) \\
&= \frac{1}{2}\left[\sum_i(\lambda\Delta+2\mu\varepsilon_{ii})\varepsilon_{ii}+\mu\sum_i\sum_j\varepsilon_{ij}^2\right],\quad (i\neq j) \\
&= \frac{1}{2}\lambda\Delta^2+\mu(\varepsilon_{xx}^2+\varepsilon_{yy}^2+\varepsilon_{zz}^2)+\frac{1}{2}\mu(\varepsilon_{xy}^2+\varepsilon_{yz}^2+\varepsilon_{zx}^2)
\end{aligned}\tag{2-22}$$

对式(2-22)求导可得

$$\partial E/\partial\varepsilon_{xx}=\lambda\Delta+2\mu\varepsilon_{xx}=\sigma_{xx}$$

$$\partial E/\partial\varepsilon_{xy}=\mu\varepsilon_{xy}=\sigma_{xy}$$

综合成一个式子，有

$$\partial E/\partial\varepsilon_{ij}=\sigma_{ij},\quad (i,j=x,y,z)\tag{2-23}$$

2.2 波动方程

2.2.1 标量波动方程

到目前为止，所讨论的问题都是处于平衡状态下的介质。现在将取消这个限制，讨论介质处于非平衡状态下的问题。首先假定，图 2-2 体元中的三个背面的应力如图 2-2 所示，切三个正面的应力分别为

$$\sigma_{xx}+\frac{\partial\sigma_{xx}}{\partial x}\mathrm{d}x,\sigma_{yx}+\frac{\partial\sigma_{yx}}{\partial x}\mathrm{d}x,\sigma_{zx}+\frac{\partial\sigma_{zx}}{\partial x}\mathrm{d}x$$

由于三个背面的应力为 $\sigma_{xx},\sigma_{yy},\sigma_{zz}$，所以它的净应力(未抵消的应力)为

$$\frac{\partial\sigma_{xx}}{\partial x}\mathrm{d}x,\frac{\partial\sigma_{yx}}{\partial x}\mathrm{d}x,\frac{\partial\sigma_{zx}}{\partial x}\mathrm{d}x$$

该应力作用于面积为($\mathrm{d}y\mathrm{d}z$)的面上，影响的体元体积为($\mathrm{d}x\mathrm{d}y\mathrm{d}z$)。所以，在 x,y 和 z 三个方向上，单位体积的净剩余力为

$$\frac{\partial\sigma_{xx}}{\partial x},\frac{\partial\sigma_{yx}}{\partial x},\frac{\partial\sigma_{zx}}{\partial x}$$

其他面上的表达式也相似，因此可以求出 x 方向所受力的总的表达式

$$\frac{\partial \sigma_{xx}}{\partial x}+\frac{\partial \sigma_{yx}}{\partial y}+\frac{\partial \sigma_{zx}}{\partial z}$$

根据牛顿第二定律，净剩余力等于质量和加速度之积，就会得到沿 x 轴方向的运动方程

$$\rho \frac{\partial^2 u}{\partial t^2}=\text{单位体积上的净剩余力}=\frac{\partial \sigma_{xx}}{\partial x}+\frac{\partial \sigma_{yx}}{\partial y}+\frac{\partial \sigma_{zx}}{\partial z} \tag{2-24}$$

式中，ρ 是密度（假定在体元中是一个常数）。沿 y 方向和沿 z 方向的运动方程和沿 x 方向的非常类似，比如沿 y 方向，只要把式(2-24)中 x 方向的位移 u 换成 y 方向的位移 v，σ 的第一个脚标 x 换成 y 即可。

式(2-24)把位移和应力联系起来。可以利用虎克定律，把应力替换成应变。此后利用式(2-8)，式(2-9)，式(2-12)，式(2-13)和式(2-14)，把应变用位移表达，得到一个只与位移有关系的方程，即

$$\begin{aligned}
\rho \frac{\partial^2 u}{\partial t^2}&=\frac{\partial \sigma_{xx}}{\partial x}+\frac{\partial \sigma_{yx}}{\partial y}+\frac{\partial \sigma_{zx}}{\partial z}=\lambda \frac{\partial \Delta}{\partial x}+2\mu \frac{\partial \varepsilon_{xx}}{\partial x}+\mu \frac{\partial \varepsilon_{yx}}{\partial y}+\mu \frac{\partial \varepsilon_{zx}}{\partial z}\\
&=\lambda \frac{\partial \Delta}{\partial x}+\mu\left[2 \frac{\partial^2 u}{\partial x^2}+\left(\frac{\partial^2 v}{\partial x \partial y}+\frac{\partial^2 u}{\partial y^2}\right)+\left(\frac{\partial^2 w}{\partial x \partial z}+\frac{\partial^2 u}{\partial z^2}\right)\right]\\
&=\lambda \frac{\partial \Delta}{\partial x}+\mu \nabla^2 u+\mu \frac{\partial}{\partial x}\left(\frac{\partial u}{\partial x}+\frac{\partial v}{\partial y}+\frac{\partial w}{\partial z}\right)=(\lambda+\mu) \frac{\partial \Delta}{\partial x}+\mu \nabla^2 u
\end{aligned} \tag{2-25}$$

式中，$\nabla^2 u$ 是作用于 u 的拉普拉斯算子(Laplacian)，它等于$\partial^2 u/\partial x^2+\partial^2 v/\partial y^2+\partial^2 w/\partial z^2$。类似地，可以推导出关于 v 和 w 的方程：

$$\rho \frac{\partial^2 v}{\partial t^2}=(\lambda+\mu) \frac{\partial \Delta}{\partial y}+\mu \nabla^2 v \tag{2-26}$$

$$\rho \frac{\partial^2 w}{\partial t^2}=(\lambda+\mu) \frac{\partial \Delta}{\partial z}+\mu \nabla^2 w \tag{2-27}$$

为了得到波动方程，对上述三个方程分别求 x，y 和 z 的导数，并把导出的结果加在一起，可得

$$\rho \frac{\partial^2}{\partial t^2}\left(\frac{\partial u}{\partial x}+\frac{\partial v}{\partial y}+\frac{\partial w}{\partial z}\right)=(\lambda+\mu)\left(\frac{\partial^2 \Delta}{\partial x^2}+\frac{\partial^2 \Delta}{\partial y^2}+\frac{\partial^2 \Delta}{\partial z^2}\right)+\mu \nabla^2\left(\frac{\partial u}{\partial x}+\frac{\partial v}{\partial y}+\frac{\partial w}{\partial z}\right)$$

即

$$\rho \frac{\partial^2 \Delta}{\partial t^2}=(\lambda+2\mu) \nabla^2 \Delta$$

或

$$\left.\begin{aligned}
\frac{1}{\alpha^2} \frac{\partial^2 \Delta}{\partial t^2}&=\nabla^2 \Delta\\
\alpha^2&=(\lambda+2\mu)/\rho
\end{aligned}\right\} \tag{2-28}$$

其中，对式(2-26)作对 z 的导数，式(2-27)作对 y 的导数，然后相减，得

$$\rho\frac{\partial^2}{\partial t^2}\left(\frac{\partial w}{\partial y}-\frac{\partial v}{\partial z}\right)=\mu\nabla^2\left(\frac{\partial w}{\partial y}-\frac{\partial v}{\partial z}\right)$$

即

$$\left.\begin{aligned}\frac{1}{\beta^2}\frac{\partial^2\theta_x}{\partial t^2}&=\nabla^2\theta_x\\ \beta^2&=\mu/\rho\end{aligned}\right\}\tag{2-29}$$

类似地，可以得出关于 θ_y 和 θ_z 的结果，只要求适当的导数，然后相减即可。式(2-28)和式(2-29)是波动方程的两个例子，它可以写成更一般的形式

$$\frac{1}{V^2}\frac{\partial^2\psi}{\partial t^2}=\nabla^2\psi\tag{2-30}$$

式中，V 是一个常数。

2.2.2 矢量波动方程

也可以用矢量法得到波动方程，将式(2-25)、式(2-26)和式(2-27)结合起来，就相当于一个矢量方程

$$\rho\frac{\partial^2\xi}{\partial t^2}=(\lambda+\mu)\nabla\Delta+\mu\nabla^2\xi\tag{2-31}$$

如果对式(2-31)求散度并利用式(2-12)可得式(2-28)。对式(2-31)求旋度，利用式(2-11)可以得到横波(参阅 2.4.1 节)的波动方程：

$$\frac{1}{\beta^2}\frac{\partial^2\boldsymbol{\Theta}}{\partial t^2}=\nabla^2\boldsymbol{\Theta}\tag{2-32}$$

它相当于三个标量波动方程①

$$\frac{1}{\beta^2}\frac{\partial^2\boldsymbol{\Theta}_i}{\partial t^2}=\nabla^2\boldsymbol{\Theta}_i,(i=x,y,z)\tag{2-33}$$

2.2.3 含场源的波动方程

以上关于波动方程的讨论，没有提到过波的震源问题，所以，那些方程仅适应于没有震源的区域。当考虑含场源区域时，其方法般可分为两类：①在波动方程加一个震源项，震源以力的形式加入；②设求场源内某观测点 P 的波场值，先用闭

① 为方便计算，在本书部分章节某些矢量将视作标量。

合曲线面将 P 点包围,则 P 点的波场值可用两个积分之和描述:一个是对 由面包含体积的体积分,用于考虑震源项的作用;另一个是沿闭合曲面 $\boldsymbol{\Phi}$ 的面积分,考虑 $\boldsymbol{\Phi}$ 以外的场源作用。在式(2-31)的右端,加上场源项 $\rho\boldsymbol{F}$,就把场源考虑了进去。上面的提到的 $\boldsymbol{F}$ 是单位体积上施加的非弹性外力(常称作体力),它是波的激发力。加上该项之后,式(2-31)就变成了

$$\rho\frac{\partial^2\xi}{\partial t^2}=(\lambda+\mu)\nabla\Delta+\mu\nabla^2\xi+\rho\boldsymbol{F} \tag{2-34}$$

分别对式(2-34)取散度和旋度,得到

$$\frac{\partial^2\Delta}{\partial t^2}=\alpha^2\nabla^2\Delta+\nabla\cdot\boldsymbol{F} \tag{2-35}$$

$$\frac{\partial^2\boldsymbol{\Theta}}{\partial t^2}=\beta^2\nabla^2\boldsymbol{\Theta}+\nabla\times\boldsymbol{F}/2 \tag{2-36}$$

这两个公式,按现在的形式很难求解,用赫姆霍兹分离法,则可大大简化方程的求解过程。利用赫姆霍兹分离法,先把位移矢量 $\boldsymbol{\zeta}$ 和外力 $\boldsymbol{F}$ 表达成一个新标量和新矢量的函数:

$$\boldsymbol{\zeta}=\nabla\phi+\nabla\times\mathcal{X},\ \nabla\cdot\mathcal{X}=0 \tag{2-37}$$

$$\boldsymbol{F}=\nabla\boldsymbol{F}+\nabla\times\boldsymbol{\Omega},\ \nabla\cdot\Omega=0 \tag{2-38}$$

然后,就会得

$$\left.\begin{aligned}&\Delta=\nabla\cdot\boldsymbol{\zeta}=\nabla^2\phi\\&2\boldsymbol{\Theta}=\nabla\times\zeta=-\nabla^2\chi\\&\nabla\cdot\boldsymbol{F}=\nabla^2Y\\&\nabla\times\boldsymbol{F}=-\nabla^2\Omega\end{aligned}\right\} \tag{2-39}$$

把上述关系代入公式(2-35)和(2-36),就会得

$$\nabla^2\left(\alpha^2\nabla^2\phi+Y-\frac{\partial^2\phi}{\partial t^2}\right)=0$$

$$\nabla^2\left(\beta^2\nabla^2\chi+\Omega-\frac{\partial^2\chi}{\partial t^2}\right)=0$$

如果 $\phi,\mathcal{X},Y$ 或 Ω 是 x,y,z 的二阶和二阶以上的函数,要想使所有的 x,y,z 都满足上述两个关系式,括号内的项必须等于零。因为一阶函数对应于介质的整体搬家和(或)整体旋转,不产生弹性振动,可以排除这种可能性。因此,有

$$\frac{\partial^2\phi}{\partial t^2}=\alpha^2\nabla^2\phi+Y \tag{2-40}$$

$$\frac{\partial^2\chi}{\partial t^2}=\beta^2\nabla^2\chi+\Omega \tag{2-41}$$

2.2.4 克希霍夫定理

在2.2.3节中提到的第二种方法,实际上是第一种方法的推广。它利用的是叠加原理(因为虎克定律是线性的,符合叠加原理)。把P点的波动看作是一个体积分和一个闭合曲面积分的叠加,体积分考虑体积 Γ 内所有的震源R引起的波动;面积分考虑的是曲面 Φ 上所有Q点对P点产生的综合效应(实际上考虑的是曲面以外所有展源引起的波动),其中曲面 Γ 包围了体积 Φ 的全部外表,这里要调整所有震源的旅行时,使其到达P点为同一时刻 t_0。在 Φ 内的震源密度(单位体积上的力),用式(2-40)的震源密度的势函数 $Y(x,y,x,t_R)$ 表示,在曲面 Φ 上每一个Q点的位移势函数用 $\phi(x,y,z,t_Q)$ 表示。这里 t_R 和 t_Q 是延迟时 (t_0-r/V),其中 V 是速度,r 是P点到R点或Q点的距离。这样,就把在不同点不同时刻的波动,表示成了在同一时刻 t_0 到达P点的波动,其结果是大家都熟知的克希霍夫定理

$$4\pi\phi_\mathrm{P}(x,y,z,t_0)=\iiint_V\left(\frac{Y}{r}\right)\mathrm{d}V+\iint_\phi\left\{\left(\frac{1}{Vr}\right)\left(\frac{\partial r}{\partial\boldsymbol{\eta}}\right)\left[\frac{\partial\phi}{\partial t}\right]-[\phi]\frac{\partial(1/r)}{\partial\boldsymbol{\eta}}+\left(\frac{1}{r}\right)\left[\frac{\partial\phi}{\partial\boldsymbol{\eta}}\right]\right\}\mathrm{d}\phi \tag{2-42}$$

式中,$\boldsymbol{\eta}$ 是方向朝外的单位法向矢量;方括号表示在 $t_\mathrm{Q}=t_0-r/V$ 时刻对Q点的运算;$[\phi]$ 中通常称为推迟势,如果每一个震源都发射球面波(2.2.6节),即具有 $(1/r)\mathrm{e}^{-j\omega(r/V-t)}$ 的形式[参阅式(2-55)和式(2-56)],则式(2-42)变为

$$4\pi\phi_P(x,y,z,t_0)=\iiint_V\left(\frac{Y}{r}\right)\mathrm{d}\Gamma+\iint_S\left\{\xi\left[\frac{\partial\phi}{\partial\boldsymbol{\eta}}\right]-[\phi]\frac{\partial\xi}{\partial\boldsymbol{\eta}}\right\}\mathrm{d}\Phi \tag{2-43}$$

其中,在被积函数中

$$[\phi]=(1/r)\mathrm{e}^{-j\omega(t_0-r/V)}=\xi\mathrm{e}^{j\omega t_0},\xi=(1/r)\mathrm{e}^{-j\omega r/V} \tag{2-44}$$

式中,ω 是圆周率。

2.2.5 波动方程的平面波解

考虑一种简单情况,ψ 仅仅是 x 和 t 的函数,因此,式(2-30)简化为

$$\frac{1}{V^2}\frac{\partial^2\psi}{\partial t^2}=\frac{\partial^2\psi}{\partial x^2} \tag{2-45}$$

只要 ψ 的前两阶导数存在且连续,任何 $(x-Vt)$ 的函数

$$\psi=f(x-Vt) \tag{2-46}$$

都是式(2-45)的解。这个解可以包罗无穷个特解。对于一个特定问题,须在满足边界条件的前提下,选择那些合适的解并对它们进行恰当组合。

体波定义为穿过介质并携带能量的扰动。在所使用的符号中,当 $\psi=A$ 时,ψ

是体变式扰动；当 $\psi=\theta_i$ 时，ψ 是旋转式扰动。在式(2-46)中，很显然，扰动是沿 x 方向传播的。现在，将首先证明，扰动的传播速度等于式(2-46)中的 V。

在图2-5中，波的某一特定部位，在 t_0 时刻到达了 P_0 位置。如果 P_0 的坐标位置是 x_0 在 P_0 点的值则为 $\psi_0=f(x_0-Vt_0)$，如果波的该部位在 $t_0+\Delta t$ 时刻到达了 P_1 位置，ψ 在 P_1 点的值则为

$$\psi_1=f[x_0+\Delta x-V(t_0+\Delta t)]$$

因为 ψ_0 和 ψ_1 是波的同一个部位，必须有 $\psi_0=\psi_1$，即

$$x_0-Vt_0=x_0+\Delta x-V(t_0+\Delta t)$$

所以，V 就等于 $\Delta x/\Delta t$，也就是扰动传播的速度。速度的倒数 $1/V$ 称之为慢度。

自交量为 $(x+Vt)$ 的函数，比如说，$\psi=g(x+Vt)$，也是式(2-45)的解，它表示沿 x 反方向传播的波。式(2-45)的通解是

$$\psi=f(x-Vt)+g(x+Vt) \tag{2-47}$$

它代表以速度 V 传播的两个波，一个沿 x 的正方向，另一个沿 x 的反方向。$x\pm Vt$ 是波的相位。由同一相位组成的面称为波前。在一个波前面上，波动状态是一致的。在一个波前面上，波动状态是一致的。在现在考虑的情况中，ψ 不依赖于 y 和 z，在垂直于 x 轴的任何一个平面上，波的扰动状态是一样的，所以，波前面是一个平面，这种波称之为平面被。值得注意的是波沿被前面的法向传播，凡是在各向同性介质内传播的波，任何波都沿波的法向传播，表示波能量传播方向的线，称之为射线路径。

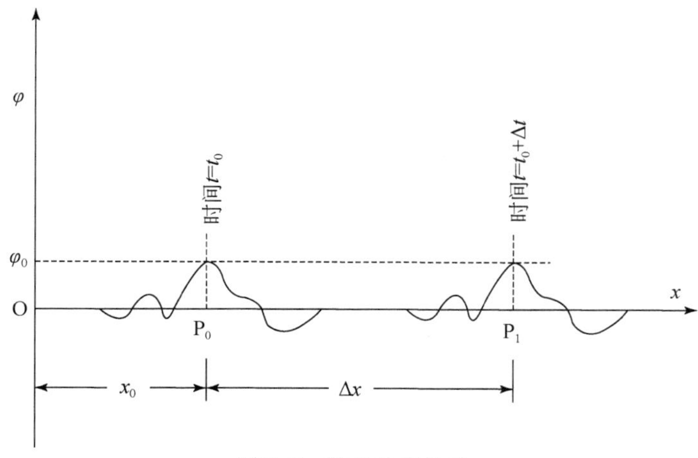

图2-5　波的速度关系

和更复杂的波比起来，平面波不管在视觉上还是在数学推导上都比较简单，更重要的是，任何具有弯曲波前的波，总可以用平面波的叠加来近似，而且可以根据需要，决定近似程度的高低。

上面介绍的平面波沿 x 方向传播，其实它可以沿任意直线方向传播。现在给出

沿任意方向传播的平面波的表达式。假定平面波沿 x' 方向传播(图2-6),x' 相对于 x、y 和 z 轴的方向余弦为(l,m,n)。那么,在该方向上的距原点为 x' 的P点处,有

$$x' = lx+my+nz$$

其中(x,y,z)为P点的坐标,则该波的表达式为

$$\psi = f(lx+my+nz)+g(lx+my+nz+Vt) \tag{2-48}$$

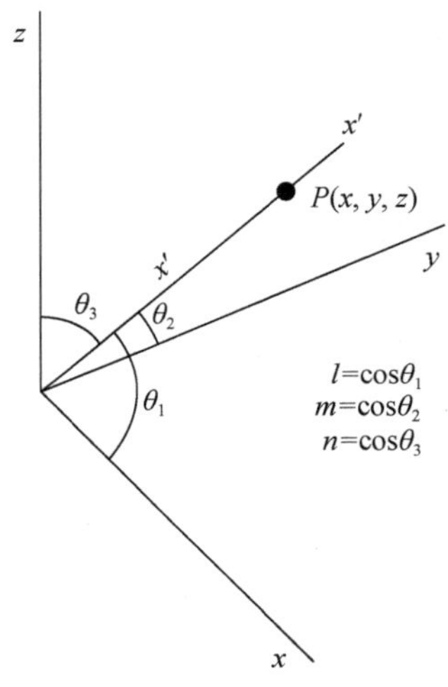

图2-6　不沿坐标轴传播的平面波

2.2.6　球面波的解

除了平面波之外,有时还会用到另一类非常重要的波——球面波,它的波前是一系列同心球壳。把式(2-30)表达为球坐标(r,θ,ϕ)的形式,其中 θ 是纬向极角,ϕ 是经向极角。

$$\frac{1}{V^2}\frac{\partial^2\psi}{\partial r^2}=\frac{1}{r^2}\left[\frac{\partial}{\partial r}\left(r^2\frac{\partial\psi}{\partial r}\right)+\frac{1}{\sin\theta}\frac{\partial}{\partial\theta}\left(\sin\theta\frac{\partial\psi}{\partial r}\right)+\frac{1}{\sin^2\theta}\frac{\partial^2\psi}{\partial\phi^2}\right] \tag{2-49}$$

只考虑一种特殊情况:波动不随 θ 和 ϕ 变化。这样,波仅是 r 和 t 的函数,简化后的波动方程为

$$\frac{1}{V^2}\frac{\partial^2\psi}{\partial r^2}=\frac{1}{r^2}\frac{\partial}{\partial r}\left(r^2\frac{\partial\psi}{\partial r}\right) \tag{2-50}$$

该方程的一个解是

$$\psi=\left(\frac{1}{r}\right)f(r-Vt) \tag{2-51}$$

很明显,$\psi=(1/r)g(r+Vt)$,也是方程的一个解。所以,该方程的通解为

$$\psi=(1/r)f(r-Vt)+(1/r)g(r+Vt) \tag{2-52}$$

该公式的第一项代表着从圆心开始向外扩张的波,第二项代表向圆心收缩的波。

当 r 和 t 固定时,$(r-Vt)$ 变成一个常数,所以 ψ 也就成为一个常数。这样,在 t 时刻,波函数在以 r 为半径的球壳上所有的点都具有同样的波场值。因此,该球壳就是一个波前面,任意一条半径都是波的射线。很明显,在这种情况下,波的射线和波前面垂直,像前面介绍的平面波一样,它也有这种垂直关系。

随着球面波从源点向外扩张,通过每隔一个单位时间内 V 的增大,其半径就增加到一定程度,半径会变得非常大,使得在波前面上取任意小块,都接近于平面波。如果在图 2-7 中,用平面波的波前 $P'QR'$ 代替球面波的波前 PQR,引起的误差是平面波的传播方向偏离了真正的传播方向。如果取 OQ 很大,或者 PR 很小(或取 QQ' 很大,同时取 PQ 很小),可以根据需要,使偏差变得很小。因为平面波易于可视化,且数学表达简单,所以在这种条件下,通常认为平面波的假设是合理的。

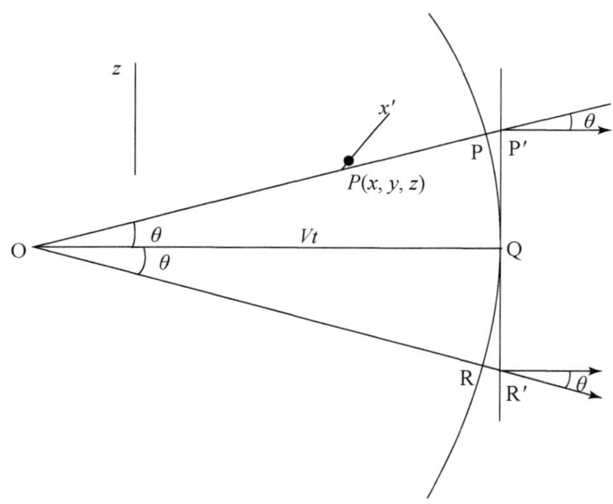

图 2-7　球面波和平面波的关系

2.3　波的一般性质

2.3.1　简谐波

前面讨论的都是波的几何特性,也就是说,波在空间的变化情况。下面将讨论波随时间的变化问题。

波随时间的变化,最简单的情况是简谐波(正弦波)。一般来说,大多数波都比简谐波复杂,但通过傅氏分析,任何复杂的波,几乎都能表示为简谐波的叠加,由于简谐波非常简单,可以和空间上的平面波一样,把它当作时间上的平面波。

把式(2-3)的相位加上 $\pi/2$,余弦波就变成了正弦波。所以,简谐波既可以写成正弦函数,也可以写成余弦函数的形式。其最常见的表达方式如下:

$$\left.\begin{aligned}\psi &= A\cos[(2\pi/\lambda)(x-Vt)] = A\cos\kappa(x-Vt)\\ &= A\cos(\kappa x-\omega t)\\ &= A\cos2\pi(x/\lambda-\nu t) = A\cos2\pi(x/\lambda-t/T)\\ &= A\cos\omega(x/V-t)\end{aligned}\right\} \tag{2-53}$$

$$\left.\begin{aligned}\psi &= A\cos\kappa(lx+my+nz-Vt)\\ &= A\sin[\kappa(lx+my+nz-Vt)+\pi/2]\end{aligned}\right\} \tag{2-54}$$

$$\psi = (A/r)\cos\kappa(r-Vt)+(B/r)\cos\kappa(r+Vt) \tag{2-55}$$

式(2-53)表示的是沿 x 正方向传播的平面波;式(2-54)表示的是沿直线传播的平面波,直线的方向余弦为 (l,m,n);式(2-55)是向外扩展的球面波和向内收缩的球面波的组合。

能把表示简谐波的正弦函数和余弦函数合并成一个指数函数,记为

$$\psi = Ae^{jw[(lx+my+nz)/V-t]} = Ae^{j\omega(r/V-t)} \tag{2-56}$$

取 ψ 的实部,可以得到余弦函数;取 ψ 的虚部,可以得到正弦函数。

式(2-54)中的 (l,m,n) 表示射线的方向余弦。可以证明 $l^2+m^2+n^2=1$。尽管一般来讲,方向余弦的最大值是 1,但在满足波动方程的前提下,只要求方向余弦的平方和是 1。如果接受用复数表示的角度,这些方向和可以大于 1。在图 2-6 中,如果取 $\theta_1=j\theta,\theta_2=\frac{1}{2}\pi,\theta_3=\frac{1}{2}\pi-j\theta$,其中,$\theta$ 是正实数,则

$$\begin{aligned}&l=\cos j\theta=\cosh\theta,m=0\\ &n=\cos\left(\frac{1}{2}\pi-j\theta\right)=\sin j\theta=j\sinh\theta\\ &l^2+m^2+n^2=\cosh^2\theta-\sinh^2\theta=1\\ &\psi=Ae^{-(\omega z/V)\sinh\theta}e^{[j\omega(x/V)\cos\theta-t]}\end{aligned} \tag{2-57}$$

式(2-57)表示沿平行于 x 轴的方向传播的平面波,传播速度 $V/\cosh\theta<V$,波的振幅为 $Ae^{-(\omega z/V)\sinh\theta}$,如果取 $\theta_1=-j\theta$,也会得到沿平行于 x 轴传播的平面波,但其振幅在 z 的负方向衰减。因为这些波在 z 方向是指数衰减,把这些波称作倏逝波(evanescent wave)。

在勘探地震学中,记录到的频率范围一般在 2 ~ 120Hz,而主频则在一个更窄的范围内,反射波的主频一般在 15 ~ 50Hz,折射波的在 5 ~ 20Hz。因为地震波速度的变化范围一般在 1600 ~ 6500m/s,所以主波长的范围为反射波 30 ~ 400m,折射波 80 ~ 1300m。

2.3.2 波的干涉

如果两列波叠合在一起,会相互干涉。如果它们趋于相互加强,则产生相长干涉;反之,则产生相消干涉。当两个波都是简谐波,且频率和波长一样时(从而传播速度也相同),它们的振幅有时会加强,有时会相互抵消(至少是部分抵消)。这样,就形成了一个新的波,频率和波长不变,但振幅会发生变化,相位会产生相移。当几个振幅、频率、波长不同的谐波干涉时,会形成一种很复杂的波。当它们的相位大体一致时,会发生相长干涉;反之,会产生相消干涉,至少也会产生一些衰减。如果干涉的波不是谐波,可以利用傅里叶分析,把它们先分解成若干个谐波分量,然后再把它们相加,确定其干涉性质。

如果把两个振幅(A)相等,速度相同但频率有稍微差别的谐波相加,其结果为$B\cos(\kappa_0 x-\omega_0 t)$,其中$B=2A(\Delta\kappa x-\Delta\omega t)$,$\kappa_0$是平均圆波数,$\omega_0$是平均圆频率,$\Delta\kappa$是两个谐波圆波数差的一半,$\Delta\omega$是圆频率差的一半。可以把$B$看作干涉后所产生的新波的振幅,固定一个点 B 在$\pm A$之间变化,变化率为每秒$\Delta\omega/2\pi$次,该变化率小于原始波的平均频率$\omega_0$,这种现象称为拍频。

2.4 体　　波

2.4.1 纵波和横波

到目前为止,所讨论的波动都是从式(2-30)出发的,其中的ψ是什么还没有给出过具体定义。当提到波以速度V从一个点向另一个点传播时,只好把波说成是某种形式的扰动。然而,在均匀的各向同性介质中,应用式(2-30)的同时也必须满足式(2-28)和式(2-29)。可以用Δ和θ_i分别表示ψ的不同成分,这样,在均匀各向同性介质中,有两种波动:一种是胀缩性的变化Δ,另一种是一个或多个分量旋转性的变化,对应于式(2-11)。

第一种波常称膨胀波、纵波、非剪切波、压缩波或 P 波。在天然地震记录上,P 波通常是最先到达的波。第二种类型的波称之为剪切波、横波、旋转波或 S 波。在天然地震记录上它通常是第二个到达的波。纵波速度是式(2-28)中定义的α;横波速度是式(2-29)中定义的β,即

$$\alpha=\left(\frac{\lambda+2\mu}{\rho}\right)^{1/2}=\left(\frac{M}{\rho}\right)^{1/2}\tag{2-53}$$

$$\beta=\left(\frac{\mu}{\rho}\right)^{1/2} \tag{2-59}$$

式中,M 是纵波模量。因为弹性常数总是正值,所以纵波速度 α 总是大于横波速度 β。根据式(2-20),有

$$\frac{\beta}{\alpha}=\left(\frac{\mu}{\lambda+2\mu}\right)^{\frac{1}{2}}=\left(\frac{0.5-\sigma}{1-\sigma}\right)^{\frac{1}{2}} \tag{2-60}$$

泊松比 σ 从 0.5 减小到 0,横纵波速度比 β/α 从 0 增加到其最大值 $1/\sqrt{2}$。所以,横波速度的变化范围是纵波速度的 0 ~ 70%(图 2-8)。

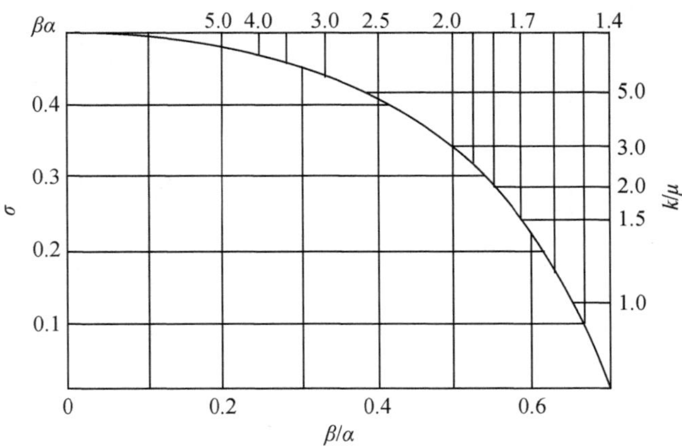

图 2-8 β/α 作为泊松比 σ 和 k/μ 的函数

对于流体来说,$\mu=0$,因而横波速度 $\beta=0$。这也就是说,横波不能在流体中传播。根据式(2-21)可知在流体中,$\lambda=k$,所以

$$\alpha=(k/\rho)^{1/2} \tag{2-61}$$

在实际岩石中的地震波速度取决于多种因素,包括孔隙度、岩性、胶结度、深度、年代、压力、孔隙中的流体成分等。水饱和沉积岩的速度范围在 1500 ~ 6500m/s。孔隙度降低,胶结变好,埋藏深和年代老,会使速度增加。水的纵波速度大致为 1500m/s。当岩石的孔隙内充满气体时,其纵波速度远低于充满水的同类岩石。在潜水面之上的近地表是特别重要的,它形成了低速带(LVL,或称为风化层),速度变化范围在 400 ~ 800m/s,甚至偶尔会低至 150m/s,但有时也会高达 1200m/s。

首先讨论一下纵横波在介质中的运动特性。先考虑由式(2-51)定义的球面纵波。图 2-9 面出了几个波前面,其间隔为四分之一波长,时间 t 的选择要使 κVt 等于 $\pi/2$ 的倍数,图中的箭头表示质点的运动方向。在波前 B 处的介质,经受了最大的压缩;在波前 D 处的介质,经受了最小的压缩,在这两个波前的所有的点上,质点的位移为零。

如果在图 2-9 中，半径变得非常大，使得在波前面上任取一段，实际上相当于一个平面，此时，可以把它当成平面波。对于平面纵波来说，位移垂直于平面波前，介质的质点在平行于波的传播方向上来回振动，不存在能量发散和汇聚的问题。平面纵波的位移在纵方向上，这也就是 P 波称为纵波的原因。纵波在地震勘探中占主导地位，图 2-10(a)显示了平面纵波的传播过程。

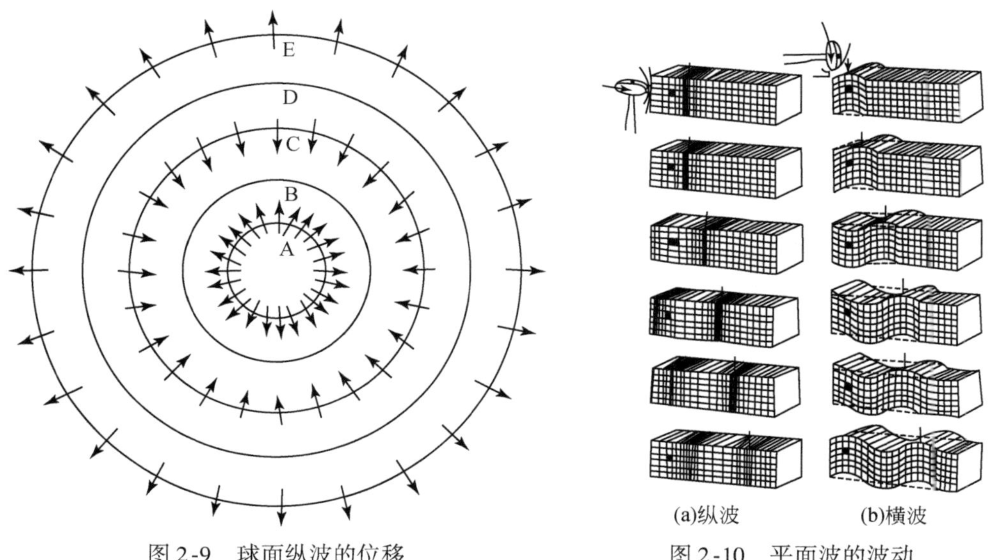

图 2-9　球面纵波的位移

图 2-10　平面波的波动

为了厘清横波在介质内的传播过程，回到式(2-29)。考虑仅有旋转量 θ_z 的情况，且它仅仅是 x 和 t 的函数。θ_z 沿 x 方向传播，其方程为

$$\frac{1}{\beta^2}\frac{\partial^2\theta_z}{\partial t^2}=\frac{\partial^2\theta_z}{\partial x^2}$$

根据式(2-10)

$$2\theta_z=\frac{\partial v}{\partial x}=\frac{\partial u}{\partial y}=\frac{\partial v}{\partial x}$$

所以可以看到，波动仅由 y 方向的位移 v 组成，其中 v 是 x 和 t 的函数。由于 v 不依赖于 y 和 z，因此，在垂直于 x 的平面上，波具有相同的运动状态。以上讨论的是平面横波沿 x 方向传播的情形(图 2-11)。

也可以把上述横波传播的关系用图 2-12 描述。当波到达 P 点时，它使 P 点周围的介质沿 ZZ' 轴旋转(ZZ' 和 z 轴平行)，旋转角为 ε。因为这里面对的是非常微小的应变，旋转角 ε 必定非常小，使得可以忽略位移的弯曲，P′点到 Q′点的位移和 P″点到 Q″点的位移，都可以看作平行于 y 轴。这样，随着波沿 x 轴的传播，介质在传播方向的横切变上产生位移，这也就是横波名字的来源。此外，在任意给定的时

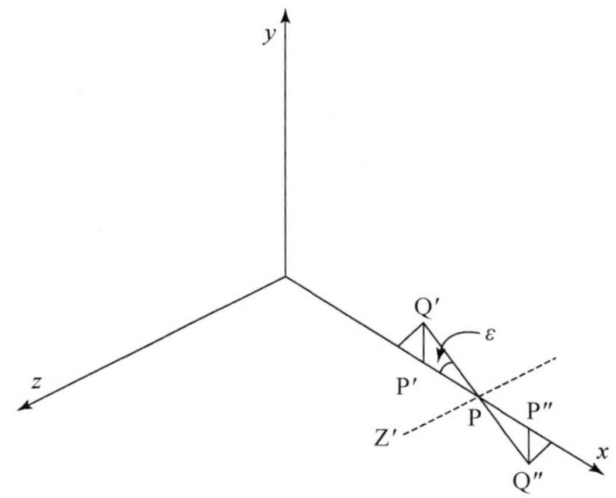

图 2-11　当横波穿过介质时,介质发生的旋转

刻,旋转量在点与点之间是变化的,所以,随着波的传播,介质所受剪切应力发生变化,这也就是横波有时称之为剪切波的原因。

在图 2-11 中,还可以选择波沿 θ_y 轴旋转,所以,横波具有两个自由度,而不像纵波,它仅有一个自由度,只沿着径向产生位移,在实际中,横波通常分解成为两个分量;平行于地面的分量和垂直于地面的分量,平行于地面的分量称为 SH 波,垂直于地面的分量称为 SV 波。当波的传播既不水平又不垂直时,可以把它分解成一个水平分量(SH)和一个垂直分量(SV),如无特别声明,以下凡提到横波,总是指 SV 波。

因为横波的两个自由度是相互独立的,横波可以只在一个平面内振动,即在某种情况下,只有一种类型的横波:SH 波或 SV 波。这种只存在一种横波的现象,称之为平面极化波。SH 波和 SV 波可以以同一频率出现,但有一个固定的相位差,在这种情况下,它的极化形状是个椭球体,横波的极化性质是在横波勘探中利用的一个方面。值得注意的是,在实际中不会产生球形对称的横波(在图 2-9 中有球形对称的纵波)。横波的振幅将会随传播方向发生变化。

在介质存在不均匀性和各向异性的情况下,有可能无法把波分解成单值的纵波或横波。然而,在大地中,介质的不均匀性和各向异性都比较小,纵横波的假设,一般会满足实际的需要。

2.4.2　位移和速度势

对波动式(2-48)和式(2-52)求解,解的形式是 Δ 和 θ。然而常常需要的是位移 u,v,w 或位移的速度 $\dot{u}=\mathrm{d}u/\mathrm{d}t$, $\dot{v}$ 和 $\dot{w}$。利用式(2-8)到式(2-12),很难根据 Δ

和 θ 求出位移和位移的速度。为了解决这些问题,可以利用势函数 $\phi(x,y,z,y)$ 和 $\chi(x,y,z,t)$,其中 ϕ 是纵波波动方程的解,χ 是横波波动方程的解,势函数是这样选择的,通过对势函数的求导数,可以得到位移 u,v,w(或 $\dot{u},\dot{v},\dot{w}$)。

下面给出选择势函数的简单实例,使得

$$\left.\begin{aligned}&\chi=0,\ \nabla\varphi=\zeta=(u\boldsymbol{i}+v\boldsymbol{j}+w\boldsymbol{k})\\&u=\frac{\partial\phi}{\partial x},v=\frac{\partial\phi}{\partial y},w=\frac{\partial\phi}{\partial z}\end{aligned}\right\}\tag{2-62}$$

这种选择仅对只存在纵波的情况是合法的,此时,Δ 是纵波方程的解。因此 ζ 是波动方程的解,所以 $\Delta=\nabla\cdot\zeta=\nabla^2\phi$ 也是波动方程的解(微分方程解的导数也是原方程的解)。置 $\chi=0$,即横波不存在。所以,这样选择的势函数,对于讨论波在流体中的传播也是合适的。

对于在三维固体介质中传播的波,ϕ 和 χ 可以这样定义

$$\zeta=\nabla\left(\phi+\frac{\partial\chi}{\partial z}\right)-\nabla^2\chi\boldsymbol{k}\tag{2-63}$$

该定义保证了 Δ 是纵波波动方程的解,Θ 是横波波动方程的解。

对于 xz 平面内的二维波动,ϕ 和 χ 可定义为

$$\left.\begin{aligned}&\zeta=\nabla\phi+\nabla\times\chi,\chi=-\chi\boldsymbol{j}\\&u=\frac{\partial\phi}{\partial x}+\frac{\partial\chi}{\partial z},w=\frac{\partial\phi}{\partial z}-\frac{\partial\chi}{\partial x}\end{aligned}\right\}\tag{2-64}$$

很容易证明,方程(2-12)和(2-13)可表示为

$$\left.\begin{aligned}&\Delta=\nabla\cdot\zeta=\nabla^2\varphi\\&2\Theta=\nabla\times\zeta=\nabla^2\chi\boldsymbol{j}\end{aligned}\right\}\tag{2-65}$$

使得 Δ 还是纵波波动方程的解,Θ 还是横波波动方程的解。

因为在波动方程的两边,同时对 t 求导数,波动方程仍然成立,所以,如果把位移矢量 ζ 的 u,v,w 用振动速度矢量 ζ 的 $\dot{u},\dot{v},\dot{w}$ 来代替,对于上述每种情况,都可以得到速度势。

2.4.3 流体介质中的波动方程

在流体中,只能传播纵波,所以,通常关心的是压力的变化,而不是像对固体介质那样,关心质点的位移和速度。式(2-62)可以用压力 $\wp$ 的形式来表达,如果把 ϕ 重新定义为

$$\nabla\phi=\dot{u}\boldsymbol{i}+\dot{v}\boldsymbol{j}+\dot{w}\boldsymbol{k},\ \dot{u}=\frac{\partial u}{\partial t}\text{等}\tag{2-66}$$

且在式(2-24)中,使

$$\sigma_{xy}=\sigma_{yz}=\sigma_{zx}=0,\sigma_{xx}=\sigma_{yy}=\sigma_{zz}=-\wp$$

这样,利用式(2-24)就会得到

$$\rho\frac{\partial^2 u}{\partial t^2}=-\frac{\partial\wp}{\partial t}=\text{沿 } x \text{ 方向的加速度} \tag{2-67}$$

同样,也可以得到沿 y 轴和 z 轴的类似关系。把加速度的三个分量加在一起,有

$$\rho\frac{\partial^2\phi}{\partial t^2}=-\nabla\wp$$

忽略由流体静压力引起的常数项(因为只关心压力的变化),并且仅考虑解的谐波形式

$$\phi=Ae^{j(kr-\omega t)}=Ae^{j\omega(r/\alpha-t)}$$

见式(2-56),得

$$\wp=-\rho\frac{\partial\phi}{\partial t}=j\omega\rho\phi \tag{2-68}$$

因此,$\wp$ 和 ϕ 都满足纵波波动方程[式(2-28)]。在流体中,纵波的速度变为 $\alpha=(k/\rho)^{1/2}$。

对于气体的情况,体积模量 k 取决于气体的压缩方式,恒温或绝热(绝热意味着在波的传播过程中,没有弹性能转化为热能)。在空气中传播的声波,其压缩方式基本上是一个绝热过程。所以,压力和体积满足热力学的绝热定律

$$\wp\,\Gamma^{\gamma}=\text{常数},$$

对于空气

$$\gamma=c_{\wp}/c_{\Gamma}\approx 1.4 \tag{2-69}$$

式中,$c_{\wp}$ 是在常压下的比热;c_{Γ} 是在体积不变情况下的比热。这样,式(2-18)可以写成

$$k=\frac{\Delta\wp}{\Delta/\Gamma}=-\frac{\Gamma\mathrm{d}\wp}{\mathrm{d}\Gamma}$$

式中,$\Delta\wp$ 是由于波的传播产生的压力变化。根据绝热定律,对式(2-69)微分($\mathrm{d}\wp/\mathrm{d}\Gamma=-\gamma\wp/\Gamma$),得 $k=\gamma\wp$。因此气体中的纵波速度为

$$\alpha=(\gamma\wp/\rho)^{1/2} \tag{2-70}$$

2.4.4 边界条件

当被传播到两种介质组成的界面时,会产生波的反射和折射,这些将在后面讨论。通过研究界面两边成力的关系和位移的关系,可以得到各种波之间的关系。而在两种介质的分界面上,应力和位移必定连续。

在图 2-12 中,有两个相邻点 R 和 S,分别位于两种介质中,在一般情况下,它们的法向应力是不相等的,该法向应力差异导致的净剩余量,会使它们之间的介质振动加速。但是,如果移动 R 点和 S 点的位置,使它们越来越接近,法向应力差会越来越小在极限状态下,可以使这两个点在界面上重合,此时,它们的法向应力必定相等。如果不是这样的话,就会对边界上无限薄的介质上,作用了一个有限的应力,当两个点无限接近时,介质的加速度趋于无穷。这种情况在波的传播过程中不会存在,所以,法向应力必定连续。基于同样的原理,切向应力也必定连续。归纳起来说,在边界上,应力的法向分量和切向分量必定连续。

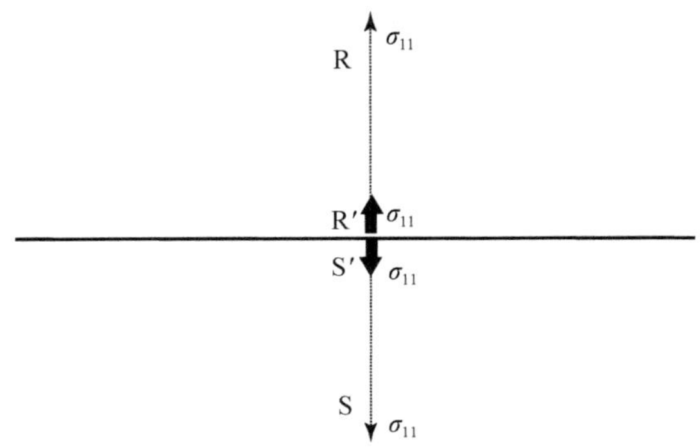

图 2-12　法向应力在界面上的连续性

在边界上,法向位移和切向位移也必定连续。如果法向位移不连续,介质或被相互分离,形成一个真空区,或者占据同一物理空间,这些都不可能发生。如果切向位移不连续,界面两边的介质以不同的方式运动,一种介质会在另一种介质上滑动。这些在波的传播过程中,都不可能发生。因此,位移必定连续。

当介质的分界面上下是固体和液体、固体和真空,或液体和真空时,边界条件的数目会减少。

2.4.5　球面波

当波是球对称时,势函数 $\phi=(1/r)f(t-r/V)$ 是波动方程的一个解。因此,径向位移为

$$u(r,t)=\frac{\partial\phi}{\partial t}=-\left(\frac{1}{r^2}\right)f\left(t-\frac{r}{V}\right)+\left(\frac{1}{r}\right)\frac{\partial}{\partial r}\left[f\left(t-\frac{r}{V}\right)\right] \tag{2-71}$$

对于简谐波,在距离为 $r=\lambda/2\pi$ 处,式(2-71)中的两项对位移 u 的贡献相当;但在远距离处,第一项衰减很快。这一点非常重要,第二项是远场源项,当波远离场源时,主要是第二项在起作用,而在近场源处,波场取决于两项。当用近场源处

的记录外推远场源处的波场时,有必要区分上述两项的作用。另一个值得注意的问题是,球面波动还会诱发形状畸变(图 2-13),导致剪切应变的产生。

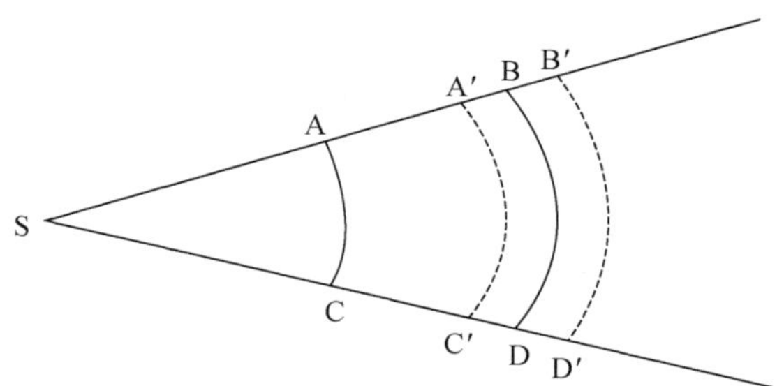

图 2-13　径向位移诱发的形状畸变

式(2-71)可用于计算由点震源激发的波场值,它以球对称的形式向外传播。如果波是由非常高的压力所产生,如用炸药震源激发,在震源附近,由于不满足虎克定律,波动方程不成立。为解决这一难题,通常用个半径为 r_0 的球面,把激发点包围起来。球半径的选择要确保当 $r \geqslant r_0$ 时,波动方程成立。如果给出了球面上的位移或压力,就可以外推球面以外的波场值。

现在考虑在 $r=r_0$ 的球面上给定位移 $u_0(t)$ 的情况下,如何计算该球面以外的位移 $u(r,t)$。令:$\zeta = t-(r-r_0)/V$,则位移势为

$$\left.\begin{aligned} \phi(r,t) &= (1/r) f(\zeta) \quad & \zeta \geqslant 0, r \geqslant r_0 \\ &= 0 & \zeta < 0 \end{aligned}\right\} \tag{2-72}$$

而位移位为

$$u(r,t) = \frac{\partial \phi}{\partial r} = -\left[\frac{1}{r^2} f(\zeta) + \frac{1}{rV}\frac{\mathrm{d}f(\zeta)}{\mathrm{d}\zeta}\right] \tag{2-73}$$

在 $r=r_0$ 处,$\zeta=t$ 且 $u(r,t)=u_0(t)$,其中 $u_0(t)$ 取决于激发震源。$u_0(t)$ 可表达为下述形式

$$u_0(t) = -\left[\frac{1}{r_0^2} f(t) + \frac{1}{r_0 V}\frac{\mathrm{d}f(t)}{\mathrm{d}t}\right] \tag{2-74}$$

把上式两边同乘以积分因子 e^{Vt/r_0},得

$$\frac{\mathrm{d}}{\mathrm{d}t}\left[e^{Vt/r_0} f(t)\right] = e^{Vt/r_0}\left[\frac{\mathrm{d}f(t)}{\mathrm{d}t} + \frac{V}{r_0} f(t)\right] = -r_0 V u_0(t) e^{Vt/r_0} \tag{2-75}$$

$$f(t) = -r_0 V e^{Vt/r_0} \int_0^t u_0(t) e^{Vt/r_0} \mathrm{d}t$$

注意积分下限为 $t=0$,它意味着波刚刚到达 r_0 球面的时刻;在此之前,$u_0(t)$ 等于 0。

如果要再继续计算,就得给出 $u_0(t)$。用下述函数去近似一个炸药震源在 r_0

处产生的位移

$$\left.\begin{aligned} u_0(t) &= ke^{-at} \quad t\geqslant 0, a>0 \\ &= 0 \quad t<0 \end{aligned}\right\} \tag{2-76}$$

则

$$f(t) = -r_0 Ve^{Vt/r_0}\int_0^t ke^{Vt/r_0}\mathrm{d}t = \frac{r_0 Vk}{V/r_0 - a}(e^{-Vt/r_0} - e^{-at})$$

把 t 替换成为 $\zeta=t-(r-r_0)/V$(该替换直接把 t 写成 ζ,表示任意 $r>r_0$ 的球面上未经$\frac{1}{r}$因子衰减的势函数,而不是用 $t=\zeta+(r-r_0)/V$ 作代换)。式(2-73)变为

$$u(r,t)=\frac{\partial\phi}{\partial r}=\frac{r_0 Vk}{r(V/r_0-a)}\left[\frac{V}{r_0}e^{-V\zeta/r_0}-ae^{-a\zeta}-\frac{V}{r}e^{-V\zeta/r_0}+\frac{V}{r}e^{-a\zeta}\right] \tag{2-77}$$

$$u(r,t)\approx\frac{r_0 Vk}{r(V/r_0-a)}\left(\frac{V}{r_0}e^{-V\zeta/r_0}-ae^{-a\zeta}\right), r\geqslant r_0 \tag{2-78}$$

其中后一个公式给出了远场源项的解。

式(2-77)和式(2-78)仅当 $\zeta>0$ 时成立,它意味着在 $t=(r-r_0)/V$ 之前,$u(r,t)$ 等于零,这也就是说波还没有到达那里。当 $t=(r-r_0)/V$ 时,$\zeta=0$,$u(r,t)=kr_0/r$。因此,在以 r 为半径的球面上,它的初始位移和以 r_0 为半径的球面一样,只是多了一个衰减因子 r_0/r,这说明位移 $u(r,t)$ 随传播距离呈反比衰减。还有,当 $t=\propto$ 时,$u=0$。当 $V(1/r_0-1/r)e^{-V\zeta/r_0}+(V/r-a)e^{-a\zeta}=0$ 时,也就是当

$$t=\frac{r-r_0}{V}+\frac{1}{V/r_0-a}\ln\frac{V(r-r_0)}{r_0 r(a-V/r)}$$

时,u 也等于零。只要$(V/r_0)>a>(V/r)$,t 就有一个正根,$u(r,t)$ 在此正根时变为零,这意味着位移要改变符号。因为在实际中 V/r_0 大,V/r 很快变小,在式(2-76)中一个各向均匀的脉冲,会在一定的传播距离之后,变成一个振荡的波。

利用不同的 $u_0(t)$,可以研究不同的以球对称震源激发的波动;给定不同的 $\wp_0(t)$,它表示在空心球面上的压力 $\wp_0(t)$,也可以研究不同的球对称波。在极限情况下,即式(2-76)的 a 趋于零,u_0 变成了一个阶跃函数 step(t),然后可以通过褶积,求得到其他输入 $u_0(t)$ 的结果。

2.5 波传播过程中的介质效应

2.5.1 能量密度和几何扩散

波通过介质时产生和介质波动有关的能量,这大概是波的一个最重要的特征。

通常,我们不关心波的全部能量,而只关心观测点周围的局部能量。能量密度定义为单位体积内的能量。

考虑一个球面简谐纵波,固定半径 r 的值,其径向位移为

$$u=A\cos(\omega t+\gamma)$$

式中,γ 是相位角;位移的变化范围从 $-A$ 到 $+A$。因为位移随时间变化,位移速度为 $\dot{u}=\partial u/\partial t$,在质点处有动能存在。体积为 $\delta\Gamma$ 的体元内包含的动能 δE_k 为

$$\delta E_k=\frac{1}{2}(\rho\delta\Gamma)\dot{u}^2$$

单位体积内的动能为

$$\frac{\delta E_k}{\delta\Gamma}=\frac{1}{2}\rho\ \dot{u}^2=\frac{1}{2}\rho\omega^2A^2\ \sin^2(\omega t+\gamma)$$

其变化范围从 0 到最大值 $\frac{1}{2}\rho\omega^2A^2$。

在波的传播过程中,由于弹性应变的作用,还产生出势能。当质点来回振荡时,能量就不断地从动能转化为势能,从势能转化为动能,但总能量保持不变,当质点的位移是 0 时,势能也等于零,动能达到最大值当位移达到最大值时,所有的能量都转化成了势能,动能等于 0。所以,总能量等于动能的最大值,诸波的能量密度为

$$E=\frac{1}{2}\rho\omega^2A^2=2\pi^2\rho V\nu^2A^2 \tag{2-79}$$

因此,能量密度和介质的密度成正比,和振幅的平方成正比,和波的频率的平方也成正比。

能流密度又称为能量强度,定义为单位时间内,在垂直于波传播的方向的单位面积上能量的通量。取一个无限小的柱体,其横截面为 $\delta\varphi$,柱体的轴平行于波传播的方向,长度等于波在 δt 时间内传播的距离。在该柱体内任意时刻 t 时,其总能量为 $EV\ \delta t\delta\varphi$,在 $t+\Delta t$ 时刻,所有的能量都从柱体的一端流出。用柱体的面积 $\delta\varphi$ 和穿过柱体的时间 δt 除以总能量,就得到单位时间、单位面积上能量的通量为

$$I=EV \tag{2-80}$$

对于简谐波,它变为

$$I=\frac{1}{2}\rho V\omega^2A^2=2\pi^2\rho V\nu^2A^2 \tag{2-81}$$

在图 2-14 中,显示了一个球面波,其波前从球心 O 向外扩散,画出足够大的半径,可以在两个波前面上定义两个部分,其面积分别为 φ_1 和 φ_2 对应的半径为 r_1 和 r_2。在单位时间内流出球冠 φ_1 的能量,必定和流出球冠 φ_2 的能量相等(因为能量

只沿径向流动)。单位时间内,能量的总流通量是能量强度和穿过面积的乘积,因此

$$I_1\varphi_1=I_2\varphi_2$$

因为 φ_1 和 φ_2 都和它们的半径平方成正比,于是

$$I_2/I_1=\varphi_1/\varphi_2=(r_1/r_2)^2$$

另外,从式(2-80)可知 E 与 I 成正比,因此有

$$I_2/I_1=E_2/E_1=(r_1/r_2)^2 \tag{2-82}$$

由此可见,几何扩散使球面波强度和能流密度都随距离的平方呈反比衰减,这种现象称为球面扩散。

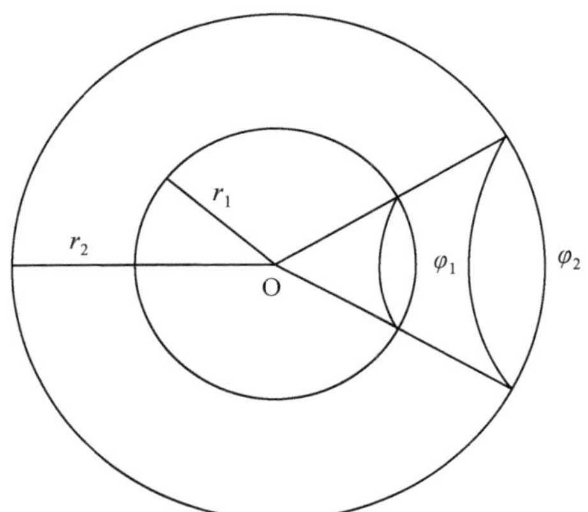

图 2-14　能量强度和传播距离的关系

平面波的能量不发散,因此其能量强度是一个常数。可以把图 2-14 当成一个柱面波的横剖面,柱面波由非常长的线性震源激发,φ_1 和 φ_2 是柱面波前的弧。因为弧和半径成正比,柱面扩散(cylindrical divergence)使得柱面波的强度和传播距离成反比,而不是和距离的平方成反比。因此,可以把式(2-82)写成

$$I_2/I_1=E_2/E_1=(r_1/r_2)^m \tag{2-83}$$

式中,$m=0,1$ 或 2,所对应的分别是平面波、柱面波或球面波的扩散。

能量比和能量强度比常用分贝(dB)表示:

$$\mathrm{dB}=10\ \lg(E_2/E_1)=10\ \lg(I_2/I_1)$$

因为能量和能量强度与振幅的平方成正比,分贝又可以表示为 $\mathrm{dB}=20\ \lg(A_2/A_1)$。有时也用振幅比的自然对数作为衡量单位。

以上讨论假定了速度是常数,而实际地震波的速度通常随深度而增加,使得地震波扩散更快。常常用 V_s^2t 因子来代替距离,其中 V_s 为叠加速度。在这种情况下,尽管波前已经不是球面了,"球面扩散"这个术语却仍然使用。

2.5.2 吸收

（1）概述

上节中，已考虑能量分布的几何关系，隐含的一个假定是波能不转化为其他形式的能量。但在实际中，随着波在介质中的传播，由波产生的弹性能将逐渐被介质吸收，最后都转换成热能。弹性能转换成热能的过程称为吸收。波动最终彻底消失，完全是由吸收作用造成的。

吸收的测定非常困难。吸收会造成波的衰减，还有其他因素也会造成波的衰减，所以，很难从衰减测定中把吸收分离出来。另外，吸收还随着频率而变化，如何把实验室测定的结果应用于地震波实际传播，还没有完全弄清楚。

（2）吸收的表达方法

岩石对地震波的吸收作用，使得地震波的振幅呈指数衰减。所以，可以把因吸收引起的振幅衰减表示为

$$A=A_0e^{-\eta x} \tag{2-84}$$

式中，A 和 A_0 是距离为 x 的两点处平面波的振幅值；η 是吸收系数。

吸收的另外一种表达形式是振幅随时间的衰减。为了把它和 η 联系起来，假定波是周期性的

$$A=A_0e^{-hx}\cos 2\pi vt \tag{2-85}$$

它表示在某固定位置测定的吸收。h 称作阻尼因子。对数衰减 δ 定义为

$$\delta=\ln\left(\frac{振幅}{1\ 个周期后的振幅}\right) \tag{2-86}$$

用阻尼因子来表达 δ，有

$$\delta=hT=h/v=2\pi h/\omega \tag{2-87}$$

式中，T 是周期；δ 的单位是奈培；品质因子 Q 定义为

$$Q=2\pi/每周能量损失的部分=2\pi(E/\Delta E) \tag{2-88}$$

因为能量和振幅的平方成正比，$E=E_0e^{-2ht}$，$\Delta E/E_0=2h\Delta t$，令 $\Delta t=T$，得到 $\ln(E_0/E_T)=2hT=2\delta$，因此

$$Q=\pi/hT=\pi\delta \tag{2-89}$$

如果振幅为 e^{hnt} 的波，经过 n 次振荡之后，振幅衰减为 e。则 $e^{hnt}=e$，$n=1/hT$，那么

$$Q=n\pi \tag{2-90}$$

Q 值还有另一种表达方式：$Q=\cot\phi$，其中 ϕ 是损失角。

在一个周期内，波传播的距离是一个波长。如果能量的衰减完全是由吸收造成的，$hT=\eta\lambda$［根据式（2-84）和式（2-85）］，就可以把 η、δ 和 Q 三者之间的关系

写成

$$Q=\pi/\eta\lambda=\omega/2\eta v=\pi/\delta \tag{2-91}$$

图 2-15 的震源位于地表,检波器推靠在井壁上。标有“扩散”的曲线是根据声波测井计算的,标有“扩散加透射损失”的曲线还考虑了波在界面上的传播损失(图 2-15)。标有 20Hz、40Hz 和 60Hz 的曲线是在那些频率上的衰减曲线。

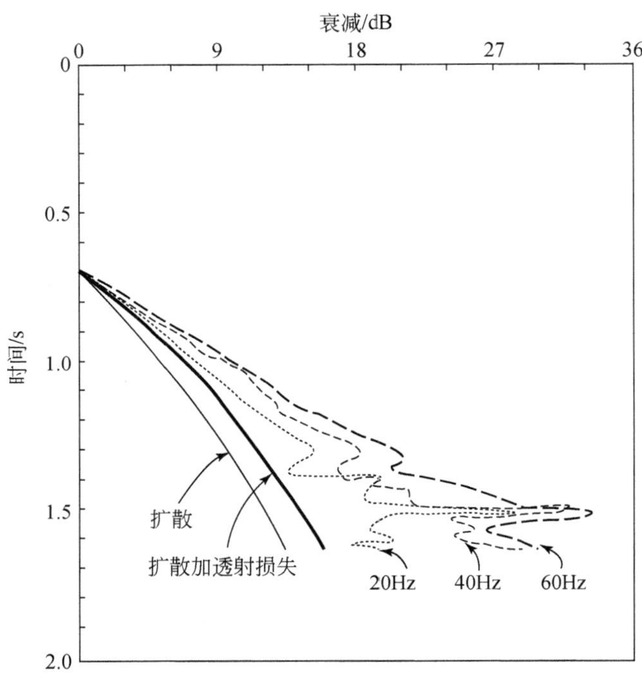

图 2-15　振幅随单程传播时间的衰减

如果允许弹性系数是复数,可以从式(2-56)直接得到由式(2-84)表示的吸收形式。实数的弹性系数对应的是没有吸收功能的介质,复数的弹性系数意味着吸收使振幅呈指数衰减。复数弹性系数会生成复数速度值。如果式(2-56)中的 $1/V$ 用 $1/V+j\eta/\omega$ 代替 $\psi=\mathrm{A}e^{j\omega[r(1/V+j\eta/\omega)-t]}=\mathrm{A}e^{-\eta r}e^{j\omega(r/V-t)}$ 它和式(2-84)相当。

2.5.3　反射和折射:斯内尔定律

不管什么时候,只要波遇到弹性性质突变,如在两个地层的分界面处,一部分能量就会反射回来,而且反射能量和入射能量都在同一介质中,剩余的能量就会折射到另外一种介质中,并且以不同的方向传播。反射和折射是地震勘探的基础,将加以详细的讨论。

可以用惠更斯原理导出熟知的折射和反射定律,考虑一个平面波前 AB,入射到如图 2-16 所示的平界面上。当 A 点到达界面时,AB 的新位置为 $A'B'$。此时,B′需传播一段距离 $B'R$,才能到达界面。如果 $B'R=V_1\Delta t$,则 Δt 是波传播到 A′点和 R 点之间的时间间隔。根据惠更斯原理,在 Δt 的时间间隔内,到达 A′点的能量既可以向上传播,其传播距离为 $V_1\Delta t$,也可以向下传播,其传播距离为 $V_2\Delta t$。以 A′点为圈心,以 $V_1\Delta t$ 为半径画弧,从 R 点作弧线的切线,相交于 S 点;以 $V_2\Delta t$ 为半径画弧,从 R 点作弧的切线相交于 T 点。RS 是在上层介质的新波前,RT 是在下层介质的新波前。在切点 S 处的角度是一个直角,并且 $A'S=V_1\Delta t=B'R$,所以,$\triangle A'B'R$ 和 $\triangle A'SR$ 全等,即反射角 θ_1' 等于入射角 θ_1,这就是反射定律。对于折射波,因为在 T 点处的角是直角,有

$$V_2\Delta t=A'R\sin\theta_2$$

和

$$V_1\Delta t=A'R\sin\theta_1$$

因此

$$\frac{\sin\theta_1}{V_1}=\frac{\sin\theta_2}{V_2}=p \tag{2-92}$$

式中,角 θ_2 称为折射角。式(2-92)称为折射定律,也叫斯内尔定律。入射角、反射角和折射角一般由射线到界面法线的角度来表示,在各向同性介质中,它们和波前到界面的角度相等。反射定律和折射定律可以用一句话表达。在界面上,入射波、反射波和折射波的 $p=\sin\theta_i/V_i$ 值相等。其中 p 称为射线参数。后面的章节将证明,斯内尔定律对于 P 点到 S 点(或 S 点到 P 点)的转换波仍然成立,它是广义的斯内尔定律。在下面章节的引用中,都简称斯内尔定律。

当介质是由一系列水平底层组成时,不管对反射射线或是折射射线,只要它们源于同一条初始射线,斯内尔定律就要求射线参数 p 处处相同。以上推导假定了平界面,因此反射是镜像的,如果界面上有凸起,设其高度为 d,则从凸起部位的反射要超前 $2d$,但当 $2d/\lambda<\frac{1}{4}$时,即 $d<\lambda/8$,凸起可以忽略(瑞利准则)。大多数界面对地震波都满足这一准则,当倾斜界面时,该准则就不严格了。对于相对粗糙点的平面,反射仍可以认为是镜像的。

V_2 小于 V_1 时,θ_2 小于 θ_1。然而,V_2 大于 V_1 时,θ_2 可达 90°[当 $\theta_1=\sin^{-1}(V_1/V_2)$]。此时,折射波沿界面传播。$\theta_2=90°$时的入射角定义为临界角 θ_c,显然

$$\sin\theta_c=V_1/V_2 \tag{2-93}$$

当入射角大于临界角 θ_c 时，用实数角度无法满足斯内尔定律，因为 $\sin\theta_2$ 不能超过 1，此时会出现全反射但这不意味着 100% 的入射能量都以同样形式的波反射回来，因为还会产生转换波和倏逝波。

现在对于 $\theta_1<\theta_c$ 的情况（图 2-16），可以用斯内尔定律写成

$$\sin\theta_2=(V_1/V_2)/\sin\theta_1=\sin\left(\frac{1}{2}\pi-j\theta\right)=\cos(j\theta)=\cosh\theta=1$$

$$n=\cos\theta_2=\sin j\theta=j\sinh\theta$$

因此，式(2-56)变为

$$\psi=\mathrm{A}e^{-(\omega z/V)\sinh\theta}e^{j\omega[(x/V)\cosh\theta-t]} \tag{2-94}$$

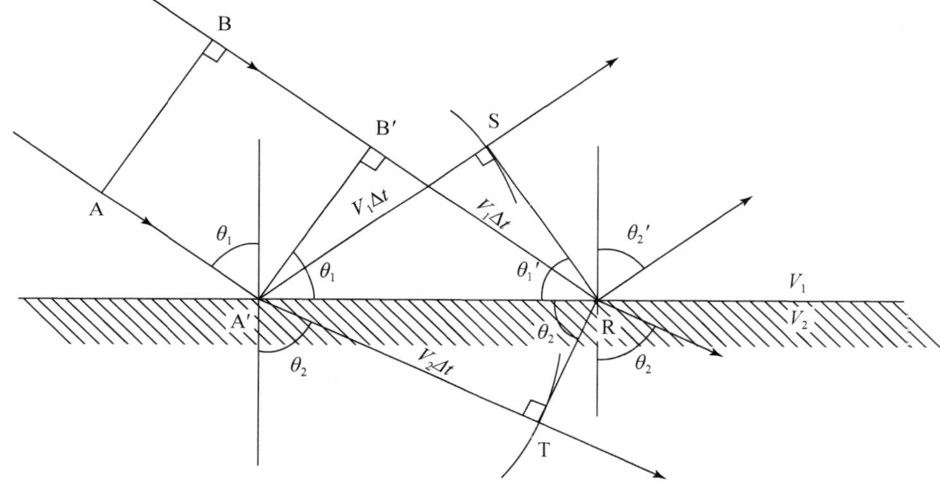

图 2-16　平面波的反射与折射

如果在图 2-17 中取 θ 为负角度，只对式(2-96)的右端第一个指数项变一个负号就行了。因此，倏逝波可以在界面的两边存在，其振幅随离开界面的距离呈指数衰减，衰减率和 $\sinh\theta$ 成正比，在切面角 $\theta_1=\frac{1}{2}\pi$ 处，衰减率最大。入射角超过临界角时，引入虚角度，意味着反射系数是复数且会产生相位移。反射系数的相位移都是入射角的复合函数。在确定射线路径、入射波的走时和利用波的走时确定反射界面时斯内尔定律非常有用，但它不能给出反射波和透射波的振幅信息。

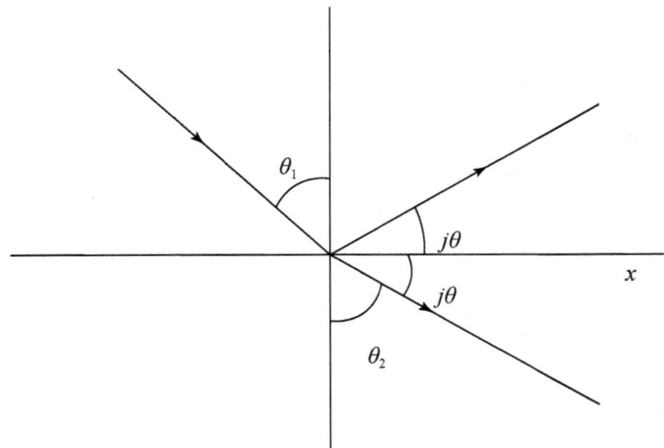

图 2-17　反射波和折射波的虚角度

第三章 绕射的基本概念

3.1 波的绕射

波在传播过程中会被较大的障碍物挡住,并在障碍物背后形成一个没有波的阴影区。但当障碍物较小时,波就会绕过障碍物继续传播。这种波绕过障碍物继续传播的现象被称为波的绕射。当波在传播过程中遇到狭缝时,按照波直线传播的思想,波只能透过狭缝沿狭缝的宽度直线继续向前传播,但实际上,波透过狭缝后,会以狭缝为新的波源,在比狭缝大的多的更宽广的区域内传播,这也是波的绕射现象。

绕射是指当波遇到障碍物或狭缝时发生的各种现象。它被定义为波在传播过程中遇到障碍物或狭缝后,弯向障碍物或狭缝的几何阴影区继续传播,并在阴影区形成特定的绕射图像。

在上述的两个例子中,当障碍物的尺寸很大时,障碍物的后面不会发生波的绕射现象。当障碍物的尺寸和波长相近时,障碍物后面的出现明显绕射;障碍物越小,绕射越明显。同样,当狭缝的尺寸远大于波长时,波透过狭缝以直线的形式继续向前传播。波的传播仅限于和狭缝同样大小的条带内,波列仍呈直线,且相互平行。当狭缝的尺寸接近波长时,波透过狭缝传播的范围明显加大,波列出现明显弯曲。狭缝的尺寸越小,波透过狭缝传播的范围越大,绕射现象越明显。如果保持障碍物或狭缝的尺寸不变而改变波长时,会得出同样的结果,即当波长和障碍物的尺寸相当时,出现绕射现象,障碍物的尺寸越小,绕射越明显。

3.2 绕射的例子

波的绕射是日常生活中的常见现象。人们构筑了防波堤试图挡住外海的波浪,但海浪仍可以绕过防波堤进入港池,即使在港池内仍可以观察到明显的波浪存在。图 3-1 中一个池塘通过很窄的开口同外海相连,但我们在池塘中观察到了明显的波动现象。这就是外海的波动在防波堤的末端和池塘开口处发生了绕射。外海的波动以绕射波的形式传递进入港池和池塘。在空气中传播的声波同样会发生绕射,这就是即使在树的背后或者是一堵墙的背后也能听到声音的字母。如上所述,发生绕射的条件是障碍物或狭缝的尺寸和波长相当。由于光波的波长很小,所以在日常生活中,光的衍射(在光学中,中文一般使用“衍射”一词,但“绕射”和“衍射”的英文都为同一个词“diffraction”。本书根据中文习惯,对有关光的描述,使用“衍射”一词,其他则使用“绕射”一词,两者无本质区别)并不容易被观察到。但一些现代产品,如 CD 或 DVD,由于其上紧密间隔的轨道间距很小,可以和光波的波长相比较,所以我们用肉眼在光盘上可以看到大家所熟悉的彩虹图样,这也是光波的绕射。我们在信用卡上用肉眼所能看到的全息图像也同样是光波衍射的例子。

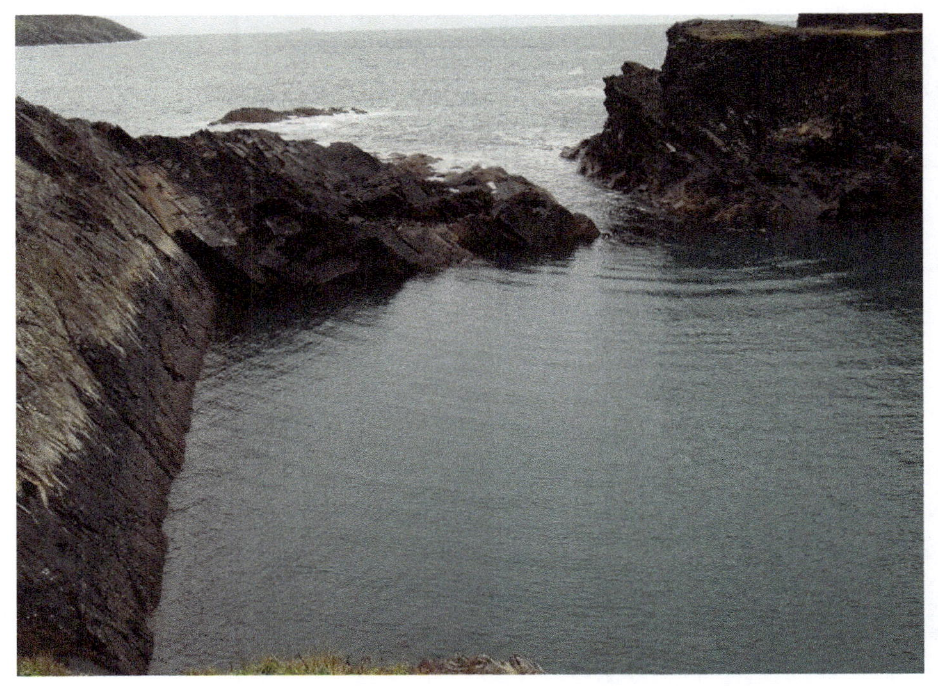

图 3-1 外海的波动在池塘入口发生绕射形成圆形波纹

3.3 研究历史

光的衍射效应最早是由弗朗西斯科·格里马第(Francesco Grimaldi)于 1660 年发现并加以描述。他也是“diffraction”一词的创始人。这个词源于拉丁语词汇 diffringere,意为“成为碎片”,即波原来的传播方向被“打碎”发散至不同的方向。他提出,“光不仅会沿直线传播、折射和反射,还能够以第四种方式传播,即通过衍射的形式传播”。他的成果于 1665 年发表。

荷兰科学家惠更斯(1629—1695)在1678年向巴黎科学院报告了其波动光学理论,其中包括对光衍射的研究。惠更斯的光学研究发表于1690年,这是人类历史上第一个用数学对光学进行理论描述的著作。英国科学家艾萨克·牛顿(1643—1727)对光的绕射现象进行研究(1666~1704年),认为光是由粒子构成,衍射是因为光线发生了弯曲。由于牛顿在学界的权威,光的粒子说在很长一段时间占有主流位置,也压制了惠更斯关于光的波动学说。

1803年,托马斯·杨进行了著名的"双缝实验"(图3-2)。在这个实验中,他把遮光挡板放置于光源和观测屏之间,并在遮光挡板上开了两条平行的狭缝。当光穿过狭缝并照射到挡板后面的观察屏上时,观察屏上出现了明暗相间的条纹。托马斯·杨把他的实验结果解释为光的衍射和干涉,并进一步推测光一定具有波动性质。在此基础上菲涅耳对光的衍射进行了扎实的实验和计算,支持了托马斯·杨的实验和结论,支持了惠更斯最早提出的光的波动说。菲涅耳的成果发表于1815年和1818年。

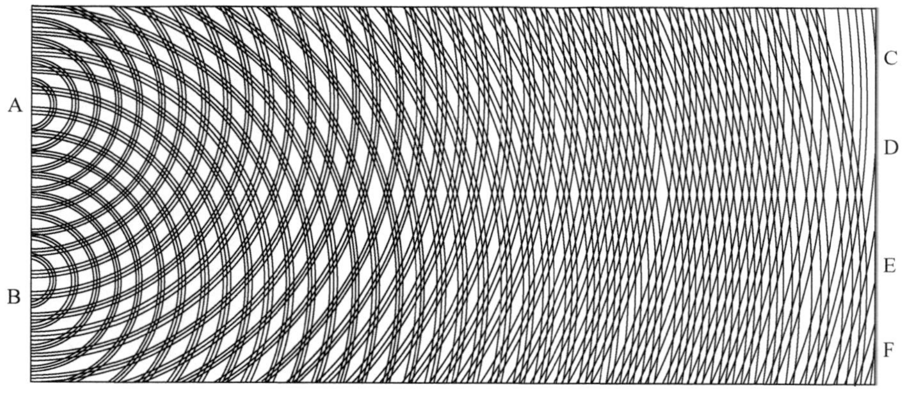

图3-2 1803年托马斯·杨向皇家学会提出的双孔衍射原理解释图

3.4 惠更斯原理

在介质中传播的无论是平面波还是球面波,波前面上的每一点都可以看作是一个发射子波的子波源。子波的波速与频率等于波前面上波源的波速和频率。此后每一时刻这些子波波面的包络就是该时刻新的波动的波前面。这就是惠更斯原理(图3-3)。

惠更斯原理不仅可以很好地解释波的直线传播、反射和折射,同时也能很好地解释波的绕射。根据惠更斯原理,在波向前传播的过程中遇到障碍物或狭缝时,障碍物或狭缝上的各点都可以看作新的子波源。新的子波源在障碍物或狭缝处发出

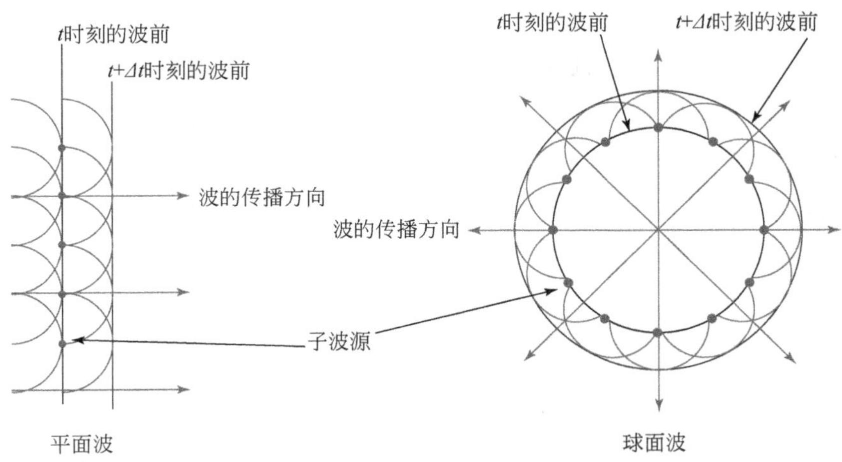

图 3-3　惠更斯原理

新的子波。所有新子波的包络面就是新的波面。波遇到障碍物或狭缝后沿着这个新的波面向前传播。在遇到障碍物或狭缝前,波面是平行的。但遇到障碍物或狭缝后,波面不再平行。新的波面在障碍物或狭缝边缘处发生了明显弯曲。新波面的尺寸大于障碍物或狭缝的尺寸。新的弯曲的波面作为新的子波源继续向前传播后,下一列波面发生了更大的弯曲。如果障碍物或狭缝足够小,可以看作一个子波源。新的子波源透过狭缝把振动向障碍物或狭缝后的各个方向传播,新的波面弯曲更加明显(图 3-4)。这就是惠更斯原理对波的绕射的解释。

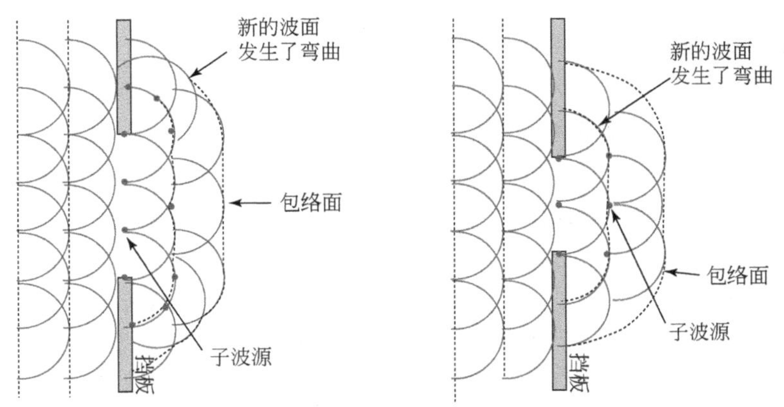

图 3-4　惠更斯原理解释波的绕射
左:狭缝的尺寸大于波长;右:狭缝的尺寸和波长相当

惠更斯原理的核心思想是:介质中任一处的波动状态是由各处的波动总和决

定的。光的直线传播、反射、折射等都能以此来进行较好的解释。此外,惠更斯原理还可解释晶体的双折射现象。但是,原始的惠更斯原理是比较粗糙的,用它不能解释衍射现象,而且惠更斯原理还会导致有倒退波的存在,而这显然是不存在的。

由于惠更斯原理的次波假设不涉及波的时空周期特性(波长、振幅和位相),虽然其能说明波在障碍物后面拐弯偏离直线传播的现象,但实际上,光的绕射现象要细微的多,例如还有明暗相间的条纹出现,表明各点的振幅大小不等,对此惠更斯原理不能很好地解释。

3.5 惠更斯—菲涅耳原理

无论是牛顿还是惠更斯都没能对衍射现象做出很好的解释。按照光线直线传播来推断,障碍物后面阴影区的边缘应该是清晰的,而不应该出现条纹以及条纹间模糊的边界。牛顿将衍射称为“弯曲”。他假定光线在传播过程中遇到障碍物发生了弯曲,但他并没有对此给出定量解释。惠更斯对波前和波包络的假设,如果不加修订的话同样难以对衍射做出解释。

托马斯·杨在 1801 年对惠更斯原理做出了两点补充:一是,障碍物边缘附近的二次波会发散到阴影区中,但由于数量有限,因此阴影区中波动的振幅较弱;二是,在障碍物边缘发生的衍射是由反射和折射光线之间的干涉引起的。托马斯·杨最早在衍射研究中提到了绕射强度和波长的相关性。在 1803 年,托马斯·杨首次证明了障碍物后面阴影区的衍射条纹是由波的干涉引起。当障碍物一侧的光被遮挡时,阴影区的衍射条纹即消失。在菲涅耳之前,托马斯·杨是唯一一个站在光的波动立场上开展绕射研究的科学家。

法国科学家菲涅耳(1788—1827)在光学方面的研究成果,使人们彻底接受了光的波动学说,而不再相信牛顿的粒子说。

菲涅耳将惠更斯的次波原理和杨氏干涉原理进行了数学表达,并假设单色光由正弦波构成,菲涅耳成功给出了衍射的解释,包括首次对波的直线传播给出了基于波动的解释(图 3-5)。

基于波动思想,他证明了相同频率但不同相位的正弦函数的加入类似于不同方向的力的加入。同样基于波动思想,他详尽解释了光的偏振现象。在惠更斯原理的基础上,他给出了描述次波基本特征(相位和振幅)的定量表达式,并在杨氏干涉的基础上增加了“次波相干叠加”的原理,从而发展成为惠更斯—菲涅耳原理。这个原理的内容表述如下。

面积元 dS 所发出的各次波的振幅和相位满足下面四个假设。

1) 在波动理论中,波面是一个等相位面。因而可以认为波面上各点所发出的所有子波都有相同的初位相(可令其为零)。

2) 子波在 P 点处所引起的振动的振幅与 r 成反比。这相当于表明子波是球面波。

3) 从面元 $\mathrm{d}S$ 所发出的子波在 P 处的振幅正比于 $\mathrm{d}S$ 的面积,且与倾角 θ 有关,其中 θ 为 $\mathrm{d}S$ 的法线 N 与 $\mathrm{d}S$ 到 P 点的连线 r 之间的夹角,即从 $\mathrm{d}S$ 发出的子波到达 P 点时的振幅随 θ 的增大而减小(倾斜因数)。

4) 子波在 P 点处的位相,由光程 nr 决定。

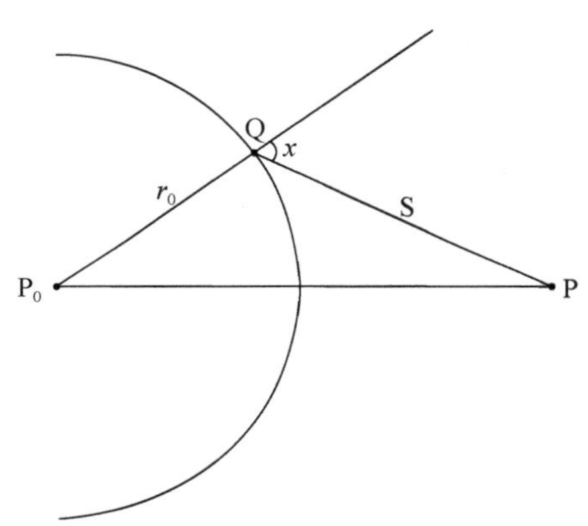

图 3-5 菲涅耳的波场计算

设,在点源 P_0 处的振动用复数 U_0 表示,频率为 f,波长 λ,波数 $\kappa=2\pi/\lambda$。在距离震源 P_0 点 r_0 处 Q 点的振幅为

$$U(r_0)=\frac{U_0e^{ikr_0}}{r_0}$$

由于振幅随着传播距离的增大不断降低,相位随波数的倍数距离而变化。利用惠更斯理论和波叠加原理,菲涅耳把所有来自半径为 r_0 球面上的所有振动在 P 点处的叠加来求取 P 点处的复振幅。为和实验结果相一致,菲涅耳发现,来自球体上的次级波的单个贡献必须乘以常数,即 $-i/\lambda$,并要再乘以一个附加倾斜因子 $K(x)$。第一个假设意味着次级波相对于主次波在相位上的四分之一周期振荡,并且次波的幅值为 $1:\lambda$ 比一次波。他还假设当 $x=0$ 时 $K(x)$ 具有最大值,$x=2\pi$ 时,为 0。从而在 P 点的振幅为

$$U(P)=-\frac{i}{\lambda}U(r_0)\int_S\frac{e^{iks}}{s}K(x)\mathrm{d}S$$

式中,S 为球面;s 为 Q 和 P 之间的距离。

菲涅耳利用小区构建的方法来确定每个小区的 k 值,这可以使他的计算和实验相符。菲涅耳所做的各种假设都在后期的克希霍夫绕射方程给予了描述。对克

希霍夫方程来说，惠更斯—菲涅耳原理克希霍夫方程的一个近似。克希霍夫给出了 $K(x)$ 的表达：

$$K(x)=\frac{1}{2}(1+\cos x) \tag{3-1}$$

在惠更斯—菲涅耳原理中，在 $x=0$ 处，k 取得极大值，但在，$x=2\pi$ 时，k 不为0。

3.6 叠加与干涉

介质中同时存在几列波时，每列波能保持各自的传播规律而不互相干扰。在波的重叠区域里，各点振动的物理量等于各列波在该点引起的物理量的矢量和。在两列波重叠的区域里，任何一个质点同时参与两个振动，其振动位移等于这两列波分别引起的位移的矢量和，当两列波振动方向在同一直线上时，这两个位移的矢量和在选定正方向后可简化为代数和。这是波的叠加原理。

物理学中，干涉是两列或两列以上频率相同、振动方向平行、相位差恒定的波在空间中重叠时发生叠加，使某些地方的振动始终加强，或始终减弱的现象。例如在池塘中两个频率相同的点波源产生的波动。在两列波重叠的区域会发现波的振动不再是同心圆，波幅的大小随位置的不同而出现明显变化。当两列波重叠时，在特定点处的波幅是原来两个波波幅的总和，波幅大的区域相当于原来两列波振幅的和，而波幅小的区域则有可能为零。这种振幅的重新分布被称作“波的干涉”（图 3-6）。

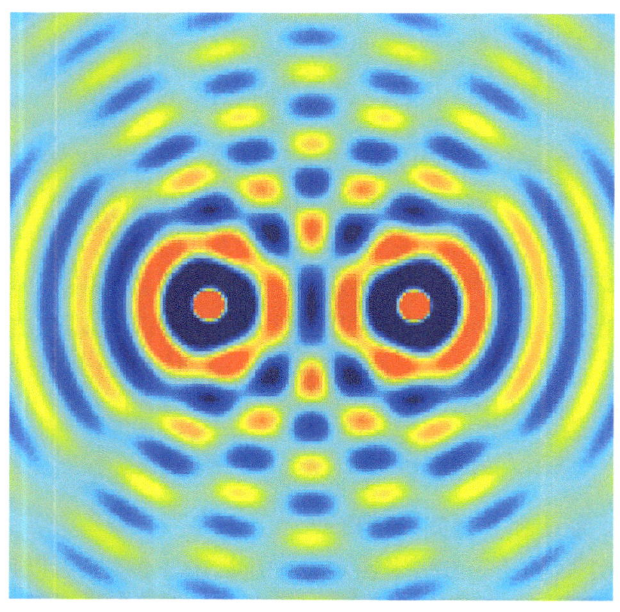

图 3-6　波的干涉

在历史上,干涉现象及其相关实验是证明光的波动性的重要依据,1807 年,托马斯·杨总结出版了他的《自然哲学讲义》,里面综合整理了他在光学方面的工作,并在里面第一次描述了双缝实验。但光的这种干涉性质直到 19 世纪初才逐渐被人们发现,主要原因是相干光源不易获得。为了获得可以观测到可见光干涉的相干光源,人们发明制造了各种产生相干光的光学器件以及干涉仪,这些干涉仪在当时都具有非常高的测量精度。

光的干涉是一种常见的现象,可以通过波的叠加来进行解释。但是对光干涉的深入理解需要知道由于量子力学引起的光的波粒子对偶性。光干涉的主要例子是著名的双缝实验、激光散斑、抗反射涂层和干涉仪。根据惠更斯-菲涅耳原理,传统的波模型被认为是理解光干涉的基础。

波叠加原理表明,当两个或多个相同类型的波传播到同一点时,如果一个波峰与另一个波的波峰相遇时,在该点上的总振幅为两个振幅的和,这是相加干涉。如果一个波的波峰与另一个波的波谷相遇,那么振幅等于单个振幅的差,这就是所谓的相减干涉。图 3-7 为在肥皂膜中的彩色干涉图案的放大图像。“黑洞”为相减干扰的区域。

图 3-7　肥皂膜上光的相减干涉出现的黑洞

沿 x 轴向右传播的正弦波的振幅可表示为

$$U_1(x,t)=A\cos(kx-\omega t) \tag{3-2}$$

式中,A 为峰值振幅;$k=2\pi\lambda$ 为波数;$\omega=2\pi f$ 为角频率。

假设另一列同频率,同振幅,不同相位的波,同样沿 x 轴向右传播。其振幅表示为

$$U_2(x,t)=A\cos(kx-\omega t+\varphi) \tag{3-3}$$

式中,φ 为两列波的相位差。两列波相遇后会相互叠加为

$$U_1+U_2=A[\cos(kx-\omega t)+\cos(kx-\omega t+\varphi)] \tag{3-4}$$

根据 $\cos a+\cos b=2\cos\left(\frac{a-b}{2}\right)\cos\left(\frac{a+b}{2}\right)$,上式写为

$$U_1+U_2=2A\cos\frac{\varphi}{2}\cos\left(kx-\omega t+\frac{\varphi}{2}\right) \tag{3-5}$$

这表示叠加后的波列以原来的频率沿 x 轴向右传播,其振幅正比于 $\cos\frac{\varphi}{2}$。这样,相加干涉的条件为:相位差为 π 的偶数倍:

$$\varphi=\cdots-4\pi,-2\pi,0,2\pi,4\pi,\cdots$$

从而

$$\left|\cos\frac{\varphi}{2}\right|=1$$

叠加后波的振幅是原来波列振幅的两倍:

$$U_1+U_2=2A\cos(kx-\omega t) \tag{3-6}$$

相减干涉的条件为:相位差为 π 的奇数倍

$$\varphi=\cdots-3\pi,-\pi,0,\pi,3\pi,\cdots$$

从而

$$\left|\cos\frac{\varphi}{2}\right|=0,$$

叠加后波的振幅是0,

$$U_1+U_2=0 \tag{3-7}$$

下面给出一个平面波干涉的例子。

两列平面波频率相同,其中一列水平向右传播;另一列向右下传播。两者夹角为 θ。假设两列波在 B 点处同相位。则在 A 点处,两者的相位差为

$$\Delta\varphi=\frac{2\pi}{\lambda}=\frac{2\pi x\sin\theta}{\lambda} \tag{3-8}$$

从上式可以看出,当

$$\frac{x\sin\theta}{\lambda}=0,\pm1,\pm2,\cdots$$

两列波同相。而当

$$\frac{x\sin\theta}{\lambda}=\pm\frac{1}{2},\pm\frac{3}{2},\cdots$$

两列波半周期异相。

这样，两列波同相时，发生相加干涉，两列波半周期异相时，发生相减干涉。这在平面上会形成相干条纹（图 3-8）。相干条纹的最大宽度为

$$d_f = \frac{\lambda}{\sin\theta} \tag{3-9}$$

可以看出，条纹宽度 d_f 随波张的增大而增大，随波列夹角的增大而减小。

在波列重叠的区域，干涉条纹稳定存在。它其实显示了波场能量的重新分布。

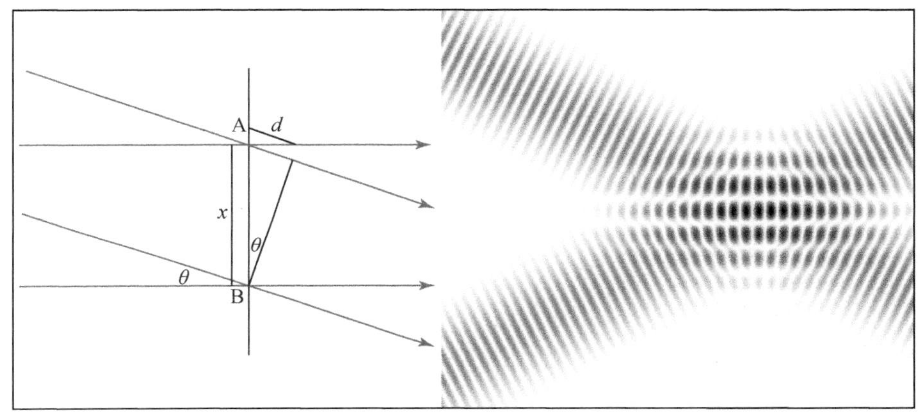

图 3-8　平面波的干涉

3.7　克希霍夫衍射公式

克希霍夫衍射公式（也即菲涅耳—克希霍夫衍射公式）可用于光传播的解析模拟和数值模拟，它给出了当单色球面光波通过不透明屏幕上的狭缝后的振幅表达式。该方程是通过对基于格林定理的克希霍夫积分定理进行几次近似而得到的。

克希霍夫积分定理，有时称为菲涅耳—克希霍夫积分定理，利用 Green 的恒等式，以波方程的解的值及其在任意包含 P 点面元上所有点的一阶导数，导出任意点 P 上齐次波方程的解（图 3-9）。

由积分定理给出的单色光源的解为

$$U(P) = \frac{1}{4\lambda}\int_S \left[U\frac{\partial}{\partial n}\left(\frac{e^{iks}}{s}\right) - \frac{e^{iks}}{s}\frac{\partial U}{\partial n}\right]\mathrm{d}S \tag{3-10}$$

式中，$U(P)$ 是波在 P 点的复振幅；k 是波数；s 是 P 点到球面的距离。

假设 $U(P)$ 和 $\frac{\partial U}{\partial n}$ 在狭缝的边界不连续，观测点到点源的距离以及球面 S 的尺寸远大于波长 λ。

考虑 P_0 点上的单色点光源透过狭缝照亮观测屏幕。点源发射光波能量和振幅都随传播距离的增大而下降。在距离 r 上给出波动的复振幅为

$$U(r)=\frac{ae^{ikr}}{r} \tag{3-11}$$

式中，a 为点源处光波的振幅。

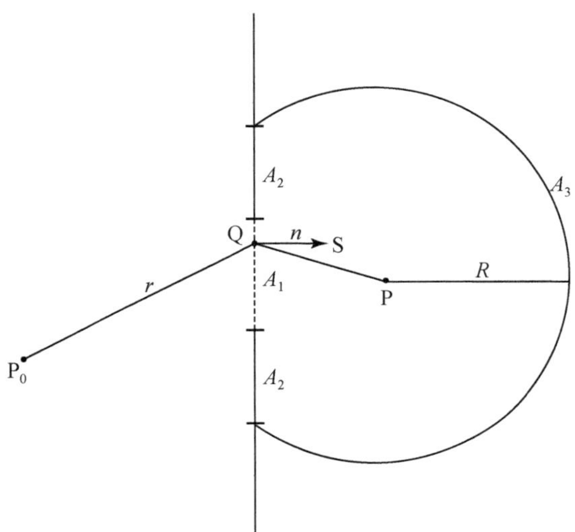

图 3-9　克希霍夫衍射方程推导示意图

通过将积分定理应用于由半径为 R 的球体与衍射屏的交点形成的闭合表面，可以找到点 P 处的扰动。在区域 A_1、A_2 和 A_3 上的积分可表示为如下形式

$$U(P)=\frac{1}{4\pi}\left\{\int_{A_1}+\int_{A_2}+\int_{A_3}\left[U\frac{\partial}{\partial n}\left(\frac{e^{iks}}{s}\right)-\frac{e^{iks}}{s}\frac{\partial U}{\partial n}\right]\right\}\mathrm{d}S \tag{3-12}$$

为了求解上面方程，假设区域 A_1 中的 U 和 $\partial u/\partial n$ 的值与衍射屏不存在时的值相同，在 Q 点处可得

$$U_{A_1}=\frac{\alpha e^{ikr}}{r}$$

$$\frac{\partial U_{A_1}}{\partial n}=\frac{\alpha e^{ikr}}{r}\left[ik-\frac{1}{r}\right]\cos(n,r) \tag{3-13}$$

式中，r 是长度 P_0Q；(n,r) 是 P_0Q 和孔径法线之间的角度。

克希霍夫假设 A_2 中的 U 和 $\partial u/\partial n$ 的值为零。这意味着 U 和 $\partial u/\partial n$ 在孔的边缘处是不连续的。情况并非如此，这是推导方程时使用的一种近似。这些假设有时被称为克希霍夫的边界条件。

A_3 对积分的贡献也假设为零。做这样的假设：

点光源在特定时间开始发射，R 足够大是合理的，这样当考虑 P 处的扰动时，A_3 的贡献就足够小。这样的波就不再是单色的。对此考虑下面的更正：

$$\frac{\partial}{\partial n}\left(\frac{e^{iks}}{s}\right)=\frac{e^{iks}}{s}\left[ik-\frac{1}{s}\right]\cos(n,s)$$

式中，(n,s) 是孔径法线与 PQ 之间的角度。

最后，假设 $1/r$ 和 $1/s$ 与 k 相比可忽略不计，因为 r 和 s 通常远大于 $2\pi/k$。因此，表示 P 处的复振幅的上述积分变为

$$U(P)=-\frac{i\alpha}{2\lambda}\int_S\frac{e^{ik(r+s)}}{rs}[\cos(n,r)-\cos(n,s)]\mathrm{d}S \tag{3-14}$$

这就是克希霍夫或菲涅耳—克希霍夫衍射公式。

3.8 夫琅和费衍射方程

如上所述，菲涅耳通过提出次波相干叠加的思想建立了惠更斯—菲涅耳原理。对于平面衍射狭缝，其表达形式为

$$U_P=C\int_{\Sigma}U(x_0,y_0)k(\theta)\ \frac{\exp(i2\pi r/\lambda)}{r}\mathrm{d}x_0\mathrm{d}y_0 \tag{3-15}$$

式中，$U(x_0,y_0)$ 为衍射狭缝面上任意一点 $Q(x_0,y_0)$ 的复振幅；UP 为观察面上任意一点 $P(x,y)$ 的复振幅；r_0 是从衍射屏上原点 O 到观察屏上 P 点的距离；r 是从 Q 点到 P 点的距离；θ 是衍射线与观察面法线之间的夹角；$k(\theta)$ 为倾斜因子。

则有

$$r_0=\sqrt{z^2+x^2+y^2} \tag{3-16}$$

$$r=\sqrt{z^2+(x-x_0)^2+(y-y_0)^2} \tag{3-17}$$

克希霍夫从光的波动方程出发，应用格林定理，通过适当地选取格林函数，导出了惠更斯—菲涅耳原理（所得到的公式，人们称之为克希霍夫衍射方程），并得出了常量 $C=\dfrac{1}{i\lambda}$ 及点光源照明下倾斜因子的具体形式。但由于克希霍夫选用了较苛刻的边界条件，导致了理论的不自洽性。索末菲通过选取不同的格林函数，同样导出了这一原理（称为瑞利—索末菲衍射公式），并克服了理论不自洽的困难，得出的常量仍为 $C=\dfrac{1}{i\lambda}$，倾斜因子

$$k(\theta)=\cos\theta$$

这样，在标量理论中，描述平面衍射屏后衍射场的更确切的公式应为瑞利—索末菲积分公式：

$$U(P)=\frac{1}{i\lambda}\int_{\Sigma}U(x_0,y_0)k(\theta)\ \frac{\exp(i2\pi r/\lambda)}{i\lambda r}\mathrm{d}x_0\mathrm{d}y_0 \tag{3-18}$$

在傅里叶光学中，一般假设衍射屏与观察屏的距离 z 远远大于衍射孔的最大限度以及观察区域的最大限度。在这样的近似条件下，θ 很小，从而可令：

$$k(\theta)=\cos\theta\approx 1$$

将式 r 作二项式展开，得

$$r=z\left\{1+\frac{1}{2}\frac{(x-x_0)^2+(y-y_0)^2}{z^2}-\frac{1}{2\times 4}\left[\frac{(x-x_0)^2+(y-y_0)^2}{z^2}\right]^2\right.$$
$$\left.+\frac{1}{2\times 4\times 6}\times\left[\frac{(x-x_0)^2+(y-y_0)^2}{z^2}\right]^3-\cdots\right\}$$

z 足够大，上述展开式中第三项及其以后的各项对瑞利—索末菲积分公式的贡献可以忽略(菲涅耳近似)，满足：

$$z^3>>\frac{\pi}{4\lambda}[(x-x_0)^2+(y-y_0)^2]^2_{\max}$$

从而得到了在这一近似条件下的"菲涅耳衍射方程"：

$$U(x,y)=\frac{\exp(ikz)}{i\lambda z}\iint_{\Sigma}U(x_0,y_0)\exp\left\{\frac{ik}{2z}[(x-x_0)^2+(y-y_0)^2]\right\}\mathrm{d}x_0\mathrm{d}y_0 \tag{3-19}$$

如果假设满足(夫琅禾费近似)：

$$z>>\frac{k}{2}(x_0^2+y_0^2)_{\max} \tag{3-20}$$

使得菲涅耳衍射方程中 x_0 和 y_0 的平方项的影响可以忽略，则得到所谓的"夫琅禾费衍射方程"：

$$U(x,y)=\frac{\exp(ikz)\exp\left[\frac{ik}{2z}(x^2+y^2)\right]}{i\lambda z}$$
$$\iint_{\Sigma}U(x_0,y_0)\exp\left[-i2\pi\left(\frac{x}{\lambda z}x_0+\frac{y}{\lambda z}y_0\right)\mathrm{d}x_0\mathrm{d}y_0\right] \tag{3-21}$$

3.9 夫琅禾费衍射的例子

3.9.1 狭缝衍射

激光发出的单色光照射到狭缝上，当狭缝很宽时，缝的宽度远远大于光的波长，衍射现象极不明显，光沿直线传播，在屏上产生一条跟缝宽度相当的亮线；但当缝的宽度调到很窄,可以跟光波相比拟时,光通过缝后就明显偏离了直线传播方向,照射到屏上相当宽的范围,并且出现了明暗相间的衍射条纹。狭缝越小,衍射范围越大,衍射条纹越宽,但亮度越来越暗。

狭缝的宽度为 W,长度无限,以单色平面光垂直入射狭缝面,衍射图像和强度如图 3-10 所示。

衍射图像的强度在 $\theta=0$ 时最大。大部分的衍射光集中于中间衍射带上。两个带所对应的角度表示为

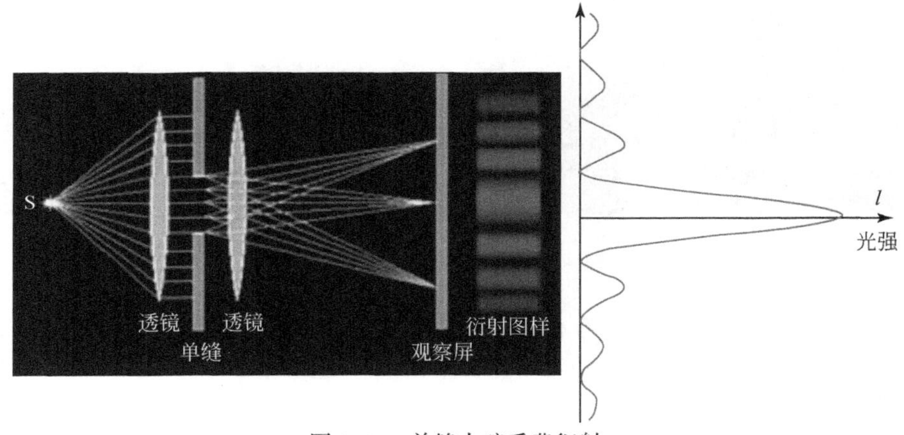

图 3-10 单缝夫琅禾费衍射

$$\alpha \approx 2\lambda / W \tag{3-22}$$

这样,孔径约小,衍射带所对应的角度约大。中央带的尺寸在距离 z 处为

$$\mathrm{d}f = 2\lambda z / W \tag{3-23}$$

例如,当狭缝的宽度为 0. 5mm,照射光的波长为 0. 6μm 时,观测面距离狭缝的距离为 1000mm,衍射条纹中央带的宽度为 2. 4mm。

3. 9. 2 小孔衍射

圆孔时,当孔半径较大时,光沿直线传播,在屏上得到一个按直线传播计算出来一样大小的亮光圆斑;减小孔的半径,屏上将出现按直线传播计算出来的倒立的光源的像,即小孔成像;继续减小孔的半径,屏上将出现明暗相间的衍射图样。

圆孔时,衍射图像称为艾瑞衍射,如图 3-11 所示。可以看出,大部分光聚集在中央圆圈中。中央圆圈对应的角度(艾瑞角)为

$$\alpha \approx 1.22\lambda / W \tag{3-24}$$

式中,W 为圆孔的直径。

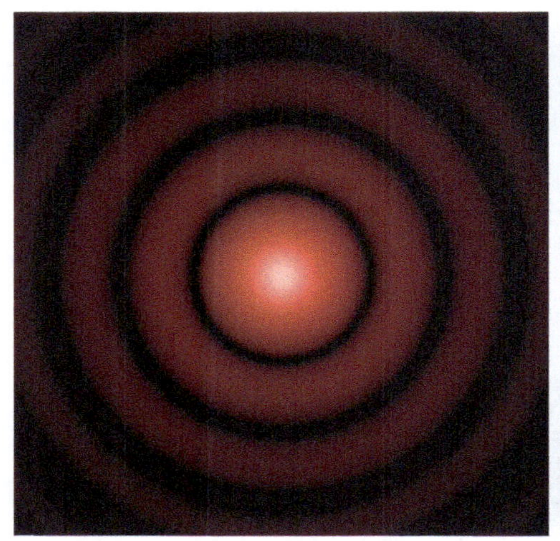 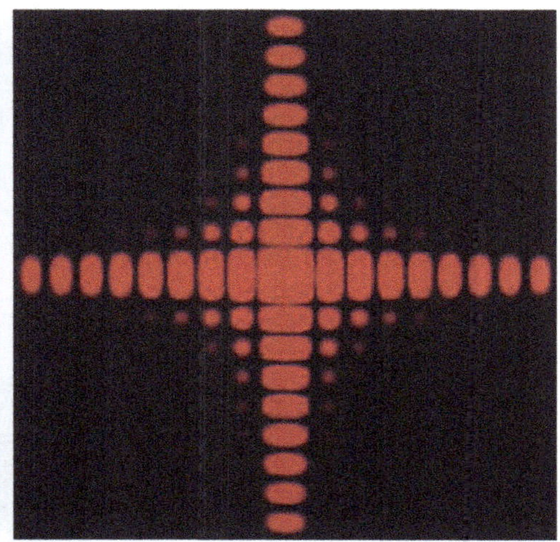

图 3-11　红色激光的圆孔和方孔衍射图样

方孔时，衍射亮斑集中分布在两个相互垂直的方向上，其中任一方向上亮斑宽度与对应方孔的宽度成反比，即光波在哪个方向上受到的限制越大，那个方向的衍射就越明显。任一方向宽度变为 0 时，即成为另一方向的单缝衍射。

方孔衍射主要能量集中在中央亮斑。中央亮斑的位置为

$$\left.\begin{aligned} x &= \pm\frac{f\lambda}{a} \\ y &= \pm\frac{f\lambda}{b} \end{aligned}\right\} \tag{3-25}$$

所以，中央亮斑的面积为

$$S=\frac{4f^2\lambda^2}{ab} \tag{3-26}$$

式中，a，b 为方孔的尺寸；f，λ 分别为频率和波长。

3.10　绕射波的表达

3.10.1　基本公式

绕射波的数学推导非常复杂，这里将只根据 Trorey（1970）的结论作一简要的介绍。假定激发点和接收点重合，并且速度是常数，把波动方程中的 Ψ 替换为 ϕ，

取拉普拉斯变换,得

$$\nabla^2\phi=\frac{1}{V^2}\frac{\partial^2\phi}{\partial t^2}\leftrightarrow\nabla\Phi=(s/V)^2\Phi$$

式中,$\Phi(x,y,z,s)$是$\phi(x,y,z,s)$的拉普拉斯变换;双箭头表示在不同城中的对等关系。值得指出的是,假定对于所有的x,y,z,当$t=0$时,ϕ和$\frac{\partial\phi}{\partial t}$都等于零。

对于位于坐标原点处的点震源,该方程的解是

$$\Phi=(c/r)e^{-sr/V} \tag{3-27}$$

式中,r是从观测点到震源点的距离;V是波的传播速度。一般来说,c应该是拉普拉斯变换后震源子波的振幅,但实际上取了拉普拉斯变换的单位为1,因此,震源函数是$c\delta(t)$。如果震源子波不是脉冲函数,可以把它看成一系列脉冲,分别求解,然后把解的结果进行时间域的褶积运算,就可以得到非脉冲震源的绕射。

在无源区,如果要表达纵波的势函数,可以取式(3-27)的$r=0$,然后取势函数中的拉普拉斯变换,其结果为

$$4\pi\Phi=\iint_{\varphi}e^{-sr/V}\left\{[\Phi]\left[\frac{s}{rV}\frac{\partial r}{\partial\eta}-\frac{\partial(1/r)}{\partial\eta}\right]+\frac{1}{r}\left[\frac{\partial\Phi}{\partial\eta}\right]\right\}\mathrm{d}\Phi \tag{3-28}$$

因为式(3-27)中被积函数的ϕ是$t=t_0-r/V$的函数,所以变化后出现了延迟因子$e^{-sr/V}$。公式中的Φ是$\phi(x,y,z,t)$的拉普拉斯变换。

3.10.2 部分水平面的绕射效应

在$z=h$的水平反射界面上取小部分,其面积为ϕ[图3-12(a)],来计算它的绕射效应,并假定激发点和接收点都位于坐标原点。以$(0,0,h)$为圆心,取一个半径为无穷大的半球面,把坐标原点包围在半球面内,很显然,该半球面的底是$z=h$的无限大平面。为了能应用式(3-28),把震源点移到它的像点位置$(0,0,2h)$处,使选取的半球面内成为无源点区。忽略吸收效应,并假定在区域ϕ内反射系数是一个常数,这样,式(3-27)中的c也是一个常数。在半径为无穷大的半球面上,$\frac{1}{r}=0$,ϕ也就等于零。因此,半球面对积分的贡献为零。在$z=h$的无限大面上,除了区域ϕ以外,ϕ也置中为零。这样,对整个闭合曲面的积分就变成了对区域ϕ的积分,积分的结果就是区域ϕ的绕射效应。

现在把式(3-27)代入式(3-28),由于把激发点移到了其像点位置O′,式(3-27)中的r已经变成了图3-12(a)中的r_0,因此

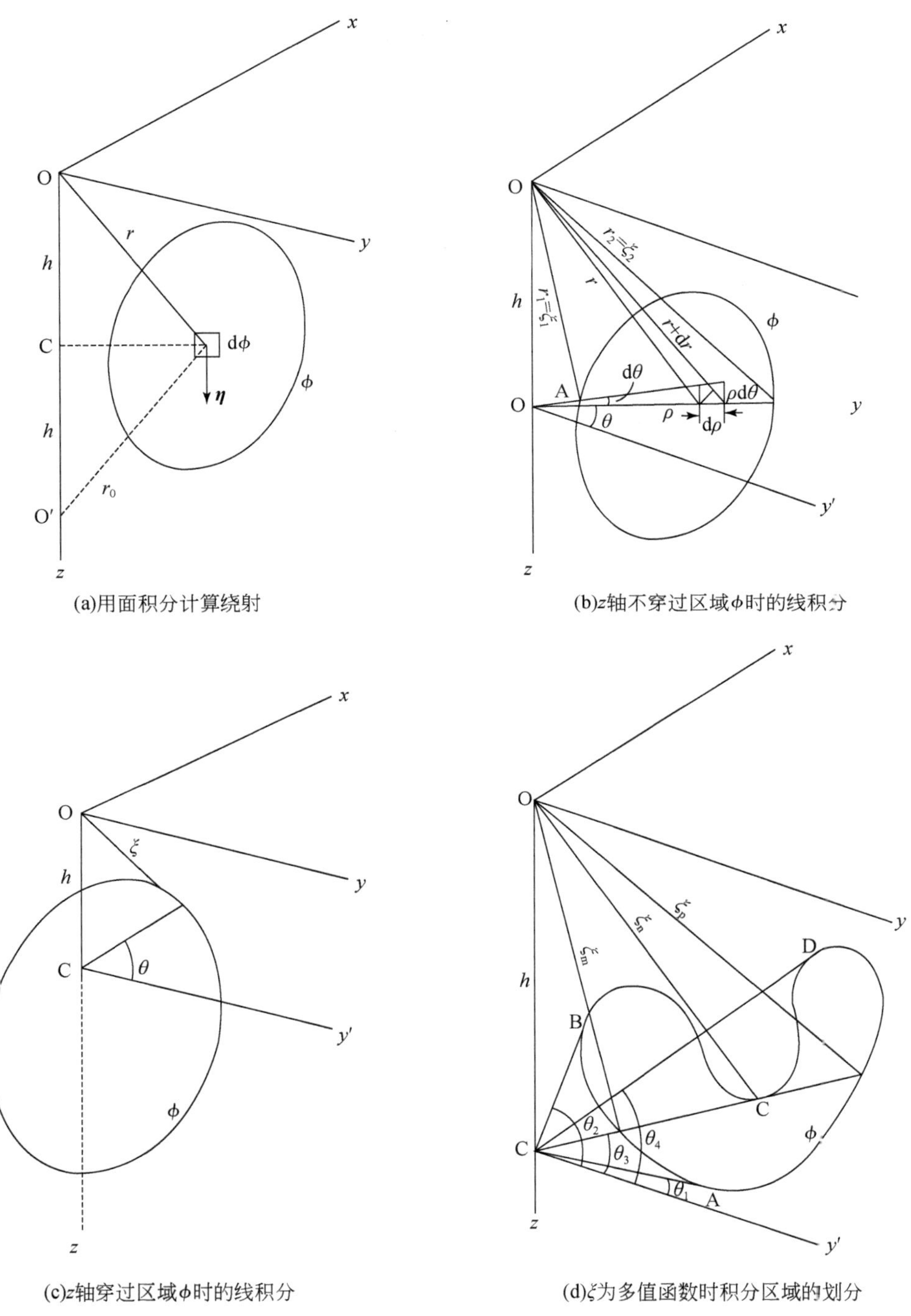

图 3-12　平面区域 ϕ 的绕射效应(据 Trorey,1970)

$$\frac{\partial r}{\partial \eta}=\frac{\partial r}{\partial z}=\frac{z}{r}=\frac{h}{r^3}$$

$$\frac{\partial r_0}{\partial \eta}=\frac{\partial r_0}{\partial z}=\frac{-h}{r_0},\frac{\partial(1/r)}{\partial \eta}=-\frac{h}{r^3}$$

$$\frac{\partial \boldsymbol{\Phi}}{\partial \eta}=\frac{\partial \boldsymbol{\Phi}\partial r_0}{\partial r_0\,\partial \eta}=-\frac{c}{r_0}e^{-sr_0/V}\left(\frac{1}{r_0}+\frac{s}{V}\right)\left(\frac{-h}{r_0}\right)=\frac{ch}{r^2}e^{-sr/V}\left(\frac{1}{r}+\frac{s}{V}\right)$$

求导之后,把 r_0 置为 r,因为二者大小相等,把上述关系代入式(3-28),整理后得

$$2\pi\boldsymbol{\Phi} = ch\iint_{\boldsymbol{\Phi}} e^{-sr/V}\left(\frac{1}{r^4} + \frac{s}{Vr^3}\right) \mathrm{d}\boldsymbol{\Phi} \tag{3-29}$$

这个面积分可简化为如下所示的线积分,如图 3-12(b)所示,在极坐标下的积分面元为 $\rho\mathrm{d}\rho\mathrm{d}\theta$,由于 $r^2=\rho^2=h^2$,$\rho\mathrm{d}\rho=r\mathrm{d}r$,因此

$$2\pi\boldsymbol{\Phi} = ch\iint_{\theta r} e^{-2sr/V}\left(\frac{1}{r^3} + \frac{s}{Vr^2}\right) \mathrm{d}r\mathrm{d}\theta \tag{3-30}$$

如果对被积函数的第一项求 r 的分步积分,有

$$\int_{r_1}^{r_2}\frac{e^{-2sr/V}}{r^3}\mathrm{d}r = \frac{e^{-2sr/V}}{-2r^2}\Bigg|_{r_1}^{r_2}\int_{r_1}^{r_2}\frac{se^{-2sr/V}}{Vr^2}\mathrm{d}r$$

把它代入式(3-30),得

$$4\pi\boldsymbol{\Phi} = ch\oint[(1/r_1^2)e^{-2sr_1/V} - (1/r_2^2)e^{-2sr_2/V}]\mathrm{d}\theta \tag{3-31}$$

如果 z 轴不穿过 $\boldsymbol{\Phi}$,可以把区域 $\boldsymbol{\Phi}$ 的边界上的 r 置为 ξ,即 $r=\xi$,得

$$\boldsymbol{\Phi} =-(ch/4\pi)\oint(1/\xi^2)e^{-2s\xi/V}\mathrm{d}\theta \tag{3-32}$$

该闭路积分沿逆时针方向进行。

如果 z 轴穿越区域 ϕ[图 3-12(c)],式(3-31)中的 $r=h=$常数,积分结果为

$$\boldsymbol{\Phi} = (c/2h)e^{-2sh/V} - (ch/4\pi)\oint(1/\xi^2)e^{-2s\xi/V}\mathrm{d}\theta \tag{3-33}$$

闭路积分仍沿道时针方向进行。如果 $\boldsymbol{\Phi}$ 跨越整个 xy 平面,即反射平面无穷大,$\xi=\infty$,式(3-33)的积分项等于零。所以,式(3-33)的第一项是反射项,积分项代表绕射波,比较式(3-32)和式(3-33)可知在两种不同的情况下,绕射项的表达形式是相同的。

值得一提的是,在式(3-32)中,绕射项和反射项都是从式(3-29)的积分式中导出的,其中积分是在整个面上进行的。当应用射线理论考虑一个点和沿一条线上的绕射和反射,会使问题简化很多。事实上,绕射和反射都是从一个面上所有部位返回来的能量叠加。因此,反射是绕射的一种特殊形式,该观点在实际应用中很有意义。

3.10.3 绕射波在时间域的解

现在求式(3-32)和式(3-33)时间域的解,把公式中的反射项反变换到时间域,得脉冲函数$(c/2h)\delta(t-2h/V)$,即反射项是震源脉冲在延迟了$2h/V$时间后的重复。延迟时$2h/V$是从震源点到界面的双程旅行时,反射波的振幅随距离呈反比衰减,反射波的波形和震源脉冲一致。为了得到绕射项的反变换,先令$t=2\xi/V$,t是一个变量,是从震源点到界面边界点的双程旅行时。这样,式(3-32)就变为

$$\Phi=\frac{ch}{\pi V^2}\oint\frac{e^{-st}}{t^2}\mathrm{d}\theta=\frac{ch}{\pi V^2}\oint\frac{e^{-st}}{t^2}\frac{\mathrm{d}\theta}{\mathrm{d}t}\mathrm{d}t \tag{3-34}$$

在选择ξ的积分限或t的积分限时,要特别小心。ξ一般是θ的多值函数,如在图3-30(d)中,当$\theta=\theta_3$时,ξ有三个值:ξ_m,ξ_n或ξ_p。为了解决多值问题,积分要分块进行;先从A积到B(从θ_1到θ_2),再从B积到C,从C积到D,最后从D积到A。在整个积分路径上,每一段都要选择适当的ξ(即t)。沿段给定的积分路径,如在$t=t_1$和$t=t_2$之间($t_2>t_1$),得

$$\Phi=\frac{ch}{\pi V^2}\int_{t_2}^{t_1}\frac{e^{-st}}{t^2}\left(\frac{\mathrm{d}\theta}{\mathrm{d}t}\right)\mathrm{d}t=\int_0^{+\infty}\phi(t)e^{-st}\mathrm{d}t \tag{3-35}$$

如果ξ是一个变量,$\mathrm{d}\theta/\mathrm{d}t$是有限的,当$\xi$是一个常数时,如界面$\phi$的边界是一个圆弧,且圆弧的中心位于坐标原点,在这种特殊情况下,$\mathrm{d}t=0$,式(3-35)变为

$$\Phi=(ch/\pi V^2t_0^2)e^{-st_0}(\theta_i-\theta_j) \tag{3-36}$$

式中,θ_i和θ_j是圆弧两边对应的角度;t_0是到圆弧的双程旅行时。上式的反变换是

$$\Phi=(ch/\pi V^2t_0^2)(\theta_i-\theta_j)\delta(t-t_0) \tag{3-37}$$

当$\mathrm{d}\theta/\mathrm{d}t$有限时,先把区域$\phi$分区,使得从观测点P点界面点的双程旅行时$t$在每一个区都是$\theta$的单值函数。然后,利用式(3-35)计算每个区域的ϕ值,最后把所有区的中值加起来,会得到绕射波在时间域内的解。

3.10.4 半无限平面的绕射效应

计算半平面这种重要类型的绕射效应所需要的参数为:一个水平半平面的深度为h,其边缘平行于x轴,与x轴的距离为y_0。在图3-13中,半平面的边缘为BD,其中B和D实际上延伸到无穷远处,因此当绕射点A在边界上沿顺时针方向

移动时，θ 角从 $-\frac{1}{2}\pi$ 增加到 $+\frac{1}{2}\pi$，结果为

$$
\left.\begin{aligned}
\phi &= \frac{2(ch/\pi V^2)(1/t^2)(t,t)}{(t^2+t_y^2-t_r^2)(t^2-t_r^2)^{1/2}} \\
&= \frac{(4chy_0/\pi V^3 t)}{(t^2+t_y^2-t_r^2)(t^2-t_r^2)^{1/2}} \quad (t>t_r) \\
&= 0 \quad (t<t_r)
\end{aligned}\right\} \tag{3-38}
$$

式中，$t=2\xi/V$；$t_r=2r/V$；$t_y=2y_0/V$。

$\phi(t)$ 的值就是在点 P(0,0,0) 处记录到的绕射波，输入是在同一点的一个脉冲波 $c\delta(t)$。如果用 $cg(t)$ 代替单脉冲 $c\delta(t)$，则中就会多一个因子 $G(s)$，所得到的响应就会变成中 $\phi(t)*g(t)$。

如图 3-13 所示，当 P 点远离平面或在平面上方，式(3-38)所给出的绕射效应才是正确的，这是因为当 P 点穿过边界时，y_0 会改变符号，即当 P 点穿过平面时绕射波会产生 180°的相位翻转。另外，如果用 D 表示当 P 点从左边无限接近于边界时观察到的绕射波 ϕ 的值，则在边界右边距离相同的位置处所观察到的总的效应就是 $R-D$，R 是式(3-33)中反射项的值：

$$
R-D=D \quad 或 \quad D=\frac{1}{2}R \tag{3-39}
$$

由于 $\phi(t)$ 是连续的，因此，从一个半平面观察到的绕射波的最大振幅等于反射波振幅(从远离边界点的位置观察到的)的一半。图 3-13 中所示的就是根据式(3-36)的半平面条件所观察到的理论输出。随着逐渐接近反射层的边

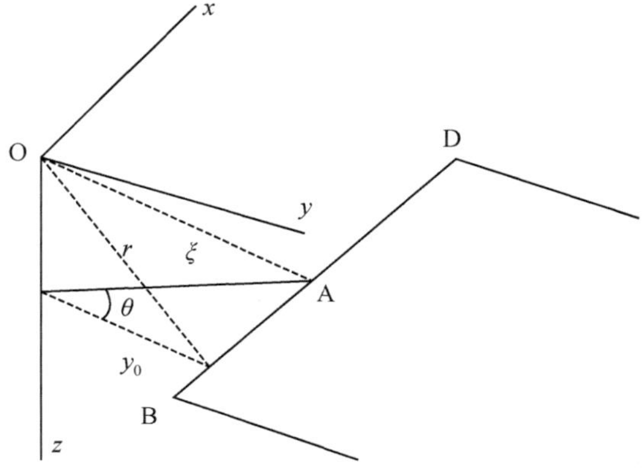

图 3-13　半平面处绕射的计算

界,$(R-D)$的振幅减小,而绕射波的振幅增加,直到边界 $D=\frac{1}{2}R$ 处,两个振幅之和变为$\frac{1}{2}R$。在到达边界之前绕射波的相位发生翻转,称为绕射的反向分支(backward branch),而远离边界的绕射波称为正向分支(forward branch),这一点可以在图 3-13 中得到验证。

3.10.5 利用惠更斯原理构造绕射波的波前面

式(3-29)中的面积分表明,一个点的绕射效应是整个绕射面产生的所有效应的叠加,根据这一点,可以利用惠更斯原理来构造绕射波前面,也就是绕射点离绕射源的距离大于几个被长时的情况。图 3-14 所示的是如何在一个截断的反射面上构造绕射波。

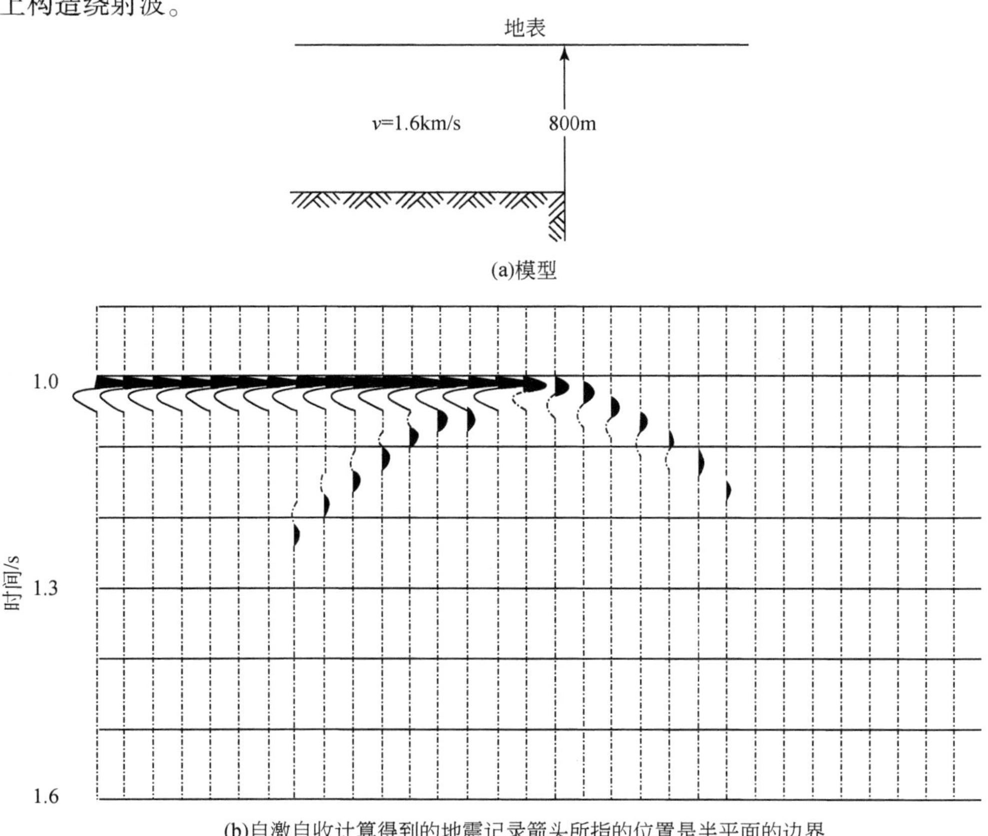

(b)自激自收计算得到的地震记录箭头所指的位置是半平面的边界

图 3-14　半平面的地震响应(据 Trorey,1970)

假设个平面波 AB 垂直入射到断面 CO 上，在 $t=t_0$ 时，当波到达断面上时的波前面是 COD。在 $t=t_0+\Delta t$ 时，O 点右边的波到达 GH 而 O 点左边的波被反射回 EF。将中心放在 CO 和 OD 上，以 $V\Delta t$ 为半径画许多弧，则这些弧的包络就是波前面 GH 和 EF。但是，在 EF 的右边和 GH 的左边都没有包络来确定 O 点处的波前面，则 O 点就是上行波前 EF 与下行波前 GH 包络中心的转换点，以 O 点为中心的弧 FPG 就是从 O 点产生的连接两个波前 EF 和 GH 的绕射波，绕射波可以延伸到几何阴影区 GN 和区域 FM 内（图 3-15）。

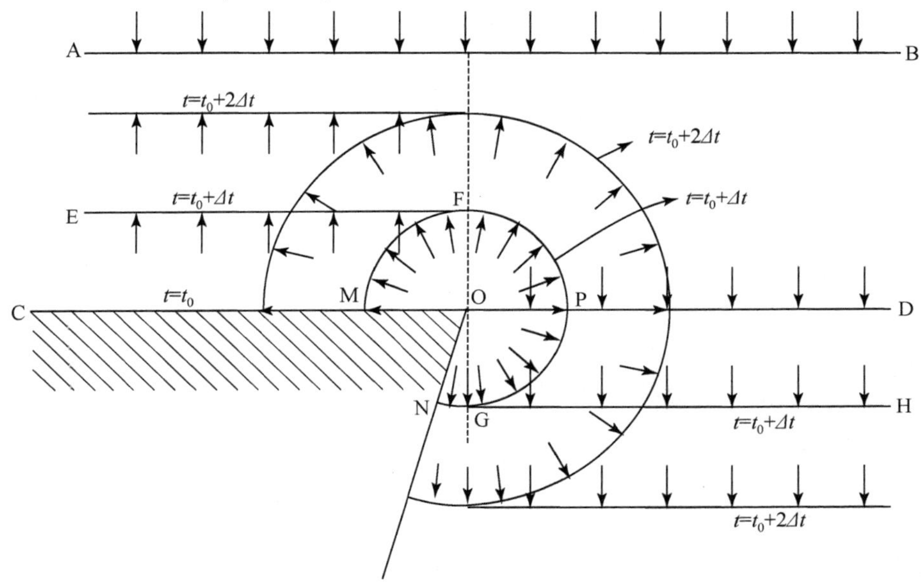

图 3-15　一断块产生的绕射波前

在不同条件下绕射波的特征将在后面的章节讨论。

第四章 绕射波波场特征

4.1 绕射波的产生

在遇到水平或无限延伸层状介质的情况下，地震波会发生透射和反射。实际上，由于不均匀沉积和构造运动的结果，地下的岩石介质会产生横向上的岩性变化、沉积尖灭、错断、挠曲褶皱，等等。地震波在遇到这些情况时，除产生透射和反射外，还会出现一些与复杂构造有关的地震响应，产生类型特殊的地震波。

这些特殊地震波的存在，一方面会与正常一次反射波发生干涉，使地震剖面的面貌复杂化，给地震资料的处理、解释带来困难；另一方面，这些特殊地震波既然是由地下复杂地质构造引起的，那么它们也就必然同地下复杂地质构造有着内在成因上的联系，因而也就提供了利用它们来了解地下复杂地质构造的可能性。因此，这些特殊地震波既有作为干扰成分，即"有害"的一面；又有作为有效成分，即有用的一面。

如前所述，波在传播过程中遇到障碍物，当障碍物的尺寸和波长相当时，会产生波的绕射。

依照惠更斯-菲涅耳原理，所有的波都可以看作绕射波。空间中某一点所接收到的反射波是由反射面上无数个小面元产生的绕射波干涉叠加的结果，即反射是绕射的特例。这样，绕射波与反射波并没有严格的界限。

反射波和绕射波的形成条件主要取决于地质体尺度与地震波波长之间的关系。当地质体的尺度远大于地震波波长时，产生反射波；当地质体尺度与地震波波长相当时，产生绕射波。所以，地震勘探中，通常大尺度连续性较好的地层会产生反射波，而小尺度、非均质、纵横向速度变化较快，如断层面、小断点、盐丘以及碳酸盐岩缝洞等地质体则会产生绕射波。

一般中低频地震勘探中，地震波的主频在 20 ~ 50Hz，岩石地层的速度以 3000m/s 计。在此情况下，其中传播的地震波的波长在 60 ~ 150m。在高频勘探的情况下，如海域天然气水合物的勘探，地震波的主频在 100Hz 左右，岩石地层的速度以 2000m/s 计。在此情况下，其中传播的地震波的波长在 20m 左右。这样，岩石地层中的障碍物或地质体的尺度在 20 ~ 150m 时，或小于这个尺度时，就比较容易产生地震波绕射。

实际上，在地震勘探中，一些地层岩性的突变点，如断层的断棱、地层尖灭点、河道的边界、溶洞的边界等，其尺度大都可以落在这个范围内，从而，这些突变点就会成为新震源，再次发出球面波，向四周传播，形成绕射波。这些非均质性绕射目标也正是油气生成、运移或聚集的最有利构造，是油气藏勘探和地震解释的重要目标。因此，正确识别和定位绕射波是十分必要的。

4.2 绕射波的波场特征

用地震勘探方法研究古潜山时，古潜山顶面的绕射波一般比较发育。因此正确认识和解释绕射波和其他异常波，对精准确定古潜山的位置，继而深入研究古潜山是很重要的。在侵入体边缘或礁体边缘，绕射波会大量出现，它从宏观上反映了侵入体或礁体的边界。若能准确识别绕射波，掌握绕射波的基本特征，经过偏移叠加，则绕射波收敛，侵入体或礁体的边界更加清晰。在凹凸不平的不整合面上，如某些侵蚀面，也会产生明显的绕射波。准确识别绕射波，经偏移叠加后，也会收敛，使不整合面的起伏不平及其形态十分清楚。同样，一些小的断块、充填河道、碳酸盐的缝洞等，都是绕射波容易发生的例子。准确识别绕射波，对这些特殊地质体的成像解释至关重要。

根据射线理论，地震波场数据中包含的反射波和绕射波具有明显不同的波场特征。足够连续光滑，具有一定波阻抗差的两种介质的界面会产生反射波；而和地震波长相比，尺度足够小的不连续界面则产生绕射波。反射波和绕射波因地质对象、震源类型、记录方式等差异，其波场特征明显不同。

4.2.1 单炮记录

4.2.1.1 点震源的情况

考虑反射界面为水平的情况，反射界面以上为均匀常速介质，波速为 v，反射界面离观测地面的垂深为 h。在水平反射界面上设置一个绕点 D。如图 4-1(a)所示，在地表布置三个震源点 O_{-1}，O_0，O_1，中间的震源位于绕射体 D 的正上方。在 O 点激发，在 R 点观测。激发点和观测点之间的距离为 L

$$L=O_0R$$

$O_0{}^*$ 是震源 O_0 相对于反射界面的镜像点，即虚反射点。在 O_0 点激发，在 R 点接收。R 点接收到来自地下的反射和来自绕射点 D 的绕射。

反射波的传播路径经激发点到达反射界面的 B 点，经 B 点反射后到达 R 点。绕射波的传播路径则从激发点到绕射点，再以绕射点 D 作为新的波源，传播到 R 点。反射波的传播时间为

$$t_r=\frac{O_0B+BR}{v}=\frac{O_0^*R}{v}$$

即

$$t_r=\frac{\sqrt{L^2+(2h)^2}}{v} \tag{4-1}$$

从上式可以看出，反射波的时距曲线为双曲线。在时间 t 轴上，开口向上[图 4-1(a)]。v 和 h 都是常数，所以当 $L=0$ 时取得极小值。

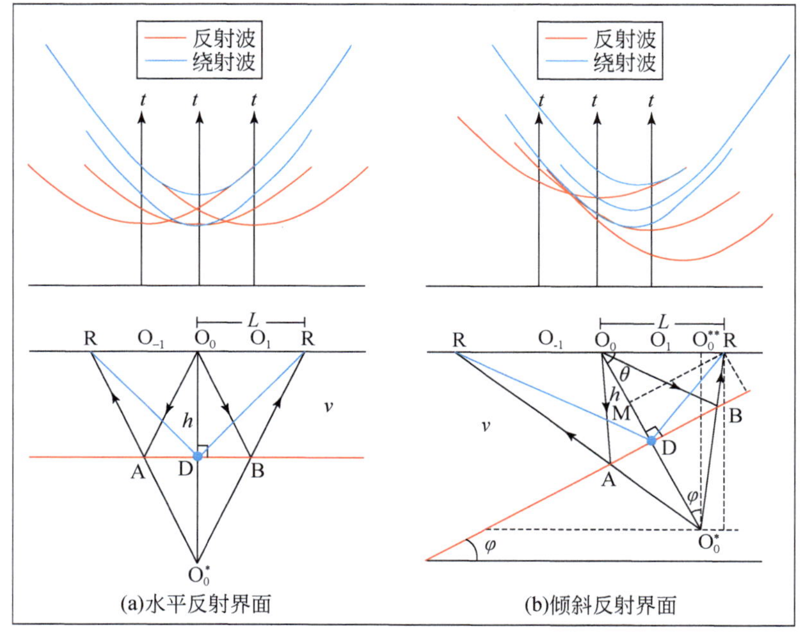

图 4-1　多炮观测系统对应的反射波、绕射波波场特征

当炮点向左右移动时，反射波时距曲线永远在 $L=0$ 时取得极小值，即极小值在炮点的正上方。位置移动了，但时距曲线的形态不变。

绕射波的传播时间为

$$t_d=\frac{O_0D+DR}{v}$$

即

$$t_{\mathrm{d}}=\frac{OD+\sqrt{OD^2+L^2}}{v} \tag{4-2}$$

OD 为震源到绕射点 D 的距离。从上式可以看出,绕射波的时距曲线也为双曲线。在时间 t 轴上,开口向上[图 4-1(a)]。v 是常数,只有当 OD 为直角边时,绕射波时距曲线取得极小值,即极小值永远在绕射点的正上方。

当炮点向左右移动时,绕射波时距曲线极小值永远在绕射点的正上方。但随着炮点离开绕射点上方距离的增大,时距曲线的极小值随之增大,时距曲线上移,但开口不变。

当地下的反射界面不是水平界面,而保持一个倾角 φ 时,同样在观测地面布置三个震源点 O_{-1},O_0,O_1,并在倾斜界面上设置一个绕射点 D。为方便起见,将绕射体 D 放在震源 O_0 位于反射界面的法线交点上,即 O_0D 和反射界面垂直。O_0^* 是震源 O_0 相对于反射界面的镜像点,即虚反射点。O_0^{**} 是在虚反射震源点 O_0^* 点在地面的投影。在 O_0 激发,在 R 点观测。激发点和观测点之间的距离为 L[图 4-1(b)]。

反射波的传播路径经激发点到达反射界面的 B 点,经 B 点反射后到达 R 点。绕射波的传播路径则从激发点到绕射点,再以绕射点 D 作为新的波源,传播到 R 点。反射波的传播时间为

$$t_{\mathrm{r}}=\frac{O_0B+BR}{v}=\frac{O_0^*R}{v}$$

其中,

$$O_0^*O_0^{**}=2h\cos\varphi$$

$$O_0^*R=\sqrt{(O_0^{**}R)^2+(O_0^*O_0^{**})^2}$$

$$O_0^{**}R=L-2h\sin\varphi$$

所以,

$$t_{\mathrm{r}}=\frac{\sqrt{(L-2h\sin\varphi)^2+(2h\cos\varphi)^2}}{v} \tag{4-3}$$

从上式可以看出,反射波的时距曲线为双曲线。在时间 t 轴上,开口向上[图 4-1(b)]。v,h 和 φ 都是常数,所以当 $L-2h\sin\varphi=0$ 时取得极小值,即时距曲线的极小点在镜像炮点的正上方。

当炮点向左右移动时,反射波时距曲线永远在 $L-2h\sin\varphi=0$ 时取得极小值,即极小值在虚反射点的正上方。但因为反射地层是倾斜的,所以激发炮点向反射地层上倾方向移动时,反射时距曲线的极小点变小,曲率变小。对应地,激发炮点向反射地层下倾方向移动时,反射时距曲线的极小点变大,曲率变大。位置移动了,时距曲线始终开口向上。

由此可以看出,炮点移动时,反射波时距曲线极小点的连线的倾向能够反映地

下反射界面的倾斜情况。当连线为水平线时,反映地下反射界面为水平界面;当连线为倾斜线时,反映地下反射界面为倾斜界面。地层的倾向和时距曲线极小点连线的倾向相反。

绕射波的整个传播时间可分为两部分:入射波从 O_0点传播到绕射点 D 所需的时间,加上从绕射点发出的新波源传播到接收点 R 所需的时间。

这样,绕射波的传播时间为

$$t_d=\frac{O_0D+RD}{v} \tag{4-4}$$

接收点 R 到 O_0D 垂线的交点为 M。在直角三角形$\triangle RO_0M$ 中,有

$$RM=L\sin\theta$$

其中,

$$\theta=90-\varphi$$

则有

$$RM=L\sin(90-\varphi)$$

同样,在直角三角形$\triangle RO_0M$ 中,有

$$O_0M=L\cos(90-\varphi)$$

有

$$DM=h-O_0M$$

在直角三角形$\triangle RMD$ 中,有

$$RD=\sqrt{DM^2+RM^2}$$

代入,有

$$RD=\sqrt{\{h-[L\cos(90-\varphi)]\}^2+[L\sin(90-\varphi)]^2}$$

所以,倾斜界面情况下,绕射波时距曲线方程为

$$t_d=\frac{h+\sqrt{\{h-[L\cos(90-\varphi)]\}^2+[L\sin(90-\varphi)]^2}}{v} \tag{4-5}$$

不难看出,倾斜界面,绕射波的时距曲线为双曲线。在时间 t 轴上,开口向上[图 4-1(b)]。v、h 和 φ 都是常数,所以当 $L=\dfrac{h}{\cos(90-\varphi)}$时取得极小值,即时距曲线的极小点永远在绕射点的正上方,但时距曲线会垂向移动。

通过将绕射波和反射波时距曲线进行对比可知,在反射界面水平时,同一个炮记录中的反射同相轴的顶点均位于零偏移距处,而由于绕射目标可能分布于地下的任何位置,相应的绕射同相轴可能出现在炮记录的任意位置。

反射界面为倾斜时的时距曲线与水平反射界面的不同。当反射界面倾斜时,随着震源移动,反射波时距曲线不但左右平移,而且随着最小旅行时差的变化沿垂

向移动,绕射同相轴依然只做垂向移动。另外,反射同相轴的顶点不再位于零偏移距处,绕射同相轴的顶点仍然位于绕射体的正上方。

综上,在共炮点记录上,反射波与绕射波的同相轴均为双曲形态,二者曲率存在差异。一般地,绕射波的时距曲线的曲率大于反射波时距曲线的曲率。另外,由于地下存在不同倾角的地层,反射同相轴的顶点可能位于零偏移距附近的任何位置,同样由于地下绕射目标的分布没有规律,绕射同相轴的顶点可能分布在炮记录中的任何位置。因此,由于地下构造未知且复杂,想从共炮点记录上准确识别绕射波和反射波并将二者分离是件很困难的事。

4.2.1.2 断棱绕射波

下面给出一个具体断棱的地质模型,以此来讨论断棱绕射的有关特点。结合上面的分析,我们在此着重讨论测线与断棱正交这种比较简单的情况。在如图 4-2 的地质模型中,x 轴为观测地面,S_1S_2 为地下的反射界面,D 为反射界面上的断棱点。断层的走向垂直纸面向里,观测线 x 轴与断层走向垂直。在观测面上激发的地震波,在地下 D 点产生绕射。

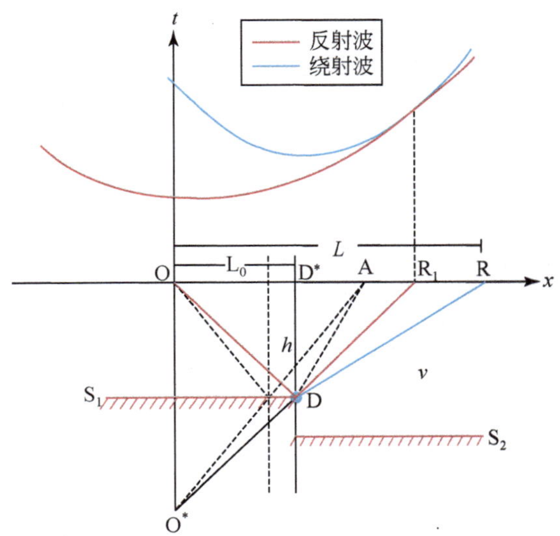

图 4-2 测线垂直断棱的情况下绕射波和折射波时距曲线关系

在 O 点激发的地震波入射到绕射点 R,然后以 R 点为新震源产生绕射波,传播到地面测线上各点。下面推导绕射波时距曲线方程。

同前节,绕射波的整个传播时间可分为两部分:一部分为入射波从 O 点传播到断棱 D 所需的时间 t_1,

$$t_1=\frac{OD}{v}=\frac{\sqrt{L_0^2+h^2}}{v}$$

式中，v 是界面以上的均匀介质的波速；D^* 为绕射点 D 在地面上的投影；h 是绕射点 R 的埋藏深度；L_0为 D^* 离炮点的距离；h 为断棱的垂直埋深；O^* 为激发点 O 相对于反射界面 S_1的镜像，即虚震源。

另一部分是从绕射点产生的绕射波传到测线上 R 所需时间 t_2，有

$$t_2=\frac{DR}{v}=\frac{\sqrt{h^2+(L-L_0)^2}}{v}$$

所以，绕射波的整个传播时间是

$$t_{\mathrm{d}}=t_1+t_2=\frac{1}{v}[\sqrt{h^2+L_0^2}+\sqrt{h^2+(L-L_0)^2}]$$

式中，h，v 和 L_0都是常数，只有 L 随着观测点的不同而变化。所以上式给出的绕射波时距曲线为双曲线。当 $L=L_0$时取得极小值，为

$$t_{\mathrm{d-min}}=\frac{1}{v}(\sqrt{h^2+L_0^2}+h) \tag{4-6}$$

即绕射波的最小值和绕射点的埋深以及其在观测面的投影点离激发点的距离有关，并永远出现在绕射点的正上方。

应当注意，当激发点移动时，绕射波时距曲线极小点在测线上的位置不变，仍位于绕射点在测线上的投影 D^* 点。但因 L_0发生了变化，此时整条绕射波时距曲线将沿 t 轴平移，而绕射波时距曲线的形状仍保持不变。

当然，如果介质结构发生变化，绕射点的深度 h 或介质的波速发生变化时，绕射波时距曲线的形状是要发生变化的。

对于反射波的情况，我们容易得出，

$$t_{\mathrm{r}}=\frac{O^*R_1}{v}=\frac{\sqrt{L_0^2+h^2}+\sqrt{h^2+(L-L_0)^2}}{v}$$

这是在 O 点激发，在 R 点接收的反射波的时距曲线方程。很显然，这是一个双曲线方程。当 $L=0$ 时，取得极小值。我们有

$$t_{\mathrm{r-min}}=\frac{2h}{v}$$

很明显，

$$t_{\mathrm{d-min}}>t_{\mathrm{r-min}}$$

这样，对于断棱地质模型来说，其反射波和绕射波的时距曲线都是双曲线，开口向上，反射波靠下，绕射波靠上。绕射波的极小值大于反射波的极小值。同时，绕射波的极小值位于绕射点的上方，而反射波的极小值位于激发点的上方。

在图 4-2 中，R_1点是所能接收到反射波的最大位置。在该点，绕射波和反射波

的旅行时相同，即在 R_1 点，界面 S 的反射波和 D 点的绕射波是同时到达的，并且可以证明这两条时距曲线在 R_1 点的正上方是相切的。

为了证明这个关系，可以计算两条曲线在 M 点的斜率。

对 R_1 点，其 x 坐标等于 $2L_0$，绕射波时距曲线的斜率可由绕射波的时距曲线对 L 微分，并把 $L=2L_0$ 代入，求得

$$\left(\frac{\mathrm{d}t_{\mathrm{d}}}{\mathrm{d}L}\right)_{R_1}=\frac{1}{2v\sqrt{h^2+L_0^2}}$$

对反射波时距曲线方程求导，并代入 $L=2L_0$，得

$$\left(\frac{\mathrm{d}t_r}{\mathrm{d}L}\right)_{R_1}=\frac{1}{2v\sqrt{h^2+L_0^2}} \tag{4-7}$$

比较上面两式，在 R_1 点它们的斜率相等，说明这两条曲线在 R_1 点相切。

至于在测线上除 R_1 点以外的其他各点，绕射波的传播时间都比反射波传播时间大。例如在测线上任取一点 A，根据虚震源原理，反射波传播到 A 点所走的路程长度等于 O^*A；绕射波传播到 A 点所走的路程等于 O^*D+DA。显然在 $\triangle O^*DA$ 中，$O^*A<O^*D+DA$。这表明整条绕射波时距曲线都在反射波时距曲线的上方。

上面指出的绕射波时距曲线的主要特点和绕射波时距曲线与反射波时距曲线的关系，这对于我们在一张共炮点地震记录上识别绕射波是很有用的。

一般情况下，测线不一定与断棱垂直，这时的断棱绕射波时距曲线的特点就同测线方向与断棱走向之间的夹角有关。

图 4-3 表示绕射点深度为 2000m，介质波速为 2400m/s 的情况下，不同 α 角（测线与垂直断棱方向之间的夹角）所对应的绕射波时距曲线。从图 4-3 可以看

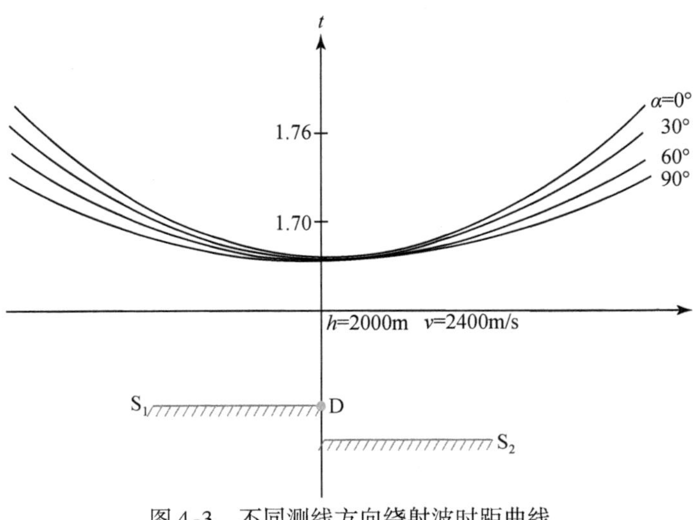

图 4-3　不同测线方向绕射波时距曲线

出，α 越小，时距曲线弯曲程度越大，即测线与断棱正交时，绕射波时距曲线最陡；α 变大，时距曲线弯曲程度变大。在极端的情况下，当观测线与断棱的走向一致时，绕射波时距曲线和反射波时距曲线重合。

4.2.1.3 平面波震源的情况

目前地震勘探中尚没有真正的平面波震源。但在实际工作中，无论是在陆地地震勘探中，还是在海洋地震勘探中，可以通过组织多个等同的点震源，在二维空间上或三维空间上等间距排列，同时激发，以获得线炮或面炮等平面波震源。

根据互易原理，也可以将震源和接收点互换，把点源激发，多道接收的情况换过来，将接收道作为震源，这样可以获得多个同时激发的震源，通过数据重排，获得平面波震源数据。

在海洋地震勘探中使用的震源一般为枪阵震源。每一个枪阵上挂有多个气枪。当气枪个数足够多，且所有气枪容量相等，同时放炮时，便构成海洋平面波震源。实际海洋勘探中，适当设计炮间距，并重构数据，同样可以获得平面波勘探的数据。

对于平面波震源，很容易看出，来自水平界面的反射波仍是平面波，其时距曲线为一条直线，而绕射点的响应则是双曲线（图 4-4）。对于地下倾斜的界面，平面波震源经界面反射后仍为平面波，并且到达各接收点的时差为固定值，所以其时距曲线为一条斜线。而此时，经绕射点出射的绕射波时距曲线仍为双曲线。由此可知，在平面波震源记录上，反射波、绕射波时距曲线形态有明显差异，这使得我们更加容易根据地震响应信号的时距曲线特征区分反射波和绕射波。这是平面震源和点震源的明显不同（Taner et al.，2006）。

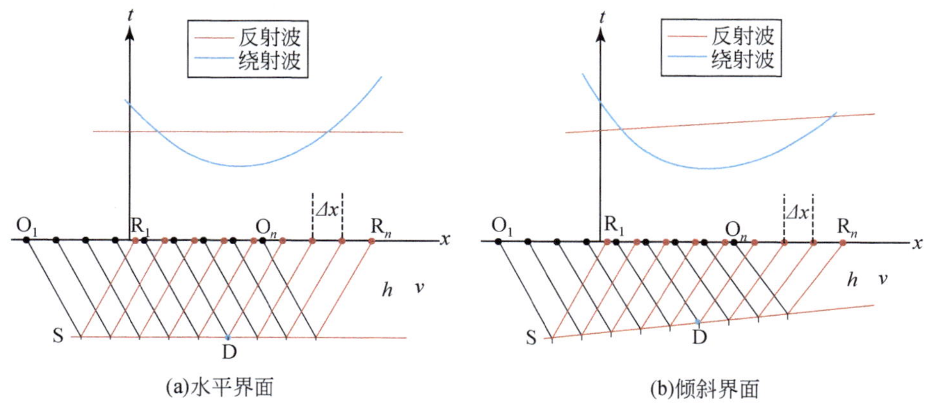

图 4-4 平面波震源入射反射波、绕射波时距曲线特征

4.2.1.4 炮集记录上的绕射波实例

海洋地震勘探和陆地勘探情况不同在于电缆的单边接收,所以海洋地震资料炮集记录只有陆地炮集记录的"一半"。下面给出的例子是640道接收电缆第1730炮所记录到的一个炮集结果(图4-5)。地震道最先记录到的信号为直达波信号。在整个炮集记录上,直达波最先到达,并呈直线,容易识别。在2.0s(双程旅行时)以下,来自地层的折射波先于直达波被记录到。其他正常的地层反射在单炮记录上都呈向下弯曲的同相轴。弯曲同相轴顶点位于最小偏移距位置。在2.0s(双程旅行时),炮集记录上出现形态不同的同相轴(如箭头所示)。该同相轴顶点位置并不在最小偏移距位置,我们解释为地下小尺度地质体在炮集记录上形成的绕射波。

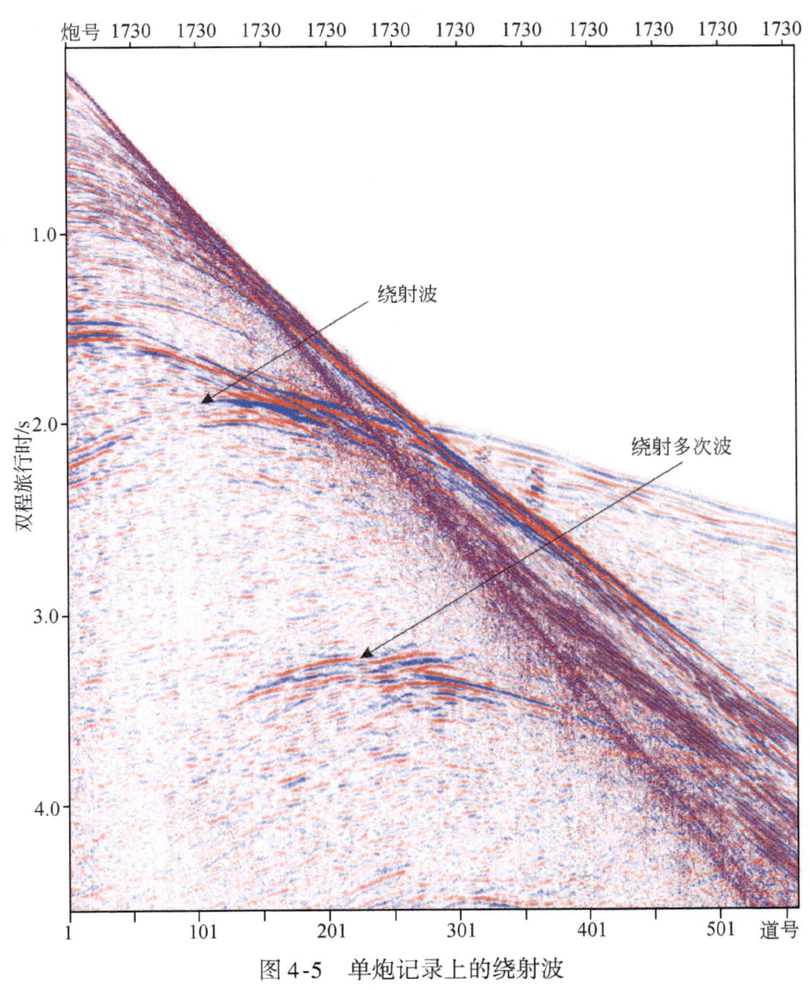

图4-5 单炮记录上的绕射波

下图给出连续四个炮集(23845 ~23848)的单炮记录。可以清楚地看出,每个单炮记录上绕射同相轴显示为向下弯曲的双曲线。曲线的顶点并不位于炮点位置。根据上面的分析,曲线的顶点位置为地下绕射地质体所在的位置。炮点移动了,绕射曲线的顶点位置在炮集记录上发生了变化。这种变化既表现在时间轴上,也表现在相对于电缆的位置上。从图 4-6 显示的第一炮到第四炮,绕射曲线的顶点逐渐下移,横向的位置也逐渐靠近炮点的位置。

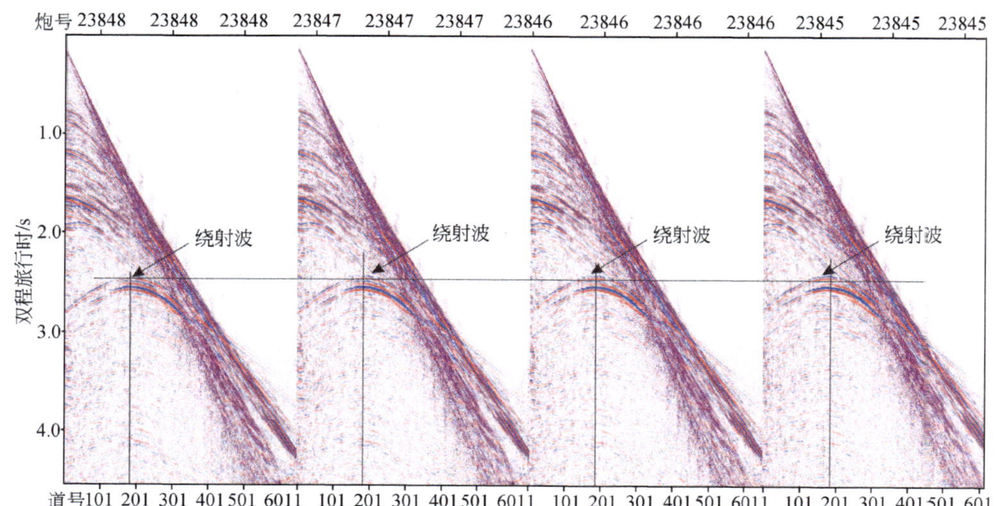

图 4-6　绕射同相轴顶点随炮点的移动

下面给出平面波震源和立体震源地震成像效果对比实例。在海洋地震勘探中用以下方法构成平面波震源。震源由四个完全一样的枪阵构成。每个枪阵平行等间距由 10 个同样型号的单气枪构成。四个枪阵等间距排列,位于同一深度。立体震源是将两个枪阵位于同一深度面,两外两个枪阵位于前面两个枪阵的下面(李绪宣等,2009,2012;韦成龙等,2014)。

图 4-7 是同一条测线分别使用平面波震源和立体震源采集同样的处理流程获得的叠加剖面效果。需要指出的是,该剖面已经完成了绕射波的去除工作。根据前面的分析,绕射波和反射波在平面波震源和点源情况下时距曲线明显不同,很容易区分。这样我们在绕射波分离压制的过程中,对于平面波震源更容易清楚分离绕射波并进行彻底压制。对于点源震源来说,因绕射波和反射波时距曲线相似,从而绕射波的分离和压制存在困难。从叠加剖面效果图可以看出,在 4200ms(双程旅行时)深度,1700CMP 位置发育向剖面右下倾的断层,两者比较可知,利用平面波震源获得的断层较利用点震源获得的断层面更加清晰。

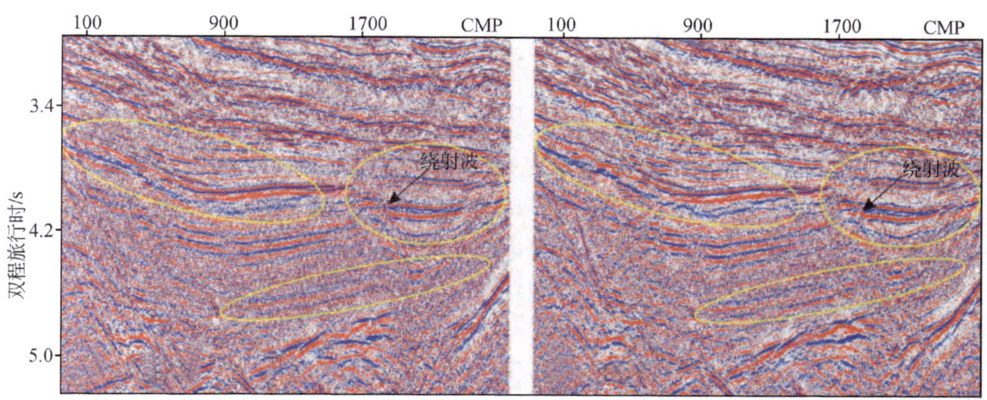

图 4-7　同一测线位置平面波震源和立体震源叠加剖面效果对比

4.2.2　共中心点道集

4.2.2.1　共中心点道集绕射波特征

共中心点道集是把属于同一中心点的所有道，按照偏移距从小到大的顺序依次排列起来组成。共中心点道集反映的信息是同一中心点不同偏移距处对应的各个反射界面对应的旅行时信息。

按照射线理论，共中心点道集包含从垂直入射到临界角入射之间的所有射线所构成的道集。其为不同的炮，不同的入射角，经同一个点反射，由不同的检波点接收的所有道的集合。由于该道集可用于动校正、水平叠加以及常规速度分析等处理，因此，共中心点道集在地震数据处理过程中被广泛使用。

对于地下水平界面，反射波时距曲线方程

$$t_{\mathrm{r}}=\frac{\sqrt{4h^2+L^2}}{v}$$

式中，h 为反射界面的埋深；L 为炮检距。

绕射点和共中心点一致时，绕射波的时距曲线方程为

$$t_{\mathrm{d}}=\frac{\sqrt{4h^2+L^2}}{v}$$

从上两式可以看出，在反射界面水平、绕射点位于共中心点正下方[M_0，图 4-8(a)]的共中心点道集上，绕射波和反射波时距曲线完全相同，两者重合，不能分辨彼此。

假设绕射点偏离共中心点一定距离[M_1,图 4-8(a)],则两者的时距关系如图 4-8 所示。首先讨论其差异。水平界面产生的反射波在所有共中心点道集上的时距曲线完全相同。此时,绕射点产生的绕射波场则随着共中心点位置的变化而变化。随着共中心点逐渐远离绕射点,绕射波场的旅行时差增大,其极小值位置也在逐渐上移,并且绕射双曲线的曲率逐渐增大。绕射波的这种随共中心点道集变化的性质提供了在共中心点道集上区别反射波和绕射波的可能。但是由于不论共中心点道集位置如何变化,反射波和绕射波都表现为双曲同相轴,且极小点都在零偏移距位置,从而在共中心点道集上很难将二者进行区分。

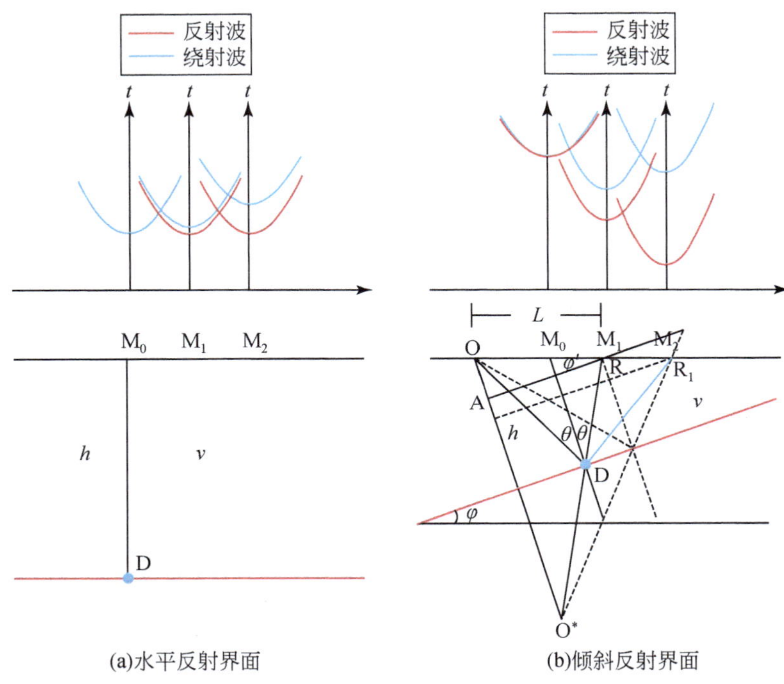

图 4-8 不同共中心点道集对应的反射波、绕射波波场特征

地下界面倾斜的情况,如图 4-8(b)所示。假设炮检距 L 和炮点到倾斜反射界面的垂直深度 h 已知。有

$$OR = L$$

$$OO^* = 2h$$

式中,O^* 为炮点相对于倾斜界面的镜像,即虚炮点;RA 垂直于 OO^*,我们有

$$OA = L\sin\varphi$$

$$AR = L\cos\varphi$$

因为 $OO^* = 2h$,所以有

$$AO^* = 2h - OA = 2h - L\sin\varphi$$

在直角三角形 RAO^* 中

$$O^*R = \sqrt{AR^2 + (AO^*)^2}$$

即

$$O^*R = \sqrt{(L\cos\varphi)^2 + (2h - L\sin\varphi)^2}$$

这样,共中心点道集反射波的时距曲线方程为

$$t_r = \frac{O^*R}{v} = \frac{\sqrt{(L\cos\varphi)^2 + (2h - L\sin\varphi)^2}}{v} \tag{4-8}$$

式中,v、h 和 φ 都是常数,所以当 $L=0$ 时取得极小值,即反射时距曲线为双曲线,开口向上,极小值在自激自收的位置。

因为绕射点和反射点重合,所以倾斜界面绕射波的时距曲线方程同反射波时距曲线方程,有

$$t_d = \frac{\sqrt{(L\cos\varphi)^2 + (2h - L\sin\varphi)^2}}{v} \tag{4-9}$$

这样可以理解,在图 4-8(b)中,倾斜界面反射波、绕射波时距曲线是重合的。

当绕射点偏离共中心点一定距离[M_1,图 4-8(b)]时,反射波的时距曲线方程在形式上和上面给出的反射时距曲线方程是一样的。

$$t_r = \frac{O^*R_1}{v} = \frac{\sqrt{(L\cos\varphi)^2 + (2h - L\sin\varphi)^2}}{v} \tag{4-10}$$

式中,L 为新的炮检距,地层的倾角 φ 不变。此时,绕射波的路径和反射波的路径不相同,为从 OD 到 DR_1。在图 4-5(b)中,考虑 O^* 为虚震源,反射波的路径为 O^*R_1,绕射波的路径为 O^*D—DR_1。很显然,在三角形 O^*DR_1 中,有

$$O^*D + DR_1 > O^*R_1$$

所以,此时绕射波和反射波的时距曲线都为双曲线,绕射波取值大于反射波的取值。绕射波的双曲线在上,反射波双曲线在下,极小值都位于共中心点位置。

随着共中心点位置向界面的上倾方向移动,反射旅行时逐渐减小,其同相轴沿着垂直方向逐渐向时差减小的方向移动。与反射波不同,绕射波旅行时与共中心点和绕射体之间的横向距离有关系。在绕射点正上方位置处抽取的共中心点道集上,绕射波旅行时最小;在向左或向右远离绕射点的共中心点道集中,绕射波旅行时逐渐增大。另外,和反射界面水平时一致,在所有的共中心点道集中,反射波和绕射同相轴顶点均位于零偏移距处。

综上所述,在共中心点道集上绕射波和反射同相轴都表现为曲率差异不大,顶点位于零偏移距处的类似时距曲线形态。反射波旅行时受界面倾角影响,随着共中心点向上倾方向移动,反射同相轴在垂向上向时差减小的方向移动,界面水平则

同相轴没有垂向位移。绕射旅行时受共中心点位置和绕射点横向位置间的距离影响,该距离越大,绕射旅行时越大。因此,根据相邻共中心点道集中的同相轴时差变化趋势可以识别反射和绕射同相轴。但是实际地层比理论模型复杂,在共中心点道集中有效提取绕射波仍很困难。

4.2.2.2 共中心点道集绕射波实例

下面给出的例子是640道接收电缆在原始炮集记录上抽取的100999938CMP道集记录(图4-9)。在CMP道集记录上绕射波和反射同相轴具有相似的形态,难

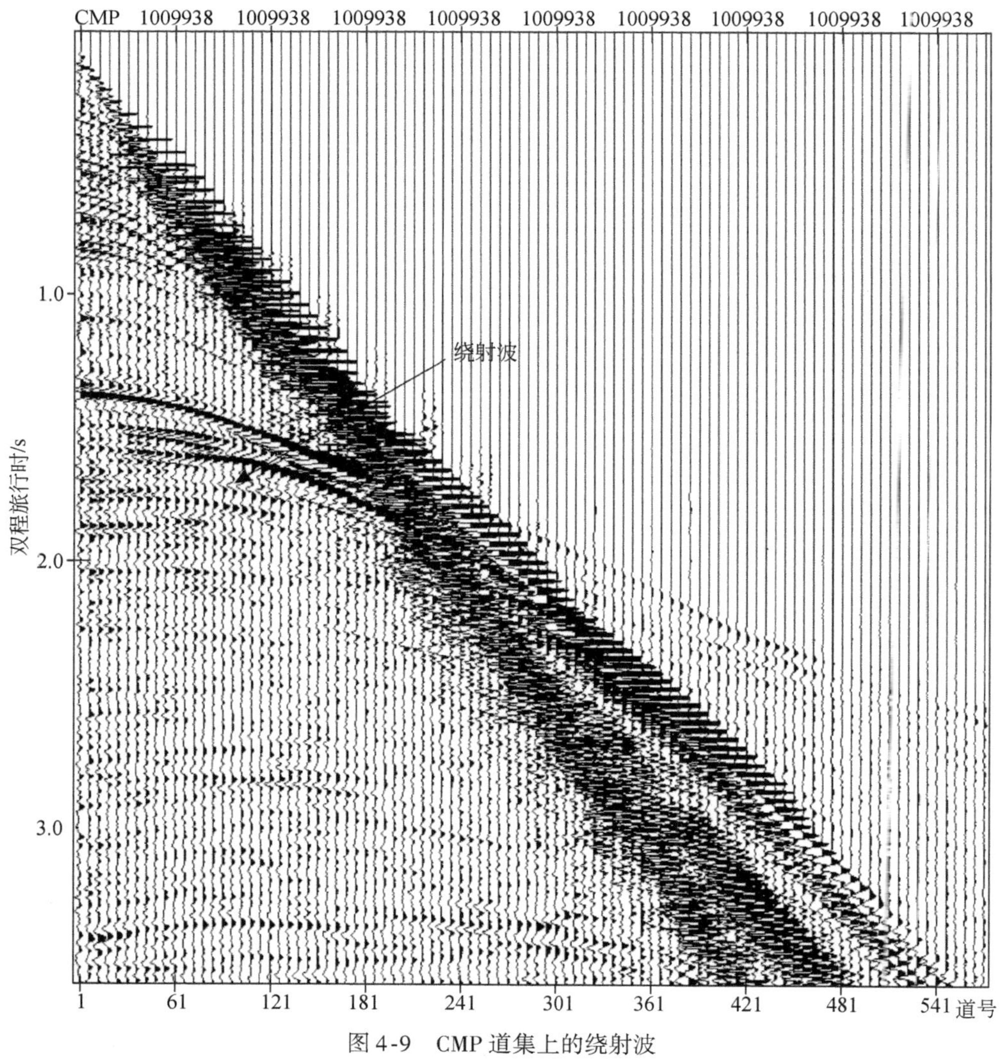

图4-9 CMP道集上的绕射波

以分辨。结合不同位置的 CMP 道集,可以观察到,随着位置的变化,在 CMP 道集上,绕射同相轴和反射同相轴仍然具有相似的形态,但位置发生了变化。随着共中心点位置的移动,在远离绕点点后,绕射波的同相轴顶点位置下移(图 4-10)。据此,我们判断,随着共中心点道集位置的变化,炮号增大的方向逐渐靠近绕射点。

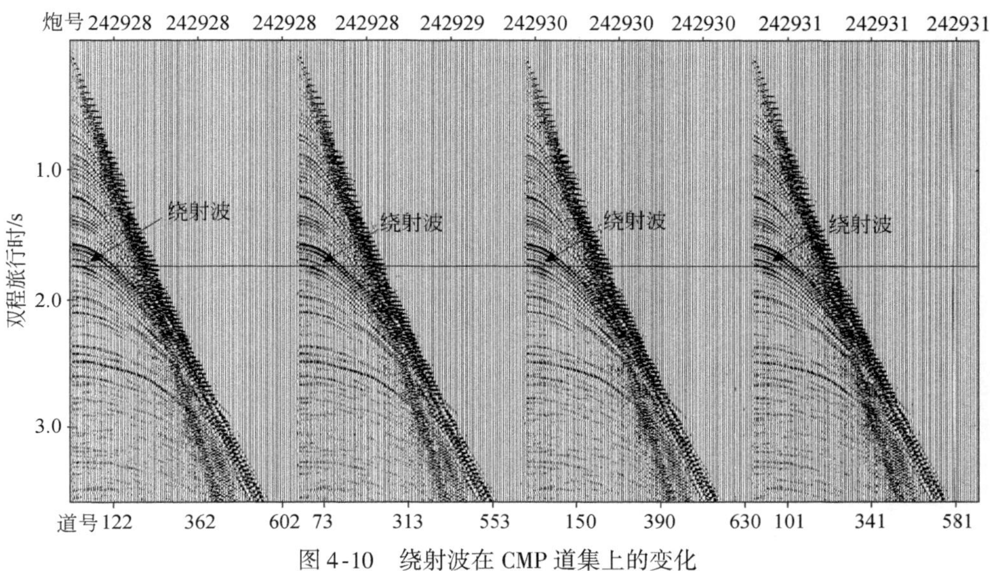

图 4-10 绕射波在 CMP 道集上的变化

4.2.3 共偏移距道集

共偏移距道集是按照同样的偏移距,将不同炮点和检波点处的地震记录排列起来。以海洋地震勘探为例(图 4-11)。震源和电缆接收道之间的距离为偏移距。其中,震源到电缆首道之间的距离为最小偏移距,震源 O 和第四接收道 R_4 之间的距离标记为 d。R_4 接收道来自反射界面 S 的反射信号。当震源从当前 O_1 位置行进到下一个激发点 O_2 时,R_4 接收道反射界面 S_2 点的反射信息,R_4 和震源 O 之间的炮检距仍为 d。以此类推。集中所有 O_1、O_2…O_n 激发,R_{14}、R_{24}…R_{n4} 接收的数据集,即为共偏移距道集。共偏移距道集不是一种实际的物理波场记录,而是在地震数据处理过程中,根据需要人为抽取形成的。和共炮道集、合成的面炮道集一样,共偏移距道集是目前常用的波动方程叠前深度偏移的输入道集之一。由于共偏移距道集的偏移能为偏移速度分析提供具有地质意义的中间结果——不同偏移距的共成像点道集,因此常常在共偏移距道集数据上进行克希霍夫积分法偏移及其偏移速度分析,这也使得叠前深度偏移具有较高的计算效率。

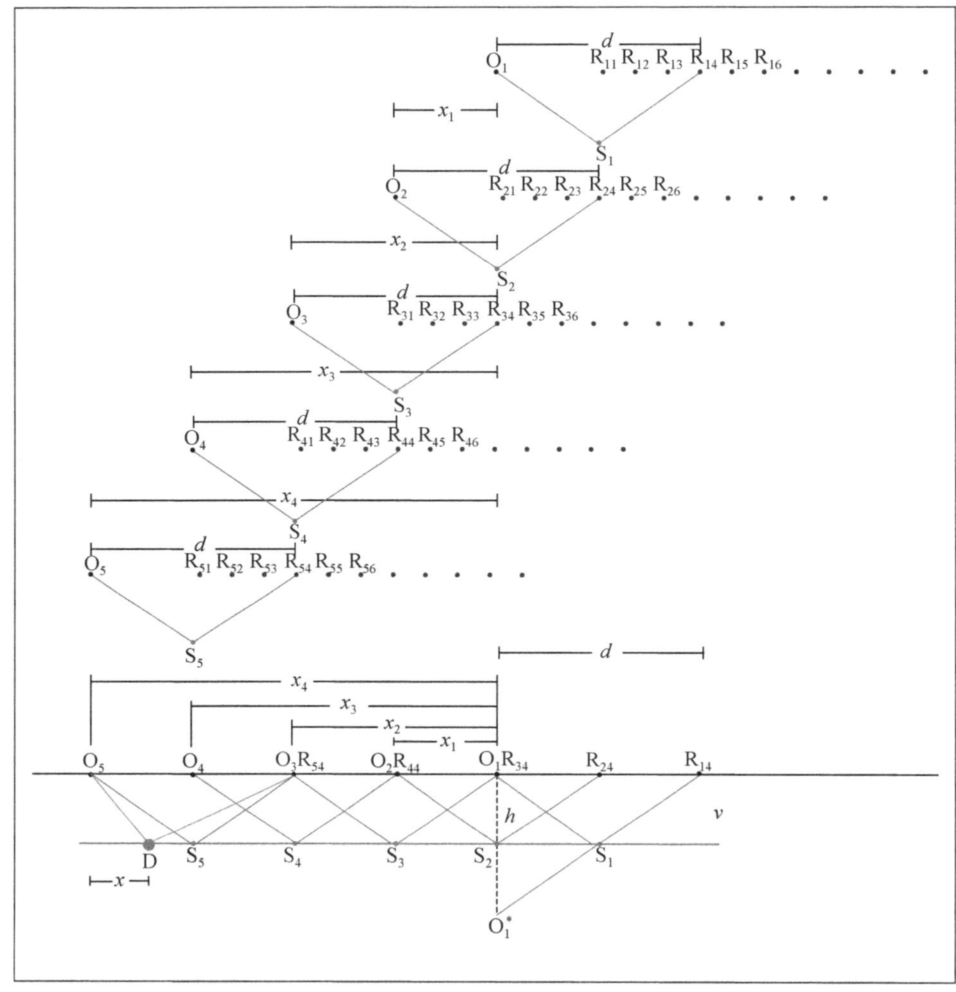

图 4-11 水平反射界面共偏移距道集的形成

下面讨论点源激发时，反射波和绕射波在共偏移距道集的不同表现形式。如图 4-11 所示的水平地下界面的地质模型。

此时，反射波时距曲线为

$$t_r = \frac{\sqrt{(2h)^2 + d^2}}{v}$$

式中，h 为反射界面的埋深；d 为偏移距；v 是介质的速度。上述个参数均为常数，很显然，t_r 为定值。因此，来自水平反射界面的反射波在共偏移距道集上表现为与偏移距无关的水平线性同相轴。

与此同时,绕射同相轴时距曲线表示为

$$t_{\mathrm{d}}=\frac{\sqrt{x^{2}+h^{2}}+\sqrt{x^{2}-2dx+h^{2}+d^{2}}}{v} \tag{4-11}$$

其中,绕射点 D 距离激发点的水平距离设为 x。对于某一个道集,d 是常数,所以上式是一个关于 x 的双曲线。

对于倾斜的地下反射界面(图 4-12),反射地层的倾角为 φ,绕射点 D 位于倾斜界面上。O 点激发,R 点接收,d 为偏移距,x 为距离第一个炮点位置的距离,h 为第一个炮点到反射界面的距离。

偏移距为零时,$d=0$,此时的反射时距曲线为

$$t_{\mathrm{r}}=\frac{x\sin\varphi+h}{v}$$

因此,在零偏移距道集上倾斜反射界面的时距关系表现为与该倾斜界面形状相似的倾斜线性同相轴。

此时,绕射波时距关系为

$$t_{\mathrm{d}}=\frac{2\sqrt{(x\sin\varphi+h)^{2}+l^{2}}}{v} \tag{4-12}$$

式中,绕射点 D 到炮点在倾斜反射界面的投影的距离。从上式可以看出,在 v、h 和 φ 都是常数的情况下,绕射波时距曲线为双曲线。

倾斜反射界面,非零偏移距的情况下,$\varphi\neq0$,$d\neq0$。此时,绕射点在共偏移距道集上的时距关系,即经推导得到非零偏移距时倾斜反射界面在共偏移距道集上的时距关系可以如下计算。

反射波时距曲线公式为

$$t_{\mathrm{r}}=\frac{\sqrt{4x^{2}\sin^{2}\varphi+(8h\sin\varphi+4d\sin^{2}\varphi)x+h^{2}+d^{2}+4hd\sin\varphi}}{v} \tag{4-13}$$

绕射波时距曲线公式为

$$t_{\mathrm{d}}=\frac{\sqrt{x^{2}+h^{2}+2hx\sin\varphi}+\sqrt{x^{2}+2(hx\sin\varphi+d)x+h^{2}+d^{2}+2hd\sin\varphi}}{v} \tag{4-14}$$

由上式可知,此时的反射波时距关系表现为双曲线形态,该双曲线的渐近线斜率为$\pm\sin^{2}\varphi$,双曲线的顶点位于 $x=-\dfrac{2h+d\sin\varphi}{2\sin\varphi}=-\left(\dfrac{h}{\sin\varphi}+\dfrac{d}{2}\right)$。如图 4-12 所示,当地层倾角较小时,渐近线斜率也很小,对应的双曲线曲率较小,在观测系统范围内接近于直线,因此,地层倾角较小时,倾斜反射界面在非零偏移距道集上的地震响应为拟线性形态。另外,地层倾角较大时,虽然双曲线的渐近线斜率变大逐渐接近于 1,但由于双曲线的顶点$-\left(\dfrac{h}{\sin\varphi}+\dfrac{d}{2}\right)$远小于 0,而由公式定义可知 $x\geqslant0$,在距离双曲

线顶点较远的侧翼位置曲线规律表现为拟线性的形态，因此，即使地层倾角很大，反射波在共偏移距道集上的时距曲线也呈现拟线性形式(图 4-12)。

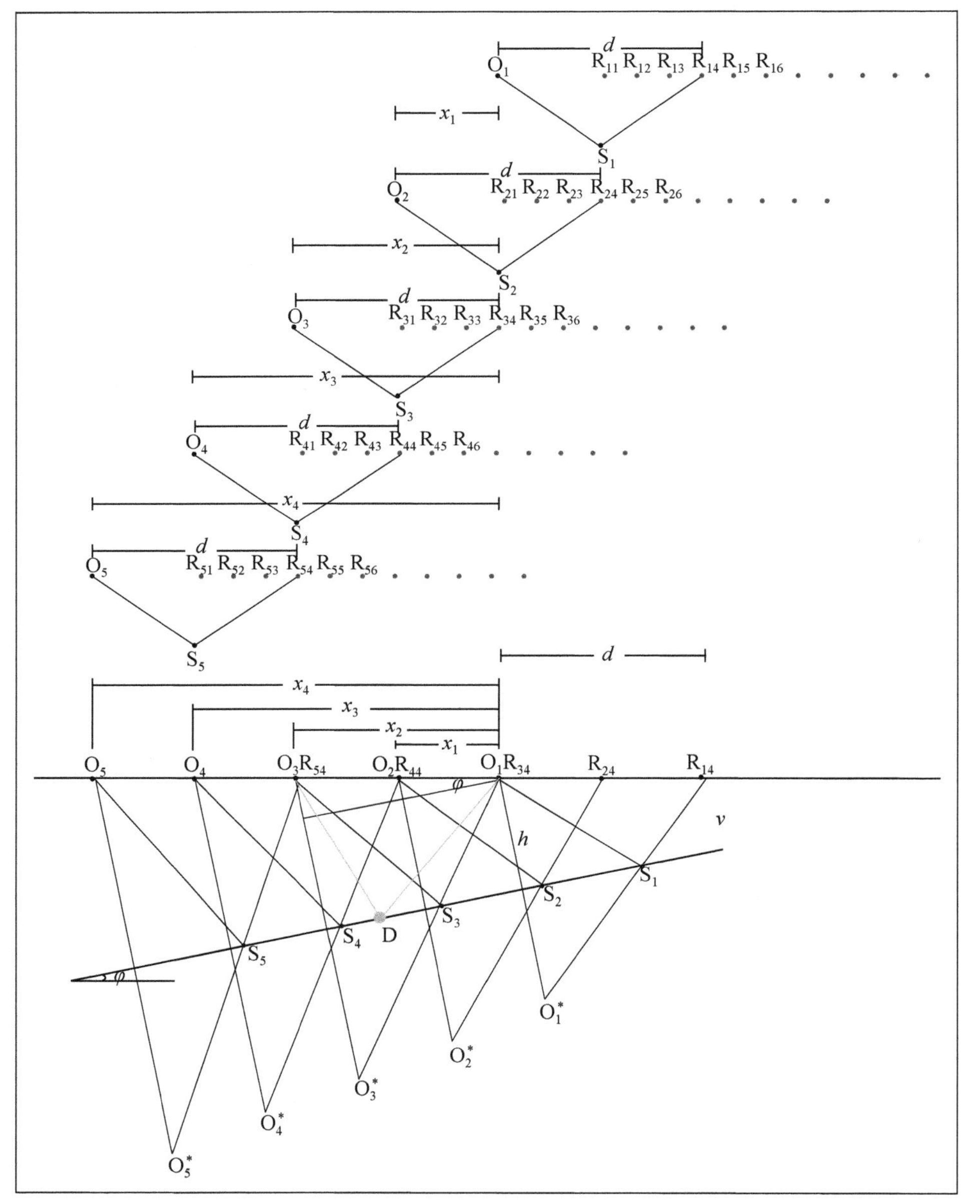

图 4-12　倾斜反射界面共偏移距道集的形成

由图 4-13 可知，绕射波在共偏移距道集上表现为双曲地震响应，与反射波的拟线性地震响应差别较大,有利于绕射波与反射波的分离。但在野外地震记录上,由于地震资料的信噪比较低、观测系统不规则以及地震道缺失等问题,造成共偏移距道集信噪比通常较低,不利于绕射波的提取。

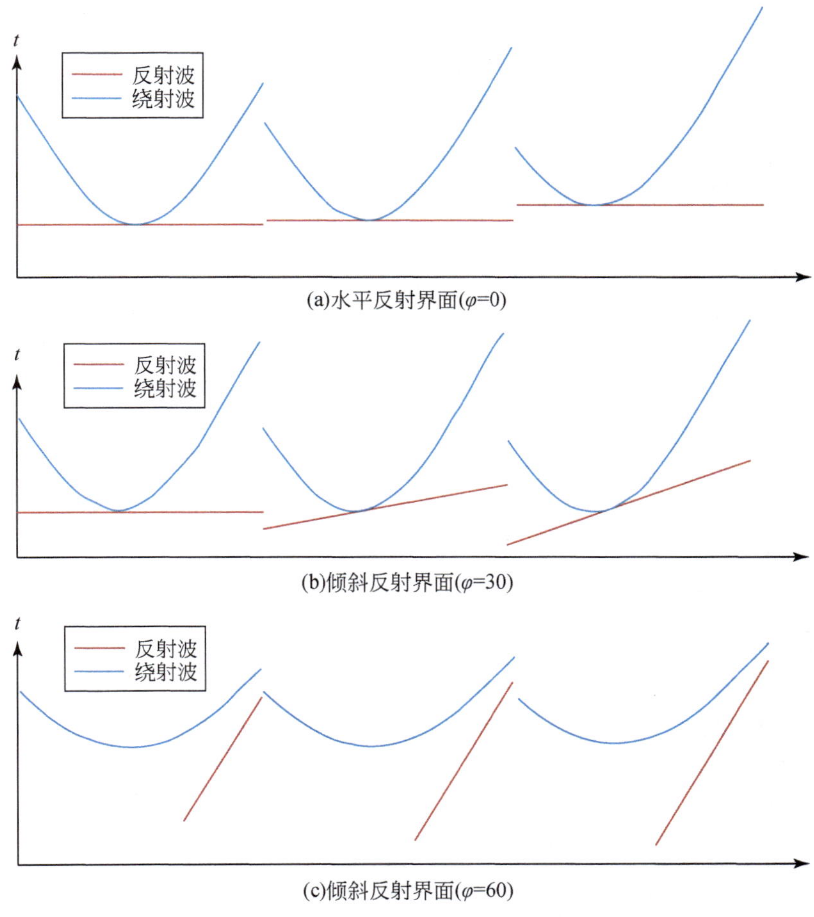

图 4-13　共偏移距时距关系示意图

4.2.4　角度域共成像点道集

前面提到的共中心点道集、共炮点(检波点)道集、共偏移距道集是从原始的地震数据中抽取出来的,涉及炮点位置、检波点位置、反射点位置。由于存在多路径问题,使用上述道集计算得到的反射点位置往往不准确。共成像点道集(common imaging gather,CIG)是在偏移之后,围绕地下某一成像点提取所有偏移距地震道形成的集合。它体现了偏移后地下成像点在不同的偏移距情况下的地震响应。因为在偏移的过程中,已经将炮点和检波点延拓到一个基准面上面,影响旅行时的因素只有反射点的位置,从而,相比前面的三种道集,共成像点道集具有一定的优势。

另外,地震数据中包含地下介质速度及岩性等信息,因此偏移之后叠加之前的共成像点道集可以用来进行速度分析和 AVO 岩性分析。由于共炮点道集和共偏移距道集,在存在横向较强各向异性情况下,会产生运动学和动力学上的假象,而共成像点道集,则不会产生上述运动学和动力学假象。

目前,常用的共成像点道集为散射角 CIG 道集。对于实际数据处理中的共散射角道集,是经过在偏移孔径内部分偏移之后得到的。共散射角道集的时距方程是联合叠前时间偏移的脉冲响应方程与倾斜地层的反射时距方程推导,建立在等价偏移距基础之上,且与倾角无关。该类道集不易受到多路径假象的影响,因而常被用于 AVA 分析和速度分析。散射角域 CIG 道集用于速度分析的原理是,如果速度模型准确,则同一位置处的成像能量在共成像点道集中应当处在同一深度。也就是说,来自同一成像点的成像值其同相轴是拉平的。如果速度不准确,则该同相轴发生弯曲。因此,通常利用同相轴的剩余曲率信息进行速度更新。但是在散射角域 CIG 道集上,不论是反射界面还是绕射点的成像同相轴形态都是类似的,无法进行绕射和反射能量的分离。

事实上,角度域偏移中的成像值是由散射角与地质倾角两者共同描述的。将散射角和地层倾角的冗余信息分开,一方面有利于提高道集的信噪比,提高自动化速度更新的稳定性;另一方面,也可以得到反射界面的倾角信息(Xu et al. ,2001; Brandsberg-Dahl et al. ,2003;Ursin,2004),也就是倾角域共成像点道集。

对于地下倾斜界面 S,倾角为 α_0(图 4-14)。成像点 A 和绕射点 D 位于倾斜界面上,坐标分别为(x,z)和(x_0,z_0),其在观测地面的投影分别为 A^*和 D^*。O_A是成像点 A 在地面上的自激自收位置。自激自收反射线(即反射界面的法线)和垂直线的夹角为 α。在 2D 零偏移距常速情况下,模型坐标(x,z)和数据坐标(y,t)表达为

$$y=x+z\tan\alpha \tag{4-15}$$

$$t=\frac{2z}{v\cos\alpha} \tag{4-16}$$

式中,v 是介质速度;t 是成像点 A 的自激自收旅行时。

偏移相当于上述两公式的逆变换:

$$x=y-z\tan\alpha$$

$$z=\frac{tv\cos\alpha}{2}$$

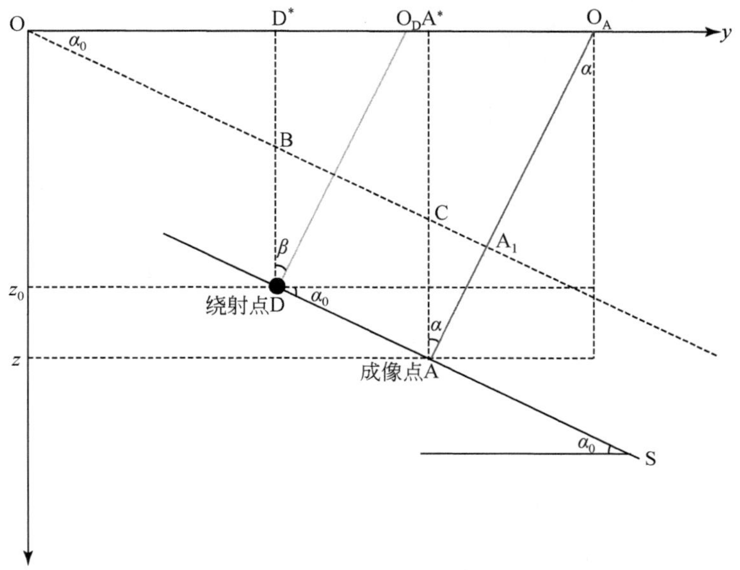

图 4-14　零偏移距反射和绕射波示意图

这时，其中的速度应该变为偏移速度 v_M。从而有

$$x=y-\frac{v_M t}{2}\sin\alpha \tag{4-17}$$

$$z=\frac{v_M t}{2}\cos\alpha \tag{4-18}$$

式中，v_M 为偏移速度。

考虑地层倾角为 α_0 的倾斜平面反射层，该倾斜反射层可以描述为

$$z(x)=z_0+(x-x_0)\tan\alpha_0 \tag{4-19}$$

根据式(4-17)和式(4-18)得到它的地震响应：

$$t(y)=\frac{2(z_0\cos\alpha_0+y\sin\alpha_0-x_0\sin\alpha_0)}{v} \tag{4-20}$$

利用式(4-19)和式(4-20)得到它的成像公式：

$$x=-\frac{v_M}{v}z_0\cos\alpha_0\sin\alpha+v\left(1-\frac{v_M}{v}\sin\alpha_0\sin\alpha\right) \tag{4-21}$$

$$z=\frac{v_M}{v}z_0\cos\alpha_0\cos\alpha+\frac{v_M}{v}\sin\alpha_0\sin\alpha \tag{4-22}$$

消去式(4-21)和式(4-22)中的 y，得到倾角坐标系下的平面反射界面成像值：

$$z_\alpha(x,\alpha)=\frac{(z_0\cos\alpha_0+x\sin\alpha_0)v_M\cos\alpha}{v-v_M\sin\alpha_0\sin\alpha} \tag{4-23}$$

固定地表坐标位置 x,式(4-23)描述的是一个倾斜反射界面在倾角域共成像点道集上的成像响应。该成像响应表现为具有稳相顶点的“笑脸”形式,也就是说开口向上的曲线形式。如果偏移速度完全正确,则稳相顶点位置位于 $\alpha=\alpha_0$ 处。很容易证明,在这种情况下,稳相点位置处的偏导数为零,此时

$$z_\alpha(x,\alpha_0)=z(x)$$

$$\frac{\partial z}{\partial\alpha}=\frac{(z_0\cos\alpha_0+x\sin\alpha_0)(v_M\sin\alpha_0-v\sin\alpha)}{(v-v_M\sin\alpha_0\sin\alpha)^2} \tag{4-24}$$

根据稳相点原理,沿 CIG 道集的倾角叠加求和即可得到正确的成像结果。

接下来,考虑坐标为(x_0,z_0)的绕射点对应的 CIG 道集成像响应情况,如图 4-14 所示。假设射线角度为 β,根据式(4-15)和式(4-16),得到绕射点的地震响应为

$$y=x_0+z_0\tan\beta \tag{4-25}$$

$$t=\frac{2z_0}{v\cos\beta} \tag{4-26}$$

消除射线角度 β,得到双曲线形式:

$$t(y)=\frac{2\sqrt{z_0^2+(y-x_0)^2}}{v} \tag{4-27}$$

根据式(4-17)和式(4-18),得到绕射点的成像值:

$$\frac{x-x_0}{v\sin\beta-v_M\sin\alpha}=\frac{z_0}{v\cos\beta} \tag{4-28}$$

$$z=z_0\frac{v_M\cos\alpha}{v\cos\beta} \tag{4-29}$$

消去射线角度 β,则

$$z_\alpha(x,\alpha)=\frac{v_M\cos\alpha\sqrt{z_0^2+(x-x_0)^2}}{v} \tag{4-30}$$

当偏移速度正确($v_M=v$)时,可以在绕射点 $x=x_0$ 位置处的倾角域 CIG 道集上直接观测到该绕射点的成像响应,该响应是位于 $z_\alpha(x_0,\alpha)=z_0$ 的水平线性同相轴,相当于从不同角度照明该绕射点。否则,绕射点的成像响应为曲线,并且可能没有一个固定的稳相点。

如图 4-15 给出了两个平面反射界面(S_1、S_2)和一个绕射点(D_1)构成的地质模型。图 4-16 绘制了其理论倾角域共成像点道集示意图。其中第一层反射界面为水平界面,第二个反射界面倾角为 60°,绕射点位于反射界面以下 150m 处。绕射点的响应用蓝线表示,反射界面响应红线表示。在偏移速度正确时,绕射点位置处其响应表现为水平直线,远离绕射点位置处其响应为拟线性倾斜同相轴,倾斜度与偏离绕射点的距离成正比。对于反射界面响应,不管界面是否倾斜,其响应都表现为开口向上的拟抛物线“笑脸”形式。稳相点位置的角度代表地层倾角信息。如

图 4-17 和图 4-18 所示，在偏移速度存在误差时，反射界面响应形式与速度正确时变化不大，不论偏移速度高于还是低于正确介质速度时，仍表现为“笑脸”形式，且

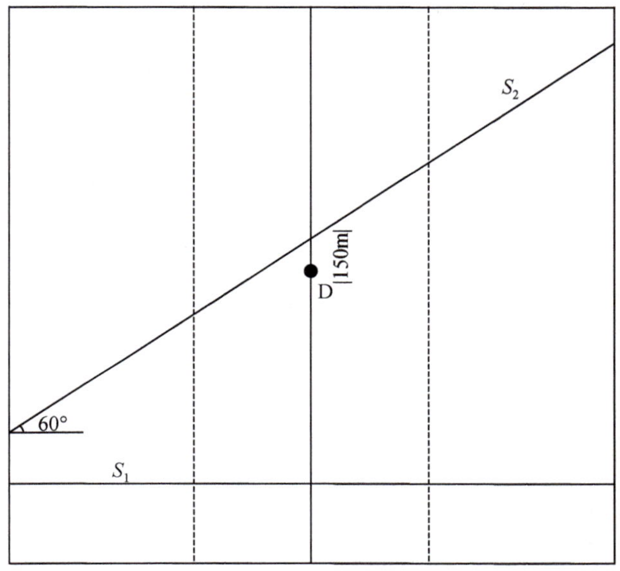

图 4-15　包含两个反射界面和一个绕射点的理论模型

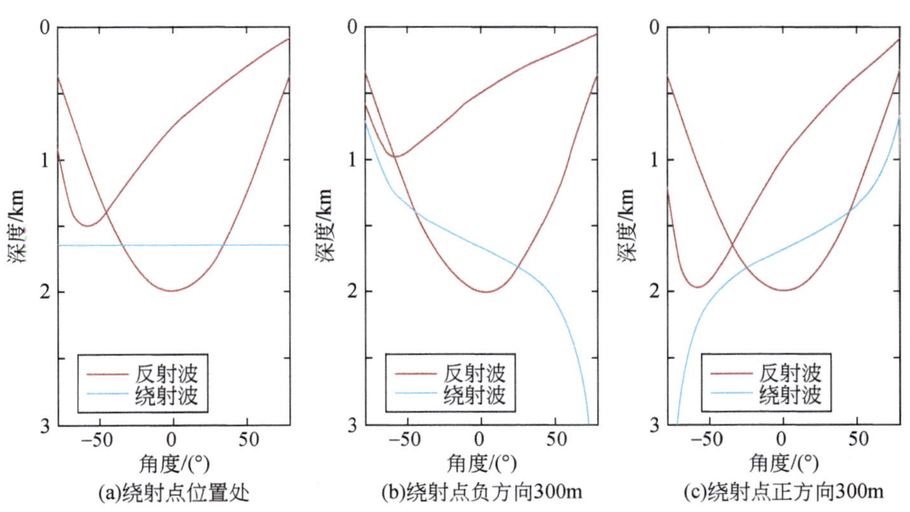

图 4-16　速度正确时倾角域 CIG 道集示意图

反映地层真实倾角的稳相点角度位置不变，只是其深度位置产生较大的误差。而对于绕射点来说，此时，绕射响应由速度正确时的线性同相轴变成曲线，当偏移速度高于介质真实速度时，向下弯曲，当偏移速度低于介质真实速度时，向上弯曲，但是相对于反射响应来说，绕射响应的曲率较小。因此，不论偏移速度正确与否，绕射与反射响应在倾角域共成像点道集上都存在较明显的能量差异，易于波场分离。另外，由于绕射波在 CIG 道集上对偏移速度的敏感性，可用于速度分析。

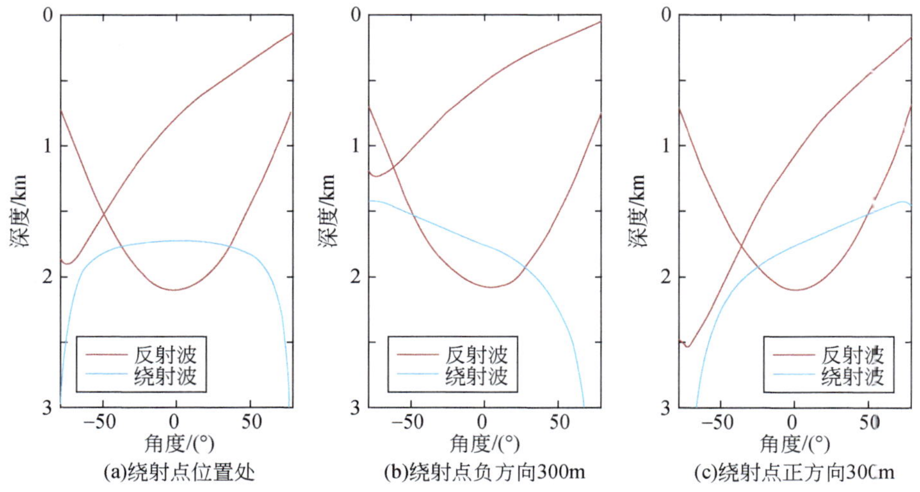

图 4-17　偏移速度误差为+5%时，倾角域 CIG 道集示意图

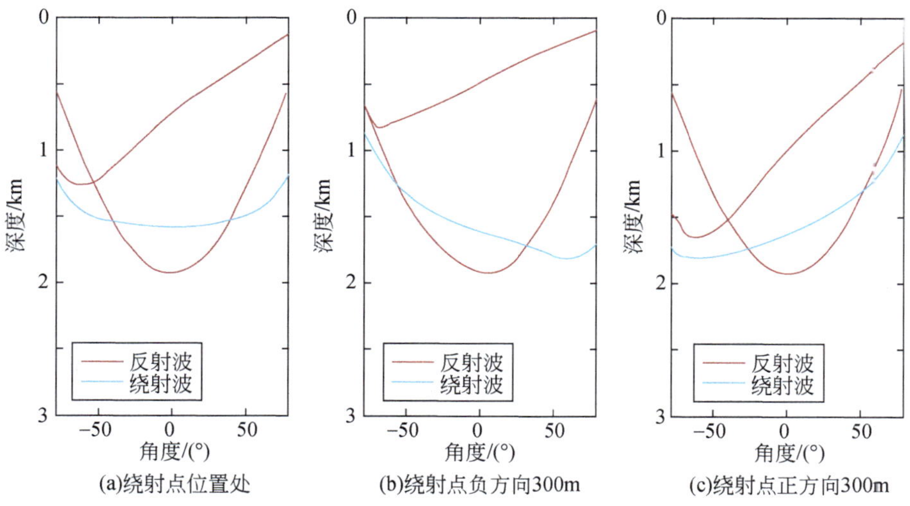

图 4-18　偏移速度误差为−5%时倾角域 CIG 道集示意图

4.2.5 叠加剖面

4.2.5.1 叠加剖面绕射波特征

来自地下连续界面(水平或倾斜)的反射波和小尺度地质体的绕射波在叠加剖面上主要表现为同相轴的不同。这具体表现在同相轴的位置和形态以及振幅能量的强弱。如前所述,通常绕射波的能量相较于反射波的能量较弱(一般达3~4倍的关系),并且反射波时距曲线的曲率和绕射波时距曲线的曲率不同。在叠加时,反射波被拉平,而绕射波不能被拉平,所以在叠加剖面上,绕射波通常会出现“画弧”的现象,且其绕射同相轴振幅弱于反射同相轴振幅。

在地震资料处理的过程中,地震剖面的叠加,是按照水平界面反射波时距曲线的规律进行动校正,然后再进行共中心点叠加的。因此要讨论水平叠加剖面上绕射波的特点,就必须先分析把绕射波当作反射波进行动校正后,绕射波时距曲线的变化,再进一步分析水平叠加对绕射波的作用效果,以及它在水平叠加剖面上最终表现出来的基本特征。

仍以断棱绕射模型(图4-19)为例,来讨论其反射波、绕射波经过动校正后,在叠加剖面上反射波和绕射同相轴的形态和相互关系。

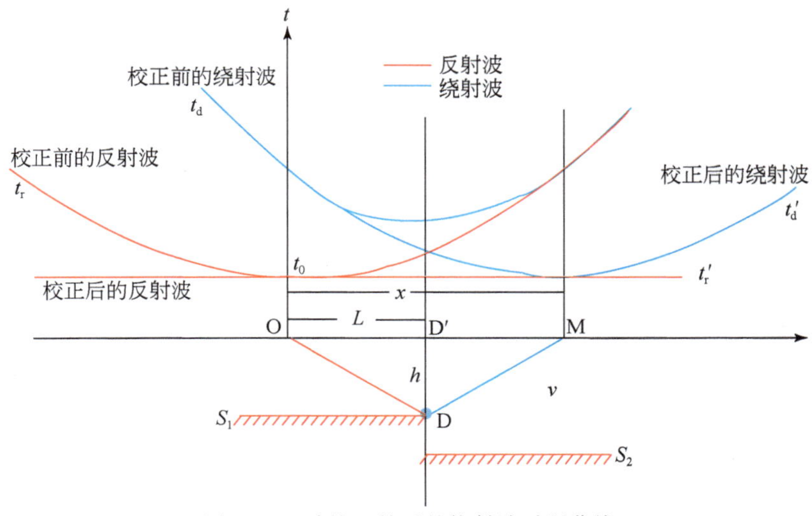

图4-19 动校正前后的绕射波时距曲线

前面已经进行分析,对于断棱地质模型,其反射波和绕射波的时距曲线都是双曲线。反射波的双曲线极小点位于激发震源O的上方,绕射波双曲线极小点位于断棱的上方，两者在 M 点相切。M 点是在 S_1 反射界面能够接收到反射波信息的最外的点。$OD'=D'M$。

地震数据处理中的动校正是按照反射波的时距曲线特征来进行的，即动校正后反射波的时距曲线被校正成为一条直线，位于 t_0 位置。在该问题中，绕射波的时距曲线和反射波的时距曲线并不相同。因此校正后，绕射波的时距曲线不能被拉平，仍是双曲线，但极小点被拉到 t_0 位置。过 M 点后，绕射波时距曲线继续上扬。绕射波时距曲线按一次反射波进行动校正后的结果，可以先从几个特殊点进行定性地分析一下。

如图 4-19 所示，在 M 点，因为绕射波、反射波的旅行时一样，所以正好把绕射波也校正到 t_0；O 点的动校正量为零，绕射波校正后旅行时不变；在从 M 到 O，动校正量由 Δt_m 逐渐减小到零。所以在 t 轴向上的时距图上，动校正后绕射同相轴极小点在 M 点上方，并与反射波动校正后的水平同相轴在 M 点相切。在一次覆盖剖面上，按照叠加原理，O 点和 M 点记录的信息都要显示在中心点的位置，即 D′的位置。这样绕射时距曲线极小点的位置，在叠加剖面上被显示在 D′的位置，即绕射点的位置。这样绕射同相轴的极小点正好就反映了绕射点的位置（图 4-20）。

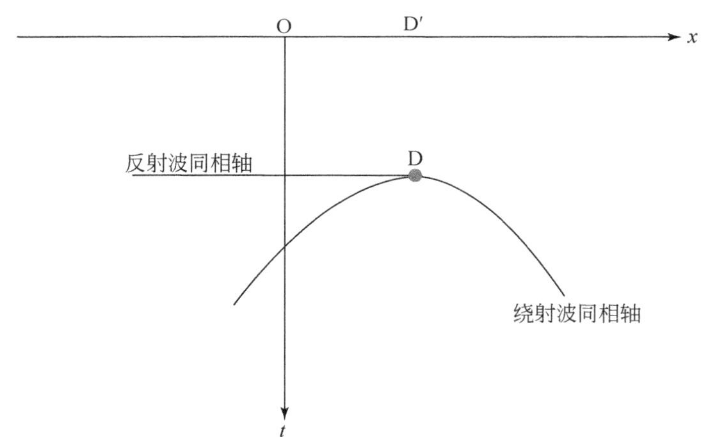

图 4-20　一次覆盖剖面上的反射波和绕射同相轴

可以证明：在 O 点（图 4-19），自激自收的绕射波旅行时：

$$t_{0d}=\frac{2OD}{v}=\frac{2\sqrt{L^2+h^2}}{v} \tag{4-31}$$

式中，h 是绕射点的垂直埋深；L 是绕射点在观测面的投影到激发点的距离，$L=OD'$。而在 O 点激发的共炮点绕射波在 O 点观测到的旅行时也是这个值，并且动校正量为零，所以两者符合。在 D′点自激自收时间

$$\frac{a^2}{\lambda H} > \frac{1}{2}$$

$$k_x = k\cos(\theta)$$

$$k_z = k\sin(\theta)$$

从图(4-19)上可以看出,M 点接收到的绕射波,动校正后相当于在 D′点自激自收,旅行时为

$$t_{0\mathrm{d}} = \frac{2h}{v}$$

两者也符合。可以定量地证明在测线上的其他位置,两者也近似相等。特别是观测点在 D′附近时,两者是符合较好的。

在上述分析的基础上,就可以讨论在共中心点道集上经过动校正后绕射同相轴的叠加效果了。

当道集的共中心点与绕射点在地面的投影 D′重合时(相当于以 D′为共中心点),动校正后各道的时间都等于 $t_{0\mathrm{d}}$,没有时差,叠加后得到很好的加强,如图 4-21。

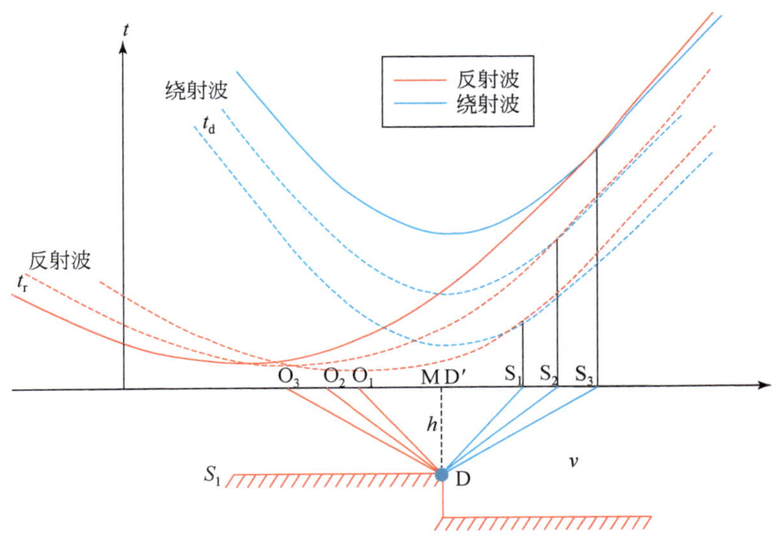

图 4-21　共中心点 M 与 D′重合叠加后得到很好的加强

当共中心点 M 与绕射点在地面的投影 D′不重合时,动校正后,校不到在该点的绕射波自激自收时间,还存在剩余时差(图 4-22)。当然,如果 M 点与 D′点距离不大,则剩余时差不大,叠加后还可能使绕射波加强。而如果 M 点与 D′点距离较大,则剩余时差较大,叠加后绕射波不会聚焦。

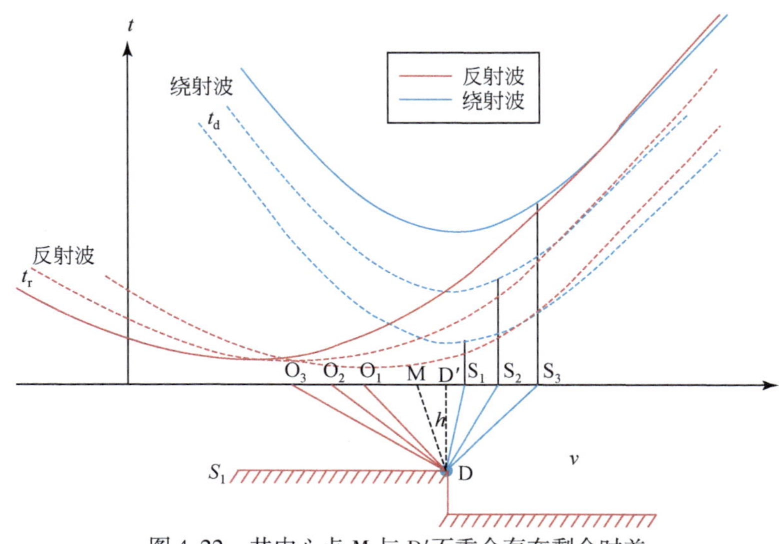

图 4-22　共中心点 M 与 D′不重合存在剩余时差

对于更加复杂的模型,如一段弧所产生的绕射的情况下,其实在叠加的过程中,由于不是水平或倾斜的反射界面,参与叠加的数据其实并不是来自同一个绕射点,所以叠加后相互不能加强[图 4-23(b)]。相反,来自连续光滑反射界面的反射波则表现为同相轴局部光滑连续,能量较强[图 4-23(a)]。

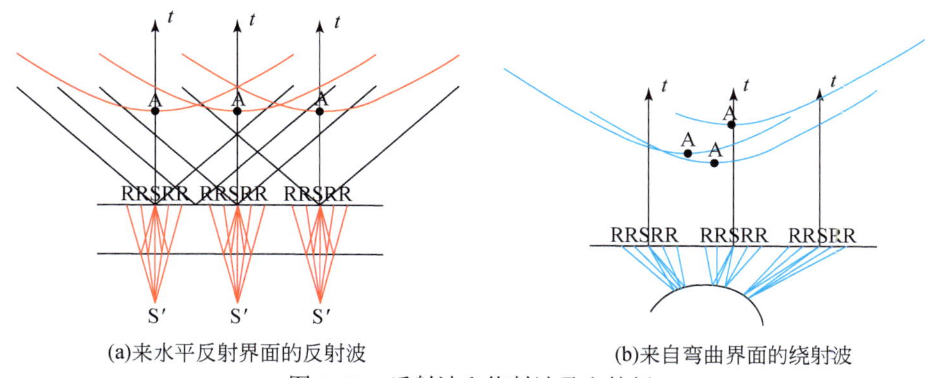

(a)来水平反射界面的反射波　　(b)来自弯曲界面的绕射波

图 4-23　反射波和绕射波及和特征

S、R 分别表示震源和检波器位置,S′为虚反射源,A 为反射、绕射双曲线顶点,t 为旅行时

4.2.5.2　叠加剖面绕射波实例

图 4-24、图 4-25 为叠加剖面上绕射波的表现形式。图 4-24 中,叠加剖面上"画弧"现象明显,为绕射波的特征表现。该叠加剖面显示的沉积基底为一斜坡。构造活动活动沿和斜坡近垂直的方向形成错断,斜坡和断裂形成梯级状凹陷。绕

射同相轴为向下弯曲的双曲线形状。顶点位于每个凹陷的底部,即剖面上的绕射点为斜坡和断层交汇点。剖面上,每个交汇点对应一个开口向下的双曲绕射同相轴。图 4-25 上,构造形态更加复杂,但绕射同相轴特征同样明显。多数的绕射同相轴位于基底以下更深的部位。由于深部成像不很清楚,我们这时可以根据绕射同相轴的顶点判断剖面上的绕射点的位置。此外,该剖面在浅部(约 1.0s 双程旅行时间)也发育比较清楚的绕射同相轴。该绕射的发育同底部绕射发育成因不同,可能是岩性的变化有关,如在该位置发育河道。

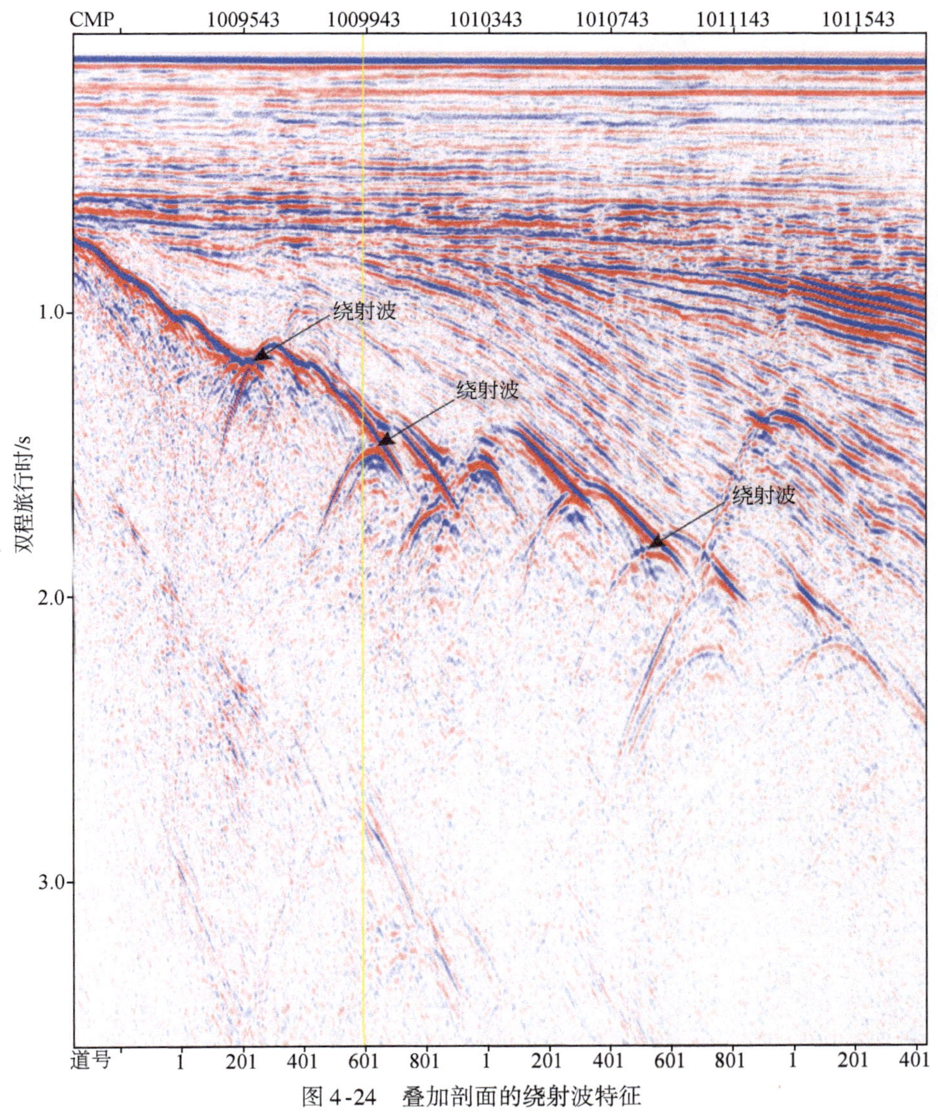

图 4-24　叠加剖面的绕射波特征

图4-25中剖面的左侧1.7s(双程旅行时)左右的位置发育特殊的绕射同相轴。该处,一段水平的反射界面两侧被断层错断,在错断的位置形成绕射点。但每侧的绕射同相轴并不是典型的向下开口的双曲线形状,而是只出现了双曲线的一半。在右侧断点出现了双曲线的右半支,在左侧的断点则出现了双曲线的左半支。本章节会详细介绍这种绕射"尾巴"的现象。

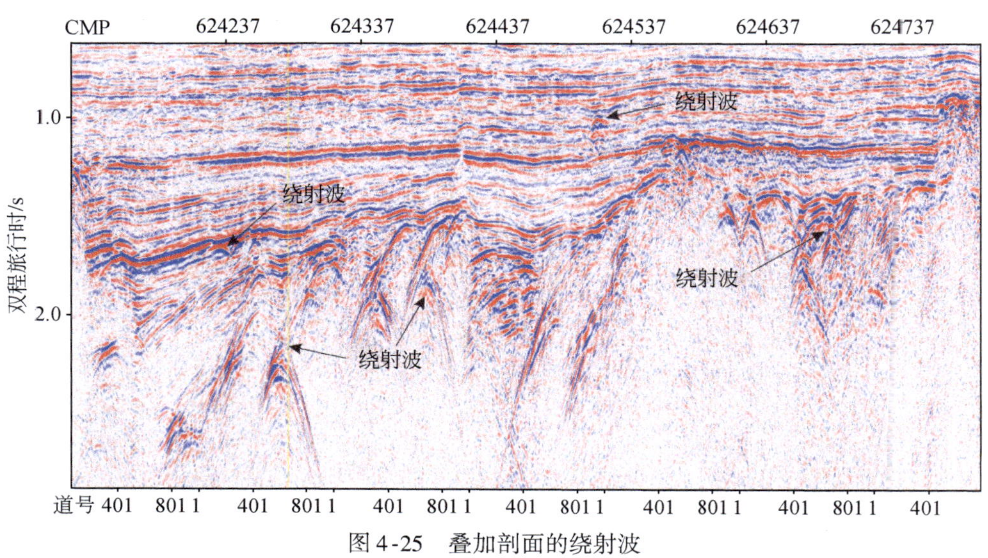

图4-25　叠加剖面的绕射波

由前述分析可知,在点源激发的原始道集中,不同的道集反射波与绕射波的地震响应形态也不尽相同:①共中心点道集上反射波和绕射波均表现为双曲顶点位于自激自收位置的双曲地震响应,形态极为类似,无法用于绕射与反射波的分离;②共炮集记录中,虽然反射波和绕射波的形态均为双曲形式,但是反射双曲线顶点位置一般在炮点位置附近,而绕射双曲同相轴顶点位于绕射体正上方,因此在绕射波和反射波顶点位置差异较大时可以利用加权 Radon 变换实现波场分离(Nowak et al. ,2004),但是分离程度的好坏取决于绕射和反射波的位置关系,两者顶点位置相近时在共炮集记录上较难实现绕射能量分离;③共偏移距道集上反射波的响应与反射界面形状相似,绕射波表现为双曲规律,并且在断点两侧绕射波会出现极性反转,因此可以利用相位校正与定性分析检测绕射点(Landa et al. ,1987)。另外,在水平叠加剖面上绕射和反射形态差异与零偏移距道集类似,可利用平面波解构滤波器进行绕射波分离(Fomel et al. ,2007)。

在平面波震源激发的炮记录上,来自反射界面的地震波通常表现为曲率较小、平滑度较高的连续同相轴,而绕射波则呈现曲率较大、连续性较差的拟双曲同相轴,因此,平面波记录上绕射与反射差异较大,可利用平面波解构滤波器进行绕射波提取(Taner et al. ,2006)。

速度正确时,无论在散射角域还是偏移距域等共成像点道集上,来自同一深度位置处的成像值不论是反射能量还是绕射能量都为拉平的水平同相轴,无法进行绕射能量识别。在倾角域共成像道集中反射与绕射形态差异较大。反射能量表现为开口向上的"凹"字形同相轴,其稳相点横向位置代表了真实的地层构造倾角信息;来自绕射点的成像值则为拟线性形态,在绕射点正上方时,绕射同相轴水平线性,横向方向远离绕射点时则变现为倾斜线性同相轴,且距离绕射点越远,斜率越大。因此,可以利用中值滤波(Bai et al. ,2011)、平面波解构滤波(Landa et al. ,2008)、扫描相似度顶点去除+混合 Radon 变换(Klokov et al. ,2010)等方法进行绕射能量提取并叠加成像。

4.3 绕射波波场正演模拟

通过建立一些典型的地质模型,并对此进行地震正演数值模拟,能够帮助人们直观地认识地震波在地层中的传播规律及典型地质模型的特征地震响应,这是研究地震波场在典型地质构造中的传播特征与特征地震响应必不可少的环节之一,它可以更好地指导地震数据处理、地震解释和地震观测系统设计。

下面主要介绍正演模拟方法,并从典型绕射波地质模型的建立入手,研究绕射波地质模型的波场正演模拟,分析研究绕射波的形成机理与特征,分析研究绕射波和反射波在不同域的形态差异,为以后绕射波与反射波的分离及成像做准备。

4.3.1 正演模拟方法

地震波场正演模拟逐渐形成了以射线理论和波动理论为基础的两大类地震波正演模拟技术。射线追踪正演模拟方法以波动方程高频近似假设为基础,适用于物性缓变化模型中的地震波模拟,以计算速度快的突出优点在业界得到广泛应用。其中,试射法是最常见的射线追踪方法。波动方程模拟方法通常对模型没有任何假设,使用范围广泛,模拟精度高,其突出问题在于计算量大,对计算性能要求高,这类模拟方法主要包括有限差分法、有限单元法等。

强各向异性介质中地震正演模拟的关键问题有两个:一是横向变速的实现,二是地震波动力学特征的保持。实践证明,波动方程正演较射线正演和克希霍夫积分正演有明显的优越性。在波动方程正演中,相移法(SP)具有较高的精度与稳定性,但难以实现横向变速。相移加插值方法(SPIPO)能够实现强横向变速,但计算效率降低了,且因插值的原因难以做到振幅保持。分步付氏变换法(SSF)具有振幅保持的优点,但只能实现弱横向变速。扩展的局部 Born 付氏变换法(ELBF)和扩展的局部 Rytvo 付氏变换法(ELRF),横向变速能力较 SSF 有较大提高,但仍难解决强横向变速问题。甚至多参考慢度的 ELRF 方法(MRSELRF)对强横向变速问题的解决也不能完全令人满意。频率波数域稳定的变参考慢度 Rytvo 近似广义屏波场延拓算子(VRSELRF)基本上能满足实际问题的正演需要。

随着地震勘探开发的深入,对地震波场正演模拟精度、地下成像结果分辨率等要求越来越高。基于波场延拓的逆时偏移成像、最小二乘逆时偏移,以及全波形反演已经成为研究的热点。波场延拓的效率与精度直接影响后续成像和反演的效率和精度。

有限差分法兼顾计算效率与模拟精度,目前已经广泛应用于勘探地震的波场延拓中。有限差分法利用离散的差分算子逼近连续的偏导算子,在计算中通常存在数值频散,影响地震波波场模拟精度。传统的有限差分系数通常基于零波数处的泰勒展开求取,在低波数段能较精确地模拟地震波传播,但在高波数段会出现严重的数值频散。

改善数值频散的主要方法包括:①减小空间和时间采样间隔;②增加时间或者空间差分阶数;③通量传输校正法(FCT)。无论是减少时空采样间隔,提高差分阶数,还是 FCT 校正,这些方法的理论优势都较为明显,但限制其广泛应用的主要问题还是计算效率问题。

下面三种方法在计算效率方面有较大的改进。

第一类方法主要是基于平面波原理,推导微分算子与差分算子在波数域中的滤波响应,并利用函数拟合算法使差分算子逼近微分算子。具有代表性的如 Liu 等(2011,2012)提出基于时空域频散关系的任意偶数阶差分格式,随后 Liu 等又基于最小二乘函数逼近算法给出了全局优化的差分系数并推广至三维声波正演模拟中。在最小二乘函数逼近法使用过程中,关键的一步是确定其积分上限,即优化的目标波数范围。梁等(2014)依据震源、波速和网格间距划定目标波数范围,并在时空两个方面进行差分系数优化;Wang 等(2014)考虑到差分系数求取中的稳定性,将正则化算子引入到基于二阶声波方程的交错网格差分系数求取过程。

大量数值实验表明,相比有限差分方法,谱方法具有更高的精度,但傅里叶变换带来的大计算量,制约了其在偏移成像中的应用。因而,一部分学者从这方面出发,在波数域将空间差分与谱分解相结合,改进差分算子减小计算误差。具有代表性的如 Song 等(2013)利用 Lowrank 分解算法对传播算子进行简化,选出具有代表性的特定波数值,计算差分系数,使其在这些特定波数点满足传播算子。考虑到交错网格对频散压制的优势,方刚等(2014)将 Lowrank 分解思想运用到标准交错网格正演与逆时偏移成像中;在此基础上,Wu 等(2014)分析正演过程中的稳定性与参数选择的关系，提出了在有效波数范围内进行差分系数优化，并将其拓展到各向异性三演与成像中。

第三类则是从网格节点方面改进有限差分计算精度。Tan 等(2014)使用了一种新的网格节点，在传统的网格节点上额外增加一些特定角度的节点。研究表明，额外节点的加入可以提高计算精度，尤其是在低频地震波走时方面的精度。Liu 等(2014)在这种节点的基础上，使用余弦函数逼近，基于二阶声波方程推导了一种精确的显式时间递推格式(ETE)。采用这种方法既可以达到压制数值频散，同时还可以提高地震波的走时精度。走时精度的提高，对以波形匹配为目标函数的最小二乘逆时偏移与全波形反演具有重要的意义。

目前，有关有限差分正演优化的研究大都建立在二阶声波方程的基础上，对一阶变密度声波方程研究较少。然而，真实地下介质既存在速度变化也存在密度的变化。大量事实表明，一阶压强—速度方程更加利于处理变密度介质。为此，以一阶声波方程组为研究对象，推导出一阶声波方程中的压强场与偏振速度场的解析表达式，在此基础上给出一种高精度的递推格式，并将匹配系数求取问题转化为最小二乘优化问题。考虑到系数求解的病态性，采用预处理的共轭梯度迭代算法，确保稳定的求解优化匹配系数。频散分析与模型试算表明，该方法处理变密度介质时，实现了对时间差分与空间差分的同时优化，对时间频散与空间频散都取得了不错的压制效果。

4.3.1.1 声波方程规则网格算法

用声波方程或弹性波方程进行有限差分法正演模拟时，如果使用二阶差分格式，网格间距必须取得很小，才能保证计算精度及稳定性。当对具有实际生产规模的地质模型进行模拟时，需要巨量的计算机内存及很长的计算时间。为此，Dalain 等(1986)和 Mufti 等(1990)讨论了用高阶差分方程来避免巨量计算问题。

按照 Dalain 等(1986)和 Mufti 等(1990)的方法，在高阶方程情况下，网格距可以取得很大，同时，计算精度也并不比二阶差分方程密网格时低，并能有效地提高计算精度。网格距的增大可以大大降低对计算机内存的要求、缩短计算时间。这为三维地震波模拟提供了很好的思路。高阶差分格式如下。

设函数 $u(x)$ 具有 $2(k+1)$ 阶导数。对于函数 $u(x\pm n\Delta x)$，将其进行 Taylor 展开。当 $n=1,2,3,\cdots$ 时，分别有

$$u(x+\Delta x)=u(x)+\frac{\partial u}{\partial x}\Delta x+\frac{1}{2!}\frac{\partial^2 u}{\partial x^2}(\Delta x)^2+\frac{1}{3!}\frac{\partial^3 u}{\partial x^3}(\Delta x)^3+\cdots+\frac{1}{M!}\frac{\partial^M u}{\partial x^M}(\Delta x)^M+\cdots \tag{4-32}$$

$$u(x-\Delta x)=u(x)-\frac{\partial u}{\partial x}\Delta x+\frac{1}{2!}\frac{\partial^2 u}{\partial x^2}(\Delta x)^2-\frac{1}{3!}\frac{\partial^3 u}{\partial x^3}(\Delta x)^3+\cdots+\frac{1}{M!}\frac{\partial^M u}{\partial x^M}(\Delta x)^M+\cdots \tag{4-33}$$

最终得到如下方程组：

$$\begin{cases}\dfrac{1}{2!}a_1+\dfrac{1}{4!}a_2+\cdots+\dfrac{1}{M!}a_{\frac{M}{2}}=f_1\\\dfrac{2^2}{2!}a_1+\dfrac{2^4}{4!}a_2+\cdots+\dfrac{2^M}{M!}a_{\frac{M}{2}}=f_2\\\vdots\\\dfrac{\left(\frac{M}{2}\right)^2}{2!}a_1+\dfrac{\left(\frac{M}{2}\right)^4}{4!}a_2+\cdots+\dfrac{\left(\frac{M}{2}\right)^M}{M!}a_{\frac{M}{2}}=f_{\frac{M}{2}}\end{cases}\tag{4-34}$$

写成矩阵形式为

$$\begin{bmatrix}\dfrac{1}{2!}&\dfrac{1}{4!}&\cdots&\dfrac{1}{M!}\\\dfrac{2^2}{2!}&\dfrac{2^4}{4!}&\cdots&\dfrac{2^M}{M!}\\\cdots&\cdots&\cdots&\cdots\\\dfrac{\left(\frac{M}{2}\right)^2}{2!}&\dfrac{\left(\frac{M}{2}\right)^4}{4!}&\cdots&\dfrac{\left(\frac{M}{2}\right)^M}{M!}\end{bmatrix}\begin{bmatrix}a_1\\a_2\\\vdots\\a_{\frac{M}{2}}\end{bmatrix}=\begin{bmatrix}f_1\\f_2\\\vdots\\f_{\frac{M}{2}}\end{bmatrix}\tag{4-35}$$

将上式最左侧矩阵用 $\boldsymbol{A}$ 表示：

$$\boldsymbol{A}=\begin{bmatrix}\dfrac{1}{2!}&\dfrac{1}{4!}&\cdots&\dfrac{1}{M!}\\\dfrac{2^2}{2!}&\dfrac{2^4}{4!}&\cdots&\dfrac{2^M}{M!}\\\cdots&\cdots&\cdots&\cdots\\\dfrac{\left(\frac{M}{2}\right)^2}{2!}&\dfrac{\left(\frac{M}{2}\right)^4}{4!}&\cdots&\dfrac{\left(\frac{M}{2}\right)^M}{M!}\end{bmatrix}\tag{4-36}$$

因此,求出矩阵 $\boldsymbol{A}$ 的逆矩阵 $\boldsymbol{A}^{-1}$,即可得到 $a_1,a_2,\cdots,a_{\frac{M}{2}}$,即求$\dfrac{\partial^2 u}{\partial x^2}\Delta x^2$,我们仅需 a_1,因此存在下式：

$$2\frac{\partial^2 u}{\partial x^2}\Delta x^2=\omega_0 u(x)+\sum_{m=1}^{\frac{M}{2}}\omega_m[u(x+m\Delta x)+u(x-m\Delta x)]+O(\Delta x^M)\tag{4-37}$$

经计算我们给出以下 10 阶差分精度的系数值：

$$\omega_0=-5.854\ 444\ 5$$

$$\omega_1=3.333\ 333$$

$$\omega_2=-0.4761901$$
$$\omega_3=0.07936513$$
$$\omega_4=-0.009920621$$
$$\omega_5=0.0006349185$$

图 4-26 为规则网格相同空间间距，二阶、四阶、六阶和十阶差分声波方程模拟地震波场的瞬时快照。从模拟结果可以看出，差分阶数越高，频散压制效果越好，模拟效果越好。故选取高阶差分进行数值模拟能取得较好的效果。图 4-27 为规则网格不同空间间距，十阶差分声波方程数值模拟的地震波场快照（$t=400$ms）。从模拟结果可以看出，空间间距越大，频散越严重，效果越差。故选取合适的空间网格间距才能取得较好的效果。

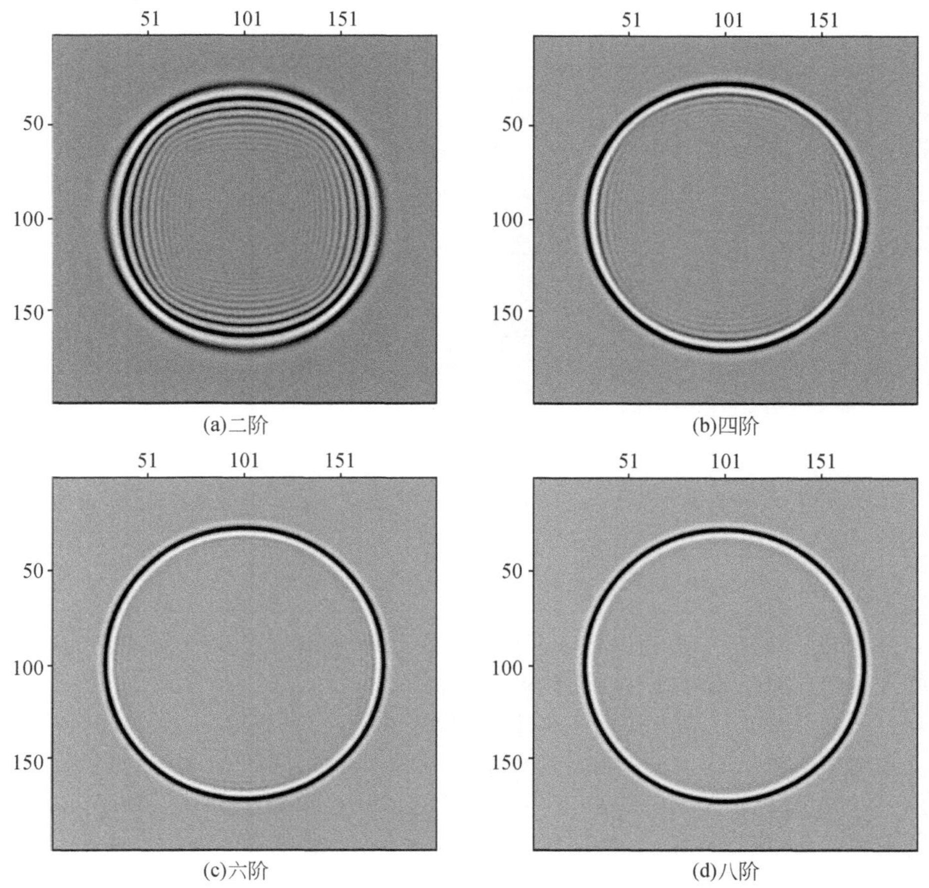

图 4-26　规则网格、相同空间间距不同差分阶数声波方程模拟波场快照

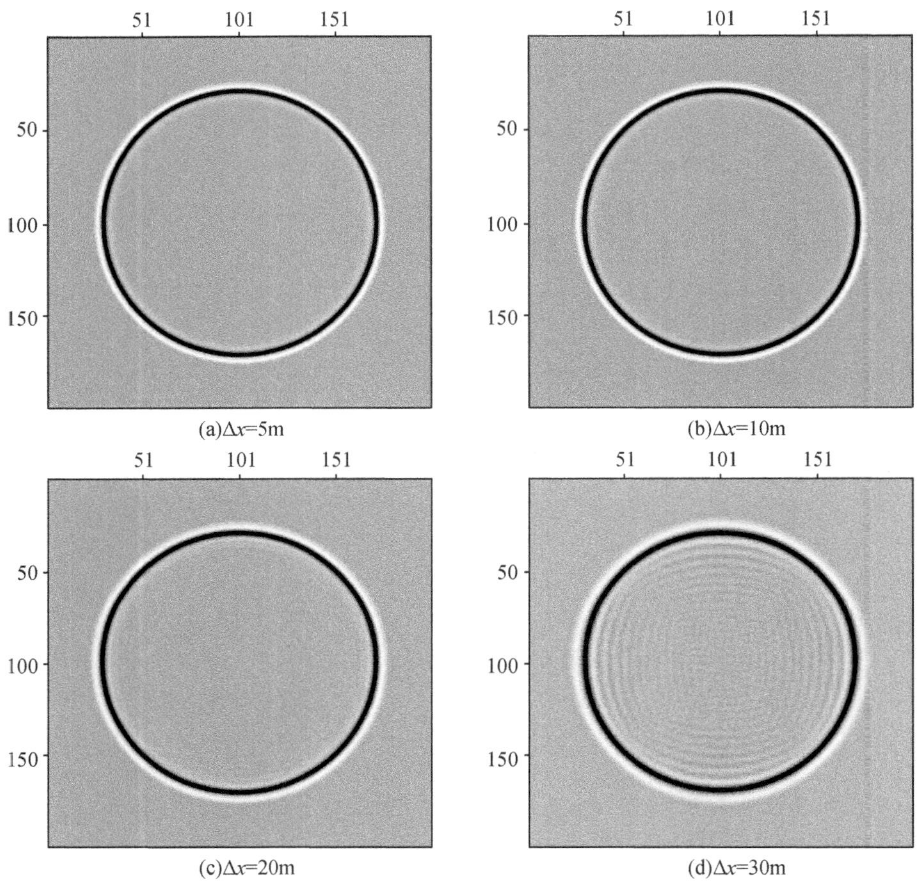

图 4-27 规则网格、不同空间间距十阶差分声波方程模拟波场快照

4.3.1.2 常规时空变交错网格算法

在空间网格较小时，为保证数值模拟能够收敛，选用的空间采样率和时间采样率必须能够同时达到收敛条件的要求。

在不过分延长运算时间的条件下，为提高模拟精度，Madariaga 等(1976)提出了交错网格算法。Virieux(1986)在模拟各向同性介质中的 SH 波和 P-SV 波时也使用了这种差分网格，其差分精度为 $O(\Delta t^2+\Delta x^2)$，在不增加计算工作量和存储空间的前下，和常规网格相比，局部精度提高了 4 倍，收敛速度也较快。这样，为在保证模拟的效果的同时提高计算效率，在对待地下复杂构造和小尺度绕射体时，通常采用变网格的方法。

在交错网格技术中，变量的导数是在相应的变量网格点之间的半程上计算的。

为此，我们用图 4-28 所示的方法计算一阶空间导数。

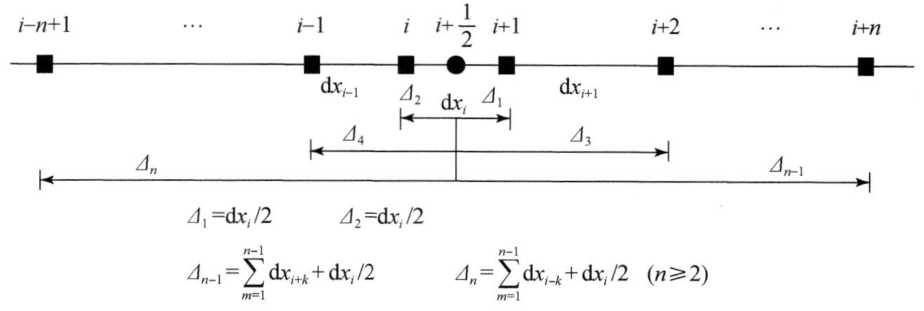

图 4-28　改进的交错网格正演模拟方法示意图

（1）插值算法

当地下的目标层不仅速度上出现异常变化，形态上也较为复杂。在这种情况下，为保证目标层的模拟精度，需要较高的差分精度和很小的网格。目标层之上或之下的地层，速度变化不大，并为均匀层状。在这种情况下，对目标层之外的地层使用较粗的网格就足够了。如果为保证目标层的计算精度而全部模型都采用很小的网格和较高的差分阶数，势必大大降低计算效率。因此，针对性地采用空间交错网格技术，既可以保证运算效率又可以保证计算精度。

如图 4-29 所示，自上而下，在计算由粗网格（黑色）进入到小网格（红色）的时候，在过渡带内（黑色的左斜线填充）将粗网格内的入射波场通过线性插值的方法插出精细网格对应的波场值，然后在精细小网格内进行延拓处理。同样，在计算自上而下，又从细网格进入到大网格的时候，在过渡带内（黑色的右斜线填充）仅仅需要挑选出对应到大网格点上的波场值，然后在大网格内进行延拓处理就可以了。这种方法可以实现任意倍数的插值。

设粗网格（黑色）得到的波场值表示为 $u_{n,m}$，即存在 $n\times m$ 个网格点。在粗网格点的坐标为 (i,j)，可表示为 $u_{n,m}^{i,j}$；细网格（红色）得到的波场值表示为 $u_{kn,km}$。细网格点的坐标为 (ki,kj)，可表示为 $u_{kn,km}^{ki,kj}$。如果需要变网格的部分很少，则可以把细网格点的坐标设置成不同的变量，比如细网格仅仅占几行，可以把这几行再加上下两个过渡带一共占的总行数，用变量 l 来设置，变量设为 $w_{l,km}^{l,kj+p}$，此点的坐标为 $(l,kj+p)$。

对粗网格 $u_{n,m}$ 到细网格 $u_{kn,km}$ 的边界上面的过渡带需要进行插值，插值的方式可以按照下式进行：

$$u_{kn,km}^{ki,kj}=u_{n.m}^{i,j}, \quad (0\leqslant i\leqslant n)$$

$$u_{kn,km}^{ki+j,kl+p}=\frac{(k-j)(k-p)}{k^2}u_{n,m}^{i,l}+\frac{j(k-p)}{k^2}u_{n,m}^{i+1,l}+\frac{(k-j)p}{k^2}u_{n,m}^{i,l+1}$$

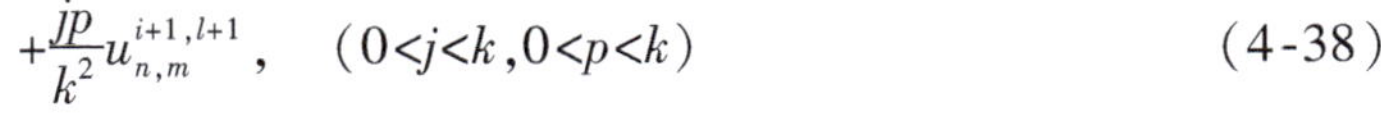

$$+\frac{jp}{k^2}u_{n,m}^{i+1,l+1}, \quad (0<j<k,0<p<k) \tag{4-38}$$

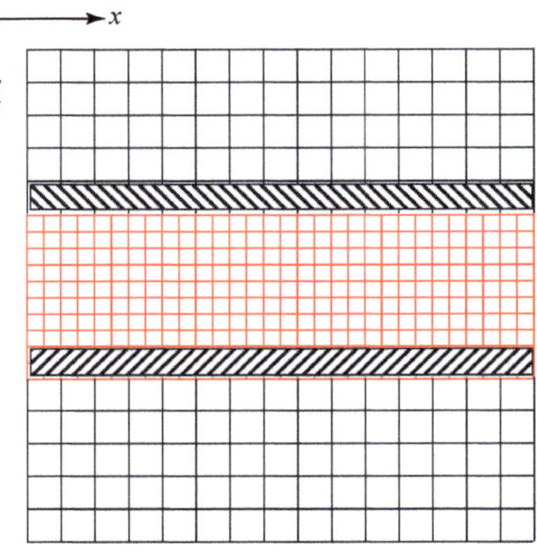

图 4-29　交错网格剖分示意图

粗网格：黑；细网格：红，过渡网格：斜线

当计算到下面的过渡带后，需要对过渡带中点的波场值进行保存，对于粗网格需要用到细网格里面的点的波场值可以按照插值倍数 k 来进行挑选。从细网格 $u_{kn,km}$ 的波场值中挑选出粗网格 $u_{n,m}$ 所需要的波场值可以按照下式的方式来进行：

$$u_{n,m}^{i,j}=u_{kn,km}^{ki,kj}, \quad (0\leqslant i\leqslant n) \tag{4-39}$$

使用插值方法来进行变网格数值模拟，能够很自由地适应地下的非均质介质。上面的插值方式是将某一层的网格都进行精细化。实际上，对数值模型中的任意一个很小区域都可以进行精细化，并且可以很容易用编程来实现。

（2）变系数算法

变系数算法没有像插值算法一样设置一个过渡带，而是通过在刚进入变网格区的时候，采用重新计算差分系数，来得到精细网格所需要的波场值。这种算法比插值算法有较高的稳定性。

在无过渡带的情况下，由于 Δx 在 x 方向是连续变化的，在 x 方向有限差分微分算子可以使用原来的差分格式来进行计算。但是在 z 方向上，空间网格大小是变化的，基于连续傅里叶变换法不再适用，所以 z 方向上的导数用高阶有限差分法近似。

为了使新的差分算法比较稳定，需要采用对称的有限差分参数来进行计算。记 $u(i\Delta x,j\Delta z)=u^{i,j}$，在过渡带的空间小网格区域内，采用对称有限差分参数近似的二阶导数定义如下：

$$D_z^2[u]_{i,j}=\left.\frac{\partial^2 u}{\partial z^2}\right|_{(i,j)}=\frac{1}{(\Delta z)^2}\sum_{l=1}^{r}a'_l\times[u^{i,j+l}-2u^{i,j}+u^{i,j-l}]$$
$$+\frac{1}{(\Delta z)^2}\sum_{l=1+r}^{N}a'_l[u^{i,j+n+(l-r)k}-2u^{i,j}+u^{i,j-n-(l-r)k}] \quad (4\text{-}40)$$

式中，a'_l是差分系数；r 为过渡带的小网格区域内的点到大小网格交界处的点数，当 $n<N$ 时，过渡带的小网格区域内的点需要重新计算差分系数；k 为大小网格的空间尺度比。

如图 4-30，大网格步长是小网格步长的 2 倍，即 $k=2$。图 4-30 中 a 和 d 比较好处理，和常规网格的差分系数相同，不用重新计算差分系数，图中 b 和 c 则需要重新计算差分系数。

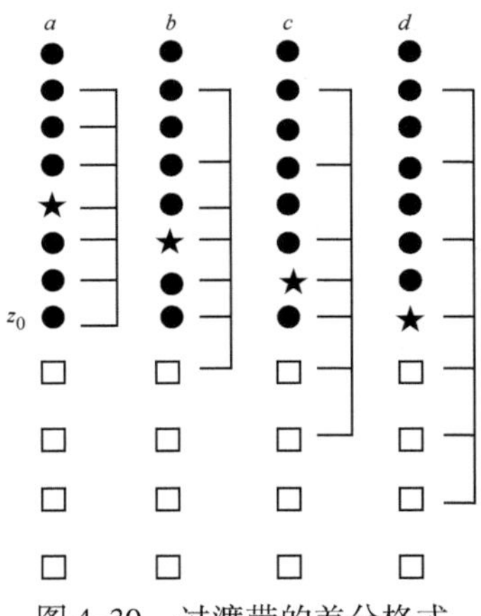

图 4-30　过渡带的差分格式

一维声波方程表示为

$$\frac{1}{v^2(z)}\frac{\partial^2 u(z,t)}{\partial t^2}=\frac{\partial^2 u(z,t)}{\partial z^2} \quad (4\text{-}41)$$

式中，$u(z,t)$表示位移；$v(z)$表示速度场。则一维声波方程的时间二阶、空间 $2N$ 阶差分格式为

$$u(z,t+1)=2u(z,t)-u(z,t-1)$$
$$+\Delta t^2 v^2\sum_{l=-N}^{N}\frac{a_l}{\Delta z^2}u(z+l\Delta z,t) \quad (4\text{-}42)$$

如图 4-30 中对于最左侧的 a 的差分格式可表示为

$$u(z,t+\Delta t)=2u(z,t)-u(z,t-\Delta t)+\frac{\Delta t^2 v^2}{(\Delta z)^2}\{a_3[u(z-3\Delta z,t)+u(z+3\Delta z,t)]$$
$$+a_2[u(z-2\Delta z,t)+u(z+2\Delta z,t)]+a_1[u(z-\Delta z,t)$$
$$+u(z+\Delta z,t)]+a_0u(z,t)\} \quad (4\text{-}43)$$

对于 b 个差分格式可以表示为

$$u(z,t+\Delta t)=2u(z,t)-u(z,t-\Delta t)+\frac{\Delta t^2 v^2}{(\Delta z)^2}\{b_3[u(z-(2+k)\Delta z,t)+u(z+(2+k)\Delta z,t)]+b_2[u(z-2\Delta z,t)+u(z+2\Delta z,t)]+b_1[u(z-\Delta z,t)+u(z+\Delta z,t)]+b_0u(z,t)\} \tag{4-44}$$

对于 c 的差分格式可以表示为

$$u(z,t+\Delta t)=2u(z,t)-u(z,t-\Delta t)+\frac{\Delta t^2 v^2}{(\Delta z)^2}\{c_3[u(z-(1+2k)\Delta z,t)+u(z+(1+2k)\Delta z,t)]+c_2[u(z-(1+k)\Delta z,t)+u(z+(1+k)\Delta z,t)]+c_1[u(z-\Delta z,t)+u(z+\Delta z,t)]+c_0u(z,t)\} \tag{4-45}$$

对于 d 的差分格式可以表示为

$$u(z,t+\Delta t)=2u(z,t)-u(z,t-\Delta t)+\frac{\Delta t^2 v^2}{(2\Delta z)^2}\{d_3[u(z-3k\Delta z,t)+u(z+3k\Delta z,t)]+d_2[u(z-2k\Delta z,t)+u(z+2k\Delta z,t)]+d_1[u(z-k\Delta z,t)+u(z+k\Delta z,t)]+d_0u(z,t)\} \tag{4-46}$$

首先求 $a_l(l=0,1,2,3)$ 的差分系数值：

设 $u(z)$ 连续，且具有 $2N+2K$ 阶导数，则 $u(z)$ 在 $z=z_0+mh$ 处的 $2N+2K$ 阶 Taylor 级数展开式为

$$u(z_0+mh)=u(z_0)+\sum_{i=1}^{2N+2K}\frac{(mh)^i}{i!}u^{(i)}(z_0)+O(h^{2N+2K+1}) \tag{4-47}$$

其中：

$$m=-M,-M+1,\cdots,-1,1,\cdots M-1,M$$
$$M=N+K-1$$

式中，$u^{(i)}(z_0)$ 表示 $u(z)$ 在 $z=z_0$ 处的 i 阶导数。

为获得 $z=z_0$ 处的 $2K$ 阶导数的 $2N$ 阶精度展开式，将上述 $2M$ 个方程分别乘以 $c_{-M},c_{-(M-1)},\cdots c_{-1},c_1,\cdots,c_{M-1},c_M$，然后相加并化简，得到：

$$\sum_{\substack{m=-M\\m\neq0}}^{M}\frac{m^{2K}}{(2K)!}c_m u^{(2K)}(z_0)=-\sum_{\substack{m=-M\\m\neq0}}^{M}\frac{c_m u(z_0)}{h^{2K}}+\sum_{\substack{m=-M\\m\neq0}}^{M}\frac{c_m u(z_0+mh)}{h^{2K}}-\sum_{\substack{i=1\\i\neq2K}}^{2M+1}\sum_{\substack{m=-M\\m\neq0}}^{M}\frac{m^i}{i!}c_m u^{(i)}(z_0)-\sum_{\substack{m=-M\\m\neq0}}^{M}\frac{m^{2M+2}h^{2N}}{(2M+2)!}c_m u^{(2M+2)}(z_0)+O(h^{2N+1}) \tag{4-48}$$

当 $K=1$ 时，将上式写成矩阵形式化简

$$c_m=c_{-m},$$
$$m=1,2,\cdots,M$$

即得到 2 阶导数的 2N 阶精度形式：

$$\begin{bmatrix} 1^2 & 2^2 & \cdots & M^2 \\ (1^2)^2 & (2^2)^2 & \cdots & (M^2)^2 \\ \vdots & \vdots & & \vdots \\ (1^2)^{M-1} & (2^2)^{M-1} & \cdots & (M^2)^{M-1} \end{bmatrix} \begin{bmatrix} c_1 \\ c_2 \\ \vdots \\ c_m \end{bmatrix} = \begin{bmatrix} 1 \\ 0 \\ \vdots \\ 0 \end{bmatrix} \tag{4-49}$$

解此方程组就可以得出相应的系数 $c_m(m=1,2,\cdots,M)$，$c_0=-2\sum_{m=1}^{M}c_m$，解得

$$a_0=-2.722\ 2$$

$$a_1=1.500\ 0$$

$$a_2=-0.150$$

$$a_3=0.011\ 111$$

其他几个差分格式的系数 $b_l,c_l,d_l(l=0,1,2,3)$ 可以用相同的方法解出

$$b_0=-2.625\ 0$$

$$b_1=1.422\ 2$$

$$b_2=-0.111\ 1$$

$$b_3=0.001\ 388\ 9$$

$$c_0=-2.302\ 2$$

$$c_1=1.171\ 875$$

$$c_2=-0.021\ 7$$

$$c_3=0.000\ 937\ 5$$

$$d_0=-2.722\ 222$$

$$d_1=1.50$$

$$d_2=-0.150$$

$$d_3=0.011\ 111$$

规则网格的空间变系数算法可以实现任意倍数的变化。但是交错网格变量定义的位置不同,所以速度和应力分量各自都有一组差分系数。因要同时计算出两组不同的差分系数,所以在交错网格中应用有限差分变系数算法时,只能实现任意奇数倍的变化。

(3) 变时间步长算法

当采用空间变网格时,随着空间网格的变小,要求时间步长也要变小。当模型中存在高速体时,为了满足稳定性要求,就要用较小的时间步长。如果高速体在总体模型中的占比较小,均匀时间步长会浪费很多计算量。所以对局部高速体模型,选择局部变时间步长,既能满足稳定性,又可降低总的计算量。

对一维声波运动微分方程可以表示为

$$\frac{\partial^2 u}{\partial t^2}=-L^2u+s \tag{4-50}$$

式中，u 是位移向量；$-L^2$ 算子为跟介质相关的材料参数与空间的导数；s 称为体力项，用来提供声源。此方程解的形式为

$$u(z,t)=\left[\int_0^t \frac{\sin(Lt)}{L}h(t-\tau)\mathrm{d}\tau\right]g(z) \tag{4-51}$$

式中，$h(t)$ 是随时间变化的震源函数；$g(x)$ 表示震源所在空间位置。将式(4-36)在时间域进行 Taylor 级数展开，并离散后，即为二阶时间积分公式：

$$u(z,t+1)=2u(z,t)-u(z,t-1)+(\Delta t)^2[-L^2u(z,t)+s] \tag{4-52}$$

可以通过时间迭代得到下一个时间点的波场值，这种迭代方式关于时间点 $t=n\Delta t$ 对称。

在计算有限差分微分算子时，一般要使用到关于某一中心点对称的一些点。比如四阶空间网格差分，其具体计算形式如图 4-31 所示。有限差分所用到的点数取决于所选用的空间差分的阶数。当选用局部变时间步长进行有限差分数值模拟，计算到变化的区域边界时，对有限差分算子的求取就遇到了困难。因为这些区域有限差分算子中需要用到的某个时间点的有些波场值根本就不存在。如果在这个区域内使用不同时间间隔的时间积分来计算，这样就可以得到那些本来是不存在的但是需要用到的波场值。在超出区域边界外设置一个过渡带，可以通过相同的时间积分方法计算出过渡带内的所有点的波场值。这里仅有的不同是计算时需要采用不同间隔大小的时间步长。

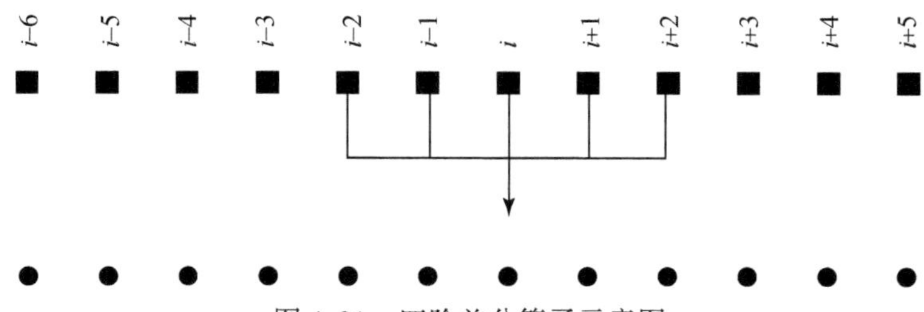

图 4-31　四阶差分算子示意图

用一维声波为例。图 4-32 是局部变时间步长在一维情况下的网格示意图。其中分别用空圆心、实圆心、矩形和菱形表示不同时间点上网格点。左半部分的时间步长是右部分的 5 倍。在过渡带中的这些点将按照各不相同时间步长大小来进行时间积分。

假定小时间步长大小为 Δt，大时间步长大小为 $5\Delta t$。为了能够进行局部变时间的数值模拟，在步长变化的边界上，需要设置一个过渡带(图 4-32 的阴影部分)，

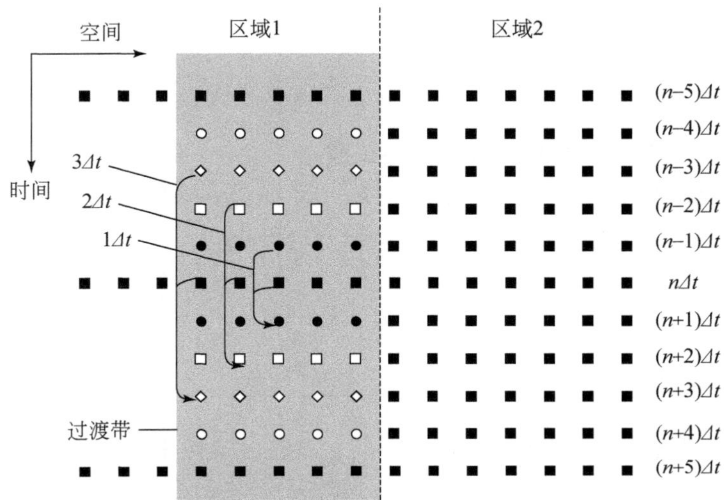

图 4-32　局部可变时间步长示意(据黄超,2009)

并保存过渡带内的波场值。当区域1 内,时间点为 $n\Delta t$ 上的波场值通过按照 $5\Delta t$ 的时间间隔迭代完成后,那么,小于 $n\Delta t$ 时间点的波场就被计算完了。这时,为了能够把区域 2 中按小时间步长间隔 Δt 把$(n+1)\Delta t$ 到$(n+5)\Delta t$ 的波场值计算出来,就需要用到在区域 1 中过渡带内的$(n+1)\Delta t$ 到$(n+5)\Delta t$ 的波场值(分别用实圆心、矩形、菱形和空圆心表示)。

区域 1 中按大时间步长计算完后,需要进行过渡带内的$(n+1)\Delta t$ 到$(n+5)\Delta t$ 的波场计算。$(n+1)\Delta t$,$(n+2)\Delta t$,$(n+3)\Delta t$,$(n+4)\Delta t$,$(n+5)\Delta t$ 的波场是通过分别用在时间点 $n\Delta t$ 和$(n-1)\Delta t$、时间点 $n\Delta t$ 和$(n-2)\Delta t$、时间点 $n\Delta t$ 和$(n-3)\Delta t$ 和时间点 $n\Delta t$ 和$(n-4)\Delta t$ 分别按照各不相同的时间步长间隔 $1\Delta t$、$2\Delta t$、$3\Delta t$ 和 $4\Delta t$ 进行时间积分迭代出来的。当计算完过渡带内的这些波场值后,就可以用这些值把区域 2 中从时间点$(n+1)\Delta t$ 到时间点$(n+5)\Delta t$ 内的波场值,按照小时间步长 Δt 通过相邻的时间点一步一步迭代出来了。此后,就需要进行计算区域 1 中按照大时间步长间隔 $5\Delta t$,计算出在区域 1 内时间点为$(n+10)\Delta t$ 的波场值,然后再按照相同的方式计算出在区域 1 内过渡带的小于时间点$(n+10)\Delta t$ 的波场值,最后就可以使用过渡带的这些波场值,在区域 2 内按照小时间间隔 Δt,计算出小于等于时间点$(n+10)\Delta t$ 的波场值。按照这样的方式就可以把局部变网格算法进行下去了。

通过将空间可变网格算法和局部可变时间步长算法同时应用到地震波数值模拟中去,就可以在大网格区域使用大时间步长,而在小网格区域采用短时间步长,这样就可以在保证算法精度的同时提高模拟的效率。

变时间步长的算法只是在时间步长发生变化的边界处设置一个很窄的过渡

带,仅仅需要增加很少的内存空间,就可以避免在大时间步长上使用那些在不必要的时间点上的所需要的计算量,从而提高整体的计算效率。

4.3.1.3 时空域优化的高精度交错网格差分算法

(1) 时空域优化的高精度交错网格正演

首先考虑二维常密度与常速度情况下,一阶压强—速度偏微分方程组:

$$\begin{gathered}\frac{\partial p(x,t)}{\partial t}=\rho v^2\left(\frac{\partial u(x,t)}{\partial x}+\frac{\partial w(x,t)}{\partial z}\right)\\ \frac{\partial p(x,t)}{\partial t}=\frac{1}{\rho}\frac{\partial p(x,t)}{\partial x}\\ \frac{\partial w(x,t)}{\partial t}=\frac{1}{\rho}\frac{\partial p(x,t)}{\partial z}\end{gathered} \tag{4-53}$$

式中,$p(x,t)$代表声波压强场;$u(x,t)$与$w(x,t)$分别为质点x方向与z方向的质点偏振速度;v为介质速度;ρ为介质密度;t为时间;$x=(x,z)$代表空间位置。

将上面三式合并得

$$\frac{\partial^2 p(x,t)}{\partial t^2}=v^2\left[\frac{\partial p(x,t)}{\partial x^2}+\frac{\partial^2 p(x,t)}{\partial z^2}\right] \tag{4-54}$$

上式即为二阶声波方程。

在地震勘探中,通常可以将地震波分解为一系列简谐平面波。在这些简谐平面波中,不同的频率(波数)分量具有不同的振幅。即不同的谐波成分乘上振幅权重,再通过求和就合成了平面波。下面我们考虑二维简谐平面波,其表达式如下:

$$p(x,t)=Ae^{j(k_x x+k_z z-\omega t)} \tag{4-55}$$

式中,A为常数代表谐波的振幅;$i=\sqrt{-1}$,为虚指数单位;$\omega=\sqrt{(\mathrm{k_x})^2+(\mathrm{k_z})^2}\,v$为质点振动的角频率。在这里,简谐波表达式中变量为空间坐标与时间,波数与角频率均为常数。从上式中注意到:在求导运算(时间导数、空间导数)中,交换求导与求和的顺序不会影响对指数部分进行计算。将压强场的简谐波分量带入压强—速度偏微分方程,求取相应的偏振速度场的简谐波解析表达式。

$$\frac{\partial u(x,t)}{\partial t}=\frac{ik_x}{\rho}p(x,t) \tag{4-56a}$$

$$\frac{\partial w(x,t)}{\partial t}=\frac{ik_z}{\rho}p(x,t) \tag{4-56b}$$

对上式进行时间积分并省略常数项,得到简谐波偏振速度分量的通解如下:

$$u(x,t)=\frac{-k_x}{p\omega}p(x,t) \tag{4-57a}$$

$$w(x,t)=\frac{-k_z}{\rho\omega}p(x,t) \tag{4-57b}$$

在此，偏振速度的解析表达式是通过压强场的解析解表示出来的，基于偏振速度与压强场之间的解析关系，我们给出了一种高精确的显式交错时间递推格式，并通过共轭梯度优化算法求取时间递推匹配系数。

我们给出一种新的递推格式：

$$
\begin{aligned}
p_{i,j}^{n+1} - p_{i,j}^{n} &= \sum_{m=1}^{M} a_m\left(u_{i+m-1/2,j}^{n+1/2} - u_{i-m+1/2,j}^{n+1/2}\right) + \sum_{m=1}^{M} b_m\left(w_{i,j+m-1/2}^{n+1/2} - w_{i,j-m+1/2}^{n+1/2}\right) \\
u_{i+1/2,j}^{n+3/2} - u_{i+1/2,j}^{n+1/2} &= \sum_{m=1}^{M} c_m\left(p_{i+m,j}^{n+1} - p_{i-m+1,j}^{n+1}\right) \\
w_{i,j+1/2}^{n+3/2} - u_{i,j+1/2}^{n+1/2} &= \sum_{m=1}^{M} d_m\left(p_{i,j+m}^{n+1} - p_{i,j-m+1}^{n+1}\right)
\end{aligned}
\tag{4-58}
$$

其中，

$$
\begin{aligned}
p_{i,j}^{n} &= p(x+i\Delta x, z+j\Delta z, t+n\Delta t) \\
u_{i+1/2,j}^{n+1/2} &= u\left(x+\left(i+\frac{1}{2}\right)\Delta x, z+j\Delta z, t+\left(n+\frac{1}{2}\right)\Delta t\right) \\
w_{i,j+1/2}^{n+1/2} &= w\left(x+i\Delta x, z+\left(j+\frac{1}{2}\right)\Delta z, t+\left(n+\frac{1}{2}\right)\Delta t\right)
\end{aligned}
$$

式中，Δx 为横向采样间隔；Δz 为纵向采样间隔；Δt 为时间采样间隔；M 为差分算子长度；a_m, b_m, c_m, d_m 为相应的精确时间匹配系数。具体计算节点的空间分布和交错时间递推格式如下图 4-33。

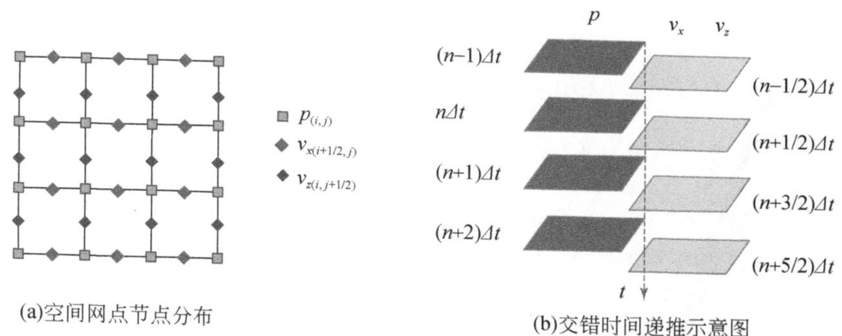

(a)空间网点节点分布

(b)交错时间递推示意图

图 4-33　计算节点分布

该递推格式将空间采样间隔、时间步长、速度、密度等都包含在差分系数中。为了实现对时间差分与空间差分的同时优化，必须将空间差分算子与时间差分算子对波场的作用结合起来。

首先，利用平面波解的性质，得到时间差分有

$$
p_{i,j}^{n+1} - p_{i,j}^{n} = -2i\sin\left(\frac{\omega\Delta t}{2}\right)p_{i,j}^{n+1/2}
\tag{4-59}
$$

然后,利用偏振速度与压强场的解析关系,可以得到:

$$\sum_{m=1}^{M} a_m (u_{i+m-1/2,j}^{n+1/2} - u_{i-m+1/2,j}^{n+1/2}) = -2ik_x \sum_{m=1}^{M} a^m \sin\left(\frac{k_x(2m-1)\Delta x}{2}\right) p_{i,j}^{n+1/2} \quad (4\text{-}60)$$

$$\sum_{m=1}^{M} b_m (w_{i,j+m-1/2}^{n+1/2} - w_{i,j-m+1/2}^{n+1/2}) = -2ik_z \sum_{m=1}^{M} b_m \sin\left(k_z\left(\frac{2m-1)\Delta z}{2}\right) p_{i,j}^{n+1/2} \quad (4\text{-}61)$$

注意到,式(4-59)与式(4-60)、式(4-61)表示出了压强场递推式(4-58)中时间差分与空间差分与压强 $p_{i,j}^{n+1/2}$ 的关系,化简得到:

$$\rho\omega\sin\left(|k|v\frac{\Delta t}{2}\right) = k_x \sum_{m=1}^{M} a_m \sin\left[\frac{k_x(2m-1)\Delta x}{2}\right] + k_z \sum_{m=1}^{M} b_m \sin\left[k_z \frac{(2m-1)\Delta z}{2}\right] \quad (4\text{-}62)$$

式中,$k_x = k\cos(\theta)$;$k_z = k\sin(\theta)$;θ 代表传播方向。同样,我们可以得到偏振速度递推格式的时间差分与空间差分关系如下:

$$k_x \sin\left[\frac{|k|v(x)\Delta t}{2}\right] = \rho(x)\omega \sum_{m=1}^{M} c_m \sin\left[\frac{k_x(2m-1)\Delta x}{2}\right] \quad (4\text{-}63)$$

$$k_z \sin\left[\frac{|k|v(x)\Delta t}{2}\right] = \rho(x)\omega \sum_{m=1}^{M} d_m \sin\left[\frac{k_z(2m-1)\Delta z}{2}\right] \quad (4\text{-}64)$$

上面三式中,如果等式的左边与右边完全相等,则表示没有频散。我们的目标就是调整系数 a_m、b_m、c_m 和 d_m 使得等式右边尽可能逼近等式的左边。

下面是使用最小二乘法求解匹配系数的具体步骤。

以求取压强场的递推匹配系数为例。首先,定义目标函数为

$$G = \rho(x)\omega\sin[\,|k|v(x)\Delta t/2\,] \quad (4\text{-}65)$$

另外,将等式(4-62)右边的函数组合表示为

$$F(a,b) = \left\{k_x \sum_{m=1}^{M} a_m \sin[k_x(2m-1)\Delta x/2]\right\} + \left\{k_z \sum_{m=1}^{M} b_m \sin[k_z(2m-1)/2\Delta z]\right\} \quad (4\text{-}66)$$

式中,$k_x = k\cos(\theta)$;$k_z = k\sin(\theta)$;θ 代表地震波传播方向。我们的目标就是通过修改匹配系数向量 a,b,使得 $F(a,b)$ 尽可能地逼近精确时间递推算子 G。

在此之前讨论的都是简谐平面波(单一波数)。真实的地震波是由一系列的简谐波组合而成。因此必须在一定的波数范围内考虑优化,这个波数范围根据子波的频谱与介质速度等决定,地震波的有效波数范围可定义为$[0,2\pi f_{max}/v]$,其中 f_{max} 为子波的最大频率,v 为介质的速度。

下面对式(4-65)与式(4-66)进行等间隔离散采样,将系数的求取转换为最小二乘优化问题。

$$\min(\|F/G-1\|_2^2) = \min(\|\boldsymbol{A}x-1\|_2^2) \quad (4\text{-}67)$$

对传播方向 θ 进行 $\pi/8$ 的等间隔采样,考虑到对称性范围选为$[0,\pi/2]$。在

在正演过程中,主要考虑地震信号零到最高频率之间的能量。相同的子波具有相同的频谱,在不同的介质中传播则有不同的波数范围,本书将其主要能量分布的波数范围称之为有效波数范围,优化的工作主要针对这部分波数范围展开。

考虑常规地震勘探主频,不失一般性,下面考虑主要能量集中在 0 到 60Hz 的地震波,并对其在不同速度、不同差分阶数下的频散进行分析。图 4-34 为传统的基于 Taylor 展开方法与时空域优化方法在不同的速度介质中的频散分析结果对比图。其中,图 4-34(a)的介质速度 $v=1500\text{m/s}$,图 4-34(b)对应的介质速度为 $v=4500\text{m/s}$。虚线代表传统的基于泰勒展开求取系数方法的频散曲线,实线为时空域优化方法对应的频散曲线。从结果可以看出:①在速度比较低时,所对应的波数范围比高速介质的波数范围大[式(4-70)];②传统方法将时间差分与空间差分相分离,介质速度较低时,有效波数范围内,传统方法的数值相速度既存在大于真实速度的部分,也存在数值相速度小于真实速度的部分,在高波数段表现为严重的数值相速度偏小,随着差分阶数的增加,差分算子与微分算子更加逼近,传统方法一定

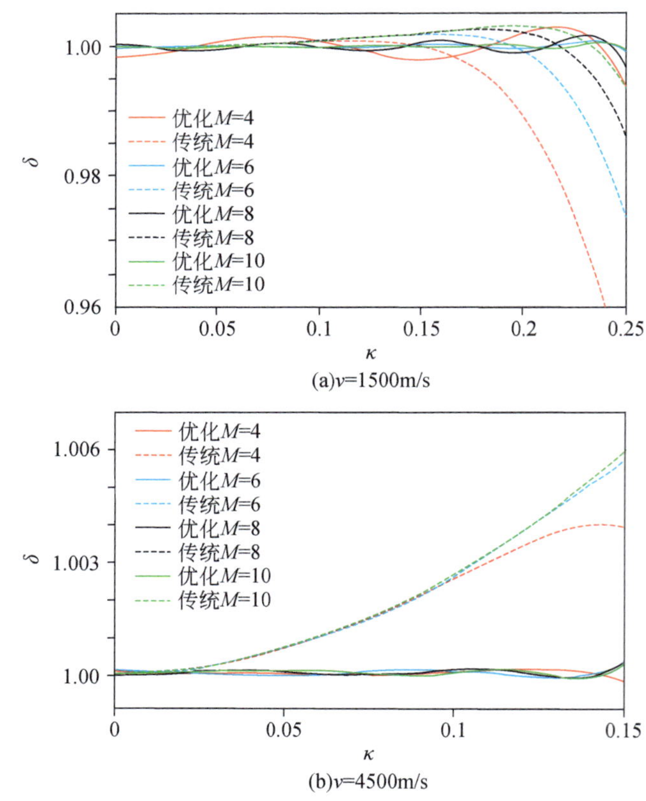

(a)$v=1500\text{m/s}$

(b)$v=4500\text{m/s}$

图 4-34　不同速度两种方法在一维介质中不同差分阶数下的频散分析

程度上改善了高波数段相速度偏小的问题(空间频散);③在低速介质中,采用最小二乘法优化方法的方法,在阶数较低时,频散误差波动较大,随着阶数的增加,对频散的改进显著提高;④在高速介质中,传统方法的频散误差主要体现在数值相速度大于真实速度上(时间频散),时空域优化方法可以将数值相速度,将频散限制在一个较小的误差范围内。

(3) 二维数值频散分析

二维的压强场的频散误差定义为

$$\delta = \left[\arcsin\left(\frac{1}{\rho(x)\omega}\left\{k_x\sum_{m=1}^{M}a_m\sin[k_x(2m-1)\Delta x/2] + k_z\sum_{m=1}^{M}b_m\sin[k_z(2m-1)\Delta z/2]\right\}\right)\right]/[\,|k|v(x)\Delta t/2]$$

$$k_z = k\sin(\theta) \tag{4-71}$$

式中,$k_x = k\cos(\theta)$;$k_z = k\sin(\theta)$;θ 代表传播方向。当 δ 越接近 1,则压强场的频散越小;当 δ 偏离 1 越大,则表示频散越严重。同样,考虑地震波的频率范围为 0 到 60Hz。二维情况下,传统的基于 Taylor 展开方法与优化方法在不同的速度介质中的频散分析结果对比如图 4-35 与图 4-36 所示。其中虚线代表传统的基于泰勒展开的方法的频散,实线为优化方法对应的频散曲线。

图 4-35 为低速介质中不同阶数下两种方法的频散分析对比图。从图 4-35 中可以看出:①在低速介质中,有效波数范围较大,其范围内传统方法既存在相速度大于真实速度,也存在相速度低于真实速度的波数区间。②传统方法将时间差分与空间差分相分离,无论是在高阶数还是低阶数情况下,在高波数段不同传播方向频散差别较大。从图 4-35 中看出,在 45°传播方向上,频散误差相对较小,在 0°传播方向上频散最大。③优化的方法将时间差分与空间差分相统一,通过最小二乘算法在整体上减小了频散误差,同时实现了不同传播方向的优化。

图 4-36 为高速介质中两种方法不同阶数的频散分析对比图。从图 4-36 中可以看出:①在高速介质中,传统方法对应的频散主要表现为相速度大于真实速度(时间频散);②在有效波数范围内,传统方法在不同角度频散趋于一致,随着波数增加误差不断增加,本方法的结果在不同角度频散不一致,但在限制在一个较小误差范围内,正演模拟中精度更高;③当增加空间差分阶数对时间频散的改善不是很明显时,可以通过减小时间步长或者增加时间阶数压制频散。

以上对一阶压强—速度声波的压强分量的模拟精度进行了频散分析,偏振速度分量的数值计算与压强分量相似,在此不再详细讨论。

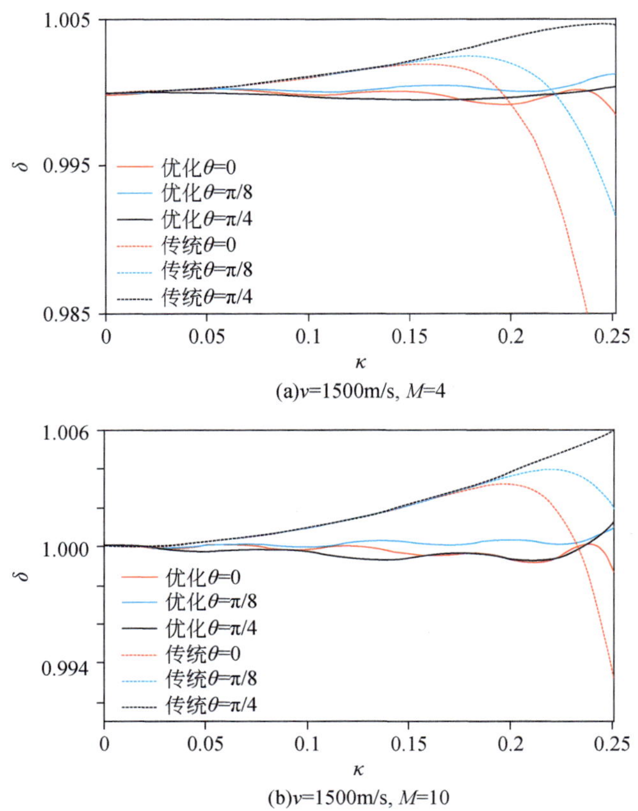

(a)v=1500m/s, M=4

(b)v=1500m/s, M=10

图 4-35　两种方法在二维低速介质中不同阶差分阶数下的频散误差

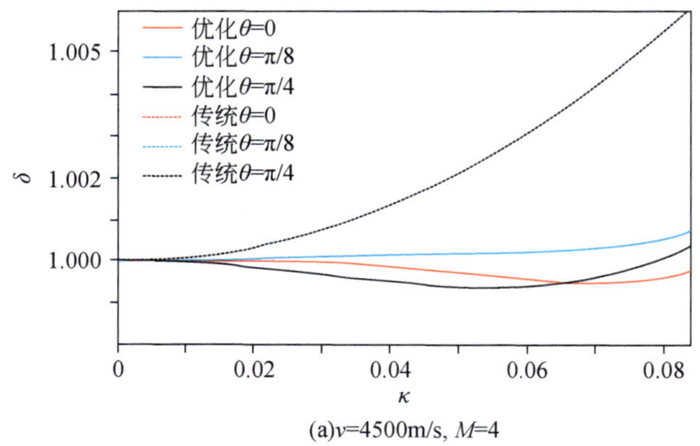

(a)v=4500m/s, M=4

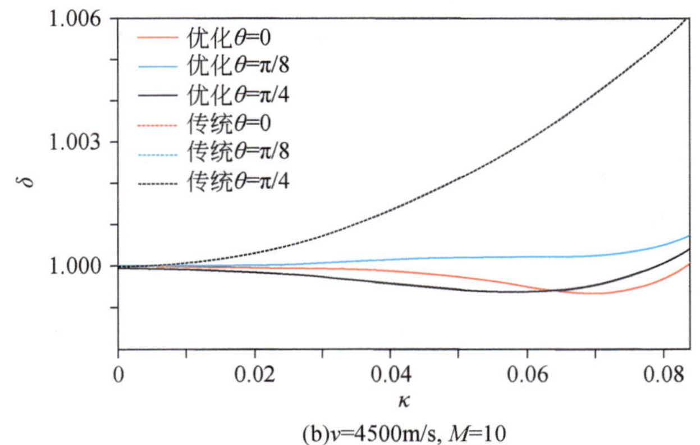

(b)v=4500m/s, M=10

图 4-36 两种方法在二维高速介质中不同阶差分阶数下的频散误差

4.3.2 绕射体地质体模型的地震响应特征

当地震波传播过程中遇到介质突变或横向非连续性构造等非均质地层时，将产生绕射波。断棱、河道、缝洞、盐丘边界等是主要的绕射体，同时这些也是重要的油气储层，是绕射波成像研究的主要目标。

绕射波场的正演模拟首先需要建立含有能够产生绕射的非均匀地质体模型。这种模型的建立首先从地震剖面解释开始(图 4-37)。当在地震剖面上解释获得能够产生绕射的非均质体后，在地震解释的基础上获得一个初步的地质模型。然后利用测井信息，以及其他构造解释的辅助信息，确定模型的地层地质、地球物理参数。在此基础上获得构造图，并最终完成地质模型的建立(图 4-38)。

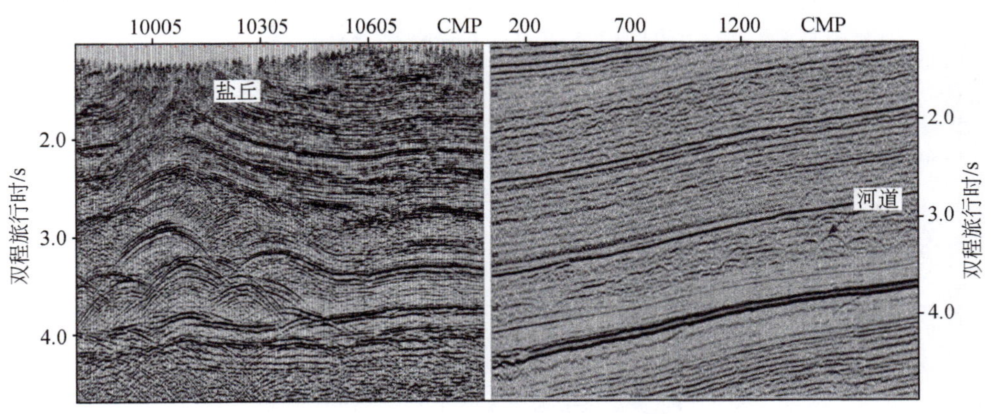

图 4-37 非均匀地质体实际地震剖面

模型建立的方法和流程如图4-38所示。

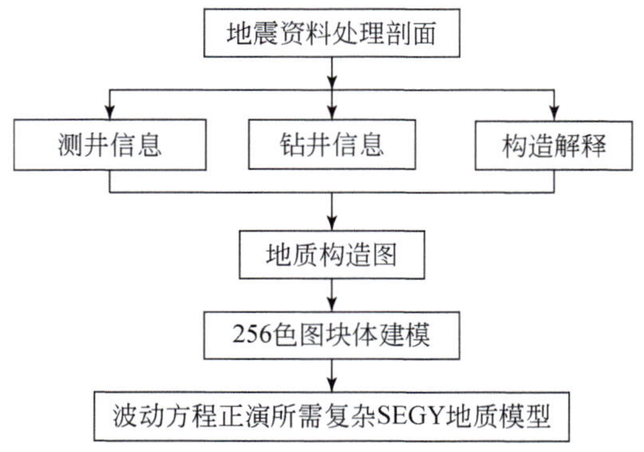

图4-38 波场正演地质模型建立流程

4.3.2.1 尖点绕射地质模型

以东营地区地层及参数为基础建立尖点绕射地质模型(图4-39)。模型分为三层:第一层为水平层,取东营明化镇组砂泥岩,速度为2000m/s;第二层取东营馆陶组砂泥岩,速度为2230m/s;第三层为沙河街组泥岩,速度为2952m/s。明化镇组和馆陶组之间的界面为S1界面。沙河街组的顶面含有一段斜坡面。两个水平界面用S2、S4表示,斜坡面用S3表示。斜坡的起点和止点为M、N。在第二层馆陶组

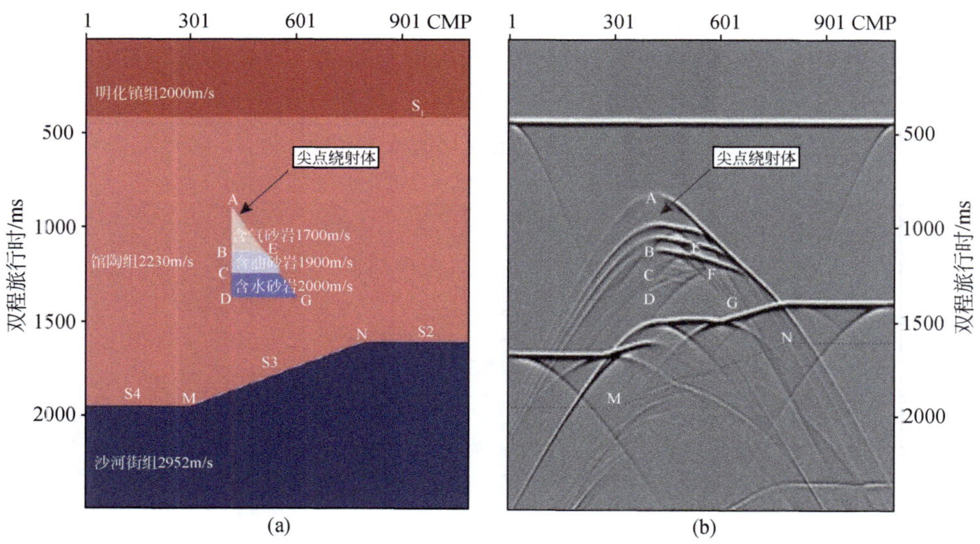

图4-39 尖点绕射地质模型和正演数据叠加剖面

中设计一个三角形绕射尖点,深度约 3000m。三角形的两个直角边长度为 312m,其中分为三层:从上而下分别为含气砂岩层,速度为 1700m/s;含油砂岩,速度为 1900m/s;含水砂岩,速度为 2000m/s。其界面分别标注为 *BE*、*CF*,底面为 *DG*。

模拟子波主频 35Hz,形成正演记录 2000 炮。正演形成的炮集记录基础上,经过叠加形成正演叠加剖面。

正演模拟使用二维观测系统,单点放炮,两侧接收。此处给出的炮记录是在绕射点 A 正上方放炮所得的炮集记录(图 4-40)。炮集记录上首先记录到的信号来自直达波。由于直达波信号直接从炮点到检波点,其同相轴在炮集上表现为两条对倾的直线。之下是来自反射界面 S1 的反射信息。由于是水平界面反射,来自该界面的反射形成的同相轴为典型双曲线,曲线顶点位于炮点下方。直达波和 S1 界面形成的反射波振幅在炮点左右两侧接收没有差别。S1 界面以后检波器接收到的信息为来自绕射点 A,短绕射段 *BE*、*CF* 和 *DG* 的绕射信息。A 点绕射形成的同相轴同样为典型的双曲线。短绕射段形成的绕射同相轴情况要复杂一些。首先,绕射波双曲线的曲率要大于反射双曲线的曲率;其次,很明显,炮点右侧的反射振幅明显大于左侧的反射振幅。再往下,来自水平反射界面 S2、S4 和倾斜反射界面 S3 同样存在炮点左右两侧反射振幅明显不同的情况。很显然,倾斜反射界面是左倾的,主要得反射能量被炮点左侧的检波点接收,从而左侧的反射信号振幅明显大于右侧反射信号振幅。在炮集记录上,对于倾斜界面 S3 形成的双曲反射同相轴,强振幅主要位于炮集记录的左侧部分。

在叠加剖面上[图 4-39(b)],水平反射界面和倾斜反射界面的同相轴都已被拉直,但来自绕射的同相轴仍为双曲线。在叠加剖面上表现为"画弧"的现象。这些绕射弧对应 A 点绕射,*BE*、*CF* 和 *DG* 短绕射段的绕射,M 点、N 点的绕射,以及水平反射界面端点的绕射。

下面给出尖点模型正演模拟的波场快照(图 4-41)。容易分辨①为在模型的第一层传播的入射波;②是在第一层介质中传播的入射波遇到反射界面 S1 后发生的反射波;③是入射波遇到界面 S1 后产生的透射波;④、⑤、⑥、⑦是绕射点 A,*BE*、*CF* 和 *DG* 短绕射段的绕射波;⑧是透射波。可以看出,尖点绕射近似呈椭圆形。绕射由绕射点始发,所以绕射波中心位置位于绕射点的位置。

4.3.2.2 曲面绕射地质模型

以东营地区地层及参数为基础建立曲面绕射地质模型(图 4-42)。模型分为四层:第一层为水平层,取东营明化镇组砂泥岩,速度为 2000m/s;第二层取东营馆陶组砂泥岩,速度为 2230m/s;第三层为东营组砂岩,速度为 2820m/s;第四层为沙河街组泥岩,速度为 2952m/s。明化镇组和馆陶组之间的界面为 S1 界面,馆陶组

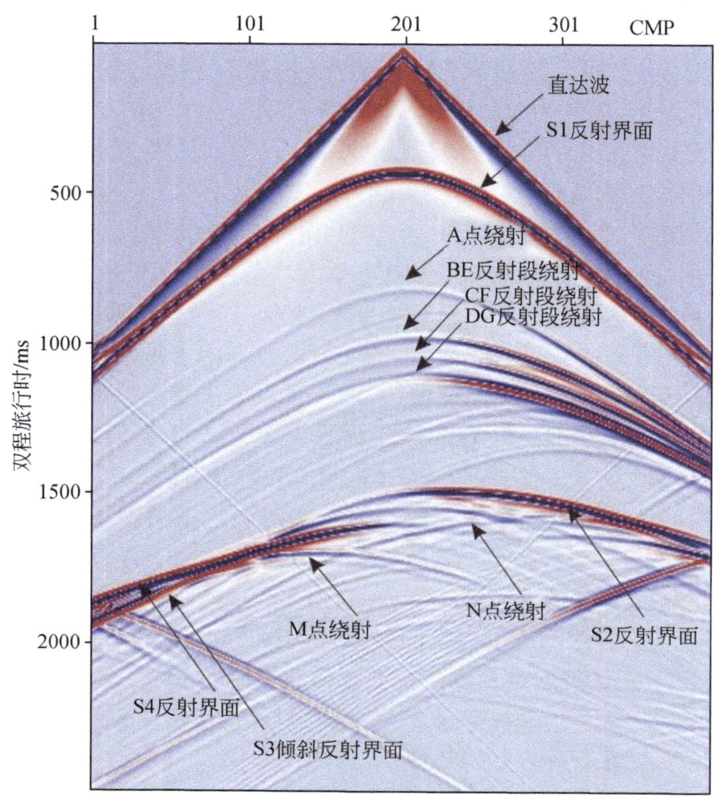

图4-40　尖点绕射正演单炮数据

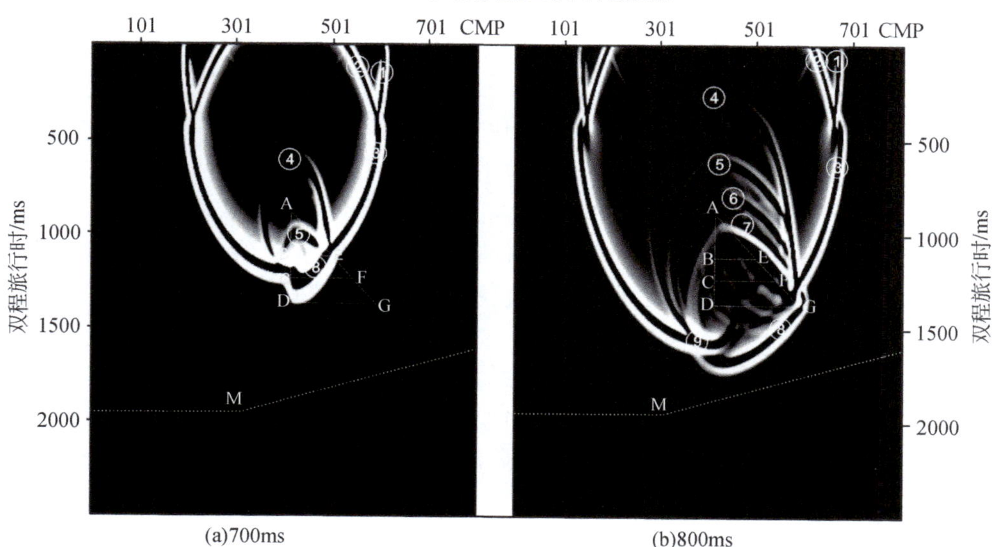

(a)700ms　　(b)800ms

图4-41　尖点绕射地质模型正演模拟波场快照

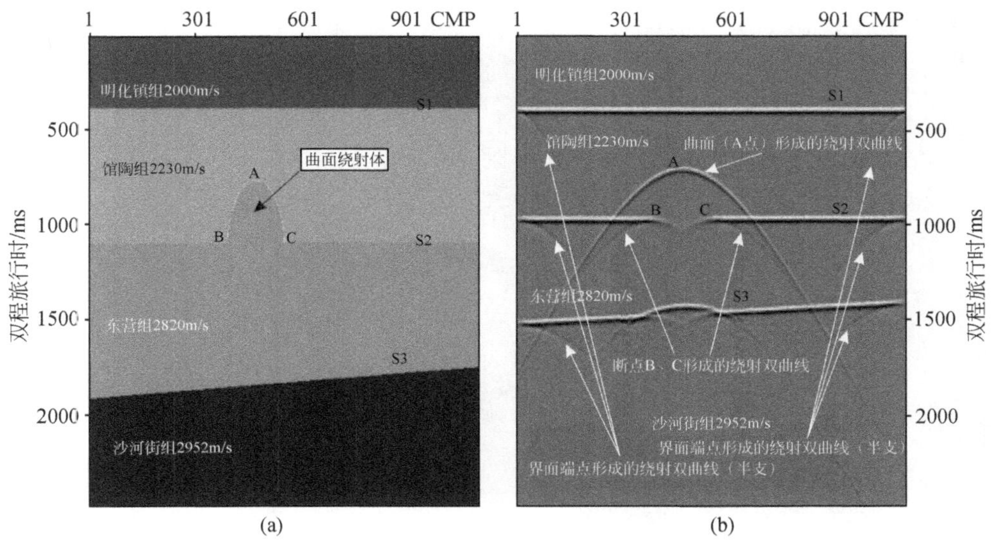

(a) (b)

图 4-42　曲面绕射地质模型和叠加剖面

和东营组之间的界面为 S2 界面，东营组和沙河街组之间的界面为 S3 界面。S1、S2 界面为水平界面，S3 界面为倾斜界面。在第二层馆陶组中设计一个曲面绕射体，深度约在 3000m。高度约 330m，宽度约 312m。绕射曲面包围的物质同东营组，砂岩，速度为 2820m/s。绕射曲面顶点为 A，底面和 S2 界面的交点为 B、C。B、C 点是界面 S2 上的断点。

模拟子波主频 35Hz，形成正演记录 2000 炮。正演形成的炮集记录基础上，经过叠加形成正演叠加剖面。

建立的理论曲面绕射地质模型、炮集记录以及叠加剖面如图 4-42 所示。

正演模拟使用二维观测系统，单点放炮，两侧接收。此处给出的炮记录是在绕射点 A 正上方放炮所得的炮集记录(图 4-43)。炮集记录上首先记录到的信号来自直达波。由于直达波信号直接从炮点到检波点，其同相轴在炮集上表现为两条对倾的直线。之下是来自反射界面 S1 的反射信息。由于是水平界面反射，来自该界面的反射形成的同相轴为典型双曲线。曲线顶点位于炮点下方。直达波和 S1 界面形成的反射波振幅在炮点左右两侧接收没有差别。S1 界面以后检波器接收到的信息为来自绕射点 A 和反射界面 S2，同时来自反射界面上的断点 B、C 的绕射波信息。A 点、B 点和 C 点绕射形成的同相轴同样为典型的双曲线。由于 S3 界面倾角不大，整个炮集记录和叠加剖面上，没有出现如前面尖点绕射的情况，以及炮点左右两侧反射、绕射振幅明显差别的情况。

同样，在叠加剖面上[图 4-42(b)]，水平反射界面和倾斜反射界面的同相轴都已被拉直，但来自绕射的同相轴仍为双曲线，在叠加剖面上表现为“画弧”的现象。

这些绕射弧对应 A 点、B 点和 C 点的绕射。各个界面端点的绕射亦清楚可见。

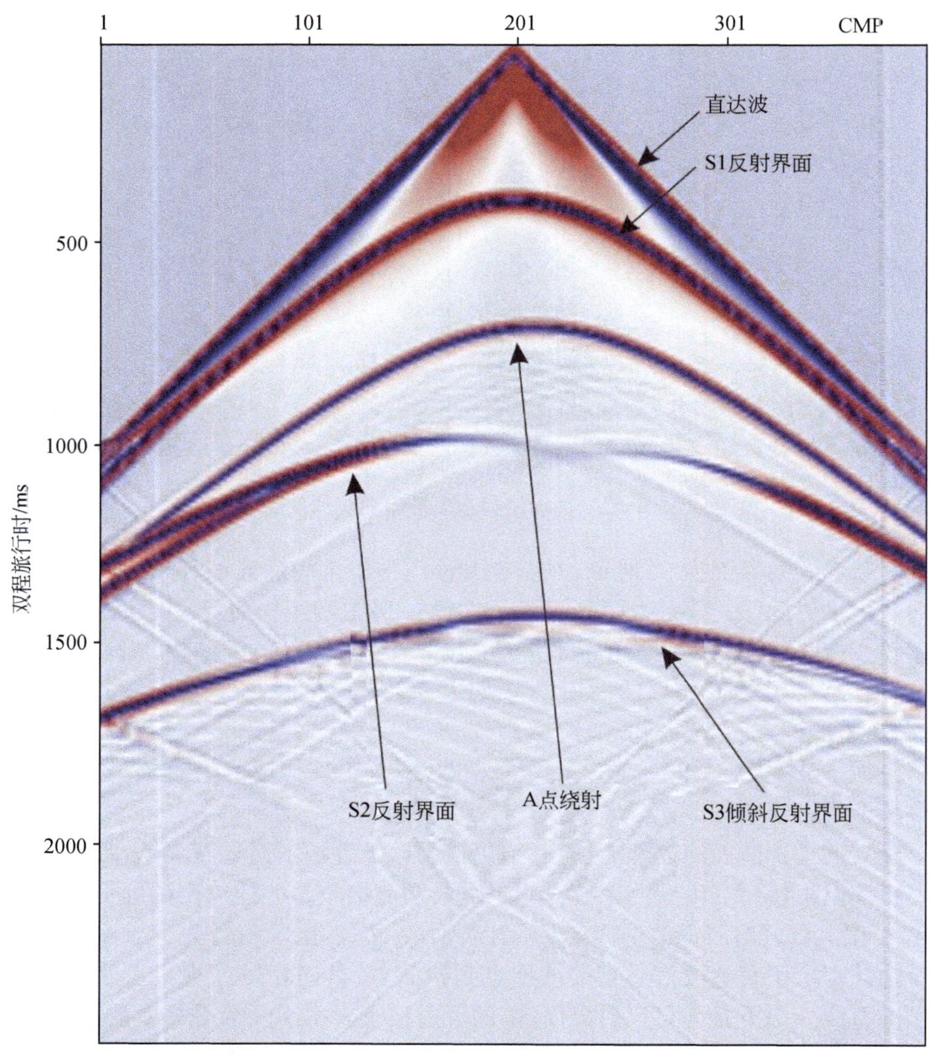

图 4-43　曲面绕射模型数据叠加剖面

图 4-44 给出了曲面绕射模型正演模拟的波场快照。容易分辨:①为在模型的第一层传播的入射波;②是在第一层介质中传播的入射波遇到反射界面 S1 后发生的反射波;③是入射波遇到界面 S1 后产生的透射波;④是绕射点 A 产生的绕射波;⑤是透射波通过界面 S2 后的透射波;⑥是绕射点 B 和 C 在界面端点形成的绕射。可以明显看出,绕射波大致呈椭圆形,中心位置分别位于 A 点、B 点和 C 点。

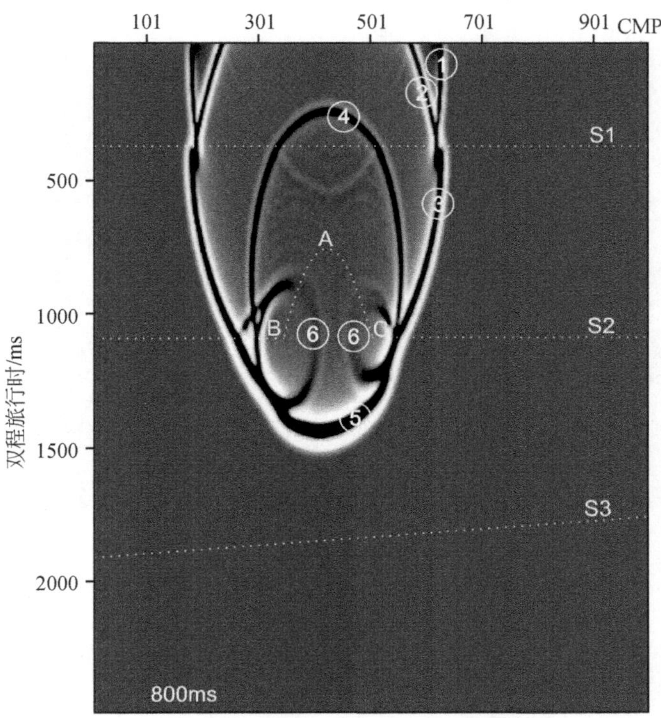

图4-44　曲面绕射模型正演800ms的波场快照

4.3.2.3　断层绕射地质模型

以东营地区地层及参数为基础建立断面绕射地质模型(图4-45)。模型分为四层:第一层为水平层,取东营明化镇组砂泥岩,速度为2000m/s;第二层取东营馆陶组砂泥岩,速度为2230m/s;第三层为东营组砂岩,速度为2820m/s;第四层为沙河街组泥岩,速度为2952m/s。明化镇组和馆陶组之间的界面为S1界面,馆陶组和东营组之间的界面为S2、S3界面,东营组和沙河街组之间的界面为S4、S5界面。S1、S2、S3、S4、S5界面为水平界面,*AB*、*DC*界面为倾斜界面。*AB*界面为一个陡倾的界面,*DC*界面为一个缓坡,但缓坡并不是平直的,而是由许多小的台阶构成。陡倾界面深度约在3000m,高度约300m,宽度约300m。

模拟子波主频35Hz,形成正演记录2000炮。正演形成的炮集记录基础上,经过叠加形成正演叠加剖面。

建立的理论曲面绕射地质模型、炮集记录以及叠加剖面见图4-45~图4-47。

正演模拟使用二维观测系统,单点放炮,两侧接收。此处给出的炮记录是在断面*AB*左侧放炮所得的炮集记录(图4-46)。炮集记录上首先记录到的信号来自直

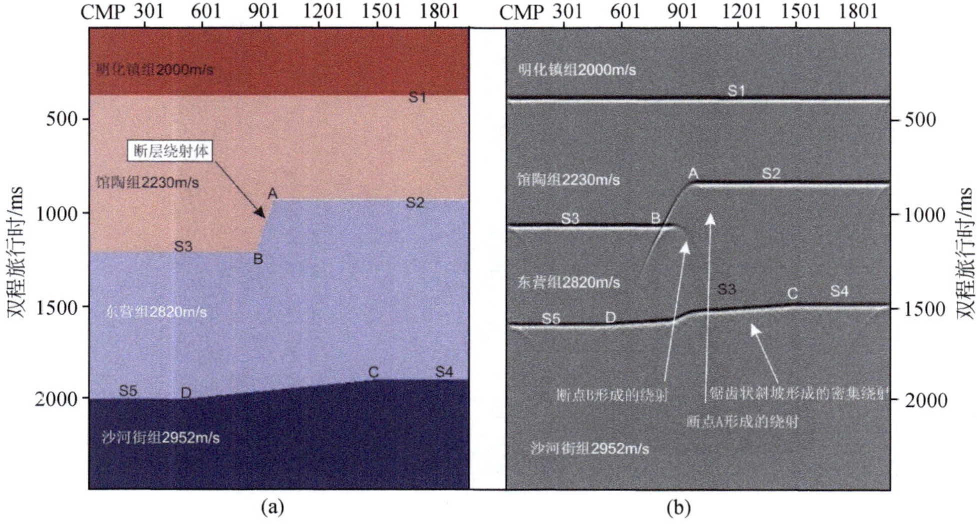

图 4-45　断层绕射地质模型和单炮数据

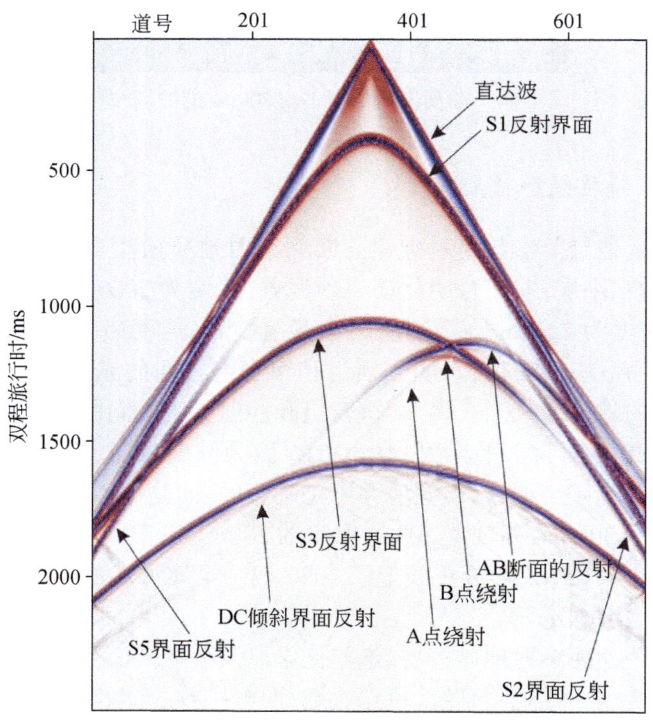

图 4-46　断层绕射模型炮集记录

达波。由于直达波信号直接从炮点到检波点,其同相轴在炮集上表现为两条对倾的直线。以下是来自反射界面 S1 的反射信息。由于是水平界面反射,来自该界面的反射形成的同相轴为典型双曲线。曲线顶点位于炮点下方。直达波和 S1 界面形成的反射波振幅在炮点左右两侧接收没有差别。S1 界面以后检波器接收到的信息为来自 S3 反射界面、B 点绕射、A 点的绕射和 *AB* 陡倾界面的反射。这三者相距较近,较难分辨。来自 S2 反射界面和 S5 反射界面的反射信息只被在离炮点较远的端点检波器接收到,从在出现在炮集记录的右、左两端。

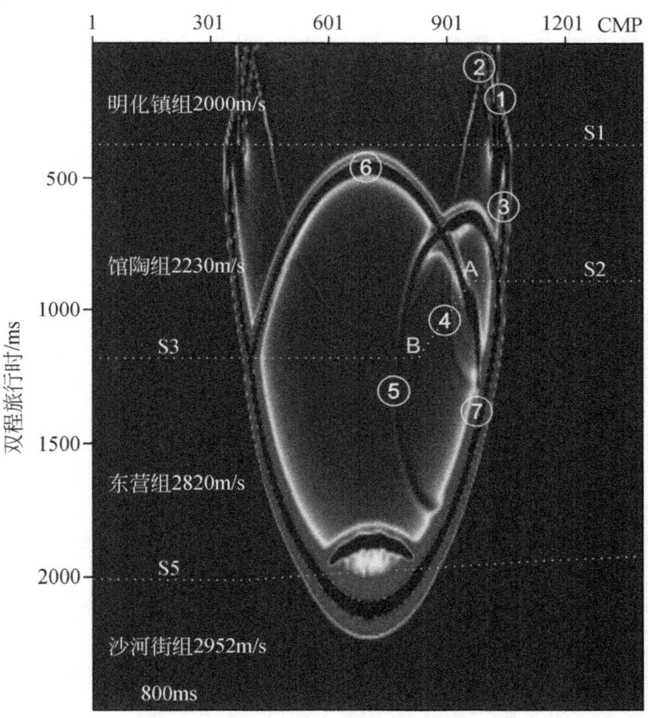

图 4-47　断层绕射模型的波场快照

同样,在叠加剖面上[图 4-45(b)],水平反射界面和倾斜反射界面的同相轴都已被拉直,但来自绕射的同相轴仍为双曲线,在叠加剖面上表现为“画弧”的现象。这些绕射弧对应 A 点、B 点的绕射。各个界面端点的绕射亦清楚可见。另外,由于 *DC* 倾斜界面并非平滑的直面,而是设计了许多小的台阶。由台阶形成的绕射在叠加剖面清晰可见,其主要分布与 *DC* 段的下方。绕射由左右两支双曲线构成。

图 4-47 给出了曲面绕射模型正演模拟的波场快照。容易分辨:①为在模型的第一层传播的入射波;②是在第一层介质中传播的入射波遇到反射界面 S1 后发生的反射波;③是入射波遇到界面 S1 后产生的透射波;④是绕射点 A 产生的绕射波;

⑤是绕射点 B 产生的绕射波;6 断面 *AB* 形成的反射波。分析可知,断面反射表现为一个大椭圆形状,两个断点 A、B 绕射形成的绕射波表现为类似眼镜片的形状。

4.3.2.4 裂缝绕射地质模型

以东营地区地层及参数为基础建立裂缝绕射地质模型(图 4-48)。模型分为四层:第一层为水平层,取东营明化镇组砂泥岩,速度为 2000m/s;第二层取东营馆陶组砂泥岩,速度为 2230m/s;第三层为东营组砂岩,速度为 2820m/s;第四层为沙河街组泥岩,速度为 2952m/s。明化镇组和馆陶组之间的界面为 S1 界面,馆陶组和东营组之间的界面为 S2 界面,东营组和沙河街组之间的界面为 S3 界面。S1、S2 界面为水平界面,S3 界面为一个缓坡界面。裂缝全部位于馆陶组泥岩中。设计裂缝高度 50 ~ 100m,宽度约 1m,间距约 40m。

模拟子波主频 35Hz,形成正演记录 2000 炮。正演形成的炮集记录基础上,经过叠加形成正演叠加剖面。

建立的理论曲面绕射地质模型、炮集记录以及叠加剖面见图 4-48 ~ 图 4-50。

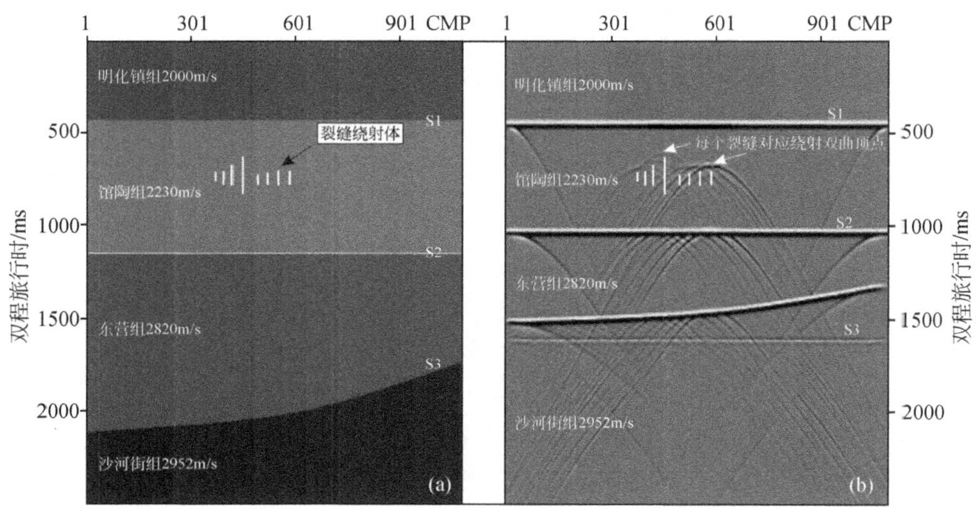

图 4-48 裂缝绕射地质模型和叠加剖面

正演模拟使用二维观测系统,单点放炮,两侧接收。此处给出的炮记录是在剖面裂缝左侧放炮所得的炮集记录(图 4-49)。炮集记录上首先记录到的信号来自直达波。由于直达波信号直接从炮点到检波点,其同相轴在炮集上表现为两条对倾的直线。以下是来自反射界面 S1 的反射信息。由于是水平界面反射,来自该界面的反射形成的同相轴为典型双曲线。S1 界面以后检波器接收到的信息为来自 S2、S3 反射界面的反射。直达波、S1 界面反射和 S2 界面反射曲线顶点都位于炮点下方，并且能量较强。S1、S2 反射界面同相轴之间，为来自裂缝的绕射信息。可以看出，绕射波曲线为双曲线，顶点和所设计的裂缝位置一一对应，但能量相比于直达波、S1 界面和 S2 界面的反射能量要弱很多。

同样，在叠加剖面上［图 4-48(b)］，水平反射界面和倾斜反射界面的同相轴都已被拉直，但来自绕射的同相轴仍为双曲线，在叠加剖面上表现为“画弧”的现象。这些绕射弧对应每个裂缝位置。各个界面端点的绕射亦清楚可见。

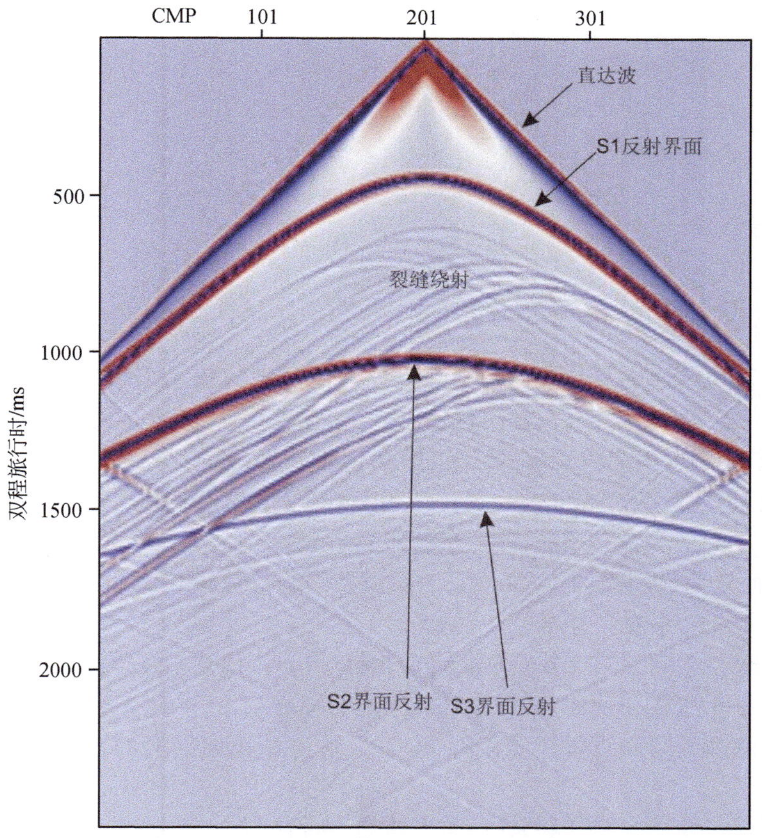

图 4-49　裂缝绕射模型数据叠加剖面

下面给出裂缝绕射模型正演模拟的波场快照(图 4-50)。容易分辨：①为在模型的第一层传播的入射波；②是在第一层介质中传播的入射波遇到反射界面 S1 后发生的反射波；③是入射波遇到界面 S1 后产生的透射波；④是裂缝所产生的绕射波；⑤是地震波穿透 S2 界面后的透射波。观察波场快照可以看出，裂缝形成的绕射波大致呈椭圆状，所设计裂缝位于椭圆中心位置。

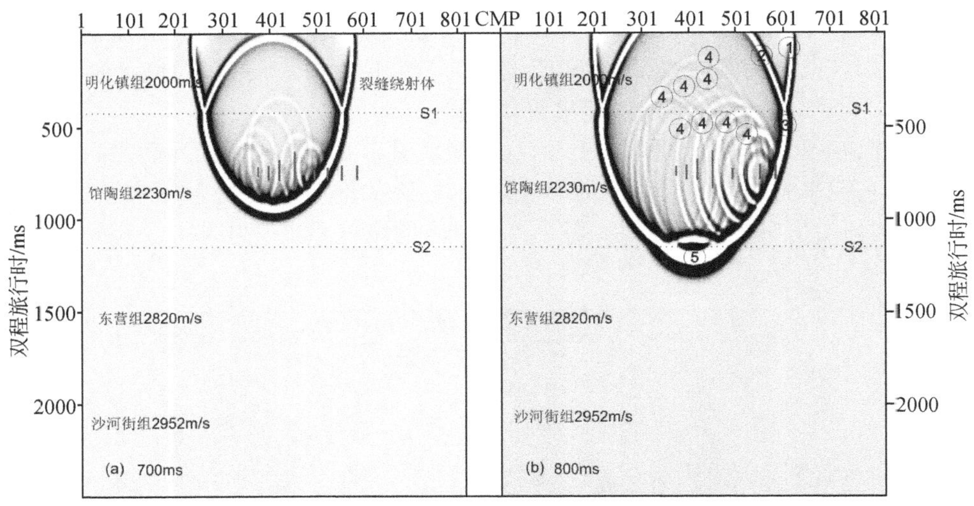

图 4-50　裂缝绕射模型的波场快照

4.3.2.5　河道绕射地质模型

以东营地区地层及参数为基础建立裂缝绕射地质模型(图 4-51)。模型分为四层:第一层为水平层,取东营明化镇组砂泥岩,速度为 2000m/s;第二层取东营馆陶组砂泥岩,速度为 2230m/s;第三层为东营组砂岩,速度为 2820m/s;第四层为沙河街组泥岩,速度为 2952m/s。明化镇组和馆陶组之间的界面为 S1 界面,馆陶组和东营组之间的界面为 S2 界面,东营组和沙河街组之间的界面为 S3 界面。S1、S2、S3 界面皆为倾斜界面,坡度不大。所设计河道均位于馆陶组泥岩中,设计河道宽度 20 ~ 100m,不规则分布。

模拟子波主频 35Hz,形成正演记录 2000 炮。正演形成的炮集记录基础上,经过叠加形成正演叠加剖面。

建立的理论曲面绕射地质模型、炮集记录以及叠加剖面如图 4-51 和图 4-52 所示。

正演模拟使用二维观测系统,单点放炮,两侧接收。此处给出的炮记录是在剖面裂缝左侧放炮所得的炮集记录[图 4-51(b)]。炮集记录上首先记录到的信号来自直达波。由于直达波信号直接从炮点到检波点,其同相轴在炮集上表现为两条对倾的直线。之下是来自反射界面 S1、S2、S3 的反射信息。界面反射在炮集记录上形成双曲线,顶点位于炮点下方。由于是倾斜界面反射,双曲线两支并不对称。S1、S2 反射界面同相轴之间,为来自河道的绕射信息。可以看出,绕射波曲线为双曲线,顶点和所设计的河道的位置一一对应,但能量相比于直达波、S1 界面和 S2 界面的反射能量要弱很多。

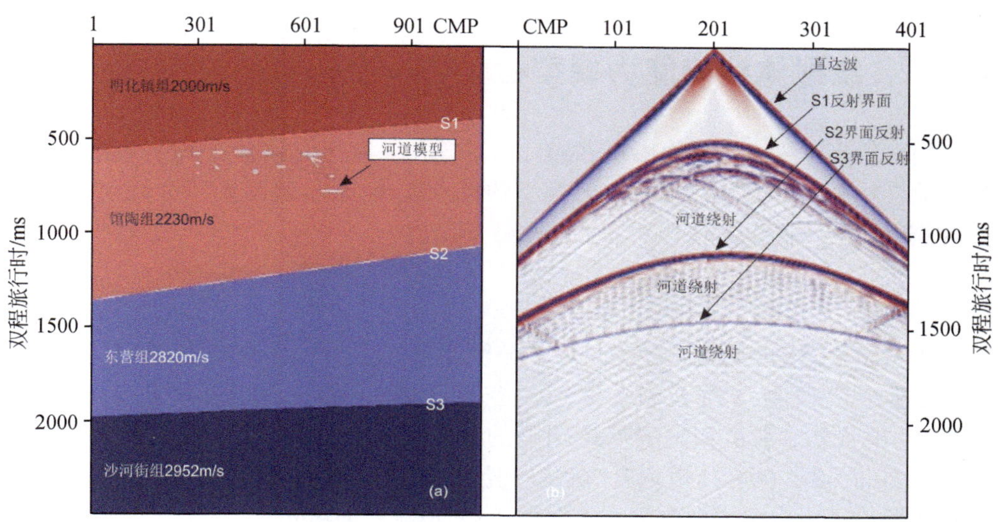

图 4-51　河道绕射地质模型和单炮记录

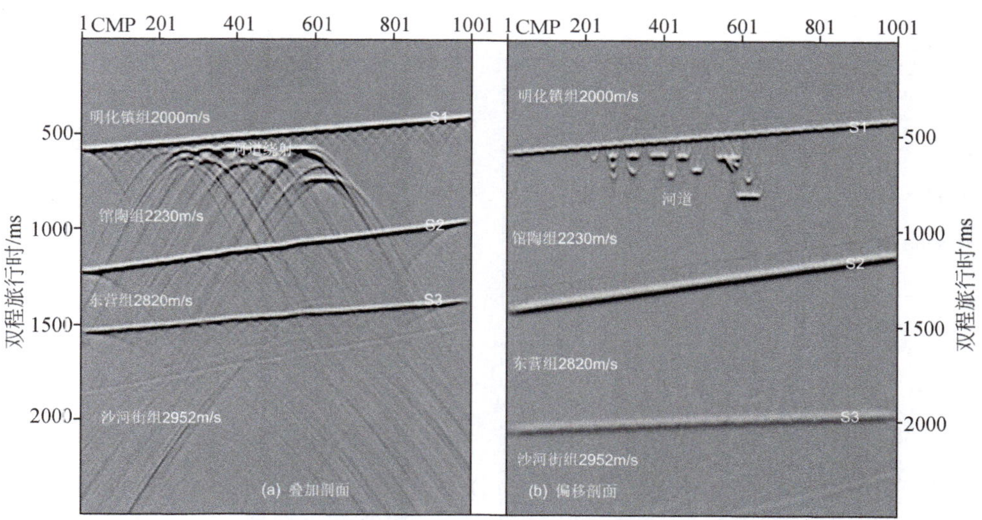

图 4-52　河道模型叠加剖面与叠前深度偏移剖面

同样,在叠加剖面上[图 4-52(a)],水平反射界面和倾斜反射界面的同相轴都已被拉直,但来自绕射的同相轴仍为双曲线,在叠加剖面上表现为“画弧”的现象。这些绕射弧对应每个河道位置。偏移后[图 4-52(b)],在叠前深度偏移剖面上,绕射波收敛,河道位置比较清楚地显现出来。成像结果和设计模型对应很好。

4.3.3 绕射体分辨能力模型检验

前面给出了尖点、曲面、断层、裂缝、河道等几种典型绕射地质体所产生绕射的地震响应特征。下面通过改变绕射模型的尺寸大小，来检验不同尺寸绕射体所产生地震响应的不同以及模型对其大小的分辨能力。

4.3.3.1 河道模型

为检验正演模拟对河道模型尺寸的分辨能力，建立了如下的河道模型[图4-53(a)]，整个模型为均质材料。河道的空间位置位于约500ms双程旅行时和300CMP位置处。河道和围岩保持明显的速度差。同样，模拟子波主频为35Hz。由测试20m、40m、60m河道宽度700ms的波场快照可以看出，当河道宽度较小时，波场快照分辨不出河道两个端点的波场；当河道宽度为40m时，波场快照开始能够分辨河道两个端点的波场波前面；当河道宽度达到60m时，河道两个端点形成的波场波前面已经能够明显分辨。

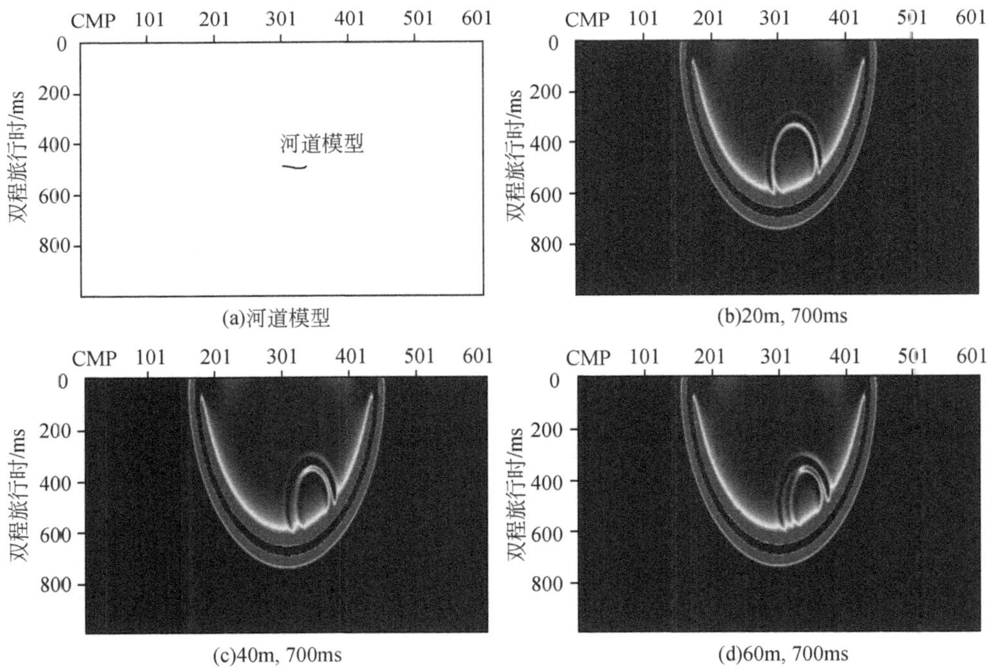

(a)河道模型　(b)20m, 700ms　(c)40m, 700ms　(d)60m, 700ms

图4-53　不同尺度河道模型的700ms波场快照

同样,在单炮记录上(图 4-54),河道形成的绕射双曲同相轴位于直达波的下方,清晰可见。曲线的顶点位于河道中心位置。当河道宽度较小时,如 20m [图 4-54(a)],河道绕射表现为单点的绕射,无论在双曲线的顶点位置还是尾部位置都没有异常表现。当河道的宽度增大到 60m 时,河道绕射双曲线左侧的尾巴明显变粗,并逐步分开成两支。而当河道的宽度增大到 100m 时,在单炮记录上,双曲线已能清楚地表现为两条,分别为河道两个端点形成的绕射双曲线。两支双曲线的顶点位置对应河道两个端点的位置,之间的距离即为模型给出的河道的宽度。

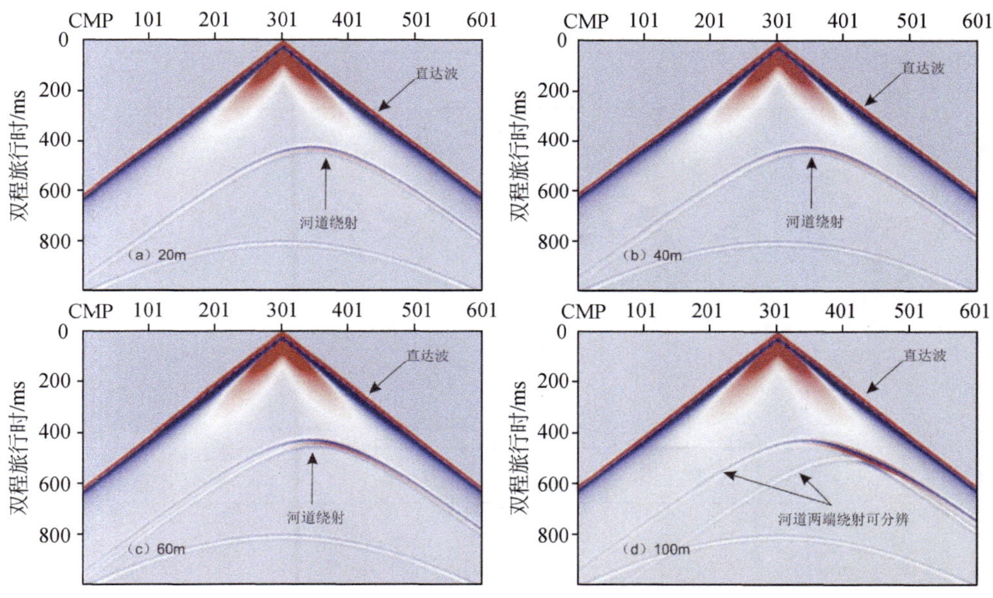

图 4-54　不同尺度河道模型的单炮记录

使用模拟子波主频 35Hz,形成正演记录 2000 炮。在正演形成的炮集记录基础上,对数据进行叠加、偏移。从偏移结果(图 4-55)可以看出,河道尺度较小时,偏移剖面对河道的形态不能成像。当河道宽度为 60m 时,偏移结果可以分辨河道的位置。这包括河道两个端点的位置。

下面模拟强上覆反射界面对河道屏蔽情况模型对河道的分辨能力。建立的地质模型如图 4-56 所示。考虑双层水平介质模型:上层介质参考东营明化镇组砂泥岩,速度为 2000m/s;下层参考东营馆陶组砂泥岩,速度为 2230m/s;河道充填介质取较低的速度,1900m/s。根据上面的测试结果,设计河道的宽度为 40m/s。河道位于强反射界面 S 的下方。

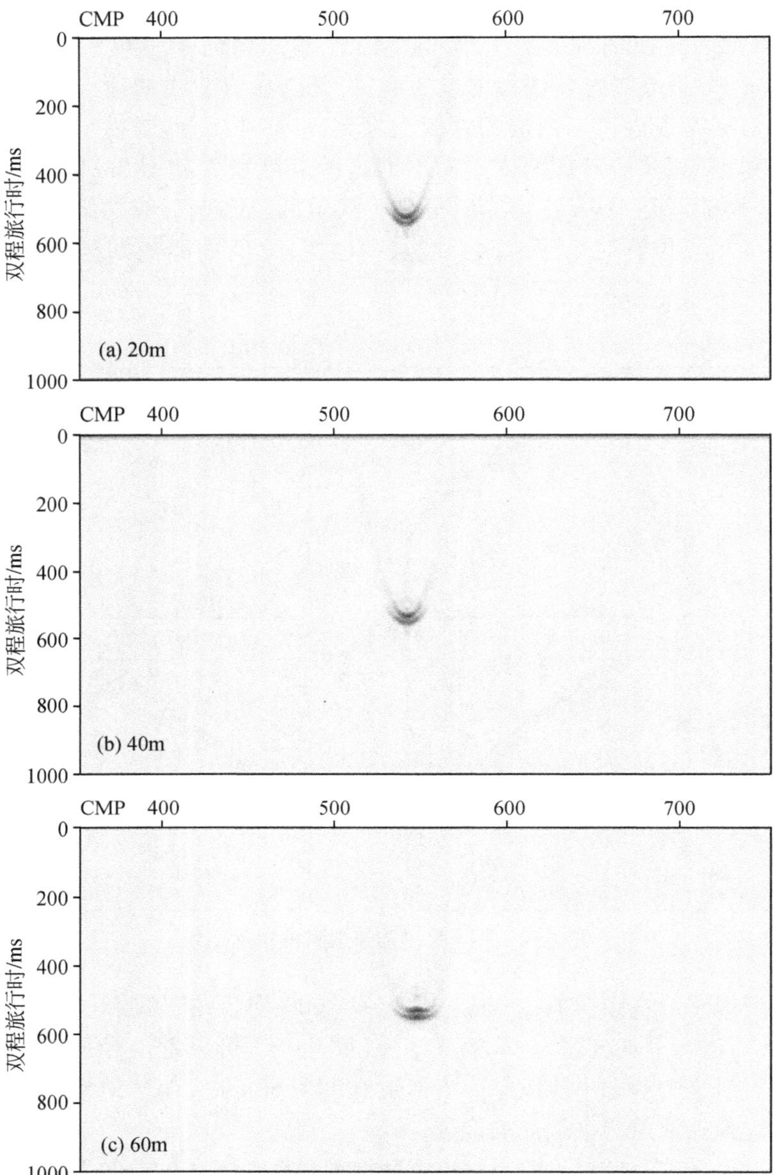

图 4-55　不同尺度河道模型的偏移剖面

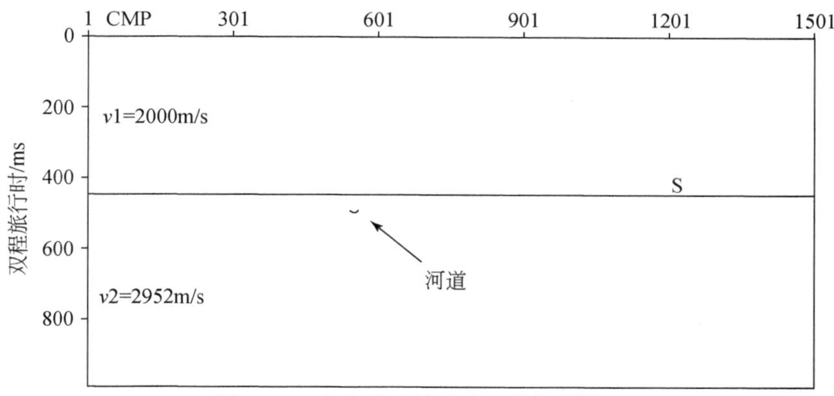

图 4-56　含有强反射轴的河道绕射模型

波场模拟的结果可以看出，上覆强反射界面对河道分辨具有屏蔽作用。当上覆的反射界面不存在时，700ms 的波场快照显示（图 4-57）河道绕射形成的波前面明显存在，而且波前已经能够分辨出河道两个端点形成的波前。当河道上方存在强反射界面时（河道位于反射面 S 以下 40m），同样在 700ms 的波场快照显示，整体河道绕射波场不明显。

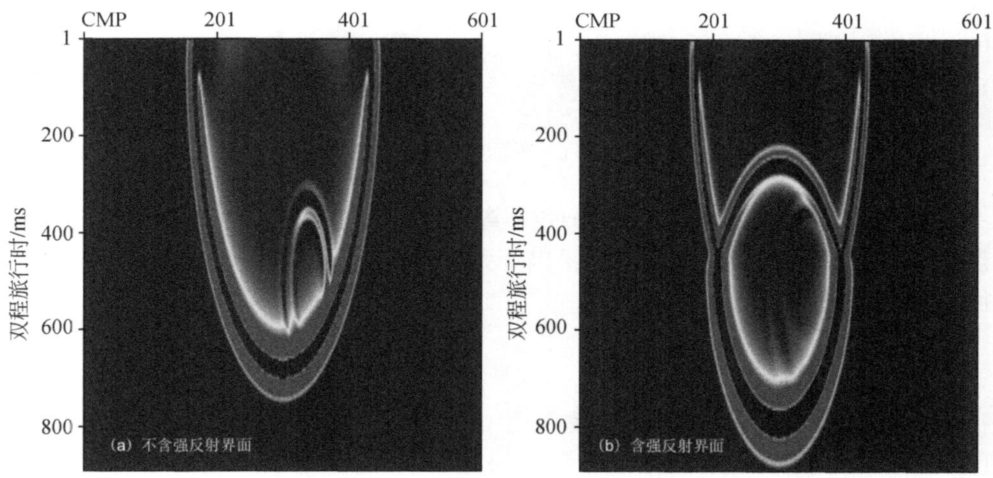

图 4-57　强反射界面对河道模型的影响

在单炮记录上（图 4-58），如前所述，当模型为均质体时，河道产生的绕射双曲线位于直达波之下。由于河道为 20m 宽，尺度较小，双曲线为一条单一的曲线。曲线顶点位于河道的位置。模型为存在强反射界面，并且河道位于反射界面上时，反射界面形成的双曲线和河道绕射形成的双曲线部分相互重合，由于反射界面的影响,绕射双曲线振幅弱,远端能量几乎不成像,仅顶点部分可见。随着河道的下移,河道形成的双曲线和反射界面形成的双曲线逐渐分开。河道绕射形成的双曲线能量逐步增强,曲线也变得较为完整。当河道位于反射界面以下 150m 时,河道绕射曲线和界面反射曲线完全分开,能量较强,曲线较为完整。应该明确,上述任何情况,河道绕射双曲线的顶点位置都位于河道中心位置。

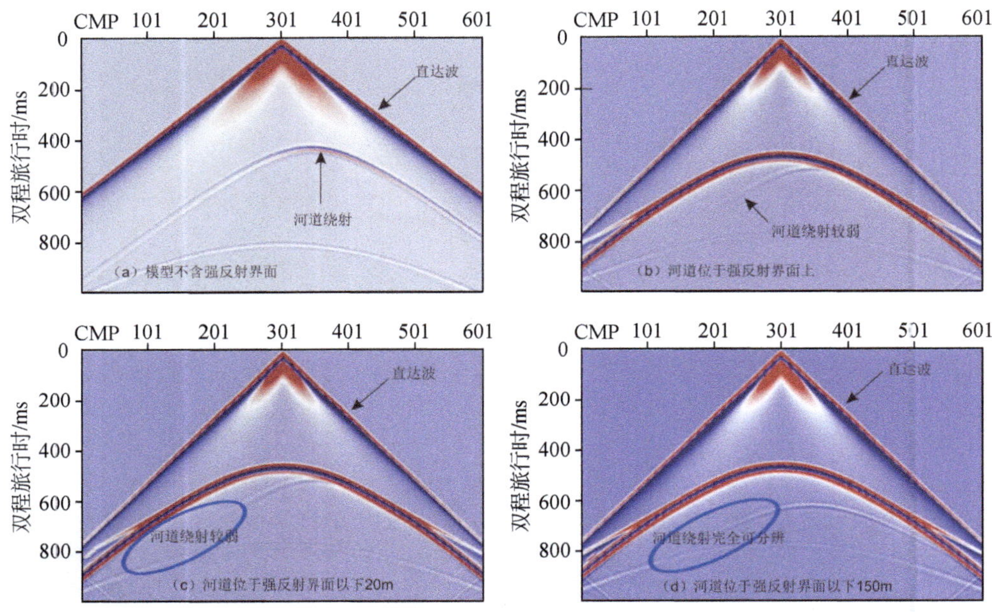

(a) 模型不含强反射界面
(b) 河道位于强反射界面上
(c) 河道位于强反射界面以下20m
(d) 河道位于强反射界面以下150m

图 4-58　强反射界面对河道模拟的影响

上述模拟实验结果可见,随着河道距离其上覆反射界面深度的增加,其绕射能量有所恢复,绕射同相轴的远端能量也得到增强。河道两端的分辨能力仍取决于河道的尺寸。

4.3.3.2　断层模型

为检验正演模拟对断层模型尺寸的分辨能力,建立了如下的断层模型(图 4-59)。整个模型分为上下两层:上层参考东营明化镇组砂泥岩材料,速度取 2000m/s;下层参考东营沙河街组泥岩,速度取 2952m/s。两者之间为水平界面 S。界面上存在一个断层。断层上下两个断点标为 A、B。

同样,模拟子波主频为 35Hz。测试断距 10m、25m、45m、60m、100m 情况时的地震响应特征。

分析波场特征可以看出(图 4-60),当断距为 10m 时,500ms 的波场快照显示,A、B 两个断点不能分辨。此时,断层作为一个绕射点,产生绕射。当断距为 60m

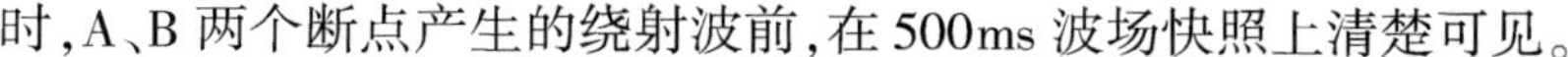

时,A、B 两个断点产生的绕射波前,在 500ms 波场快照上清楚可见。

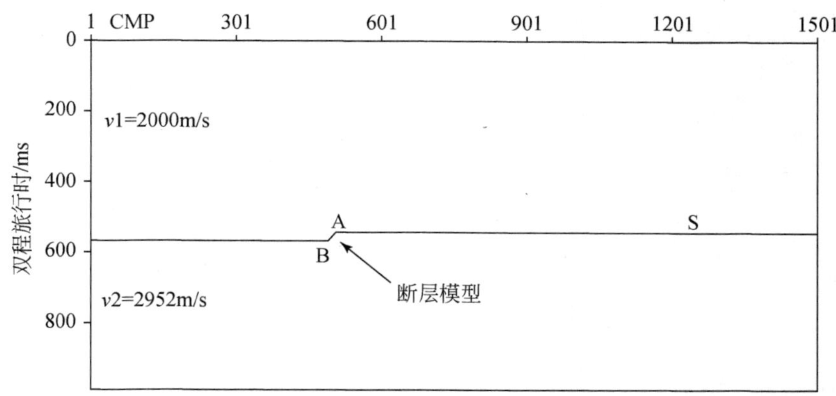

图 4-59　断层分辨检验地质模型

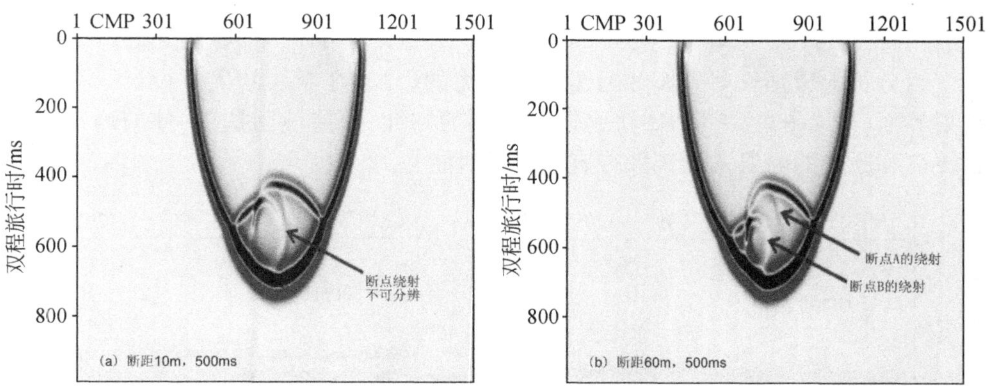

图 4-60　不同断距断层模型的 500ms 波场快照

使用模拟子波主频 35Hz,形成正演记录 2000 炮。在正演形成的炮集记录基础上,对数据进行处理,形成叠加剖面(图 4-61)。同前,在叠加剖面上,水平反射界面和倾斜反射界面的同相轴都已被拉直,但来自绕射的同相轴仍为双曲线,在叠加剖面上表现为“画弧”的现象。这些绕射弧对应断层的位置。从叠加剖面结果可以看出,断层断距尺度较小时,A、B 两个断点在叠加剖面上保留的绕射弧不能分开。当断距为 45m 时,A、B 两个断点的绕射弧可以分开。在断距为 100m 的剖面上,A、B 两个断点的绕射弧已经完全分开。

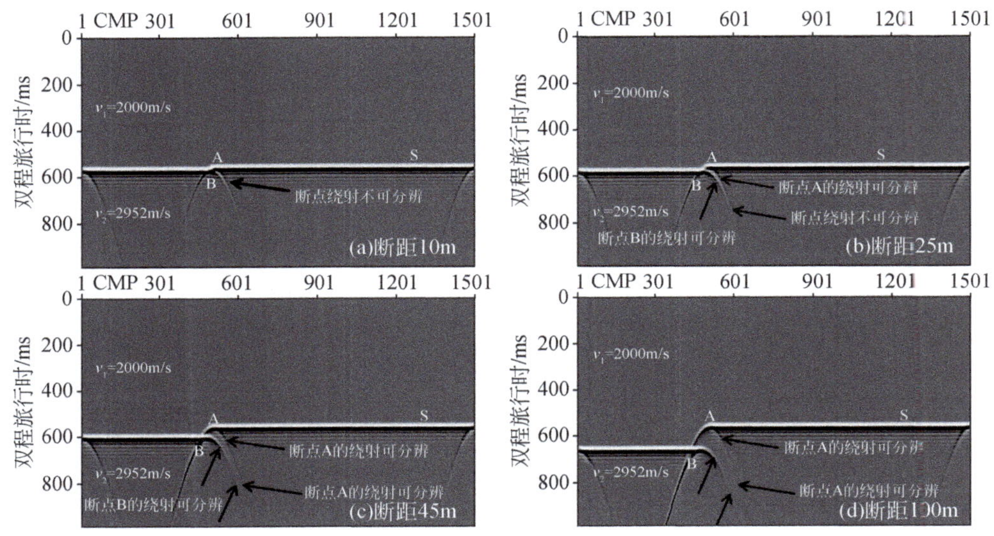

图 4-61　断层模型正演叠加剖面

为分析上覆强反射界面对断距分辨能力的影响,在断层的上方设计了另外的反射界面(图 4-62)。具体做法是调整各层的物性,保持波阻抗差,使新增加的反射界面和原来的断层假面都保持有效的反射能力。

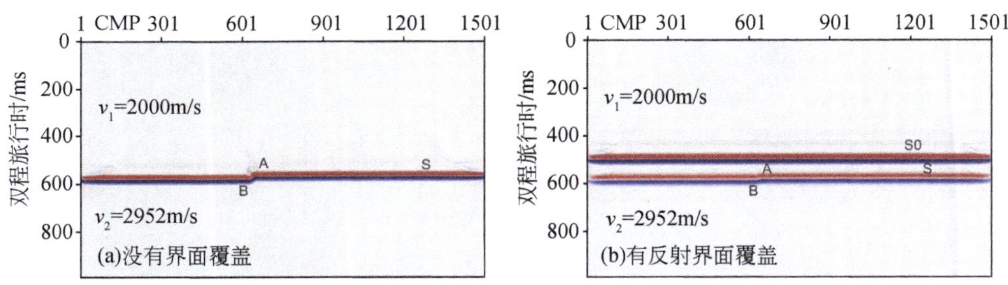

图 4-62　反射界面对断层的屏蔽作用

测试结果发现,上覆反射界面对下部的断层分辨能力产生影响。当断层面和上覆反射界面较近时,屏蔽作用加强,以至于在偏移剖面上不能有效对断层成像。当上覆反射界面离断层距离增大时,反射界面对断层的屏蔽作用减弱。断层分辨能力增强。最终断层的分辨能力仍取决于断层的尺寸。

我们对断层的倾角进行了测试(图 4-63)。分别测试了 30°、45°、60°和 70°时的情况,并分别进行剖面偏移处理。从最终的偏移结果可以看出,当断层倾角依次增大时,模型对断层的分辨能力逐渐降低。

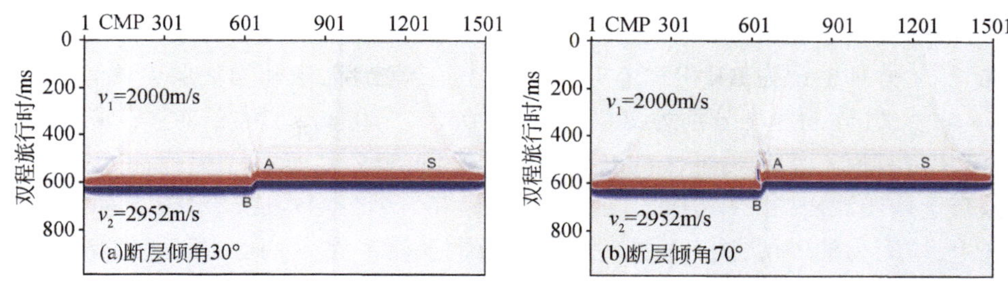

图 4-63　断层不同倾角对断层偏移成像的响应

4.3.4　复杂地质模型正演模拟

4.3.4.1　复杂河道油藏模型

结合胜利油田东营地区的实际资料,建立了该地区较为典型的河道油藏模型(图 4-64)。该模型以均质泥岩为基本背景地层,速度为 2100m/s。模型中有两层

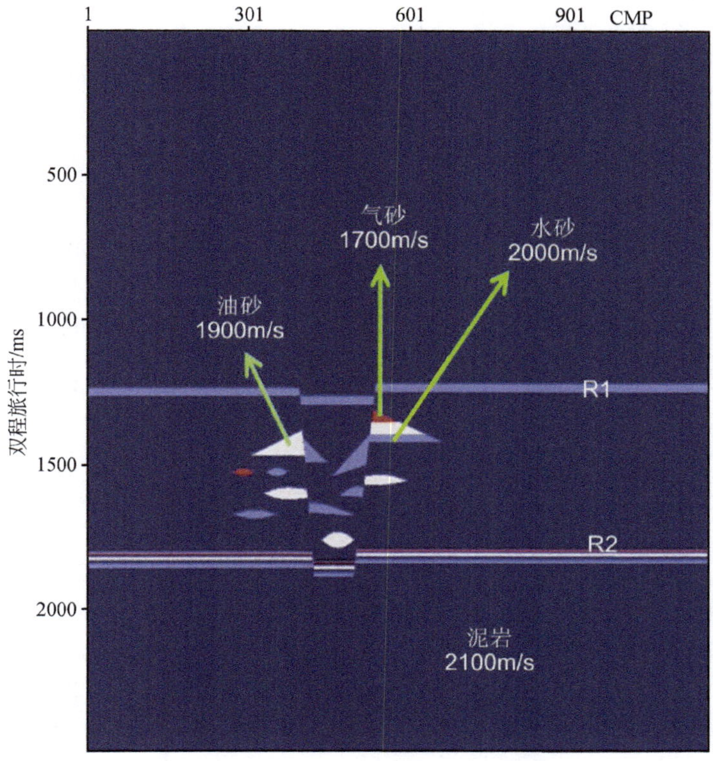

图 4-64　复杂河道油藏地质模型

油藏,水平分布于泥岩当中。上面一层为水砂层,速度为2000m/s,下面一层为含水油气层,分别标记为R1和R2。对R2层,气在最上部,中间为油层,下部为水层。水砂、油砂、气砂的速度分别为2000m/s、1900m/s、1700m/s。两条对倾的正断层将R1和R2层断开,形成局部小的断陷。除水平的油藏外,设计了河道油藏模型,杂乱分布于均质泥岩中。一般河道由水砂、油砂和气砂分层构成。水砂层在下,气砂层在上,中间为油砂层,同R2层。断层的断距规模不大,约10m,河道模型尺度在100m左右,用以产生有效绕射。模型材料更详细物性见表4-1。

表4-1　河道油藏模型参数

地层类型	P波速度/(m/s)	S波速度/(m/s)	密度/(g/cm^3)	泊松比ν	V_P/V_S
泥岩	2100	860	2.10	0.4	2.44
水砂	2000	960	2.07	0.35	2.08
油砂	1900	1060	2.05	0.3	1.79
气砂	1700	1130	2.00	0.1	1.50

单炮记录上(图4-65),在直达波之下,清晰地见到来自R1、R2层的反射波,都呈双曲线状,曲线顶点位于炮点位置。因为R1、R2层为油气和水砂层,模型给的速度比环境泥岩的速度低。所以在炮集记录上,R1、R2层形成的反射轴和直达波是反相位的。由于断层的错断,R1、R2层反射同相轴的错断也很明显,且在位置上对应很好。在R1、R2层反射双曲线之间,为河道模型形成的绕射双曲线。曲线顶点位置和河道模型位置一一对应。其他特征和前面关于尖点绕射波场特征一致。

因为模型给的水砂、油砂、气砂的速度分别为2000m/s、1900m/s和1700m/s,从而和背景泥岩(速度为2100m/s)的速度差依次增大。对比分析图4-65和图4-66,可以发现:①水层,反射轴能量相对较弱,难以形成绕射"亮点";②油层,表现为较强反射轴,绕射"亮点"突出;③气层,表现为强反射轴,绕射"亮点"突出;④油气水同层,表现为一系列强反射。

4.3.4.2　缝洞储层模型

根据塔河地区奥陶系储层溶蚀缝洞的地质特征设计了地质模型(图4-67)。模型的顶层是深度为5000m,速度为4500m/s的石炭系巴楚组底部泥岩,其下是20m左右深,速度为5200m/s的双峰灰岩,接下来是一层10多米深的低速风化剥蚀层,速度大约为4800m/s,最下层是速度为5600m/s的碳酸盐岩古潜山。在古潜山的内部给出了一系列陡倾角的裂缝和杂乱分布的溶蚀洞。根据实际经验,裂缝的高度一般80m左右,宽度小于10m;溶洞的尺度一般在20m左右。所有的缝洞都被油和水充填,充填物的速度为4000m/s。

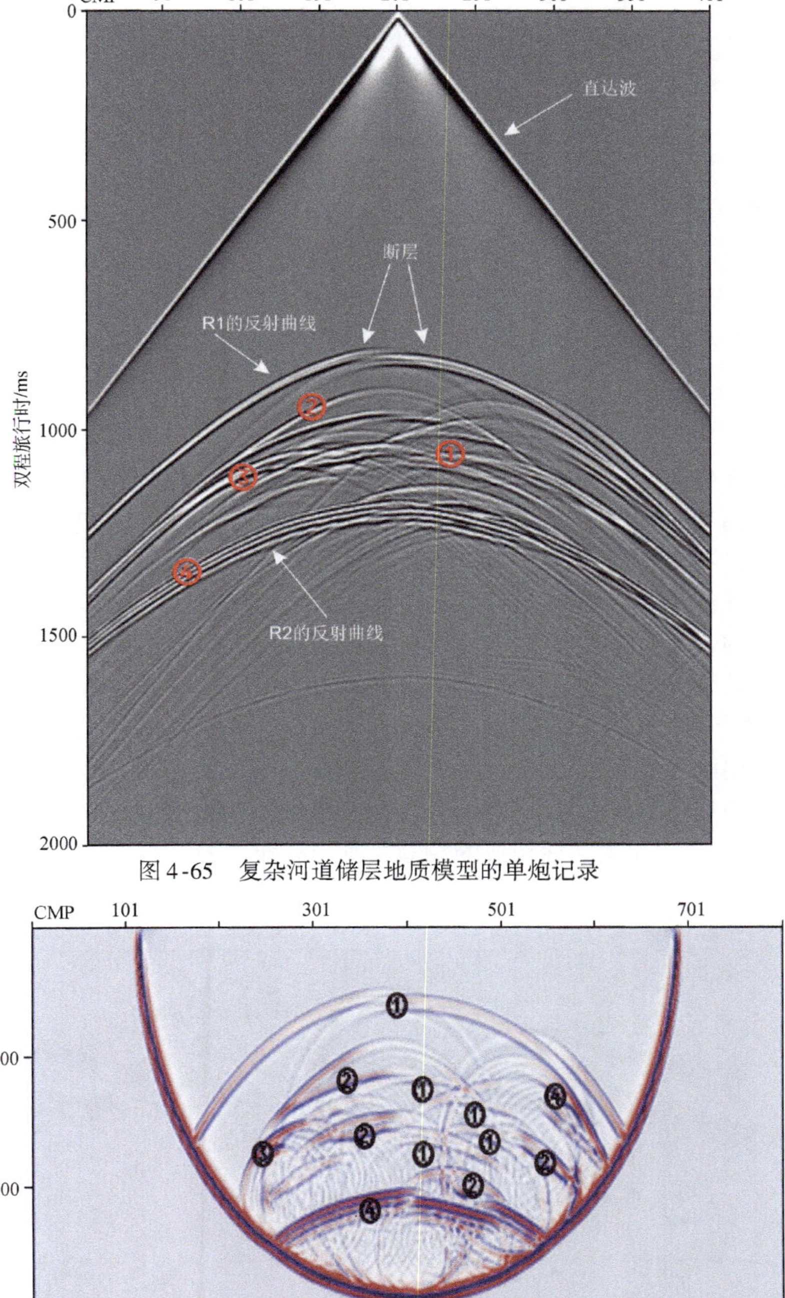

图 4-65　复杂河道储层地质模型的单炮记录

图 4-66　复杂河道油藏模型波场快照

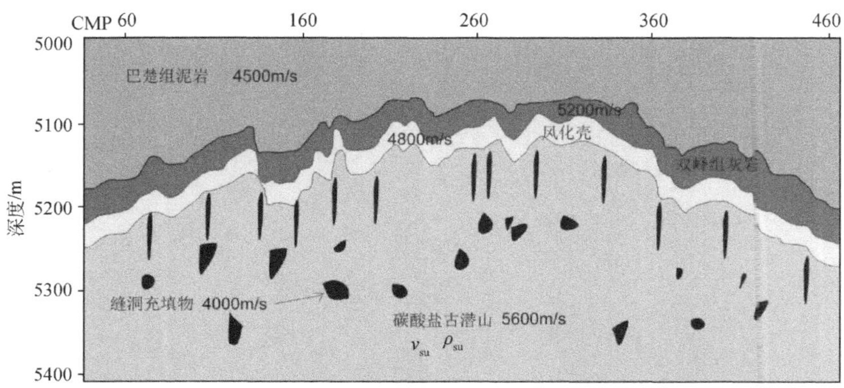

图 4-67 缝洞储层地质模型

缝洞模型的数值模拟时,首先用基于弹性与声学近似的反射系数计算公式计算出缝洞模型所对应的反射系数模型,再求出其子波模型,然后用变参考慢度 Rytvo 近似波场延拓算子对子波模型做正演。在具体正演、偏移实现时将频率作为最外层循环,对每一个延拓层分别以频率 ω 为参数,选择参考慢度使散射场稳定条件以最少的参考慢度数成立,这样既能保证成像精度又可提高运算效率。然后用散射波场计算式逐层进行波场延拓,直至频带内所有频率成分的所有层延拓完为止,最后累加得到正演记录或偏移剖面。为减少正演或偏移过程中的假频可在频率域中使用巴特沃斯滤波器,并在边界上使用了 Hanning 窗进行衰减。

正演叠加结果剖面显示(图 4-68),在当前的频率条件下,不能识别单个小裂缝,但可以探测由密集裂缝构成的裂缝发育带和较大的溶洞。潜山内幕反射振幅的强弱,指示缝洞发育带的宽度与密度。对于较大的溶洞模型,正演结果清晰,能

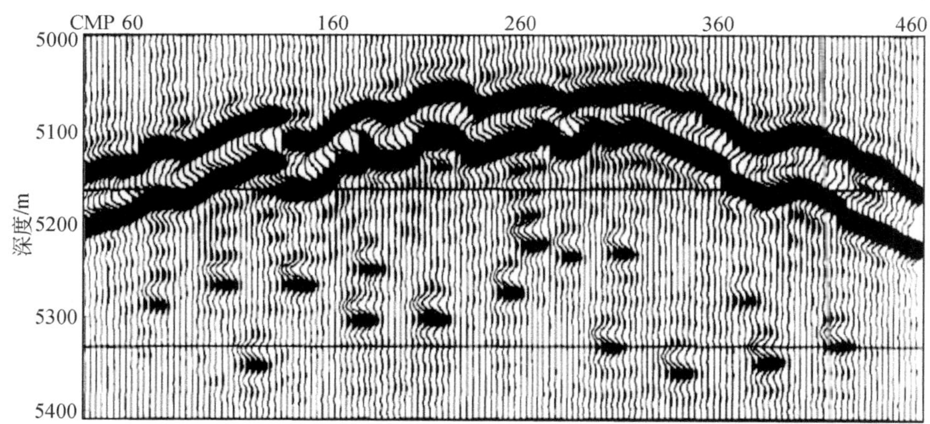

图 4-68 塔河缝洞地质模型的叠加结果

够很好地确定溶洞在剖面上的准确位置。在叠加剖面上,能够清楚看出溶洞上下界面的极性不同,即上顶界面呈负极性,下底界面为正极性。单位长度内缝洞的密度越大,缝洞发育带的规模越大,结果剖面上裂缝存在的异常越明显。裂缝发育带反射特征表现为,在潜山顶面之下的低频复波,其范围与裂缝带宽度接近,而且,裂缝带的宽度越大,能量越强,在裂缝带中心,复波能量最强。缝洞带的规模较小,或者密度较低,震源主频越低,越不容易检测到。

在缝洞发育的潜山顶面和无缝洞的潜山顶面相比,地震波反射能量较弱,频率较低,并且反射波极性发生反转,同时,在缝洞带处出现绕射。对于缝洞介质的底部来说,较潜山顶面更容易出现绕射波。当潜山顶面存在低速风化薄层时,缝洞带处波场能量将会发生变化,其能量变化与低速风化层的厚度及速度有关。风化层的厚度越大、速度越低,波场能量越低。此时,风化层相当于一个新的缝洞带。对于含有缝洞介质的地质模型而言,当其他地质参数确定,缝洞的密度不同时,缝洞带处的地震波场特征明显不同。随着缝洞密度的减小,在缝洞发育带的潜山顶面和底部的反射能量越来越强。缝洞密度增大时,能观测到地震波的主频、振幅、速度等参数都要降低。缝洞介质的宽度减小,地震波的主频、振幅、速度等参数随之增大。也就是说,缝洞密度、宽度与地震波的主频、振幅、速度等属性参数呈反比。

缝洞中充填物速度与密度对地震波属性参数的影响结果显示,缝洞介质中充填物速度与密度增大时,在缝洞介质发育带的潜山顶面反射地震波能量增强,反射同相轴越来越连续。当含缝洞带潜山顶面存在低速风化薄层时,缝洞带处地震波能量变化显著,其能量变化由低速风化层的速度和密度共同决定。

由于影响地震波场的因素很多,当地震数据反映的地质信息(比如缝洞等)可靠性不高时,利用地震波检测缝洞介质时可能会有假象。为了提高缝洞检测的成功率,在进行数值正演模拟时,需加入地震、地质、钻井、测井等多种信息加以约束。

4.4 地震波传播的动力学概念和广义绕射

前面主要讨论了绕射波的运动学特征,下面再简单讨论一下绕射波的动力学问题。例如,断点绕射模型(图 4-2)所示,在 R 点产生绕射,在观测面布设的测线上观测时,各点所接收到的绕射波在能量上的差异;当存在断层等复杂地质构造时,断棱上的绕射波与界面上的反射波之间的能量差异等。地震波的动力学问题涉及地震数据采集、处理、解释的各个环节,尤其在小断块发育的构造复杂地区遇到的许多现象,单纯用地震波的运动学难以很好地做出解释。

地震波是一个波动。从动力学的角度，对反射波的解释是：地震波从震源出发，以球面波的方式向下传播，到达反射界面 S。S 可以看成由许多小面积元ΔS组成。当ΔS的尺度接近地震波的波长时（如前所述，一般在 20～150m），每个这样的小面积元都可以看成一个绕射体。根据惠更斯原理，把每个小面元看作一个新的点震源，从新震源发出的一系列球面子波向外传播。对地面上某个接收点 P 来说，它所收到的“反射波”就是来自 S 面上的所有小面元ΔS产生的绕射波在 P 点的叠加。具体说，就是将这些小面元产生的绕射波，根据到达的先后顺序，并考虑能量的大小和相位后，一个个叠加起来，作为在 P 点接收到的反射波。这样，在 P 点接收到的波动的能量并不只来自反射界面的某一点，而是来自界面上的所有点。

总之，地震波动力学的基本观点就是认为绕射是最基本的，反射波是反射界面上所有小面积元产生的绕射波的总合。这种绕射又称为广义绕射。相应，前面提到的断棱、尖灭点等产生的绕射，则称为狭义绕射。

地震波的动力学概念和几何学概念并不矛盾，两者的适用范围主要决定于勘探目标的大小和地震波长之间的关系。如果勘探目标比地震波长大得多，地震几何学是行之有效的；如果目标很小，如一些小的断块，其尺度与地震波长相当，这时，地震波的动力学特征就表现出来。

它们的差别在于：几何地震学只研究运动学问题，并不研究波的动力学特点，对复杂地质构造产生的复杂的波场不能做出正确解释；而地震波动力学，既考虑了波的传播，又考虑波的衰减，同时研究运动学和动力学问题，因此有可能对复杂的地质体产生的波场做出正确的解释。

从地震波动力学的观点，关于绕射波的性质，绕射波与反射波的关系等主要有这样几点结论。

1）几何的点或线是不能产生绕射波的。实际上能被记录到的具有一定能量的绕射波是由具有一定面积的界面产生的。因而地震勘探中观测到的所谓断棱绕射实际上总是与一定的几何形体相联系。一个绕射体必须大到与一个地震波波长相当时，才能产生可观的绕射能量。这在前面绕射的基本概念部分已经提及。由实际断棱引起的绕射，能量很小，衰减也快。

图 4-69 给出了一个 100m×400m 的小断块的理论模型，用地震动力学方法计算的理论反射记录和振幅时距图。所设计测线与断块的短边方向一致，采用自激自收观测。从图 4-69 上可以看出，这个小断块的反射接近于几何点绕射，能量分布是在小断块正上方最强，向两边逐渐衰减，到离开小断块正上方 400m 时，振幅已降为最强振幅的一半。

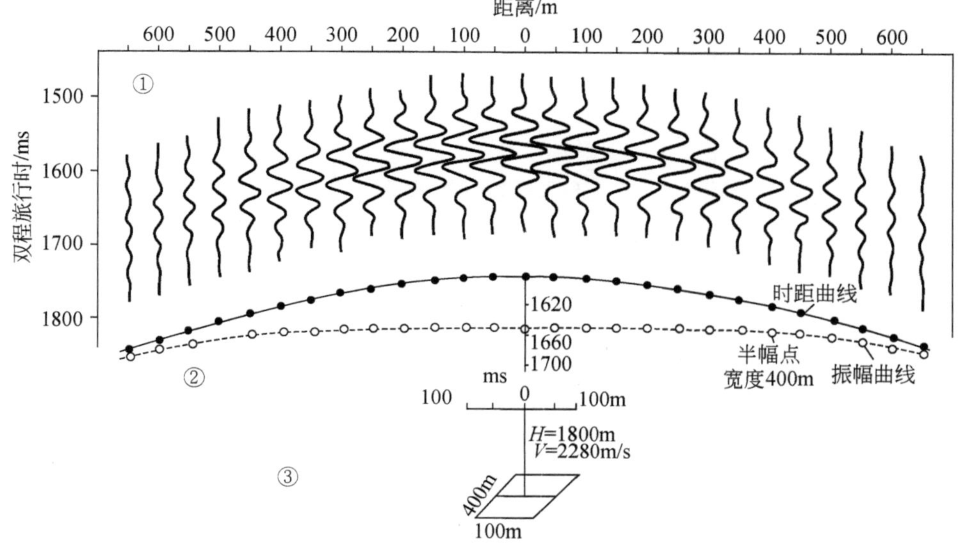

图 4-69　小断块模型的反射能量分布

①理论反射记录;②振幅时距图;③理论模型

2）短反射段(反射段长度 $2a$,地震波波长 λ 和反射波埋藏深度 H 三者之间满足$\frac{1}{10}<\frac{a^2}{\lambda H}<\frac{1}{2}$的反射段称为短反射段)的反射波相当于点绕射。它的时距曲线和几何点绕射几乎一样。但与几何点绕射还是有本质的区别,它是相距较近的两个断点形成的绕射。所以在时间剖面上见到有极小点的对称双支绕射,应明确它是短反射段的反映,它不代表断棱点。短反射段反射波在中央有一个能量相对集中段。其振幅与反射段长度成正比,长度为零振幅也为零;长度和波长相当时,其振幅约为长反射段稳定振幅的三分之二。

3）满足$\frac{a^2}{\lambda H}>\frac{1}{2}$关系的反射段称为长反射段。这在地震勘探中和埋藏深度1800m,长度等于或大于 500m 的地质体相当。长反射段的两端产生左右两支绕射,相位相差 180°,振幅为正常反射振幅的一半(图 4-70)。在断点处,反射波和绕射波相连。因而形成断层波不断,绕射连续反射的现象。图 4-70 中的粗线代表一个水平反射同相轴。在反射同相轴终点 A、B 处产生绕射波。沿反射同相轴延伸的方向为绕射波的正半支(分别为 A+和 B+),相反的一侧为绕射波的负半支(分别为 A-和 B-)。

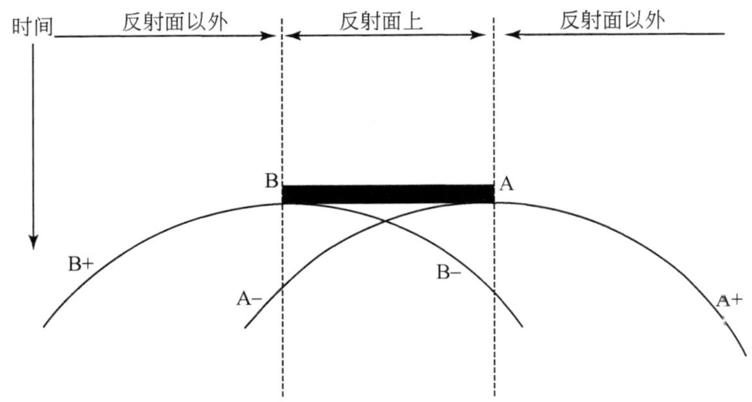

图 4-70　长反射段的反射波和绕射波

在反射叠加剖面上,断点处,半幅点特征不清楚,但反射波和绕射波的切点(拐点处)就是断点位置。在多次叠加剖面上,一般仅出现绕射的正半支(称为绕射尾巴),负半支干涉抵消,不易识别(图 4-71)。所以,长反射段可以总结为“一个主体,两个尾巴”。主体是反射同相轴,尾巴是绕射波的两个正半支。这两个尾巴就是一般说的断棱绕射。但应强调,从动力学的角度来看,它们并不是从断棱上发出的,而是由长反射段断点附近很长一个距离内的所有新震源发出的球面子波共同叠加而成的。

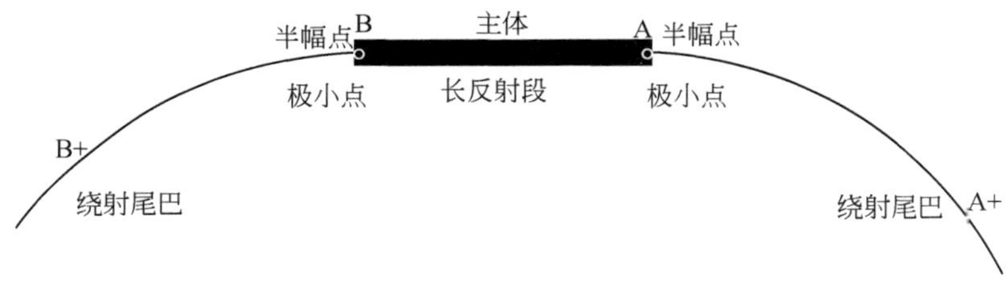

图 4-71　长反射段的一个主体两个尾巴

4)除去无限延伸、反射系数不变的平面,任何地下反射体都能产生绕射波。构造越复杂,埋藏越深,绕射现象越严重。也就是说,只要反射界面发生突变[界面突然中断——断层,界面岩性(反射系数)突变,界面突然上倾,界面突然下折等],在一定条件下就会产生绕射。

第五章 绕射波分离

由前面共成像点道集波场特征分析可知,倾角域 CIG 道集上,绕射波和反射波存在明显的差异。偏移速度正确时,在倾角域 CIG 道集上,反射同相轴表现为开口向上的类抛物线形态,曲率较大,抛物线顶点的横向角度坐标代表该位置处的地层倾角。此时,在绕射点位置处的绕射能量表现为水平同相轴,偏离绕射点位置的绕射能量表现为有一定斜率的倾斜拟线性同相轴,并且随着距离增大斜率增大。在偏移速度存在误差时,反射同相轴在 CIG 道集上仍表现为开口向上的类抛物线形态,曲率仍较大;抛物线顶点深度位置因偏移速度的误差而存在过偏移或者欠偏移。此时,绕射同相轴不管是在绕射点位置处或者偏离绕射点位置处的 CIG 道集上都存在一定的弯曲,但曲率不大。因此,在倾角域 CIG 道集上反射与绕射同相轴差异较大,即使是偏移速度存在误差,反射波和绕射波波场仍存在明显的差异,容易实现绕射目标波场的分离。

本章从绕射波加强技术出发,给出了利用高斯束角度域偏移提取倾角域共成像点道集的方法,然后根据反射波和绕射波的信号特征差异利用两种不同的反射顶点压制方法实现了绕射波场分离。接下来,为适应复杂地表和复杂地质条件,分别得到了起伏地表和弹性波倾角域共成像道集提取方法,实现反射波和绕射波的分离。

5.1 多域绕射波加强

在地震勘探中,小尺度地质体会形成绕射波。由于地质体的尺度小,往往绕射波覆盖的范围较小,相对于反射波,其能量也较弱。现有的处理思路和技术一般都是针对反射波的,目的在于反射波的加强、突出和成像。其他伴随反射波的信息,包括绕射波在内,通常会作为干扰信号被压制,从而,绕射波所代表的小尺度地质体的位置、形态等信息不能被完整地表现出来。

要把小尺度的地质体作为研究目标,利用其产生的绕射波对其进行成像,现有的处理思路和技术是不够的。这有必要针对性地研究绕射波和反射波的波场特征,突出绕射波的水平,并完整地将绕射波和反射波进行分离。

5.1.1 实际资料绕射波地震特征分析

胜利油田探区陈家庄凸起位于山东省东营市利津县,构造位置处于渤海湾盆地济阳坳陷沾化凹陷与东营凹陷之间,为一个大型正向构造单元。凸起北部为沾化凹陷,南部为东营凹陷,勘探总面积约 900km²,目前已全部被三维地震资料覆盖。广义上的陈家庄凸起包括东、西两个部分,东部为陈东凸起,西部为陈西凸起。该区勘探历经 40 年的勘探开发,先后发现了馆陶组、东营组、沙一段、奥陶系等多套含油层系。2000 年以来的整体评价认为河流相砂体是该区未来重要的勘探方向。但是河流相砂体一般分布在断裂系统简单、地层产状平缓的地区,在空间线状分布的河道砂在剖面上呈点状或短轴状分布,通常较厚的河道在地震剖面上具有较明显的短轴状强反射特征,常规的波阻抗反演技术可以较好地应用于砂体的描述。但在多数地区,河道砂属于典型的薄互层砂体,在地震响应上,地震反射特征通常表现为一定层段内薄互层的复合反射,加上高频干扰,在地震剖面和常规反演剖面很难对厚度变化进行预测。点状或短轴状分布的剖面形态在空间追踪也比较困难。因此对这类砂体的描述比较困难,还没有形成比较适合砂体识别技术,从而影响了对该类油藏整体成藏规律的认识。

图 5-1 给出了陈家庄凸起新采集三维地震资料叠加剖面上显示的河道绕射(已经钻探证实)。该三维区地震剖面上清楚显示了基底面以上新生代沉积地层的基本沉积特征。在主测线 570 线(inline 570)位置新生代沉积中清楚地显示绕射弧的存在。在叠加剖面上,绕射弧开口向下,呈完整的双曲线形状。在左右两侧类似的位置(如 inline 560 和 inline 580)绕射弧仍清楚可见,只是已不如 570 线所在的位置完整。

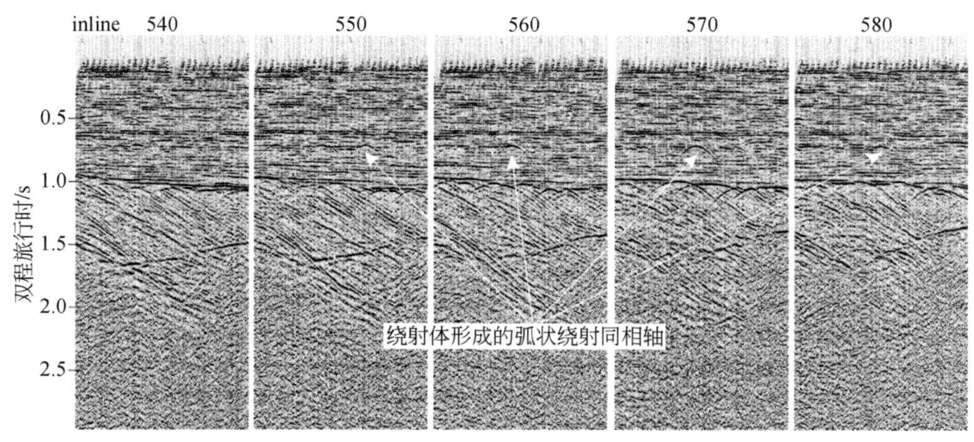

图 5-1 河口陈家庄三维主测线方向叠加剖面上显示的绕射弧

在和上面主测线对应的联络测线上（crossline 方向），绕射体所产生的地震响应在叠加剖面上表现为强振幅同相轴（图 5-2）。同相轴较短，两侧振幅变弱，并向下微倾。

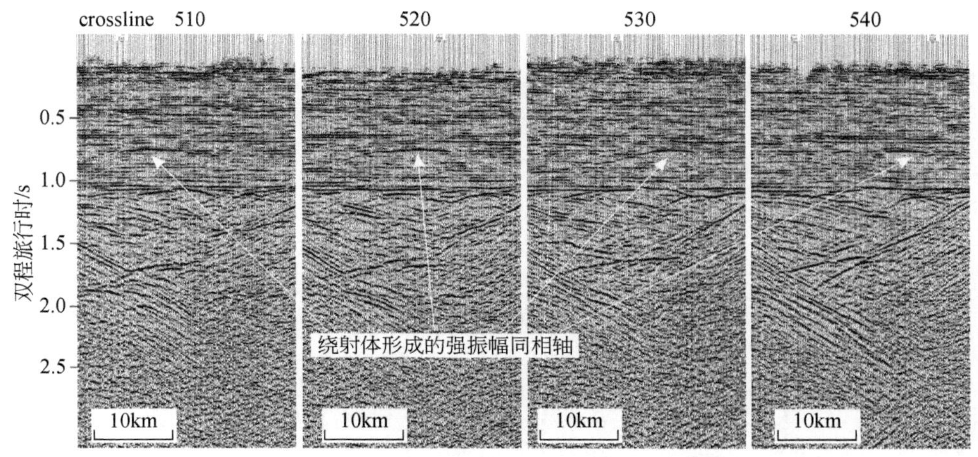

图 5-2　河口陈家庄三维联络测线方向叠加剖面显示的强振幅同相轴

图 5-1 和 5-2 显示了较为复杂的绕射体分布情况。初步的判断应该是主测线横切了河道。而联络测线顺部分河道布设。因图 5-1 和图 5-2 中所显示的测线之间的距离为 250m。据此，我们判断，其中一个河道位于 inline 570 所在的位置，河道的宽度在 25～500m。联络测线所展示河道的长度在 10km 左右。

林樊家地区地处山东省滨州市，构造位置处于渤海湾盆地济阳拗陷东营凹陷的西部，北接阳信洼陷，西临惠民凹陷，东、南分别以林东断层和林南断层与尚店油田和里则镇洼陷相邻。林樊家构造是一个在古生界、中生界低隆之上覆盖了古近系孔店组、新近系馆陶组和明化镇组的大型披覆构造，构造面积为 650km^2。馆陶组底界面呈略微北东倾伏的单斜构造，呈南陡北缓的单面山结构。馆陶组与下伏孔店组呈不整合接触，与上覆明化镇组呈整合接触，地层厚度为 170～200m，地层横向分布稳定，岩性以棕红色、紫红色泥岩为主，夹中、厚层灰色粉砂岩，是林樊家油田的主要含油气层系。依据含油气特点、储层岩电特征及储集层纵向分布规律，将其分为 4 个砂层组，天然气主要集中在 1～3 砂层组内；油藏主要分布在 3、4 砂层组内。皆为岩性油气藏。馆陶砂 4 组底部油层为林樊家油田的主力油层，埋藏深度为 1010～1070m。钻测井和沉积地层分析表明，油藏属泛滥平原曲流河沉积，储层纵向期次多，横向变化快，单层厚度小。由于河道砂体展布具有隐蔽性，因而其处理、解释、追踪描述以及含油性判别等都具有相当的难度，是目前油区核心攻关目标。

林樊家地区河道砂体地震剖面上主要表现为：同相轴具明显下切现象，基本反映河床形态；砂体两端有中断点明显，呈强振幅、低频反射特征；单河道砂体同相轴下面有一个两端中断的弱同相轴反射特征。从林樊家三维不同方向叠加剖面的显示看，在工区内的绕射波形态更为复杂，在 inline 方向（图 5-3），多个小地质体的近距离分布，使得叠加剖面上的绕射形态更加丰富，同时相邻的小地质体的绕射波也相互干涉，减弱了绕射“尾巴”的能量。在 crossline 方向（图 5-4），不同位置的小地质体的绕射形态也存在差异，在小地质体尺度相对较大的位置上，绕射波表现为强振幅特征，在尺度相对较小的位置绕射波表现为弧状形态。

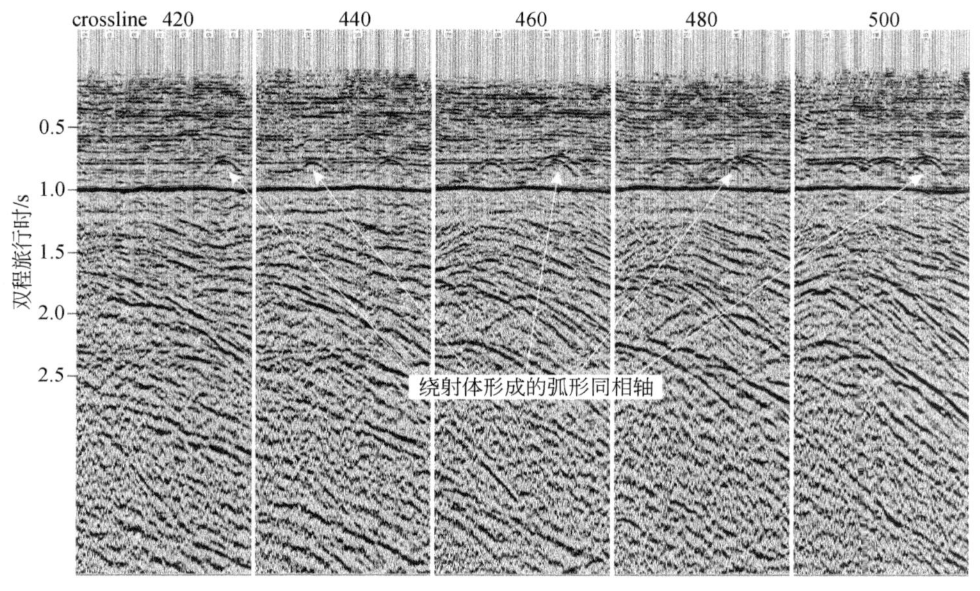

图 5-3　林樊家三维 inline 方向叠加剖面
线间隔 500m

从林樊家三维原始单炮的显示看（图 5-5），地震资料上的绕射形态表现为强振幅特征，但其弧状反射特征与正常反射波的对称双曲线特征有较大差异。正常反射波在单炮记录上表现为开口向下的双曲线形状。曲线的顶点位于炮点的位置。双曲线的左右两支，以炮点为中心左右对称。很明显直达波的能量最强，其他反射波双曲线，在炮集上，从上往下，除面波成分外，能量逐次减弱。绕射波和反射波在炮集上有很大的不同。绕射波在炮集上也表现为双曲线形状。首先，双曲线的顶点并不位于炮点的下方，从而使其形态和其他反射同相轴明显不同；其次，绕射波在炮集上，虽然也呈双曲线形状，但一般情况下，其左右两支并不对称发育；再

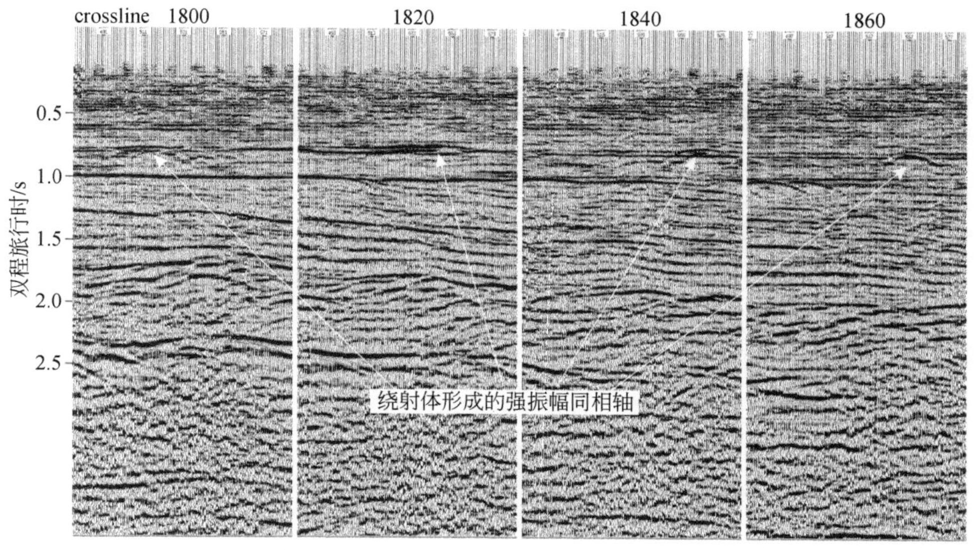

图 5-4　林樊家三维 crossline 方向叠加剖面
线间隔 250m

者，绕射波的能量相比较同位置的反射能量要强。绕射同相轴较粗。这些特征使其容易在炮集上被区分出来。

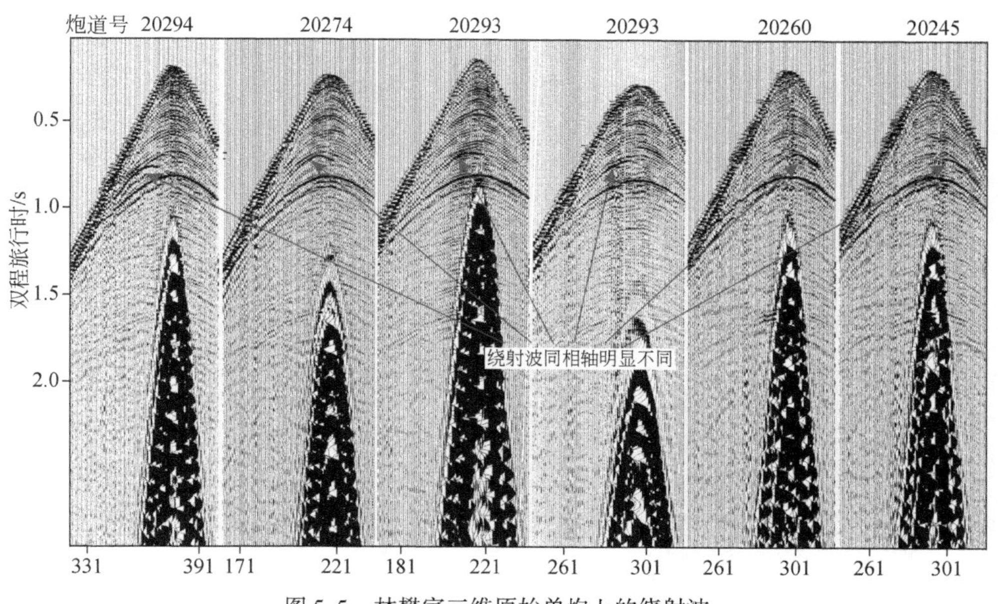

图 5-5　林樊家三维原始单炮上的绕射波

从时窗频谱的对比(图 5-6)看,含绕射波的时窗频谱和不含绕射波的时窗频谱明显不同。不含绕射能量的频谱表现为单峰形态,含绕射波的频谱表现为双峰形态,在原来峰值的左侧低频部分出现另外的峰值。按照单炮记录以及叠加剖面上绕射能量增强,判断频谱图上出现的低频峰值为绕射波的能量部分。从图 5-6 上可以看出,绕射波的主频在 35Hz 左右。

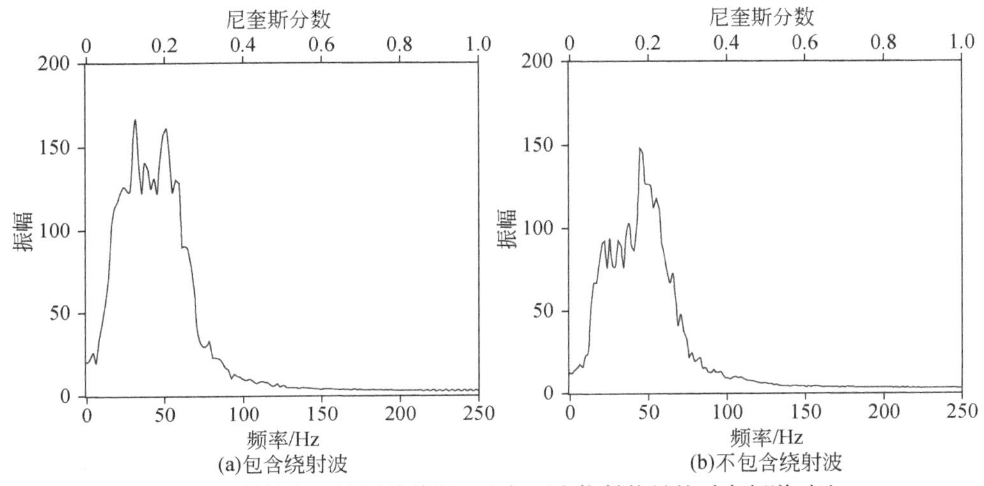

图 5-6　林樊家三维原始单炮上含与不含绕射能量的时窗频谱对比

图 5-7 是林樊家三维的一条叠加剖面。剖面位置从 CMP 1650 到 CMP 1900。CMP 1650 到 CMP 1700 之间为基底斜坡,之后为平坦的基底部分。基底之上大致为水平沉积地层,没有明显的构造变形。沿整条剖面,基底之上存在四处绕射能量,表现为连续较短的强反射。强反射轴的两端存在下弯画弧现象。但下弯幅度不大,所以整个弧形并不明显。

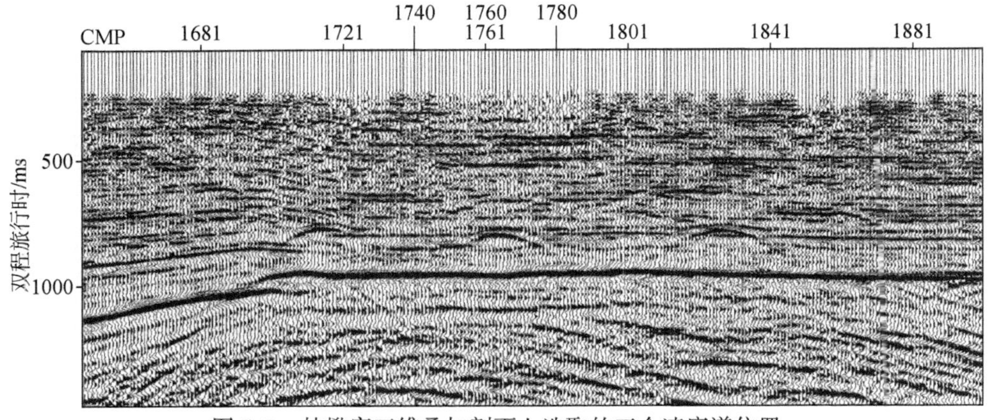

图 5-7　林樊家三维叠加剖面上选取的三个速度谱位置

图 5-7CMP1740、CMP1760 和 CMP1780 是我们选择的三个剖面位置，用于提取速度谱。其中 CMP1740 和 CMP1780 点位置为正常地层反射，CMP1760 点位置处有绕射能量。从不同位置速度谱的对比看，速度谱上的能量团位置和速度趋势并没有明显的变化，这就说明在基于反射波资料处理框架内，绕射波的速度变化并不明显（图 5-8）。

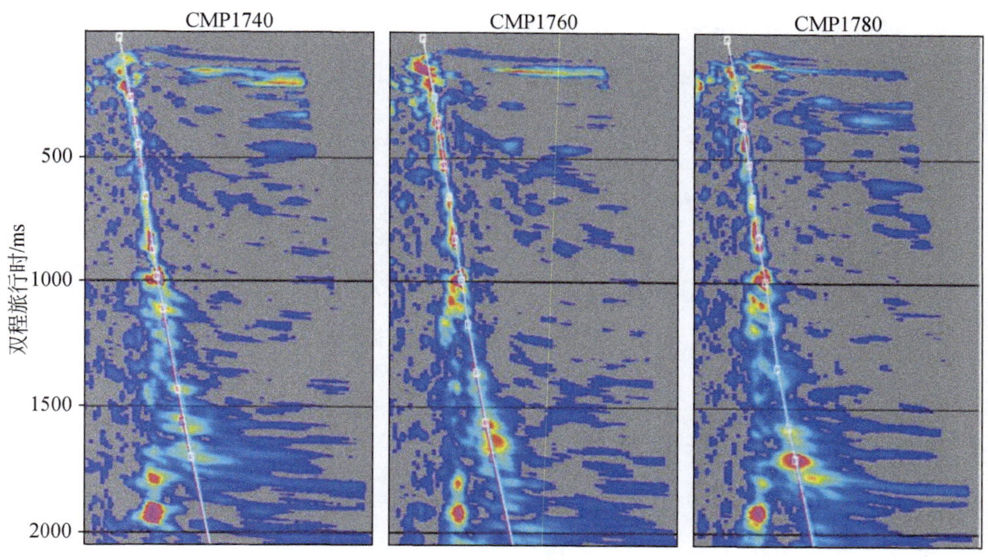

图 5-8　林樊家三维不同位置速度谱对比

从林樊家三维道集数据的显示看（图 5-9），道集上的绕射波也表现和反射波相似的形态，在动校正道集上绕射能量表现为反射波之间的强振幅同相轴，利用道集数据进行绕射波和反射波的区分难度较大。

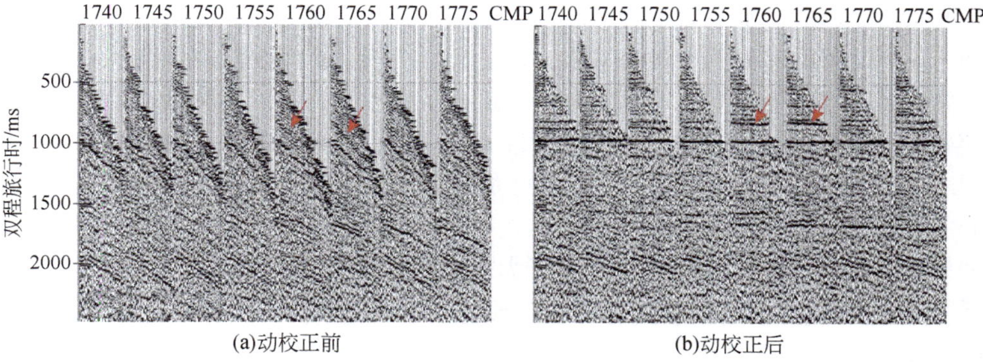

图 5-9　林樊家三维包含绕射波的道集数据

从林樊家三维校平后的单偏移距数据(图 5-10)显示看,绕射波在单偏移距上的反映和在叠加剖面上的反映基本一致,绕射形态能够得到较好的辨识和区分,只是单偏移距道集信噪比低于叠加剖面。

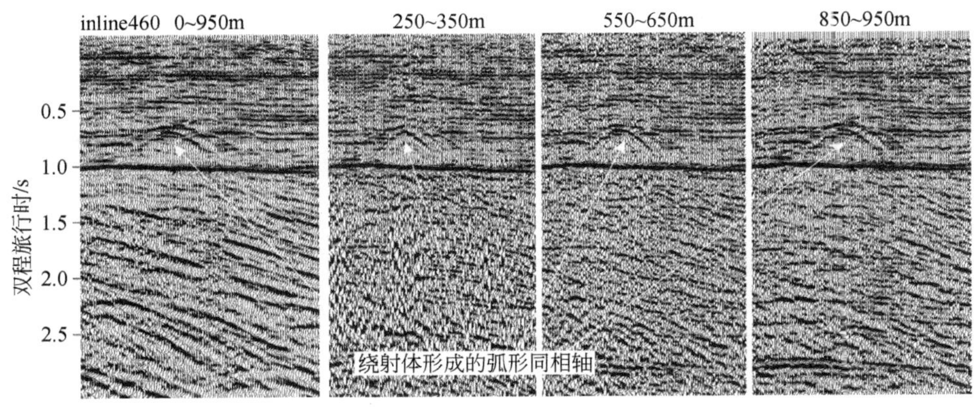

图 5-10 林樊家三维不同单偏移距数据(动校正)显示

5.1.2 DMO 绕射波加强

5.1.2.1 DMO

实际地震资料处理中,由水平叠加处理得到的叠加剖面是相对于每个记录道,炮检距为零的 t_0时间剖面。这种剖面对水平地层,基本上可以准确地反映地下构造。但对存在陡倾角的地层,其与地下真实界面就有较大的出入。当反射界面存在较大的倾角时,共中心点道集不再像水平地层中那样等同于共反射点道集。共中心点叠加形成的水平叠加剖面也并不是真正的共反射点叠加剖面,而是把来自地下不同反射点的信号叠加在一起。如图 5-11 所示,界面倾斜时,共中心点叠加实际上是把倾斜界面上 P 等点当作 R 点进行了叠加。这样的叠加效果,不仅不能使叠加信号加强,由于叠加了来自不同点的反射信号,反而降低了资料的分辨率。同时,由于倾斜地层的存在,共中心点叠加还会产生一定的倾角波,导致在同一时间的反射具有不同的叠加速度,使道集内存在两条倾角不同而时间接近的同相轴。如果这时候直接进行动水平叠加,则叠加质量就要降低。因为当水平同相轴和倾斜同相轴相交时,我们只能取其中一个速度,而不能两者兼顾。因此,为了取得好的叠加效果,就需要作叠前倾角时差校正,即 DMO 处理。

在地下界面倾斜时,由于水平叠加剖面上反射同相轴和界面真正位置相比发

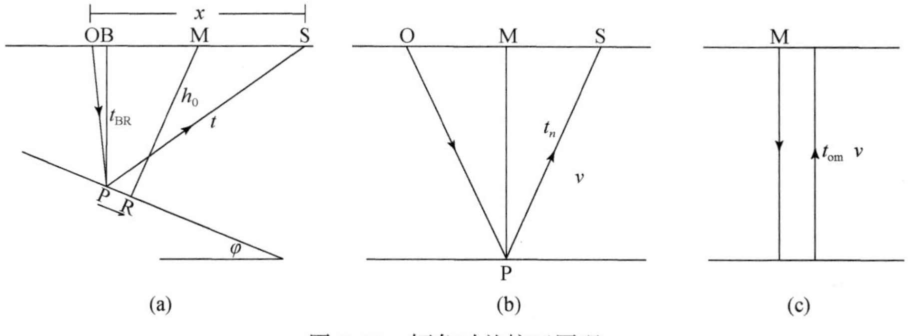

图 5-11　倾角时差校正原理

生了向界面下倾方向偏移的问题(图 5-11)。为此,要把水平叠加剖面上偏移了的同相轴进行“反偏移”。如图 5-11,通过倾角时差校正(DMO)来实现叠前部分偏移的办法,恢复地层的真正位置,使水平叠加真正成为共反射点叠加,并使 DMO 校正后叠加速度与界面倾角无关。

由倾斜界面共中心点反射时距曲线方程:

$$t=\frac{\sqrt{4h_0^2+(x\cos\varphi)^2}}{v} \tag{5-1}$$

式中,h_0为共中心点 M 处界面的法线深度,若用$t_{om}=\frac{2h_0}{v}$代表共中心点 M 处的t_0时间,则上式可写成

$$t^2=t_{om}^2+\frac{(x\cos\varphi)^2}{v^2} \tag{5-2}$$

上式表明,用$v_\varphi=\frac{v}{\cos\varphi}$对倾斜界面共中心点道集按水平界面公式进行动校正,可以取得好的叠加效果,但是并没有实现真正的共反射点叠加。现把上式变换一下,把它写成三部分之和,即

$$t^2=t_{om}^2+\frac{x^2}{v^2}-\frac{(x\sin\varphi)^2}{v^2} \tag{5-3}$$

从上式中可以看出,反射波旅行时由三部分组成:①共中心点自激自收有关的部分;②只与炮检距有关的部分,即与正常时差有关;③与界面倾角有关的部分,与倾角时差有关。进一步把上式写成下面两式:

$$t_n^2=t_{om}^2+\frac{x^2}{v^2} \tag{5-4}$$

$$t^2=t_n^2-\frac{(x\sin\varphi)^2}{v^2} \tag{5-5}$$

倾角时差校正思路就是先按上式把 t 校正成为 t_n，也就是说把 t 中与倾角有关的时差校正掉。从图5-11(a)、(b)可以看出，这样做得到的 t_n 相当于一个深度为MP的水平界面，当炮检距仍为OS时的反射波旅行时。按式(5-4)对 t_0 进行正常时差校正，这时就相当于水平界面情况，动校正速度就取 v，已经与倾角无关了。校正后，t_n 就变成 t_{om}。

DMO方法在地震资料处理中已被广泛应用，大部分处理系统都拥有DMO模块，只是针对方式不太一样。有些是就不同道集方式而言，如共偏移距、炮集等，或者是针对不同域，频率—波数域、时—空域以及它们的组合。这里以共偏移距F-KDMO、T-X域的道集DMO、倾角分量DMO这三种方法为例。它们的区别还是很大的，倾角分量DMO处理后的叠加剖面上整体表现为频率未有太大改变，倾角大的地层得到了加强，但波组连续性差。T-X域道集DMO相比倾角分量DMO，信噪比明显提高，但分辨率却降低了。而共偏移距F-KDMO处理后的叠加剖面显示，除倾斜地层得到加强外，剖面的信噪比和分辨率都同时有了很大提高。

实际上，多数的绕射体，无论是尖点、断层、缝洞还是河道，都存在倾角较大的倾斜界面。按照水平界面进行叠加，对倾斜界面的成像实际上是低信噪比的。DMO以后，对倾斜界面进行了正确的归位，倾斜界面的成像，以及由此产生的绕射都得到了恢复，从效果上，则产生了绕射波加强的效果。

DMO的过程是：①DMO的输入数据应为剩余静校正后，经拉伸切除的NMO道集；②在NMO道集上进行DMO，获得DMO道集；③对DMO道集进行反动校后，进行DMO速度分析；④用DMO速度进行动校正后叠加。需要强调的是，DMO之前，地震数据应该首先进行去噪、振幅补偿、反褶积、静校正等环节的处理工作，以便能够进行正确的反动校和速度分析。

图5-12给出了林樊家三维inline 414测线DMO前后叠加剖面的对比。该剖面在强反射面之上0.8s(双程旅行时)左右发育两处绕射同相轴。但由于是水平叠加剖面，特别是左处的绕射同相轴不清楚、不完整。DMO以后，两处绕射同相轴

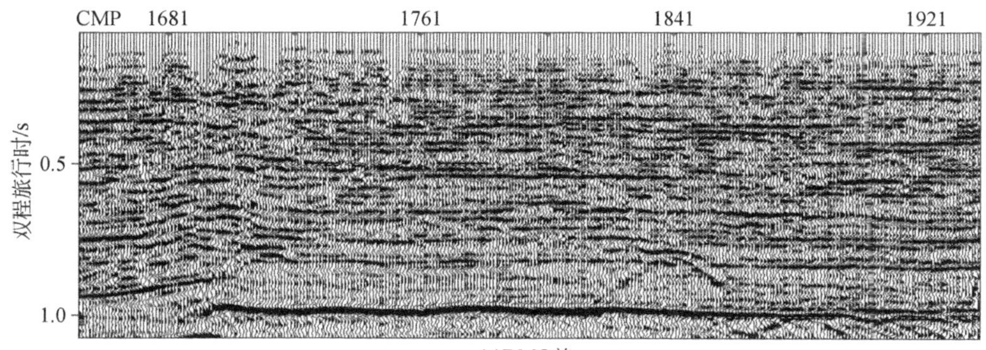

(a)DMO前

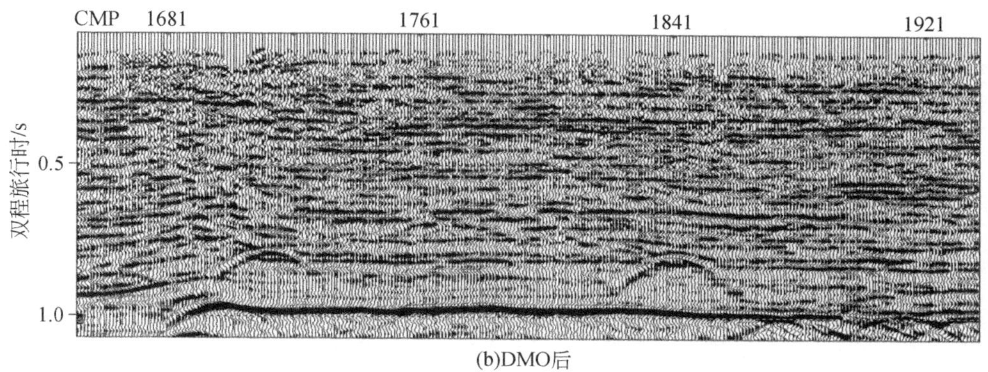

(b)DMO后

图 5-12　林樊家三维 inline 414 线 DMO 处理前后效果

双曲形态较之前清晰、完整。很明显,DMO 使得剖面上的绕射双曲形态得到了突出和加强。

图 5-13 给出了河口陈家庄三维 inline 330 测线 DMO 前后叠加剖面的对比。

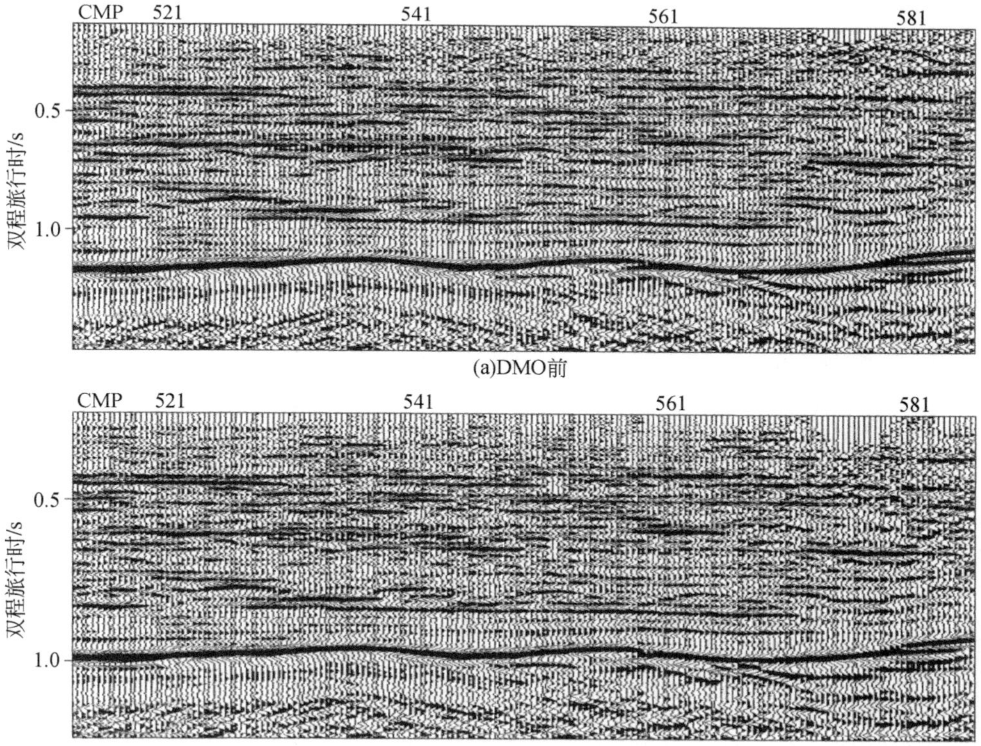

(a)DMO前

(b)DMO后

图 5-13　河口陈家庄三维 inline 330 线 DMO 处理前后效果

该剖面在0.75s(双程旅行时),CMP550左右位置发育绕射同相轴。但其在水平叠加剖面上并不明显[图5-13(a)]。DMO以后,绕射同相轴较之前清晰、完整,并显示出明显的双曲形态。通过对比可以明显看到剖面上绕射形态得到了突出和加强。

5.1.2.2 保幅内插

波动方程叠前偏移相较于传统的克希霍夫叠前偏移具有更高的精度和更好的保幅性,但同时对数据的覆盖次数、规则化和方位角等提出了更高的要求。不规则的数据会使得波动方程偏移方法优势发挥不出来,导致成像振幅不保真,影响成像精度。

由于DMO处理有对偏移距进行规整的效果,必然造成地震资料上一些偏移距段内地震资料的缺失(图5-14)。对DMO处理后的叠前道集进行分偏移距的保幅内插处理,在单偏移距内消除空道影响,提高地震道空间采样的均匀性,恢复绕射波的完整形态。所以,DMO后,地震数据的规则化是成像前的必要工作。

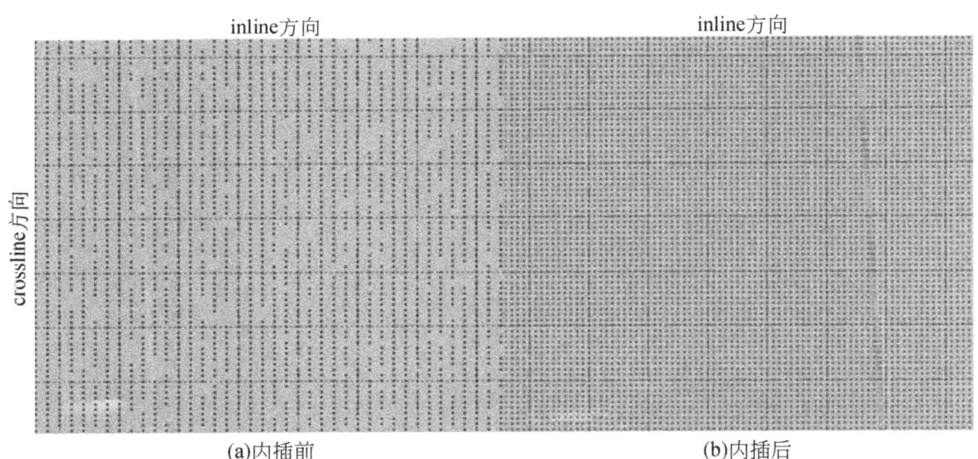

图5-14　林樊家三维DMO后单偏移距属性图(offset600)

目前常用的三维数据规则化方法主要是基于共偏移距域实现的频率-空间域(F-X-Y)道内插方法和基于共中心点(CMP)道集域实现的道内插方法(张军华等,2003)。从林樊家三维资料DMO后inline测线(图5-15)和crossline测线(图5-16)内插前后的叠加剖面效果可以看出,内插后叠加剖面的空洞现象得到了很好的消除,在单偏移距内空间采样趋于均匀,道稀疏的情况得到了改变。

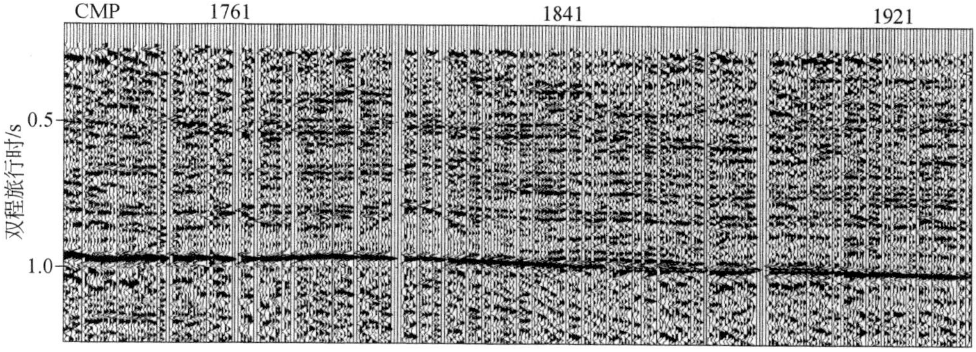

CMP
1761
1841
1921
0.5
1.0
双程旅行时/s

(a)DMO后内插前

CMP
1761
1841
1921
0.5
1.0
双程旅行时/s

(b)DMO后内插后

图 5-15 林樊家三维保幅内插前后 inline 线叠加剖面对比(offset600)

CMP
1821
1841
1861
0.5
1.0
双程旅行时/s

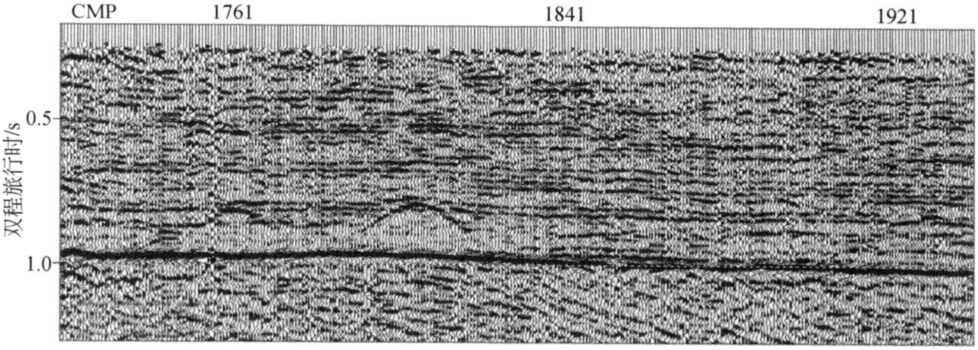

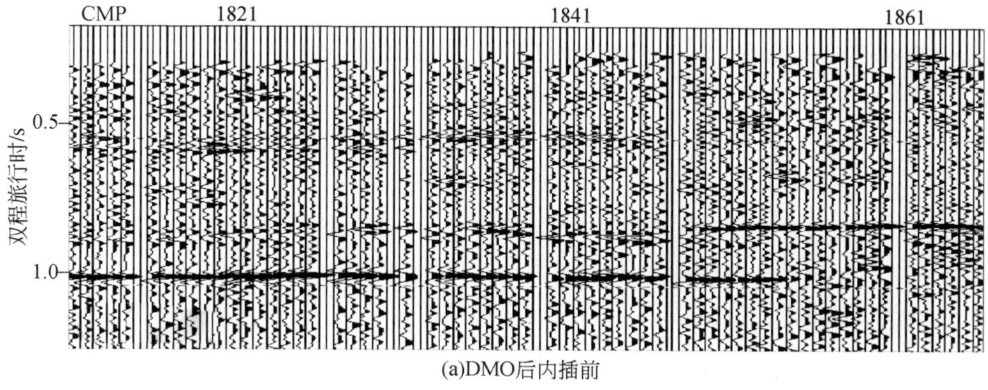

(a)DMO后内插前

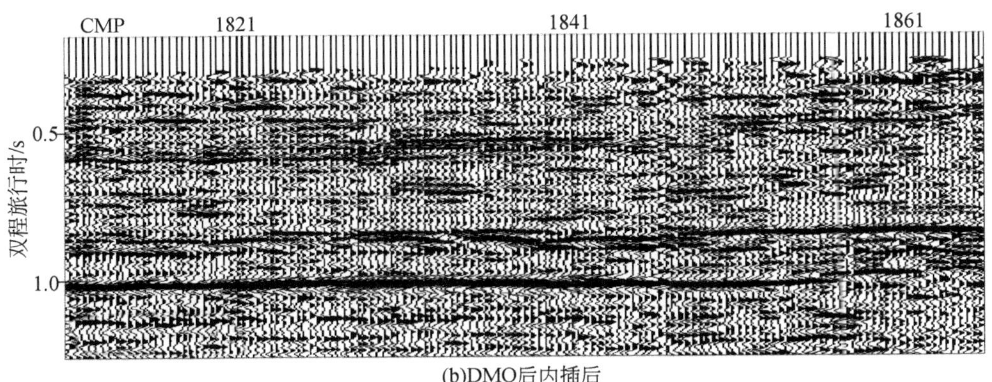

(b)DMO后内插后

图 5-16　林樊家三维保幅内插前后 crossline 线剖面对比(offset600)

应该看到,在上述常规数据规则化方法中,无论是共偏移距域还是共中心点域的叠前道内插,实际上都是模拟叠后内插来实现的。叠加求和、动校、反动校等不可避免地会损失横向分辨率和振幅特性。更严重的是叠后内插会损失方位角、炮点、检波点等的一些空间信息,从而影响波动方程的准确成像,特别是保幅成像(刘保童,2009)。

随着 DMO 技术的发展与实践,基于反假频的 DMO 与反 DMO 叠前数据规则化方法逐渐得到了应用(高彩霞,2010)。DMO 实际上可以抽象为一种坐标变换,它将 DMO 前 NMO(正常时差校正)后的波场 $P_N(t_n, y_n)$ 变换到了 DMO 后的波场 $P_{0N}(t_n, y_n)$。DMO 也可以被看作一个部分偏移算子。它以波的传播为基础,其运算是可逆的。做过三维 DMO 后的地震数据已经位于规则的共中心点上,具有规则的炮检距;然后再进行 DMO 逆变化,可以实现地震数据的规则化,能够较好地保持波的空间信息,保幅性较好,即 DMO 的效应可以通过求取 DMO^{-1} 算子来消除,DMO^{-1} 是 DMO 算子的共轭转置算子,DMO 和 DMO^{-1} 的几何关系式分别如下。

DMO 公式:

$$t_0 = t_1 \frac{k_1}{h_1} = \frac{t_1 \sqrt{{h_1}^2 - b_{10}^2}}{h_1} \tag{5-6}$$

式中,t_0 是 DMO 后的时间;t_1 是 DMO 前的时间;h_1 是 NMO 前某炮检对的偏移距;b_{10} 是 DMO 后零偏移距射线出射点与炮检中点的距离。

DMO^{-1} 公式:

$$t_2 = t_0 \frac{h_2}{k_2} = \frac{t_0 h_2}{\sqrt{{h_2}^2 - b_{02}^2}} \tag{5-7}$$

式中,t_0 是 DMO^{-1} 后的时间;t_2 是 DMO^{-1} 后的结果;h_2 是 DMO^{-1} 后的偏移距;b_{02} 是

DMO^{-1}后零偏移距射线出射点与炮检中点的距离(刘保童,2008)。

目前对于三维不规则观测系统的地震数据只能用积分法实现 DMO。在实际数据处理中,必须考虑积分法 DMO 反假频。假频是由于空间采样不足造成的,同相轴的视倾角与时间频率之间有如下的关系:

$$f_{\max}=\frac{1}{2\left(\frac{\mathrm{d}t}{\mathrm{d}h}\right)\Delta h} \tag{5-8}$$

式中,$f_{\max}$是不产生假频的最高频率;$\mathrm{d}t$ 与 $\mathrm{d}h$ 分别是时间和偏移距的变化率;$\frac{\mathrm{d}t}{\mathrm{d}h}$表示时间倾角;$\Delta h$ 是道间距。由式(5-8)可知,同相轴的视倾角越小,产生假频的时间频率越高。反之,产生假频的时间频率越低。因此,可以通过多种措施来控制假频的生成。譬如,可以对地震数据连续化,可以对不同倾角的同相轴进行低通滤波。一般认为,频率—波数域(F–K)的反 DMO 算法,既可以提高运算效率,又可以同时避免假频的产生。

DMO 与 DMO^{-1}的规则化实现过程如下:①将静校正后的共深度点道集(CDP)分偏移距组,抽成偏移距道集。②将道集作动校正,然后作 DMO。这样在所给定的规则观测系统中就可以得到 DMO 后的数据,从而将不规则的三维观测系统数据投影到给定的规则的三维观测系统上。此时的地震数据消除了观测方位角的影响。其炮检距不再具有方向性。③在 DMO 道集上作反 DMO,用以消除该规则测线方向上的 DMO 效应。

5.1.2.3 相干加强

随机噪声是地震资料中常见的一种噪声,它的存在对构造解释和储层预测的精度造成影响。常规的去噪方法由于不考虑资料的局部特征会将断点等边界信息模糊化,在提高信噪比的同时会降低横向分辨率。为此,很多学者(Hoeber et al.,2006;Hale,2011;Fehmers et al.,2003;Marfurt,2006;Claerbout,1992)在去噪过程中加入了地层倾角等信息,并结合边缘保持的一些算法以达到提高信噪比、保护断点信息等目的。

传统的相干加强技术是沿着地震网格方向进行的,它依据水平方向上相邻道振幅差异进行噪声压制,是一种典型的网格导向滤波方法。这种网格驱动方法的一个缺陷是不能处理信号的方向特征,无法与地层倾角保持一致,通常会造成断层模糊,尖灭点不清等现象。

以倾角为导向的相干加强技术加入地层的概念,沿地震反射界面的倾向和走向,运用相干加强方法达到增强有效信号削弱随机噪声的目的。该方法是沿着同一地质体的轨迹进行,相对于常规的相干加强方法,基于倾角导向滤波的相干加强方法，通过平面波破坏滤波估算地层倾角，然后将该倾角信息作为相干加强技术的输入对去噪过程进行约束，使其沿着地层方向进行去噪处理（徐德奎等，2016）。这种方法理论上保幅性更强，有利于高陡地层成像的成像和断面波的保护，因而对断层的识别更为有利，与此同时，也对绕射波起到了保护和加强的作用。

图 5-17 是保幅内插后单偏移距数据相干加强处理前后的效果对比。由于单偏移距上的绕射波和反射波倾角差异较大，因此在三维相干加强处理过程中通过对绕射波倾角进行控制，可以做到在加强绕射波的同时，不对反射波作改变，从而得到加强绕射波的目的。

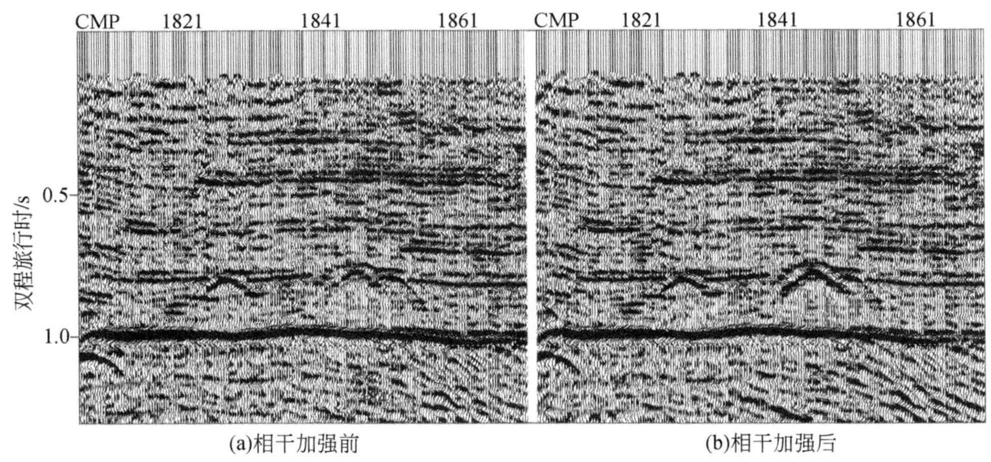

图 5-17　林樊家三维单偏移距剖面相干加强前后（offset600）

完成了对于单偏移距数据上绕射波的加强处理，将所有偏移距数据组合并重新抽回 CMP 域，用于后续绕射波的分离处理。

5.1.3　CRS 绕射波加强

共反射面元（CRS）零偏移距成像方法是在傍轴射线理论指导下采用一种大面元叠加的成像方法。Schleicher（1993）根据傍轴射线理论中的 4×4 传播矩阵导出了三维双曲型与抛物型 CRS 零偏移距成像算子。Hoecht 等（1999）从共反射点（CRP）叠加公式入手，将相邻的 CRP 叠加轨迹组合在一起，在旁轴近似意义下导出了完全相同的表达式。CRS 零偏移距成像的时距关系表明，叠加范围其实可以不限于某一个共中心点（CMP）道集，完全可以在相邻的若干个 CMP 道集内收集有效的反射能量参与叠加。只要确信这些能量都属于同一个菲涅耳带半径，那么对其实施同相叠加就是有意义的。

最常用的双曲型二维 CRS 叠加算子由下式描述：

$$t^2(x_m,h)=\left(t_0+\frac{2\sin\alpha}{v_0}(x_m-x_0)\right)^2+\frac{2t_0\cos^2\alpha}{v_0}\left(\frac{(x_m-x_0)^2}{R_n}+\frac{h^2}{R_{nip}}\right) \tag{5-9}$$

其中循环变量有四个：x_0，t_0为零偏移距剖面上的某一点，h 为半偏移距，x_m为x_0附近某一点，x_m和 x_0的差（x_m-x_0）即为叠加孔径。未知参数有四个：近地表速度v_0，零偏移距射线的出射角 a，两种特征波的波前曲率半径 R_n 和 R_{nip}（Hubral，1983）。由于 v_0相对容易获得，可视为已知量。所以真正的未知参数为 α、R_n 和 R_{nip}。考虑到计算量，上述三个参数搜索时，先将其寻优拆解为针对三个单参数的分步自动相关分析，随后再对其进行优化处理，合成能够对构造局部形态产生最佳照明的叠加算子，实现最优叠加，得到高质量的零偏移距成像剖面。由于 v_0已知，方程的未知参数中不含有速度参数，所以 CRS 叠加被认为是独立于宏观速度的成像方法。

如图 5-18 所示，要对盐丘模型上一点 R 实现零偏移距成像，意味着要沿着 R 点的共反射点（CRP）轨迹（图 5-18）进行叠加，并将叠加结果置于 P_0处。这种叠加方式也称为 CRP 叠加。CRS 叠加的范围则不限于 CRP 轨迹，而是考虑了与 R 点局部形状拟合最好的一个反射弧段 C_R在深度–中心点–半偏移距域（d–x_m–h 域）内的反射响应。该反射响应是由 d–x_m–h 域内的多条细线组成，称其为 CRS 叠加面（或

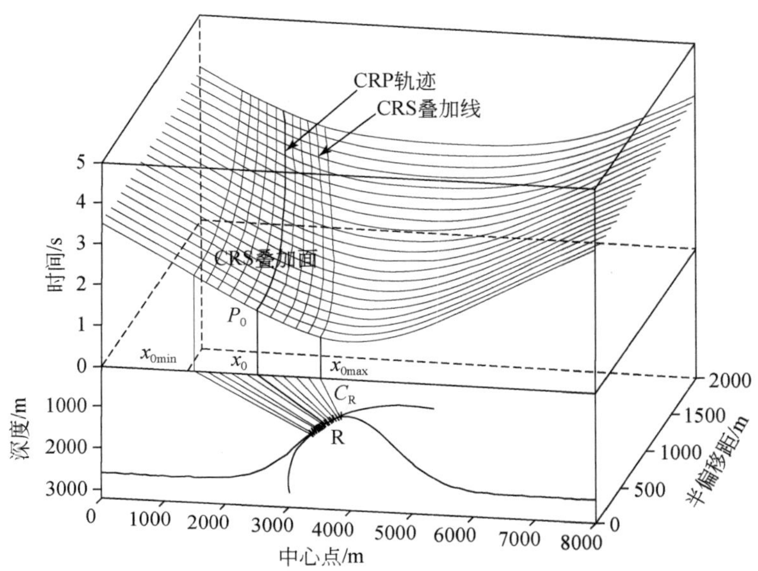

图 5-18 CRS 叠加原理

CRS 算子)。显然它包含了 CRP 轨迹。沿这个面进行叠加并将叠加结果置于 P_0 处可得到关于 R 点的最优零偏成像剖面。Hubral 等(1999)认为 CRS 叠加/叠后深度偏移的质量将超过叠前深度偏移。

从图 5-18 可看出,CRS 叠加面不仅覆盖了 R 点的共反射点(CRP)轨迹,同时也覆盖了 R 点邻近的一些反射点的 CRP 轨迹。由于它集中了远多于 CRP 叠加的有效能量参与叠加,因此在实践中 CRS 零偏移距成像剖面的信噪比和同相轴连续性相比常规叠加均有大幅提高,在能量较弱的绕射波成像处理中具有一定的实用价值。

应该看到,由于 CRS 算子中未知数较多,无法对其实施人工干预提取,使得“数据驱动”的实现策略成为必然。由于通过属性参数反演宏观速度模型的精度和稳定性都很不理想,因此 CRS 在实际资料处理中的应用受到限制,并且 CRS 叠加+叠后深度偏移得到的深度成像质量不可能超过叠前深度偏移。二维、三维 CRS 零偏移距成像方法仍不成熟(Zhang et al. ,2001,2002),但其作为一种针对反射界面曲率连续变化、大面元 MZO 方法,对形如二次曲线状反射界面成像是有意义的,从而对绕射波的加强有利。

5.1.3.1 基于克希霍夫统一成像理论对 CRS 零偏移距成像方法的分析

Hubral 等(1996)提出了关于克希霍夫型方法的统一成像理论,认为如果将惠更斯面叠加方式和等旅行时面叠加方式作为偏移和反偏移手段交替使用,可以解决地震数据处理中的,如再偏移、基准面重建、偏移距延拓、数据规则化以及偏移到零偏移距(MZO)等很多问题。Tygel 等(1996)也指出,由于惠更斯面叠加方式和等旅行时面叠加方式具有内在的统一性,使得等旅行时面叠加方式也可以用于偏移,惠更斯面叠加方式也可以用于反偏移。

图 5-19 展示了应用惠更斯面叠加和等旅行时面叠加在完成共偏移距叠前深度偏移时所表现出的等效性。假设反射层上覆介质的速度为常速,图 5-19(a)显示了如何通过惠更斯面叠加方式实现叠前深度偏移,上半部分表示输入的一个共偏移距剖面,下半部分间表示深度域的目标成像空间。在成像空间内选择了某些网格点(以菱形表示)。基于这些点逐点计算出对应的在共偏移距剖面内的绕射旅行时面(二维情形下,惠更斯面变成了惠更斯曲线)进行叠加。将叠加结果放到该位置就完成了对这些点的叠前深度偏移成像。如果对目标成像空间内的每一个点都重复上述步骤,就可得到基于该共偏移距剖面的惠更斯面叠加方式的深度成像剖面[图 5-19(a)]。图 5-19(b)显示了如何通过等旅行时面叠加方式实现叠前深度偏移。对于共偏移距剖面内的某一个样点,可以构造出在目标成像空间内的等旅行时面。常速介质中这样的等旅行时面是一个椭圆。这个等旅行时面代表了

共偏移距剖面内该样点所代表的反射可能是来自深度域的这样一个椭圆上的任意一点。如果对于共偏移距剖面内的每一个样点都构造出对应的深度域等旅行时面,所有等旅行时面相互叠合之后的包络则构成深度成像剖面[图 5-19(b)]。

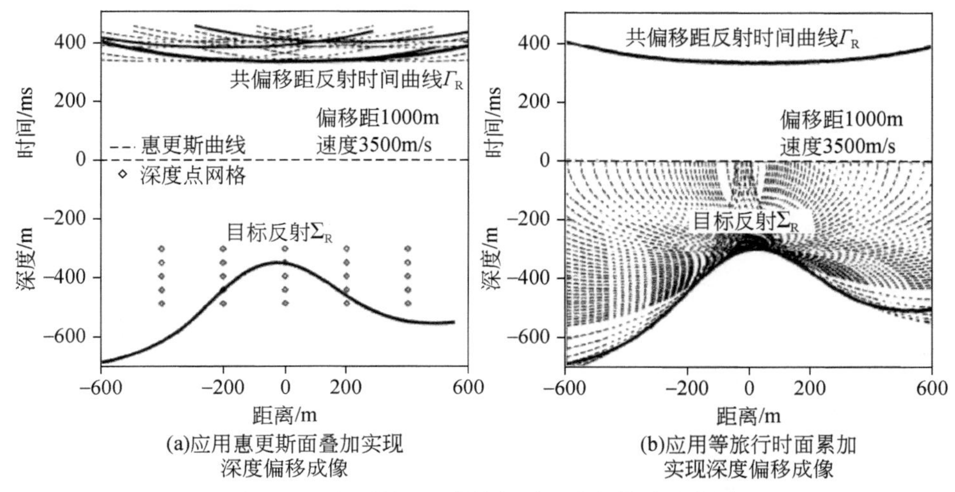

图 5-19　惠更斯面和等旅行时面叠加偏移示意图

从图 5-19 可以看出应用惠更斯面叠加和等旅行时面叠加确实可以得到相同的结果。如前所述,二维 CRS 叠加的实现过程是这样的:通过调谐三个属性参数,得到一个圆弧反射段 C_R 在 $d-x_m-h$ 域的最佳反射响应(即 CRS 叠加面),该反射响应与反射点 R 附近局部的真实反射最为贴近。然后沿着叠加面将有关能量叠加到 P_0完成对 R 点的零偏移距剖面成像。可见,CRS 叠加的实现方式是对于目标零偏移距成像剖面内某一点,找到叠前数据空间内对其有贡献的数据并将它们叠加到该点。据此不难看出,CRS 叠加的实现方式属于惠更斯面叠加成像方式(或称输入道成像方式)。

5.1.3.2　克希霍夫 MZO 方法的等旅行时面叠加方式(输出道成像方式)

虽然 CRS 叠加是一种特殊的 MZO 算法,但是它依然属于克希霍夫型 MZO。所以,以等旅行时面叠加方式实现克希霍夫 MZO 将有助于理解如何以等旅行时面叠加方式实现 CRS 叠加。Tygel 等(1998)在讨论真振幅 MZO 时已经涉及了通过惠更斯面叠加方式实现克希霍夫 MZO 与通过等旅行时面叠加方式实现克希霍夫 MZO 之间的关系。图 5-20 显示了横向非均匀介质下的惠更斯面叠加方式的 MZO 示意图。

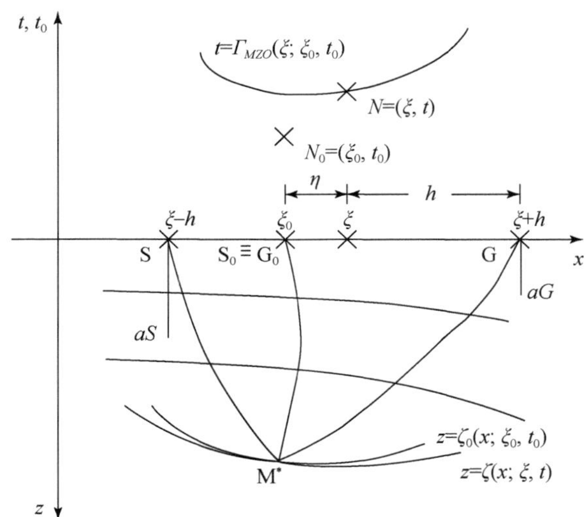

图 5-20　惠更斯面叠加方式的克希霍夫 MZO 示意图(Tygel et al. ,1998)

图 5-20 上半空间为时空域。$N_0(\xi_0,t_0)$为零偏移距剖面内的一点,它代表地下反射点 M^* 出射到地表 ξ_0的零偏移距反射时间。SG 为一炮检对,h 是半偏移距,ξ 是中心点,η 是 ξ_0与 ξ 之间的距离。将 N_0所代表的零偏移距反射信息偏移到深度域即得到图 5-20 下半部分的零偏移距等时面 $z=\zeta_0(x;\xi_0,t_0)$。在常速介质下它是一个半圆。$N(\xi,t)$是偏移距为 $2h$ 的共偏移距剖面内的一点,它代表 SM^*G 这根射线轨迹的反射旅行时与中心点位置。将 $N(\xi,t)$所代表的共偏移距反射信息偏移到深度域就得到图 5-20 下半部分的共偏移距等时面 $z=\zeta(x;\xi,t)$。在常速介质下它是一个半椭圆。

注意,将零偏移距等时面 $z=\zeta_0(x;\xi_0,t_0)$反偏移到共偏移距剖面,或者基于该等时面进行偏移距为 $2h$ 的共偏移距观测就将得到如图 5-20 上半部分所示的惠更斯 MZO 叠加曲线 $t=\Gamma\text{MZO}(\xi;\xi_0,t_0)$。由于 M^* 点可能的地下位置在零偏移距等时面 $z=\zeta_0(x;\xi_0,t_0)$内,因此惠更斯 MZO 叠加曲线意味着 M^* 点的反射在共偏移距剖面内所有的可能分布。因此沿着该曲线进行叠加一定能够覆盖 M^* 点的反射 $N(\xi,t)$。最后将叠加结果放在 N_0处就完成了对 N_0点的 MZO 成像。

如果不考虑振幅保真,那么惠更斯面 MZO 叠加可以用以下简单的积分公式表达:

$$U_0^A(\xi_0,t_0)=\int_A \mathrm{d}\xi\bigg|_{t=\Gamma_{\text{MZO}(\xi;\,\xi_0,t_0)}} \tag{5-10}$$

Tygel 等(1998)指出,共偏移距剖面中的惠更斯 MZO 叠加曲线 $t=\tau_{\text{MZO}}(\xi;$

ξ_0,t_0)必然与来自该反射点的共偏移距反射旅行时曲线相切。这一事实符合克希霍夫型成像方法中的稳相原理,表示最大的叠加贡献来自于惠更斯 MZO 叠加曲线与原共偏移距反射旅行时相切的那一点。这个结论在变速介质情况下同样成立。

图 5-21(a)显示了一个盐丘模型,其上覆介质速度为 2000m/s。盐丘顶端的左侧有一个反射点 R。R 点的零偏移距射线在 ξ_0 处出射到地表。以 ξ_0 为圆心,以 R 为半径画出一个半圆构造,代表 ξ_0 处的零偏移距反射信息可能来自于地下的这样一个零偏移距等时线构造。点 S、G 之间的距离为 4000m,中点坐标为 ξ。S 点激发在 G 点接收代表了 4000m 偏移距观测时的一条射线路径。以 S 点与 G 点作为焦点坐标可以画出一个半椭圆构造。显然 G 点接收到的反射信息可能来自于地下的这样一个共偏移距等时线构造。图 5-21(b)显示了基于该模型正演得到的零偏移距剖面,浅色圆点表示 N_0 在零偏移距剖面内的位置。显然在零偏移距剖面内关于 N_0 的惠更斯 MZO 叠加曲线仅仅是一个点,其位置与 N_0 点重合。图 5-21(c)显示了基于该模型正演得到的 4000m 偏移距剖面,粗褐色半椭圆线就是关于 N_0 的在 4000m 偏移距剖面内的惠更斯 MZO 叠加曲线,浅色圆点表示来自 R 点的反射在 4000m 偏移距剖面中的真实位置,即 $N(\xi,t)$。可以看出,惠更斯 MZO 叠加曲线确实在 $N(\xi,t)$ 点处与反射界面的反射曲线相切,切点是克希霍夫成像方法中的稳像点。

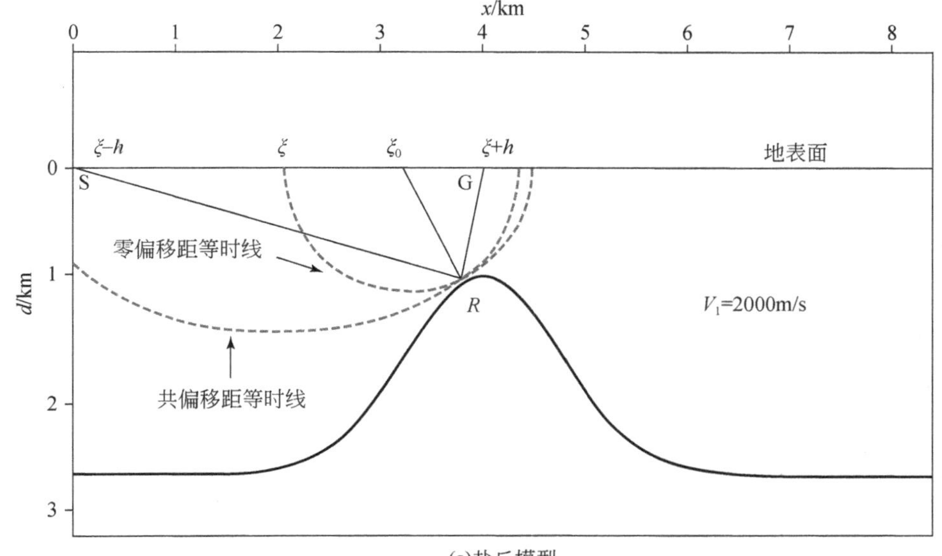

(a)盐丘模型

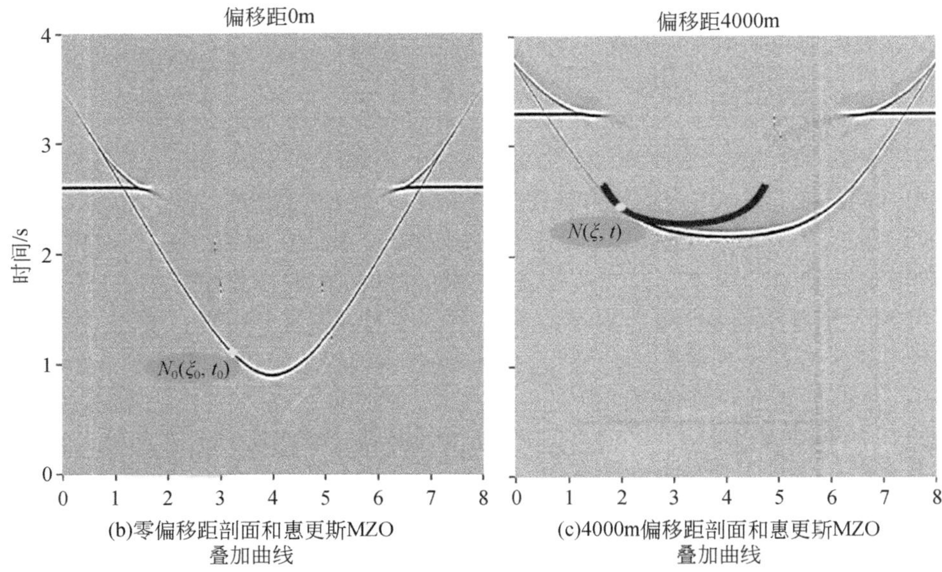

图 5-21　盐丘模型(a)及其正演零偏移距剖面和惠更斯 MZO 叠加曲线(b)，4000m 偏移距剖面和惠更斯 MZO 叠加曲线(c)

对于常速介质下的惠更斯面 MZO 叠加曲线，Perroud 给出的 CRP 轨迹计算公式如下：

$$x_m(h)=x_0+r_T\left(\sqrt{\left(\frac{h}{r_T}\right)^2+1}-1\right) \tag{5-11}$$

$$t^2(h)=4\frac{h^2}{v^2}+\frac{1}{2}t_0^2\left(\sqrt{\left(\frac{h}{r_T}\right)^2+1}+1\right)$$

式中，$2r_T=\frac{t_0}{t_0'}$，$2r_T=\frac{v}{2}\frac{t_0}{\sin\alpha}$；$v$ 为介质速度；α 为出射角。若令 $x=x_m-x_0$，

$$t_n^2=\frac{1}{2}t_0{}^2\left(\sqrt{\frac{h^2}{r_T{}^2}+1}+1\right)$$

只要从上式与式(5-11)中消去 r_T。就会得到

$$t_0^2=\left(1-\frac{x^2}{h^2}\right)t_n^2 \tag{5-12}$$

显然，这里 t_n 可以代表正常时差校正(NMO)之后的时间。式(5-12)就是人们非常熟悉的倾角时差校正(DMO)响应公式。如果将动校正公式

$$t_n^2=t_h^2-\frac{4h^2}{v^2} \tag{5-13}$$

代入式(5-12)就得到

$$t_0^2=\left(1-\frac{x^2}{h^2}\right)\left(t_h^2-\frac{4h^2}{v^2}\right) \tag{5-14}$$

式中,t_h代表 NMO 校正之前的时间。式(5-14)即为 Deregowski(1981)导出的 NMO/DMO 脉冲响应曲线。上述推导证实通过式(5-12)描述的惠更斯 MZO 叠加曲线实现克希霍夫 MZO 叠加和通过式(5-14)表达的 NMO/DMO 脉冲响应实现克希霍夫 MZO 叠加必将得到同样的结果。因为式(5-12)与式(5-14)实质上是一个公式。当设定半偏移距 h 为 1500m 时,根据式(5-12)就可以计算出相应的对应于 3000m 偏移距剖面的惠更斯 MZO 叠加曲线[如图 5-22(a)]。同样根据式(5-14)就可以计算出在 3000m 偏移距剖面内的 NMO/DMO 响应曲线,图 5-22(b)显示的响应曲线是以六个 Ricker 子波作为输入后得到的。

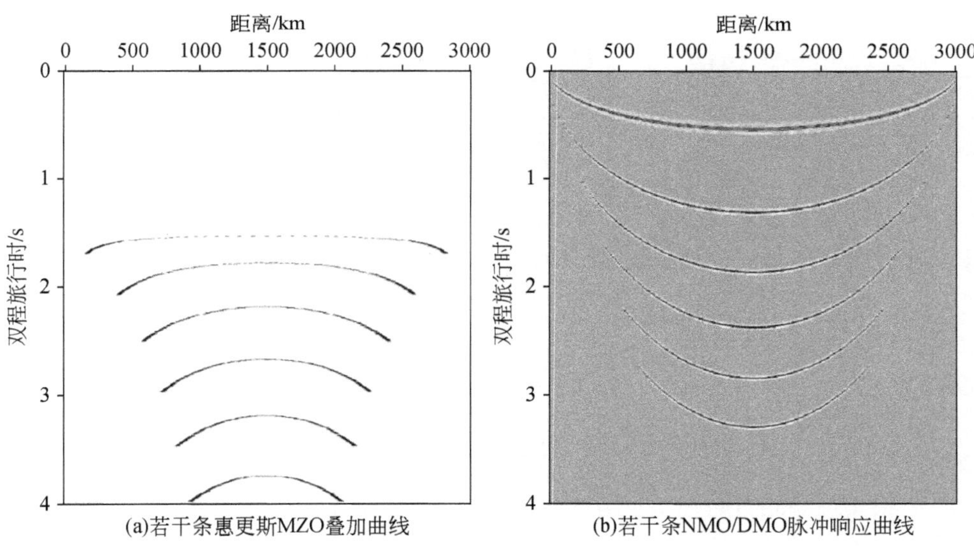

图 5-22 惠更斯 MZO 叠加曲线与 NMO/DMO 脉冲响应曲线

结合上述推导和对物理意义的阐述,可以判断根据惠更斯面 MZO 叠加曲线和 NMO/DMO 脉冲响应合成的零偏移距剖面应该是一样的。注意 NMO/DMO 脉冲响应曲线的产生机制是“从共偏移距剖面内一点出发,计算出相应的在目标零偏移距成像剖面内的一个面”,这个过程符合等旅行时面的定义。因此 NMO/DMO 响应曲线就是克希霍夫 MZO 方法的等旅行时面。据此,NMO/DMO 可以认为是等旅行时面叠加方式的 MZO 方法。

图 5-23(a)和(b)分别是应用惠更斯面 MZO 叠加方式和等旅行时面(即 NMO/DMO 脉冲响应曲线)叠加方式得到的零偏移距剖面,其输入数据都是基于

图 5-21(a)正演得到的 3000m 偏移距剖面。由于两种实现方式都没有考虑加权系数,因此两种方式都产生了由于扫描叠加造成的人为噪音。相比之下,惠更斯 MZO 叠加方式引起的噪声更为严重。但是可以看出,在运动学意义上两种成像方式得到的零偏移距剖面是完全一致的。事实上,只要在叠加过程中调整加权系数,两张叠加剖面的动力学特征也将完全一致。

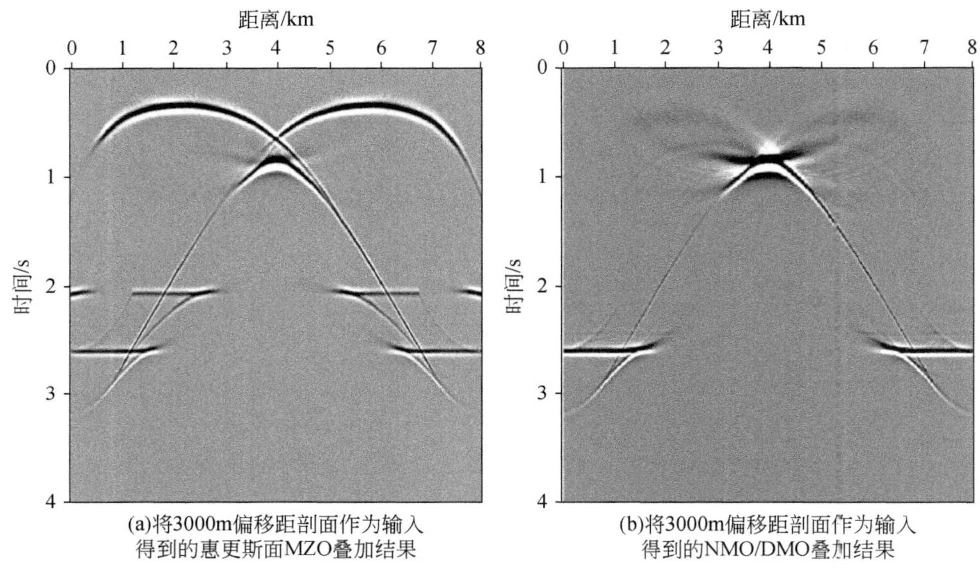

(a)将3000m偏移距剖面作为输入得到的惠更斯面MZO叠加结果

(b)将3000m偏移距剖面作为输入得到的NMO/DMO叠加结果

图 5-23 惠更斯面 MZO 叠加与等旅行时面 MZO(NMO/DMO)叠加对比

5.1.3.3 CRS 叠加的等旅行时面叠加方式(输出道成像方式)

要想实现等旅行时面叠加方式的 CRS 叠加,关键在于确定等旅行时面。根据克希霍夫统一成像理论,某种成像方法的脉冲响应曲线就是该方法的等旅行时面。因此,得到 CRS 叠加的等旅行时面最直接的方式就是对 CRS 叠加方法本身进行脉冲响应测试,构造 CRS-MZO 叠加面(图 5-24)。

为了方便问题的讨论,这里仅显示一个偏移距剖面内的情形。图 5-25 显示了将图 5-24 中 2000m 偏移距单独抽取显示的结果。这时,CRS-MZO 叠加面降维成 CRS-MZO 叠加曲线族(CRS-MZO stacking curves),CRS 叠加面也降维变成了 CRS 叠加线段(CRS stacking segment)。可以看出,CRS-MZO 叠加曲线一定覆盖了 CRS 叠加线段。这时,如果将若干个离散的脉冲子波作为输入,然后将所有的 CRS-MZO 叠加曲线族作为惠更斯面实施惠更斯面叠加,我们将得到 CRS 叠加方法在一个共偏移距剖面内的脉冲响应。

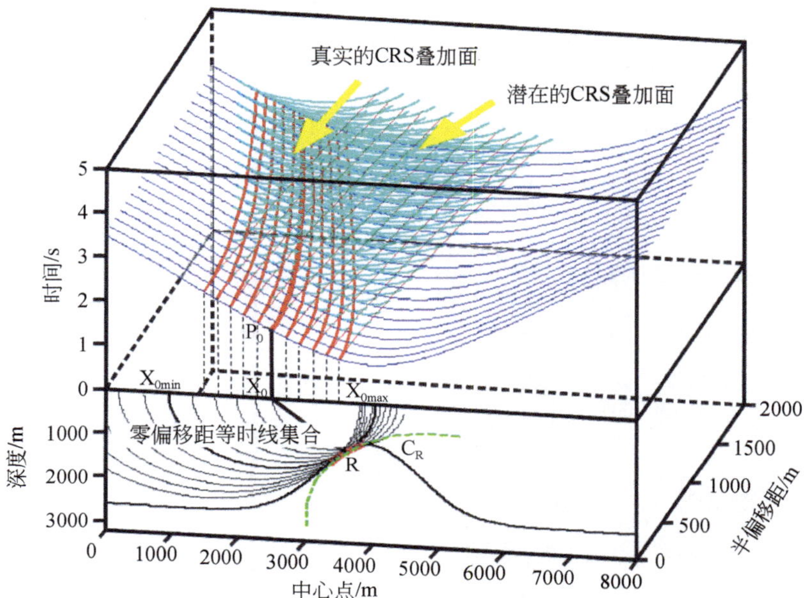

图 5-24　CRS 叠加中的惠更斯面–CRS-MZO 叠加面示意图

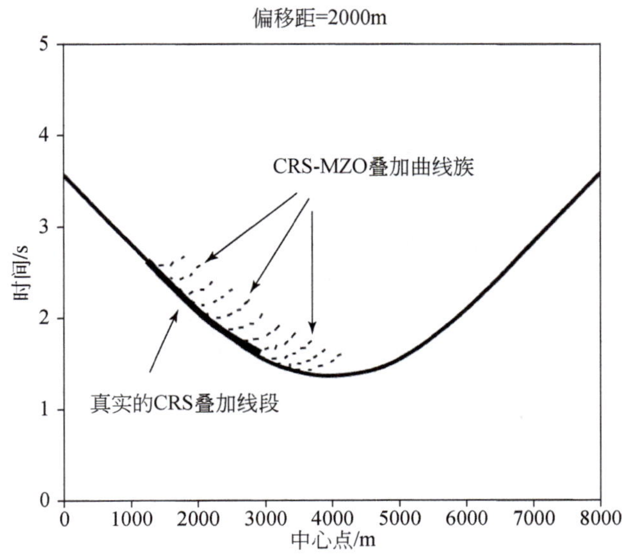

图 5-25　单个偏移距剖面中的 CRS 叠加的惠更斯面–CRS-MZO 叠加曲线族

图 5-26 展示了在一个共偏移距剖面内计算 CRS 零偏成像方法的脉冲响应的

过程。图 5-26(a)展示了在 2000m 偏移距剖面中的若干个 CRS-MZO 叠加曲线族。现在我们输入 8 个雷克子波,然后对于零偏移距剖面内的每一点 P_0,都计算出相应的在 2000m 偏移距内的 CRS-MZO 叠加曲线族,然后沿着每一条 CRS-MZO 叠加曲线族进行叠加,将叠加能量放回到 P_0 点,就得到了如图 5-26(b)所示的 CRS 零偏成像方法的脉冲响应。

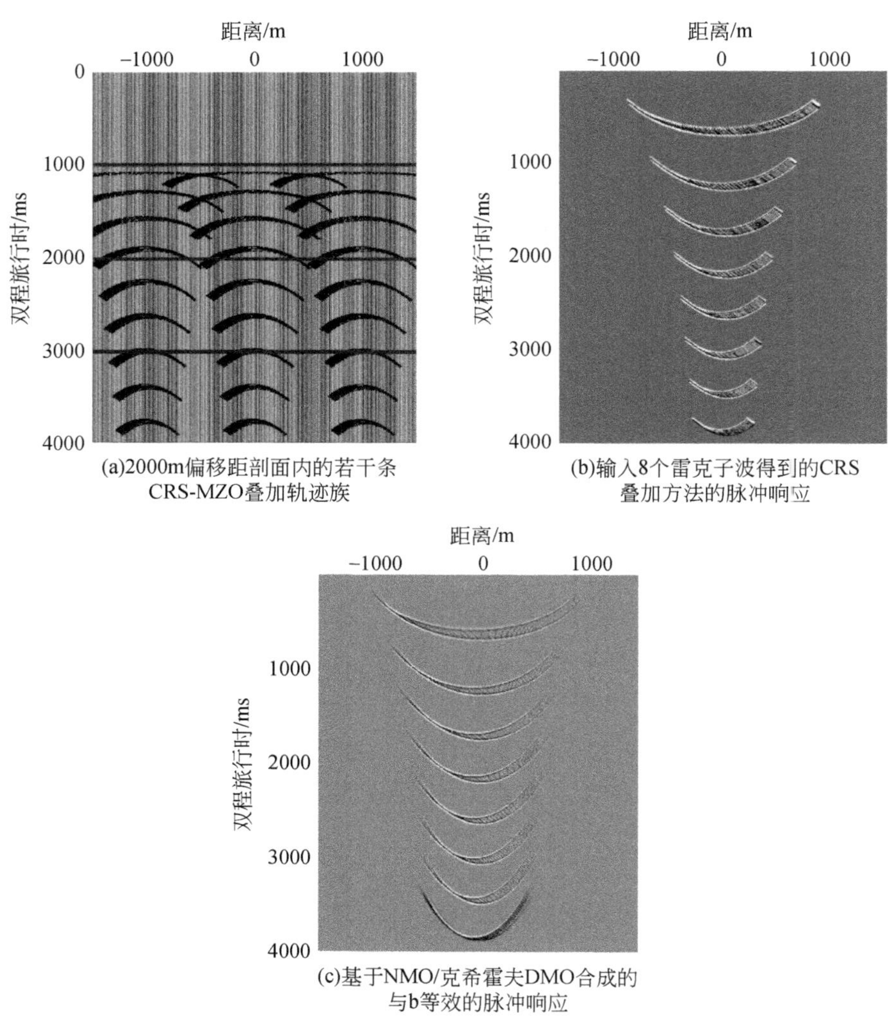

图 5-26 CRS 叠加在一个偏移距内的脉冲响应(CRS 叠加方法的等旅行时面)

已经证明,CRS 叠加面可以被视为是相邻 CRP 轨迹的线性组合,而且在一个非零偏移距剖面内,CRS-MZO 叠加曲线族是相邻 CRP 叠加轨迹的线性组合。因此，CRS 叠加的等旅行面应该是 CRP 叠加的等旅行面—NMO/克希霍夫 DMO 响应曲线的线性组合就是一个完全合乎逻辑的推论(图 5-26)。

CRS 叠加方法最重要的特征就是邻域叠加，而上述组合方式恰恰能够体现这一特征。对反射同相轴上任一样点来说，这种组合必然是取其左右相邻若干个样点组成一个局部反射段，然后基于该局部反射段合成相关的“NMO/DMO 响应曲线族”实现的。对反射同相轴上的每一样点都重复上述过程，每一点产生的“NMO/DMO 响应曲线族”相互叠合之后自然就达到了邻域叠加的目的。这符合 CRS 零偏成像的要求。

图 5-26(c)就是通过适当组合相邻的 NMO/克希霍夫 DMO 响应曲线得到了运动学特征与图 5-26(b)完全相同的 CRS 叠加等旅行时面。可见，只要先通过相关分析手段得到反射同相轴的局部同相性特征，构造“NMO/DMO 响应曲线族” 是容易的。

5.1.3.4 CRS 绕射加强技术流程

根据前面的讨论分析以及实际操作经验，最终 3D-CRS 叠加实现绕射波增强的技术流程如图 5-27 所示。

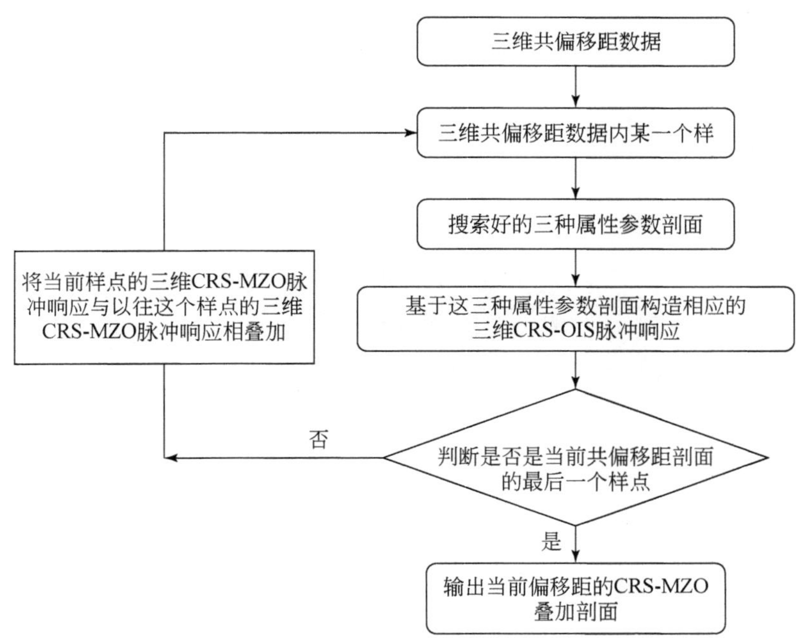

图 5-27　三维 CRS 叠加技术流程

5.1.3.5 理论及实际资料验证

为了验证 CRS 对于绕射波加强的效果,我们建立了简单的包含异常体的构造模型(图 5-28),进行正演模拟。模型根据胜利油田东营地区的地层情况,设计为四层。从上而下分别相当于明化镇组、馆陶组、东营组和沙河街组。各层界面分别为 S1、S2 和 S3。在 S2 界面上设计盐丘体,形状如图 5-28,速度为 2500m/s。

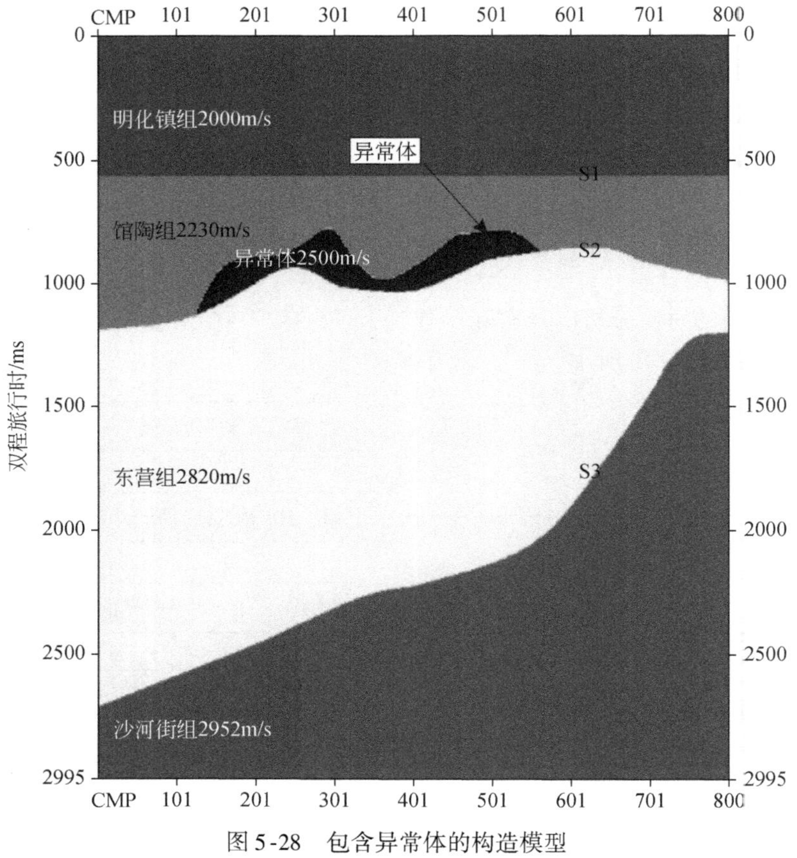

图 5-28 包含异常体的构造模型

从正演模拟数据 3D-CRS 处理前后的剖面效果(图 5-29)对比看,由于异常体存在产生的绕射波得到了加强,与此同时,陡倾界面也得到加强,证明方法可以用于绕射波加强处理。

从河口陈家庄三维实际数据 3D-CRS 处理效果的对比(图 5-30)看,经过 3D-CRS 处理后的绕射特征刻画更加清晰。

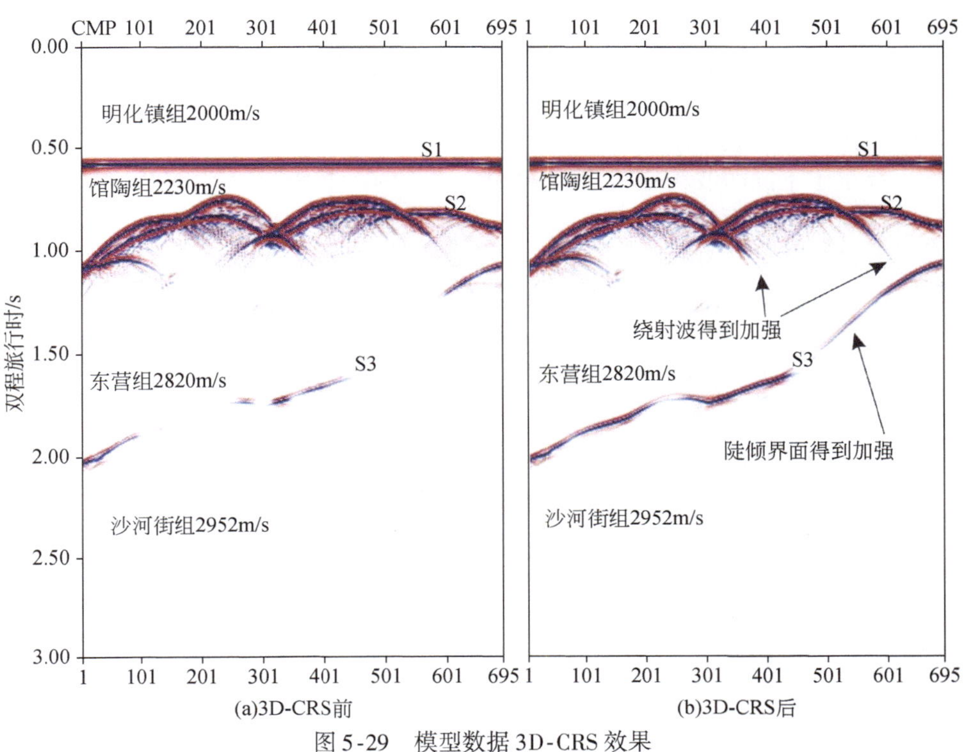

(a)3D-CRS前　　(b)3D-CRS后

图 5-29　模型数据 3D-CRS 效果

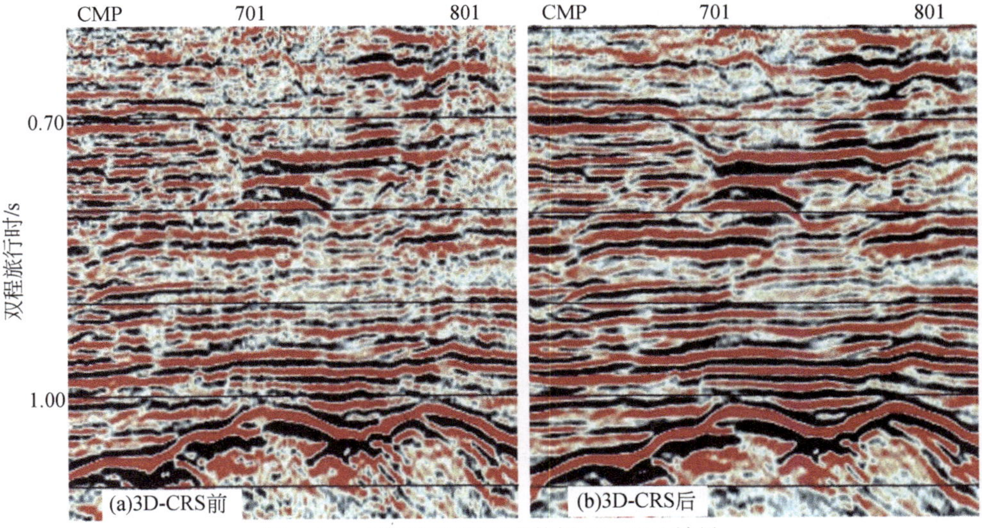

CMP 701 801　　CMP 701 801

0.70

双程旅行时/s

1.00

(a)3D-CRS前　　(b)3D-CRS后

图 5-30　河口陈家庄三维数据 3D-CRS 效果

5.2 倾角域绕射波分离

绕射波和反射波在倾角域共成像点道集上具有显著差异。根据该差异,国内外学者提出了不同的波场分离方法。Landa 等(2008)利用平面波解构滤波技术直接分离绕射和反射同相轴;Bai 等(2011)利用中值滤波实现 2D 和 3D 倾角域 CIG 道集上的绕射目标能量提取;Klokov 等(2010)提出用抛物扫描压制反射顶点能量与混合 Radon 变换相结合的方法压制反射波从而提取绕射波的方法。

5.2.1 倾角域共成像点道集

图 5-31 展示了将一个单反射同相轴投影到倾角域 CIG 道集的全过程。其中,θ 为散射角,α 为地层倾角。将满足运动学成像条件的成像振幅信息投影到由地层倾角-散射角-成像点深度定义的 3D 成像数据体[图 5-31(b)]上。为了提高计算效率,通常会沿该 3D 成像数据体的地层倾角方向叠加振幅信息,从而得到散射角域共成像点道集[图 5-31(c)]。在叠前深度偏移的过程中,对应每一个输出道位置提取散射角域 CIG 道集,即可得到常规用于 AVA 分析、速度分析等的 CIG 数据体。如果将该 3D 成像数据体沿散射角方向叠加则得到倾角域 CIG 道集[图 5-31(d)]。

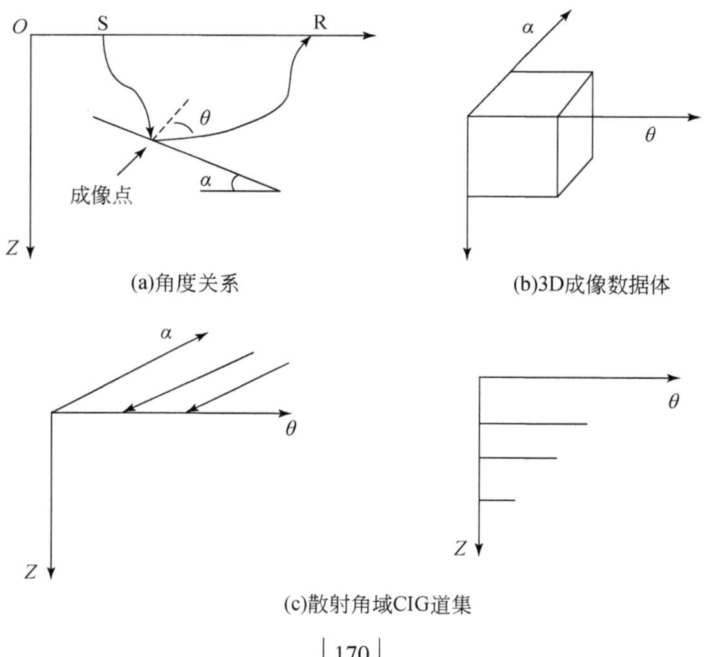

(a)角度关系

(b)3D成像数据体

(c)散射角域CIG道集

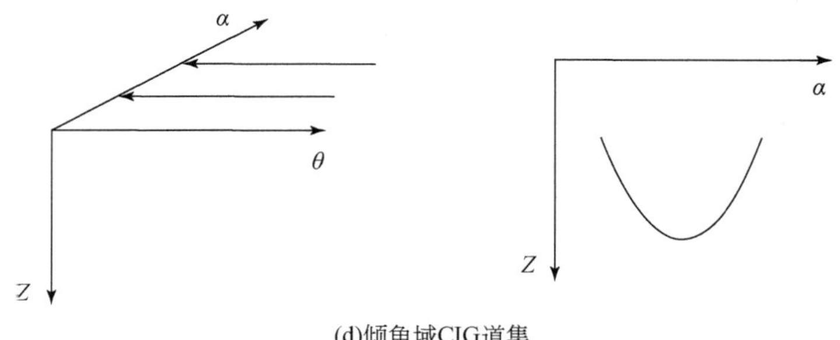

(d)倾角域CIG道集

图 5-31　角度域共成像点道集生成过程

鉴于克希霍夫积分法叠前时间偏移具有对观测系统适应性强、计算成本低等优点,早期的角度域偏移主要依赖于射线追踪计算和克希霍夫叠加。为了更好地处理由于地质构造复杂造成的多路径问题,并提高振幅计算的精度,后期提出了基于波动方程和高斯波束的角度域叠前深度偏移技术(Sava and Fomel,2003;Biondi and Tisserant,2004;Fomel,2004;李振春等,2010;岳玉波,2011;段鹏飞等,2013;袁茂林等,2015;张凯等,2015;李振春等,2018)。相比于波动方程角度域偏移中局部偏移距到角度域复杂的映射关系,高斯束偏移过程中含有地下射线的传播角度信息,可以直接用于提取倾角域共成像点道集,而且高斯波束偏移是一种准确、灵活、高效的深度偏移方法。它一方面克服了克希霍夫积分法偏移精度较低的问题,并且不存在偏移倾角限制,可以对陡倾角及各向异性介质成像;另一方面,它具有与波动方程偏移方法接近的成像能力,并且与波动方程偏移相比效率较高、灵活性好,对不规则观测系统适应能力强等特点。

炮域高斯束叠前深度偏移提取倾角域共成像点道集的基本过程可以概括为以下三个主要步骤。

1) 震源波场分解为高斯波束。

2) 将炮记录波场分解为同高斯束相匹配的局部平面波。

3) 将震源和记录波场利用高斯束进行延拓并成像,同时提取倾角域共成像点道集。

下面由传统的抛物波动方程出发,简单介绍二维情况下高斯波束的基本推导过程,并结合运动学和动力学射线追踪方程组,给出高斯束的数值求解过程,最终给出高斯束角度域偏移方法提取倾角域共成像点道集的全过程(岳玉波,2011)。

5.2.1.1　高斯束的理论推导

众所周知,二维标量介质情况下,地震波波场 $u(x,z,t)$ 满足如下标量波动方程:

$$\frac{\partial^2 u}{\partial x^2}+\frac{\partial^2 u}{\partial z^2}=\frac{1}{V(x,z)^2}\frac{\partial^2 u}{\partial t^2} \tag{5-15}$$

式中，$V(x,z)$代表介质的层速度；u 表示地震波场；(x,y)代表笛卡尔坐标系中的二维坐标；波场传播时间用 t 表示。对于地下传播的任意一条射线 Ω，均可以构建一个射线中心坐标系(s,n)，如图 5-32 所示，该坐标系为正交坐标系。其中，s 代表 Ω 上从参考基准点到当前计算点的射线路径弧长，n 为射线在 s 点位置处法向方向（单位法向向量为 $\boldsymbol{n}$）任意一点到射线的距离；由 $\boldsymbol{n}$ 和 s 位置处射线的切向向量 $\boldsymbol{t}$ 通过构建正交坐标系下的基矢量。

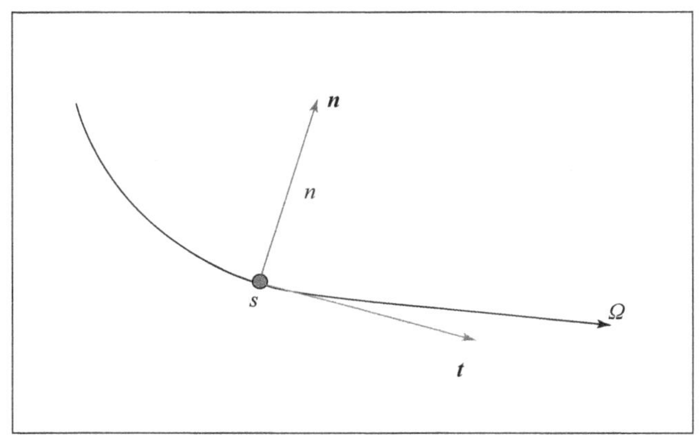

图 5-32　二维射线中心坐标系

根据上述关系，在正交射线中心坐标系中，上述抛物标量波动方程可以表示为

$$\frac{1}{h}u_{ss}+hu_{nn}-\frac{h}{V(x,z)^2}u_{tt}+u_s\left(\frac{1}{h}\right)_s+u_n h_n=0 \tag{5-16}$$

式中，$u_s=\partial u/\partial s$；$u_{ss}=\partial^2 u/\partial s^2$。由于高频地震波场主要沿着射线路径传播，因此在高频近似条件下可以利用抛物方程法来求取波动方程在射线 Ω 附近的解。首先对原始的地震波场进行如下代换：

$$u(s,n,t)=\exp\left\{-i\omega\left[t-\int_{s_0}^{s}\frac{\mathrm{d}s}{V(s)}\right]\right\}U(s,n,\omega) \tag{5-17}$$

式中，$V(s)$表示射线 Ω 上$(s,0)$点的速度。对高频近似情况来说，也就是假设 $n=0$ $(\omega^{-1/2})$，可将研究区域限定在射线 Ω 附近区域的一个薄层内，为此，引入新坐标 v 进行代换：

$$v=\omega^{1/2}n \tag{5-18}$$

将式(5-16)、式(5-17)代入式(5-18)，得

$$\omega^2 h\left(\frac{1}{V^2}-\frac{1}{h^2V^2}\right)U+\omega\left[-\frac{i}{hV^2}\boldsymbol{v}_sU+\frac{i}{V}\left(\frac{1}{h}\right)_sU+\frac{2i}{hV}U_s+hU_{vv}\right]$$

$$+\omega^{1/2}U_v h_n+\frac{1}{h}U_{ss}+U_s\left(\frac{1}{h}\right)_s=0 \tag{5-19}$$

式中，$U=U(s,v,\omega)$。高频近似情况下仅考虑式(5-19)中 ω 的高阶项，则：

$$\frac{2i}{V}U_s+U_{vv}-\left(\frac{1}{V^2}v^2V_{nn}+\frac{i}{V^2}V_s\right)U=0 \tag{5-20}$$

式中，$U=U(s,v,\omega)$泰勒渐进展开的级数首阶项为 $U=U(s,v)$：

$$U(s,v)=\sqrt{V(s)}\,W(s,v) \tag{5-21}$$

由此得到变换后的波动方程：

$$\frac{2i}{V}W_s+W_{vv}-\frac{1}{V^3}v^2V_{nn}W=0 \tag{5-22}$$

并得到上式的其中一个特解：

$$W(s,v)=A(s)\exp\left[\frac{i}{2}v^2M(s)\right] \tag{5-23}$$

式中，$A(s)$，$M(s)$为复值函数，需要计算求得。将式(5-23)与式(5-22)结合可得 A 和 M 的求解方程如下：

$$M_s+VM^2+\frac{1}{V^2}V_{nn}=0 \tag{5-24}$$

以及

$$A_s+\frac{1}{2}VAM=0 \tag{5-25}$$

其中，式(5-18)为 Riccati 型一阶非线性微分方程，通过式(5-26)变换将式(5-24)转换为耦合的线性微分方程组(5-27)：

$$P=\frac{1}{V}Q_s,\ M=\frac{P}{Q} \tag{5-26}$$

式中，P 和 Q 均为动力学射线追踪参数。

由式(5-24)推导得到的线性微分方程组，即为动力学射线追踪方程组：

$$\begin{aligned}\frac{\mathrm{d}Q(s)}{\mathrm{d}s}&=V(s)P(s)\\ \frac{\mathrm{d}P(s)}{\mathrm{d}s}&=-\frac{1}{V^2(s)}\frac{\partial^2V(s)}{\partial n^2}Q(s)\end{aligned} \tag{5-27}$$

设 $M(s)=\frac{1}{V}\frac{\mathrm{d}(\ln Q)}{\mathrm{d}s}$，则式(5-25)的解可以表示为

$$A(s)=\Psi\frac{1}{Q(s)} \tag{5-28}$$

式中，Ψ 为复常数。将式(5-21)、式(5-23)、式(5-26)和式(5-28)联合后代入式(5-17)，得到标量波动方程在中心射线 Ω 附近的高频渐进解为

$$\frac{\partial P}{\partial x}+\sigma \frac{\partial P}{\partial t}=0 \tag{5-29}$$

式中，$P(s)$和$Q(s)$为动力学射线追踪方程(5-27)的解，决定了式(5-29)的性质。当$P(s)$和$Q(s)$为实数时，则$M(s)=\frac{P(s)}{Q(s)}$也是实数，那么式(5-29)表示标量波动方程的旁轴射线解；然而，当$P(s)$和$Q(s)$均为虚数时，$M(s)$也变为虚数，若此时的$P(s)$，$Q(s)$同时满足高斯束存在性条件，则式(5-23)被称为高斯束。满足高斯束存在的条件有两个：第一，$Q(s)\neq 0$，也就是说高斯束沿射线处处正则，该条件保证每一位置处的射线振幅都保持有限；第二，$\mathrm{Im}\left(\frac{P(s)}{Q(s)}\right)>0$，此条件保证波动方程的解保持在中心射线位置附近。Červeny 等(1982)证明当采用公式(5-30)所示的初始值式即满足高斯束的存在性条件：

$$\begin{aligned} P(s_0)&=aP_1(s_0)+ibP_2(s_0) \\ Q(s_0)&=aQ_1(s_0)+ibQ_2(s_0) \end{aligned} \tag{5-30}$$

系数a和b分别为

$$a=\frac{\omega_r w_0^2}{V(s_0)},\quad b=\frac{1}{V(s_0)} \tag{5-31}$$

式中，ω_r表示射线参考频率；w_0为高斯束的初始宽度。则公式(5-31)变为

$$P(s_0)=\frac{i}{V(s_0)},\quad Q(s_0)=\frac{\omega_r w_0^2}{V(s_0)} \tag{5-32}$$

5.2.1.2 高斯束的数值求解

高斯束的数值求解过程，大致分为以下三步。

第一步：根据高斯束的初始位置和初始方向，利用运动学射线追踪方程组(5-33)求取中心射线的走时和路径信息：

$$\begin{aligned} \frac{\mathrm{d}x_i(s)}{\mathrm{d}\tau}&=V^2(s)p_i(s) \\ \frac{\mathrm{d}p_i(s)}{\mathrm{d}\tau}&=-\frac{1}{V(s)}\frac{\partial V(s)}{\partial x_i} \end{aligned} \tag{5-33}$$

式中，$x_i(s)$为笛卡尔坐标中中心射线的坐标位置；τ为沿射线方向的走时；$\mathrm{d}\tau$为积分走时步长；$p_i(s)$为射线慢度的水平与垂直矢量。

第二步，中心射线的动力学参量求取方程：

$$\begin{aligned} \frac{\mathrm{d}Q(s)}{\mathrm{d}\tau}&=V^2(s)P(s) \\ \frac{\mathrm{d}P(s)}{\mathrm{d}\tau}&=-\frac{1}{V(s)}\frac{\partial^2 V(s)}{\partial n^2}Q(s) \end{aligned} \tag{5-34}$$

$$\frac{\partial^2 V(s)}{\partial n^2}=\frac{\partial^2 V(s)}{\partial x^2}\cos^2\theta-2\frac{\partial^2 V(s)}{\partial x\partial z}\cos\theta\sin\theta+\frac{\partial^2 V(s)}{\partial z^2}\sin^2\theta$$

式中,θ 表示射线传播方向与 z 轴正方向的夹角。

第三步,根据由上两步运动学和动力学射线追踪式(5-33)和式(5-34)所求得的中心射线位置处的走时和振幅等信息,利用式(5-29)求取中心射线附近薄边界范围内地震波场的走时与振幅。

5.2.1.3 格林函数的高斯波束分解

高斯束射线追踪过程中,是将地震波场分解为一系列高斯束叠加积分来表示,Popov(1982),Červeny(1982),Klimes(1984)等讨论了不同震源所产生的地震波场的不同高斯束表示形式。

高斯束角度域偏移中,格林函数 $G_{2D}(\mathbf{x}',\mathbf{x},\omega)$ 二维高斯束积分叠加表达式为

$$G_{2D}(\mathbf{x}',\mathbf{x},\omega)=\Phi\int u(\mathbf{x}',\mathbf{x},\boldsymbol{p},\omega)\,\mathrm{d}\theta=\Phi\int\sqrt{\frac{V(s)}{Q(s)}}\exp\left[i\omega\tau(s)+\frac{i\omega}{2}\frac{P(s)}{Q(s)}n^2\right]\mathrm{d}\theta \tag{5-35}$$

式中,$\mathbf{x}$ 代表一系列不同位置处的震源信息;θ 表示震源不同出射角,$\boldsymbol{p}$ 为高斯束中心射线的初始慢度矢量;Φ 为初始的振幅系数;$\mathbf{x}$ 和 $\mathbf{x}'$ 在不同坐标系中的对应关系如下:

$$\mathbf{x}\sim(s_0,0),\mathbf{x}'\sim(s,n) \tag{5-36}$$

利用式(5-32)高斯束的初始值,可求得初始振幅系数为

$$\Phi=\frac{i\sqrt{\omega_r w_0^2}}{2V(\mathbf{x})} \tag{5-37}$$

由式(5-32)可知$\frac{\sqrt{\omega_r w_0^2}}{V(\mathbf{x})}=\sqrt{\frac{Q(s_0)}{V(s_0)}}$,则式(5-35)可以表示为

$$\begin{aligned}G_{2D}(\mathbf{x}',\mathbf{x},\omega)&=\frac{i}{2\pi}\int\frac{\mathrm{d}p_x}{p_z}\sqrt{\frac{V(s)Q(s_0)}{V(s_0)Q(s)}}\exp\left[i\omega\tau(s)+\frac{i\omega}{2}\frac{P(s)}{Q(s)}n^2\right]\\&=\frac{i}{2\pi}\int\frac{\mathrm{d}p_x}{p_z}u_{GB}(\mathbf{x}',\mathbf{x},\boldsymbol{p},\omega)\end{aligned} \tag{5-38}$$

$$u_{GB}(\mathbf{x}',\mathbf{x},\boldsymbol{p},\omega)=\sqrt{\frac{V(s)Q(s_0)}{V(s_0)Q(s)}}\exp\left[i\omega\tau(s)+\frac{i\omega P(s)}{2Q(s)}n^2\right] \tag{5-39}$$

式中,$u_{GB}(\mathbf{x}',\mathbf{x},\boldsymbol{p},\omega)$ 为二维高斯束表达式。

5.2.1.4 震源波场的高斯波束表示

考虑二维标量各向同性介质,假设震源为$\mathbf{x}_s=(x_s,0)$,检波点为$\mathbf{x}_r=(x_r,0)$,地

下介质成像点为 $\mathbf{x}=(x,z)$。高斯束偏移中震源波场由震源点到计算点的格林函数表示,由上节可知,震源波场的高斯波束表示形式为

$$G(\mathbf{x}_s,\mathbf{x};\omega)=\frac{i}{2\pi}\int\frac{\mathrm{d}p_x}{p_z}U_{GB}(\mathbf{x}_s,\mathbf{x};\boldsymbol{p},\omega) \tag{5-40}$$

$$U_{GB}(\mathbf{x}_s,\mathbf{x};\boldsymbol{p},\omega)=\sqrt{\frac{V(s)Q(s_0)}{V(s_0)Q(s)}}\exp\left[i\omega\tau(s)+\frac{i\omega P(s)}{2\,Q(s)}n^2\right] \tag{5-41}$$

式中,$V(s)$ 为当前计算点 s 弧长位置处的层速度,s 为震源点到射线当前计算点的参考弧长,$u_{GB}(\mathbf{x}_s,\mathbf{x};\boldsymbol{p},\omega)$ 为波动方程的高频渐近解,用二维高斯波束来表示。

炮记录的波场分解,在 2D 标量各向同性介质中,地下 $\mathbf{x}$ 处反向延拓的地震波场 $u(\mathbf{x},\mathbf{x}_s;\omega)$ 可以表示为

$$u(\mathbf{x},\mathbf{x}_s;\omega)=-\frac{1}{2\pi}\iint\mathrm{d}x_r\frac{\partial G^*(\mathbf{x},\mathbf{x}_r;\omega)}{\partial z_r}u(\mathbf{x}_r,\mathbf{x}_s;\omega) \tag{5-42}$$

其中,$\dfrac{\partial G^*(\mathbf{x},\mathbf{x}_r;\omega)}{\partial z_r}\approx -i\omega p_{rz}G^*(\mathbf{x},\mathbf{x}_r;\omega)$。在二维介质中,$\mathbf{x}_r$ 点到 $\mathbf{x}$ 点格林函数 $G(\mathbf{x},\mathbf{x}_r,\omega)$ 可以表示为

$$G(\mathbf{x},\mathbf{x}_r,\omega)=\frac{i}{2\pi}\iint\frac{\mathrm{d}p_x}{p_z}U_{GB}(\mathbf{x},\mathbf{x}_r;\boldsymbol{p},\omega) \tag{5-43}$$

对于接收波场,直接计算式(5-43)计算量巨大,利用初始条件选择式(5-31)时高斯波束初始波前曲率为零的特点,可以利用高斯束中心位置出射的射线近似计算该射线法线方向上的格林函数从而大大地减少求取计算量,若同时将记录波场利用线性倾斜叠加进行局部平面波分解,可进一步减少计算量,Hill(1990,2001)通过引入相位校正因子将 $\mathbf{x}$ 点位置处的格林函数由该点附近束中心位置为 $\mathbf{L}=(L_x,0)$ 出射的高斯束 $U_{GB}(\mathbf{x},\mathbf{x}_r;\boldsymbol{p},\omega)$ 进行叠加积分近似表示:

$$G(\mathbf{x},\mathbf{x}_r,\omega)\approx\frac{i}{2\pi}\iint\frac{\mathrm{d}p_{Lx}}{p_{Lz}}U_{GB}(\mathbf{x},\mathbf{L},\boldsymbol{p}_r,\omega)\exp[-i\omega\boldsymbol{p}_L\cdot(\mathbf{x}_r-\mathbf{L})] \tag{5-44}$$

为了减少 $\mathbf{x}_r$ 距离 L 较远时存在的误差,需要对接收点加入重叠的高斯窗(如图 5-33),我们定义高斯窗的中心位置即为高斯束中心,其中的高斯函数性质如下式表示:

$$\frac{\Delta L}{\sqrt{2\pi}\,w_0}\sqrt{\left|\frac{\omega}{\omega_r}\right|}\sum_L\exp\left[-\left|\frac{\omega}{\omega_r}\right|\frac{(\mathbf{x}_r-\mathbf{L})}{2w_0^2}\right]\approx 1 \tag{5-45}$$

式中,w_0 为高斯波束的初始宽度,$\boldsymbol{\Delta}\mathbf{L}$ 为束中心间距,ω_r 为参考频率。将式(5-45)和式(3-42)代入式(5-42),得到波场反向延拓的高斯波束表示形式:

$$u(\mathbf{x},\mathbf{x}_s,\omega)\approx-\frac{\sqrt{3}}{4\pi}\left(\frac{\omega_r\Delta\mathbf{L}}{w_0}\right)^2\sum_L\iint\mathrm{d}p_{Lx}U_{GB}^*(\mathbf{x},\mathbf{L},\boldsymbol{p}_L,\omega)\mathrm{D_S}(\mathbf{L},p_{Lx},\omega) \tag{5-46}$$

$$D_S(\mathbf{L},\boldsymbol{p}_{Lx},\omega)=\left|\frac{\omega}{\omega_r}\right|^{3/2}\int \mathrm{d}x_r u(\mathbf{x}_r,\mathbf{x}_s,\omega)\exp\left[i\omega p_{Lx}(\mathbf{x}_r-\mathbf{L})-\left|\frac{\omega}{\omega_r}\right|\frac{(\mathbf{x}_r-\mathbf{L})^2}{2w_0^2}\right] \tag{5-47}$$

式中，$D_S(\mathbf{L},p_{Lx},\omega)$为合成的局部平面波分量；$p_{Lx}$和$p_{Lz}$分别为波束中心慢度的水平和垂直分量；$u(\mathbf{x}_r,\mathbf{x}_s,\omega)$为高斯窗内的地震记录波场。

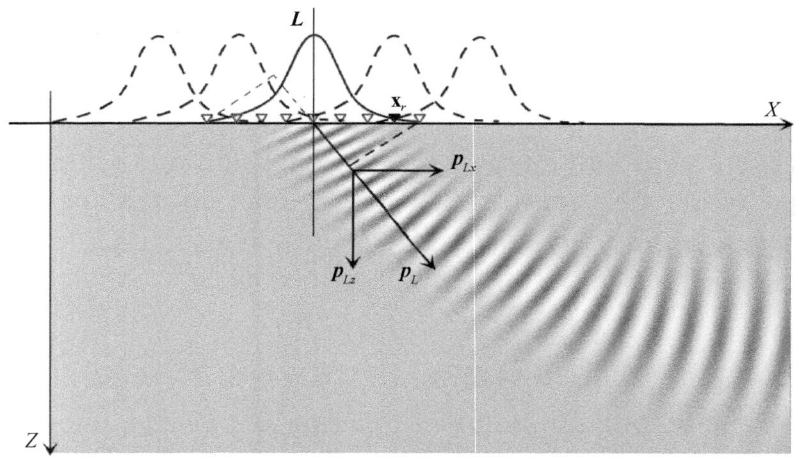

图 5-33　局部平面波分解

5.2.1.5　角度域共成像点道集提取

不管是射线类偏移还是波动方程偏移，所选择的角度域成像方法通常采用互相关成像条件：

$$I(\mathbf{x},\mathbf{x}_S)=2\int|\omega|U(\mathbf{x},\mathbf{x}_s;\ \omega)G^*(\mathbf{x}_s,\mathbf{x};\omega)\mathrm{d}\omega \tag{5-48}$$

式中，$G(\mathbf{x}_s,\mathbf{x};\omega)$和$u(\mathbf{x},\mathbf{x}_s;\omega)$分别为点震源的格林函数表示以及地震波场的反向延拓表示；$I(\mathbf{x},\mathbf{x}_s)$为第 s 炮 x 位置处的单炮成像结果，因此，将式(5-43)和式(5-46)代入式(5-48)得到单炮高斯波束角度域偏移的成像公式：

$$I(\mathbf{x},\mathbf{x}_s)=\frac{\Delta\mathbf{L}\omega_r}{2\pi^2\sqrt{2\pi}\,w_0}\sum_L\int\mathrm{d}\omega\,\frac{\cos\theta_s}{V_s}\,\frac{\cos\theta_L}{V_L}\int\frac{\mathrm{d}p_{sx}}{p_{sz}}A_s^*\exp[-i\omega T_s^*]$$

$$\times\int\frac{\mathrm{d}p_{Lx}}{p_{Lz}}A_L^*\exp[-i\omega T_L^*]D_S(L,p_{Lx},\omega) \tag{5-49}$$

式中，$I(\mathbf{x},\mathbf{x}_s)$为成像点$\mathbf{x}=(x,z)$所对应震源点$\mathbf{x}_s=(x_s,0)$的单炮偏移成像值；$T=T_s+T_L$为成像点 $\mathbf{x}$ 处总的复值走时；T_s,A_s分别为成像点处对应震源高斯波束的走时和振幅；T_L,A_L分别为成像点处对应波束中心高斯波束的走时和振幅；p_{sx}为炮点处初始慢度的水平分量。Hill(2001)提出利用最速下降法对二维复值积分进行降维来提高式(5-49)的计算效率(Hill,2001):首先,将震源和束中心的射线参数水平分量 p_{sx}、p_{Lx}变换到中点—偏移距射线参数域,用 p_{mx}、p_{hx} 表示;然后,利用最速下降法求取式(5-49)关于 p_{hx}的积分,其中积分的鞍点对应着令虚部走时最小的射线慢度 p_{hx}^0(Gray,2005),进而求得其渐进解,得到高效实用的二维共炮点道集高斯束角度域偏移公式:

$$I(\mathbf{x},\mathbf{x}_s)=\frac{\Delta L\omega_r}{4\pi^2 w_0}\sum_L\int \mathrm{d}\omega\sqrt{i\omega}\int \mathrm{d}p_{mx}\times\frac{A_s^* A_L^*}{\sqrt{T^{*\prime\prime}(p_{hx}^0)}}\exp[-i\omega(T_s^*+T_L^*)]D_S(L,p_{Lx}^0,\omega) \tag{5-50}$$

式中,$T_s''(p_{sx}^0)$,$T^{*\prime\prime}(p_{hx}^0)$为走时 T 的二阶导数;p_{hx}^0,p_{Lx}^0为成像点处走时 T 的虚部最小的炮检距、波束中心射线参数的水平分量;p_{mx},p_{hx}为中点和炮检距射线参数的水平分量,与震源和波束中心射线参数的水平分量 p_{sx},p_{Lx}存在如下关系:

$$\begin{cases}p_{mx}=p_{Lx}+p_{sx}\\ p_{hx}=p_{Lx}-p_{sx}\end{cases} \tag{5-51}$$

单炮偏移实现过程如图 5-34 所示,最后将所有单炮偏移结果对应叠加则得到最终的高斯束偏移剖面。

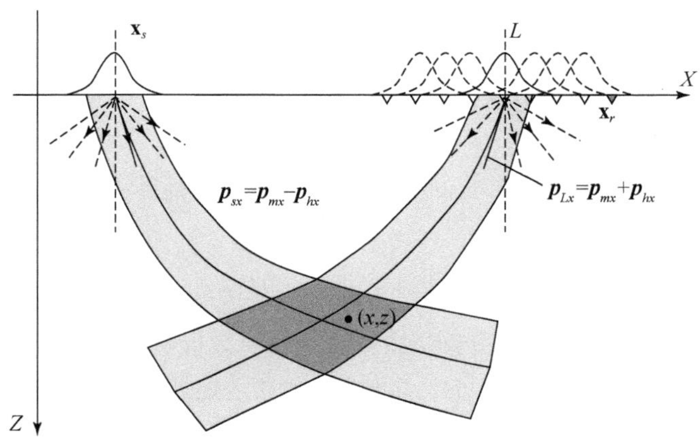

图 5-34　高斯束偏移实现过程

给定一条高斯波束束中心及其相应的高斯波束内的上下左右的四个粗网格,设四个网格点所对应的实值走时分别为 t_{up},t_{down},t_{left},t_{right},束中心位置处的实值走时为 t_{mid},水平及垂直方向的网格间距分别为 Δg_x 和 Δg_x,则

$$t_{\mathrm{left}}^2=(t_{\mathrm{mid}}-p_x\Delta g_x)^2+t_{\mathrm{mid}}G_{xx}\Delta g_x^2,\ t_{\mathrm{right}}^2=(t_{\mathrm{mid}}+p_x\Delta g_x)^2+t_{\mathrm{mid}}G_{xx}\Delta g_x^2 \tag{5-52}$$

可得

$$p_x = \frac{t_{\text{right}}^2 - t_{\text{left}}^2}{4t_{\text{mid}}\Delta g_x} \tag{5-53}$$

$$p_z = \frac{t_{\text{down}}^2 - t_{\text{up}}^2}{4t_{\text{mid}}\Delta g_z} \tag{5-54}$$

从而得到网格点的入射或者出射传播角度(射线同 z 轴正向间的角度)为

$$\beta = \begin{cases} -\pi + \arctan\left(\dfrac{p_x}{p_z}\right), & p_x<0, p_z<0 \\ \pi + \arctan\left(\dfrac{p_x}{p_z}\right), & p_x>0, p_z<0 \\ \arctan\left(\dfrac{p_x}{p_z}\right), & \text{其他} \end{cases} \tag{5-55}$$

同理,按照式(5-55)也可以得到四个粗网格点上的传播角度,利用成像点位置处入射射线和出射射线的角度可以推导出该成像点位置处的散射角(偏移张角)和局部倾角信息,可知其散射角和局部倾角计算式分别如下。

散射角角度计算公式:

$$\theta = \frac{\beta_s - \beta_r}{2} \tag{5-56}$$

局部倾角角度计算公式:

$$\alpha = \begin{cases} \dfrac{\beta_s + \beta_r - \pi}{2}, & \beta_r > 0 \\ \dfrac{\beta_s + \beta_r + \pi}{2}, & \beta_r \leqslant 0 \end{cases} \tag{5-57}$$

式中,θ 为成像点位置处的散射角;α 为局部地层倾角;β_s 和 β_r 分别为延拓到成像点位置处的入射和出射射线与 z 轴正方向的夹角,由式(5-53)计算得来。

将由式(5-50)计算得到的成像值按散射角和局部倾角(θ,α)位置投影,即得到如图 5-31(b)所示的散射角—局部倾角—深度点 3D 共成像点道集,若将该数据体沿局部倾角方向叠加可获得 2D 散射角域共成像点道集[图 5-31(c)],沿散射角方向叠加则得到 2D 倾角域共成像点道集[图 5-31(d)]。散射角度域共成像点道集上的同相轴随角度的振幅变化信息可用于 AVO、AVA 分析等地震反演领域,根据偏移速度存在误差时散射角域同相轴的剩余曲率信息可用来偏移速度分析。鉴于倾角域共成像点道集上反射波和绕射波形态差异以及绕射波对偏移速度的敏感性等优点,可以用于绕射波偏移速度分析、波场分离等地震数据处理技术中。

图 5-35 所示为国际通用的 Sigsbee2a 模型,我们用高斯束叠前深度偏移提取角度域共成像点道集。为了更清晰地描述散射角域和倾角域共成像点道集的差别,选取两个绕射体正上方位置处的共成像点道集做对比(图 5-36)。图 5-36(a)为偏移速

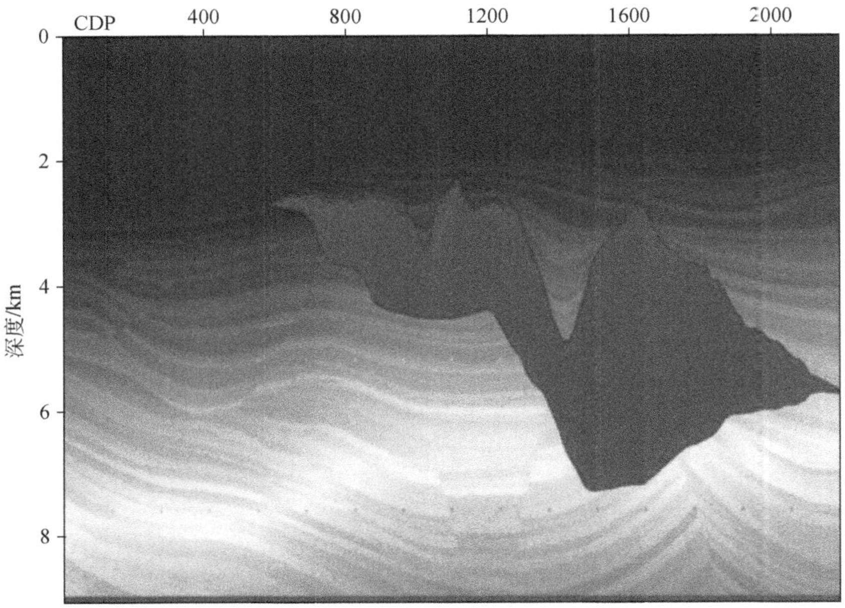

图 5-35　Sigsbee2a 模型速度场

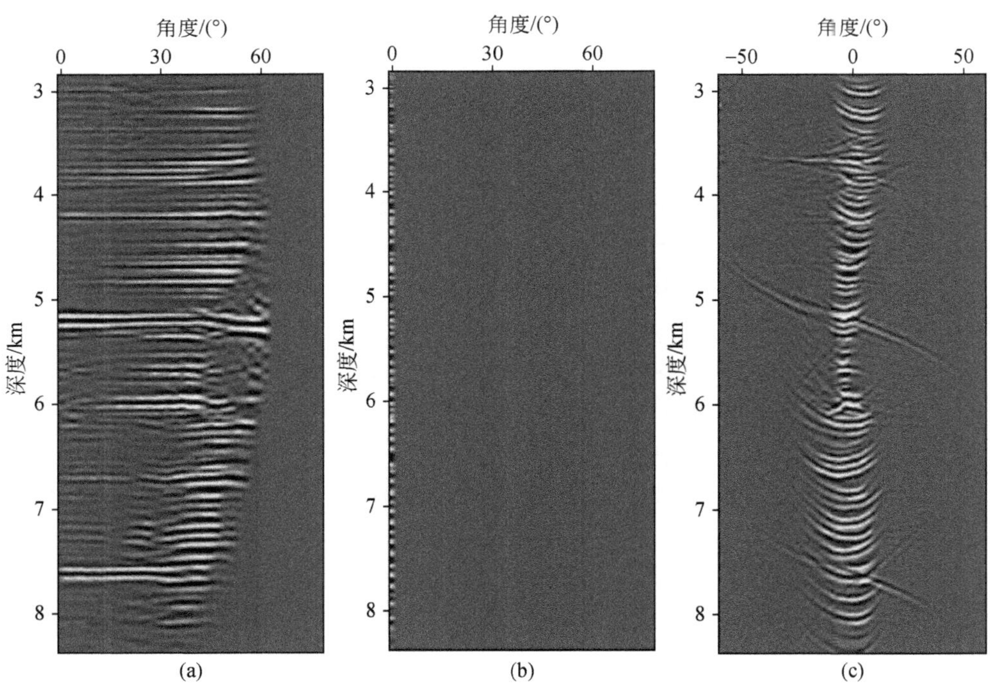

图 5-36　角度域共成像点道集对比

度分析常用的散射角域 CIG 道集。从图 5-36 中可以看出,散射角道集上完全水平的同相轴信息证明了偏移速度的正确性。但是,无法利用这样一个散射角域 CIG 道集断定某一同相轴对应的地层是否倾斜或者该同相轴代表反射波还是绕射波。虽然对同一位置处的这两种共成像点道集分别做叠加得到的成像值完全相同[图 5-36(b)],但是倾角域 CIG 道集上反射波和绕射波的运动学特性确完全不同[图 5-36(c)]。在倾角域里,经正确速度偏移后反射波呈现"笑脸"形同相轴,绕射波则是接近线性的形态。除此之外,反射层倾角信息也可以通过该同相轴垂直方向最低处的水平位置来确定。

5.2.2 倾角域绕射波分离依据

由于未叠加的地震数据中包含地下介质速度及岩性等信息,偏移之后叠加之前的共成像点(CIG)道集可以用于速度分析和 AVO 岩性分析(Sava et al.,2003;Mahmoudian et al.,2009;Biondi et al.,2004;Zheng et al.,2002)。由于炮域和偏移距域共成像点道集在强横向变速情况下,因地下多波至问题,会产生运动学和动力学上的假象,为了避免这些假象,在进行速度分析时,一般采用角度域共成像点道集取代炮域或偏移距域共成像点道集。

目前常用的速度分析道集为散射角 CIG 道集。该类型道集不易受到多路径假象的影响,从而可用于 AVA 分析和速度分析。散射角域 CIG 道集用于速度分析的原理是如果速度模型准确,则同一位置处的成像能量在共成像点道集中应当在同一深度,也就是说,来自同一成像点的成像值同相轴是拉平的。如果速度不准确则该同相轴发生弯曲,因此通常利用同相轴的剩余曲率信息进行速度更新,并且在散射角域 CIG 道集上不论是反射界面还是绕射点的成像同相轴形态都是类似的,无法进行绕射和反射能量的分离。

事实上,角度域偏移中的成像值是由散射角与地质倾角两者共同描述的。将散射角和地层倾角信息分开,一方面有利于提高道集的信噪比,提高自动化速度更新的稳定性;另一方面,可以只得到反射界面的倾角信息(Xu et al.,2001;Brandsberg-Dahl et al.,2003;Ursin,2004),也就是倾角域共成像点道集。

图 5-37 给出了两个平面反射界面和一个绕射点构成的模型。模型长度为 1.5km,深度为 3.0km。其中 R1 反射界面倾角 45°,R2 反射界面为水平反射界面。绕射点位于 R1 和 R2 反射界面之间,深度为 1.5km。在水平方向 0.2km、0.5km 和 0.8km 的位置,设计了三个观测位置,用于不同界面倾角域道集图的观测。其中,绕射点位于观测位置 2 处。

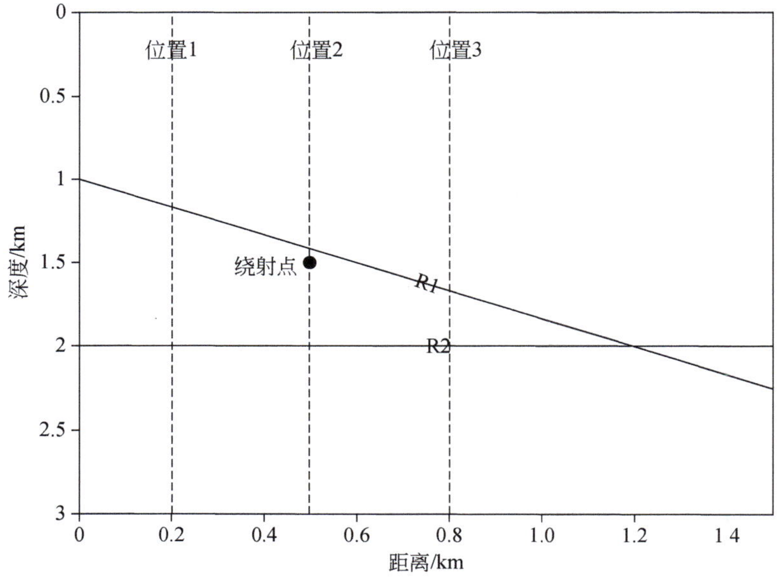

图 5-37　包含两个反射界面和一个绕射点的理论模型

图 5-38 绘制了其理论倾角域共成像点道集示意图。绕射点的响应用蓝色虚线表示，水平反射界面 R2 的响应用红色实线表示，倾斜反射界面 R1 的响应用黑色实线表示。由图 5-38 可知：在偏移速度正确时，绕射点（观测位置 2）处其响应

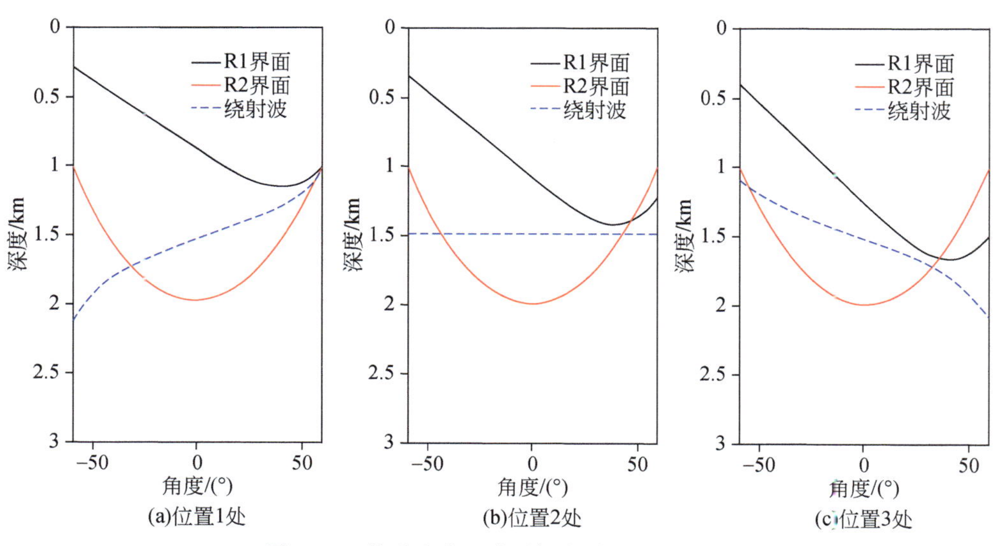

图 5-38　偏移速度正确时倾角域 CIG 示意图

表现为水平线性同相轴，远离绕射点位置处其响应为拟线性倾斜同相轴，倾斜度与偏离绕射点的距离成正比。对于反射界面响应，不管界面是否倾斜，其响应都表现为开口向上的拟抛物线“笑脸”形式，稳相点位置的角度代表地层倾角信息。

如图 5-39 和图 5-40 所示，在偏移速度存在误差时，反射界面响应形式与速度正确时变化不大。不论偏移速度高于还是低于正确介质速度时，仍表现为“笑脸”形式，且代表地层真实倾角的稳相点角度位置不变，只是其深度位置产生较大的误差。而对于绕射点来说，此时，绕射响应由速度正确时的线性同相轴变成曲线。当偏移速度高于介质真实速度时，绕射同相轴向下弯曲；当偏移速度低于介质真实速度时，绕射同相轴向上弯曲。但是相对于反射响应来说，绕射响应的曲率较小。因此，不论偏移速度正确与否，绕射与反射响应在倾角域共成像点道集上都存在较明显的能量差异，易于进行绕射波场与反射波场的分离。

总结以上分析，在共成像点道集中，速度正确时，散射角域、偏移距域等共成像点道集上来自同一深度位置处的成像值不论是反射能量还是绕射能量都为拉平的水平同相轴，无法进行绕射能量识别。在倾角域共成像道集中，反射与绕射形态差异较大。反射能量表现为开口向上的“笑脸”形同相轴，其稳相点横向位置代表了真实的地层构造倾角信息，而来自绕射点的成像值则为拟线性形态。在绕射点正上方时，绕射同相轴呈水平线性；横向上远离绕射点时，变为倾斜线性同相轴，且距离绕射点越远，斜率越大。

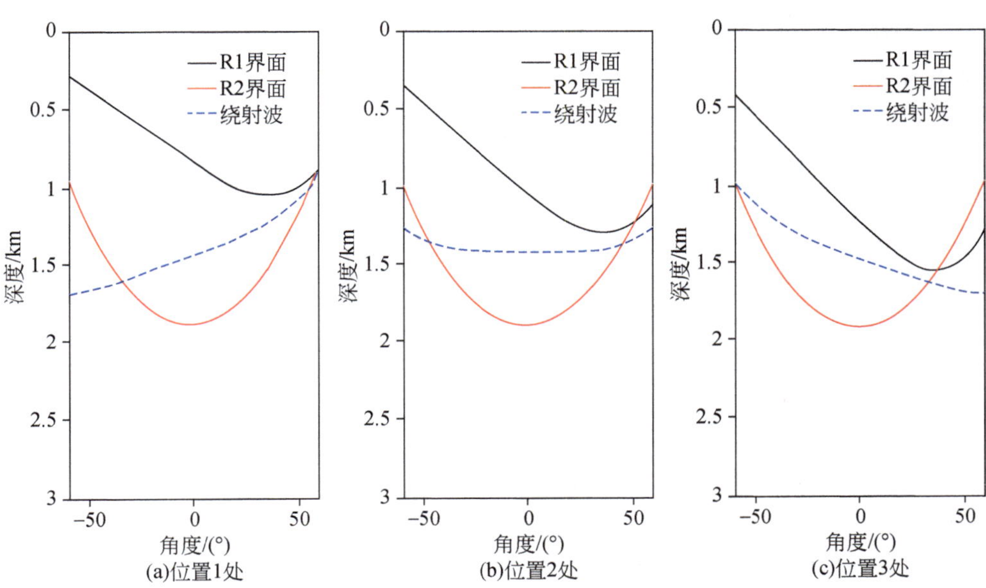

(a)位置1处　(b)位置2处　(c)位置3处

图 5-39　偏移速度为 90% 时倾角域 CIG 示意图

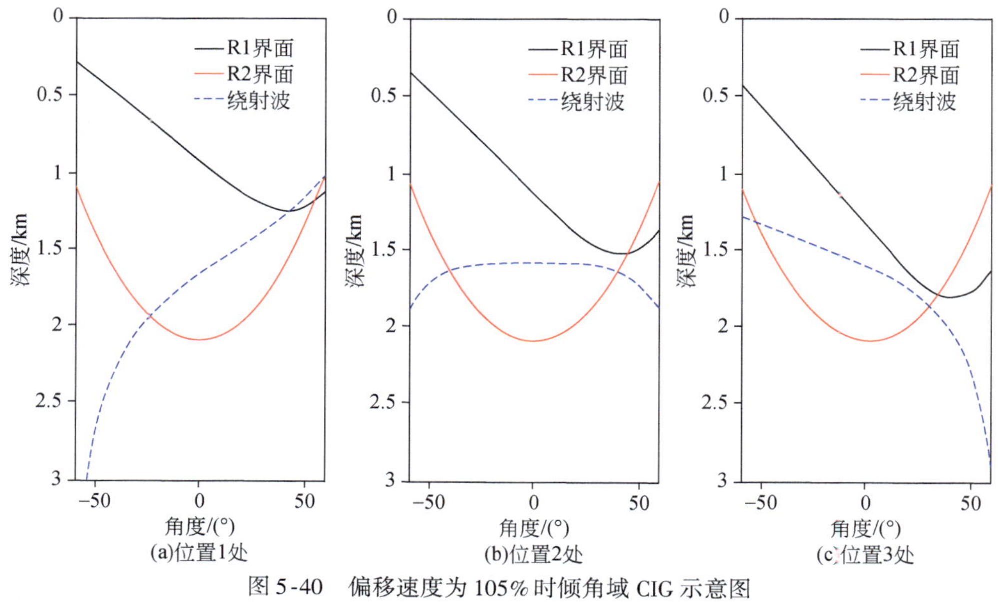

图 5-40 偏移速度为 105% 时倾角域 CIG 示意图

5.2.3 倾角域绕射波分离方法及处理流程

在倾角域 CIG 道集中,绕射同相轴表现为拟线性曲线,反射同相轴表现为具有稳相顶点的“笑脸”曲线,且曲线稳相顶点的横坐标正好指示该成像点处的地层倾角信息。

鉴于反射波和绕射波的此种形态差异,国内外学者先后提出几种不同的倾角域绕射波场提取方法。Landa 等(2008)利用平面波解构滤波器直接在倾角道集上压制反射同相轴。Klokov 等(2010)在倾角域结合反射顶点去除和混合 Radon 变换两种技术实现了绕射波提取。Bai 等(2011)进一步推导了反射和绕射在 3D 情况下的倾角域响应轨迹曲线,并利用中值滤波器实现了 2D 和 3D 倾角域绕射波提取。

对某个 CDP 位置处提取的倾角域 CIG,沿倾角方向求和得到该 CDP 位置处的地震成像值,再由 CIG 上对应的部分同相轴叠加得到地下地质体的成像值。因此,我们可以在倾角道集中沿反射同相轴进行叠加,从而去除反射同相轴,从而得到绕射能量。但是,地下结构复杂时,绕射波场和反射波场相互重叠,在倾角域 CIG 中不可能将反射同相轴完全去掉。

因在倾角域 CIG 上反射同相轴表现为“笑脸”形态,反射成像值主要来自“笑脸”形曲线稳相顶点附近同相轴的相干叠加,所以,要压制成像结果中的反射能量,可以在倾角域 CIG 中去除“笑脸”形反射同相轴稳相顶点附近的反射能量,将处理后的 CIG 沿着倾角方向求和即可得到主要包含绕射能量的成像剖面。

5.2.3.1 基于局部倾角估计的反射顶点能量压制方法

该方法的基本思想是利用倾角域共成像点道集上反射同相轴非稳相点两侧局部斜率信息符号相反的特性来搜索反射顶点。该方法的关键是同相轴局部倾角估计。对于局部倾角估计方法,国内外学者已经做了大量的研究(Fomel et al.,2002;孔雪等,2012;黄建平等,2012;刘斌等,2014)。Ottolini(1983)利用局部倾斜叠加提取地层局部倾角。Fomel(2002)提出利用平面波解构方法实现局部倾角估计,并将其应用于叠后绕射波分离中。Schleicher 等(2009)对几种不同地层倾角估计方法进行优势对比后认为,由于平面波解构滤波器的非稳态特性,使得该方法较其他方法在倾角估计时具有更高的准确度,因此更适合进行同相轴的局部倾角估计。

平面波解构(PWD)滤波方法(Fomel,2002)利用局部平面波的叠加表征地震数据。这种滤波器通过局部平面波差分方程的有限差分模板来进行构建,可以看作频空域(F–X)预测误差滤波器的时空(T–X)域模拟。

多维时空域预测误差滤波器旨在预测局部平面波,可以较好地处理空间假频问题,并且适应局部倾角时间和空间上的同时变化。但是,在实际应用中,时空域预测误差滤波器在构建时引入大量需人工调控的参数,比如,滤波系数的数量、用于滤波估计的局部窗函数的大小、个数和形状等,这些参数缺少一种直观的物理意义,为此大大提高了人工干预的难度。

平面波解构滤波器作为时空域预测滤波器的一种替代形式,减少了可调参数的数量,并且唯一需要估计的参数(局部平面波倾角)也有着明确的物理意义。

根据局部平面波的物理模型,用局部有限差分方程定义平面波解构滤波器:

$$\frac{\partial P}{\partial x}+\sigma\frac{\partial P}{\partial t}=0 \tag{5-58}$$

式中,$P(t,x)$代表波场;σ 是局部倾角。局部倾角大小可分为三种情况:①常数;②时不变,只随空间变化;③时变+空变。倾角与时间和空间的依赖关系不同,式(5-8)的解的形式也不同,下面给出不同依赖关系下方程解的形式。

1) 局部倾角为常数:此时式(5-58)有一个简单通解

$$P(t,x)=f(1-\sigma x) \tag{5-59}$$

2) 局部倾角时不变:局部倾角不是时间 t 的函数,将式(5-58)变换到频率域,得到其频率域通解为

$$\tilde{P}(x)=\tilde{P}(0)e^{i\omega\sigma x} \tag{5-60}$$

这时,利用 F–X 域的两项预测误差滤波器可以很好地预测单个平面波:

$$a_0\tilde{P}(x)+a_1\tilde{P}(x-1)=0 \tag{5-61}$$

式中，$a_0=1$；$a_1=-e^{i\omega\sigma}$。将几个两项滤波器级联，可以预测多个平面波。事实上，任何 F–X 预测误差滤波器皆可表示成 Z 变换的形式，并可分解为多个两项滤波器的乘积：

$$A(Z_x)=\left(1-\frac{Z_x}{Z_1}\right)\left(1-\frac{Z_x}{Z_2}\right)\cdots\left(1-\frac{Z_x}{Z_N}\right) \tag{5-62}$$

3）局部倾角时变+空变：为满足倾角的时变性，需把方程重新变换到时间域，并寻找类似于式(5-60)的时移算子和式(5-61)的平面预测滤波器。由于平面波传播的总能量不变，可通过在时间域引入一个全通数字滤波器保持其能量特性。因此，倾角时变情况下，式(5-58)解的形式为

$$\tilde{P}_{x+1}(Z_t)=\tilde{P}_x(Z_t)\frac{B(Z_t)}{B(1/Z_t)} \tag{5-63}$$

式中，$B(Z_t)/B(1/Z_t)$为时移算子 $e^{i\omega\sigma}$ 的全通滤波近似；$B(Z_t)$的系数可通过相移滤波算子在低频时的滤波频率响应获得。式(5-64)为用 Taylor 展开拟合的 $B(Z_t)$ 三阶中心滤波器：

$$B_3=\frac{(1-\sigma)(2-\sigma)}{12}Z_t^{-1}+\frac{(2+\sigma)(2-\sigma)}{6}+\frac{(1-\sigma)(2+\sigma)}{12}Z_t \tag{5-64}$$

若同时考虑时间和空间两个方向的变化，需要通过 2D 预测滤波器[式(5-65)]来预测平面波信息：

$$A(Z_t,Z_x)=1-Z_x\frac{B(Z_t)}{B(1/Z_t)} \tag{5-65}$$

为了避免多项式除法，Fomel(2002)将公式(5-65)所示的滤波器做了改进：

$$C(Z_t,Z_x)=A(Z_t,Z_x)B\left(\frac{1}{Z_t}\right)=B\left(\frac{1}{Z_t}\right)-Z_xB(Z_t) \tag{5-66}$$

由式(5-64)可知，$C(Z_t,Z_x)$为局部倾角 σ 的函数 $C(\sigma)$，则有限差分平面波滤波器变成局部倾角估计问题，在最小平方意义下，局部斜率的估算可转化为求解下列最小二乘目标函数：

$$C(\sigma)d\approx 0 \tag{5-67}$$

由式(5-64)知 $C(\sigma)$是 σ 的非线性估计问题，利用线性优化方法(Gauss-Newton 迭代法)式(5-67)可化为

$$C'(\sigma_0)\Delta\sigma d+C(\sigma_0)d\approx 0 \tag{5-68}$$

式中，$\Delta\sigma$ 为斜率增量；σ_0 为初始斜率估计值；$C'(\sigma)$为 $C(\sigma)$对 σ 的导数。式(5-66)求解后，斜率 σ_0 以 $\Delta\sigma$ 为步长更新，然后循环迭代求解式(5-68)。式(5-68)中 σ 可随时间和空间位置变化而变化，这样可避免使用局部时窗，但会导致局部斜率的估计变得不平滑。此外，在局部斜率估计过程中，常常引入预条件算子和正则化方法：

$$\boldsymbol{\varepsilon}\mathbf{D}\Delta\sigma\approx 0 \tag{5-69}$$

式中，ε 为常系数扰动因子；**D** 为正则化算子（如梯度算子）。基于公式（5-69）计算所得到的局部同相轴斜率更加光滑稳定。

利用式（5-68）和式（5-69）可实现对倾角域共成像点道集同相轴的局部倾角估计（用局部斜率表示），由于反射点信息在该 CIG 道集上表现为向上弯曲的类抛物线形式，因此在顶点处局部斜率为 0，顶点左右两侧斜率一正一负符号相反的特性，拾取顶点位置信息，然后利用倾角域 CIG 道集上反射能量的表达形式压制顶点位置附近的反射能量。在偏移速度较准确时，该方法只需较准确的反射顶点并沿反射能量曲线压制反射能量，即可得到较满意的压制效果，剩余反射波的能量较弱，绕射能量得到了较好保留，将波场分离后的 CIG 道集叠加得到分辨率较高的绕射目标成像结果。

图 5-41 所示为偏移速度正确时利用高斯束叠前深度偏移方法构建的绕射点［CDP400，图 5-41（f）］附近的倾角域共成像点道集。道集选取的位置从图 5-41（a）起，逐渐靠近绕射体。图 5-41（f）位于绕射体的正上方。之后，逐渐远离绕身体，直到图 5-41（j）的位置。很明显，在所有道集上，反射能量表现为向上弯曲的双曲线形态，呈“笑脸”状。而绕射能量则表现为直线形状。这是两者的明显不同所在。由图 5-41 可以看出，当偏移速度正确时，偏移后的绕射波只有在绕射点正上方，表现为水平线性同相轴。远离绕射体后，同相轴仍为直线，只是偏离水平位置，变为倾斜的直线。当道集的位置相对于绕射体向左偏离时，绕射同相轴向右倾斜，当道集的位置相对于绕射体向右偏离时，绕射同相轴则向左倾斜。偏离的距离越远，倾斜的角度越大。由此，我们通过对相邻 CIG 道集的扫描有助于对绕射体的识别与定位。

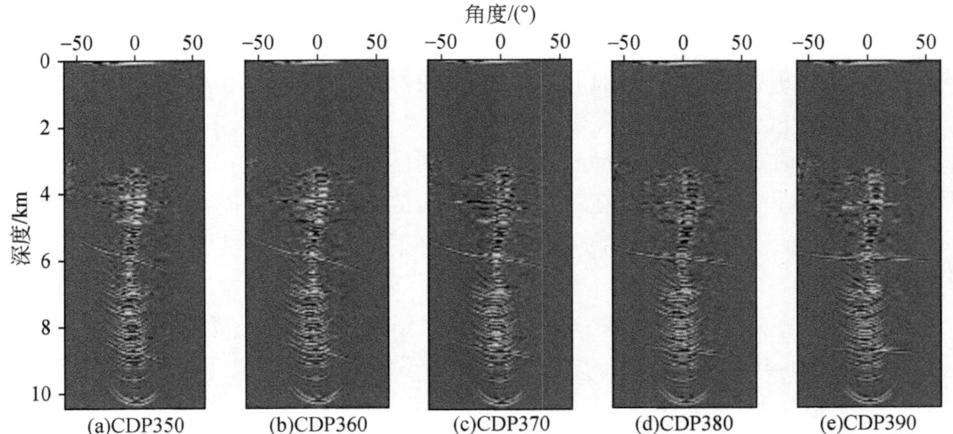

(a)CDP350 (b)CDP360 (c)CDP370 (d)CDP380 (e)CDP390

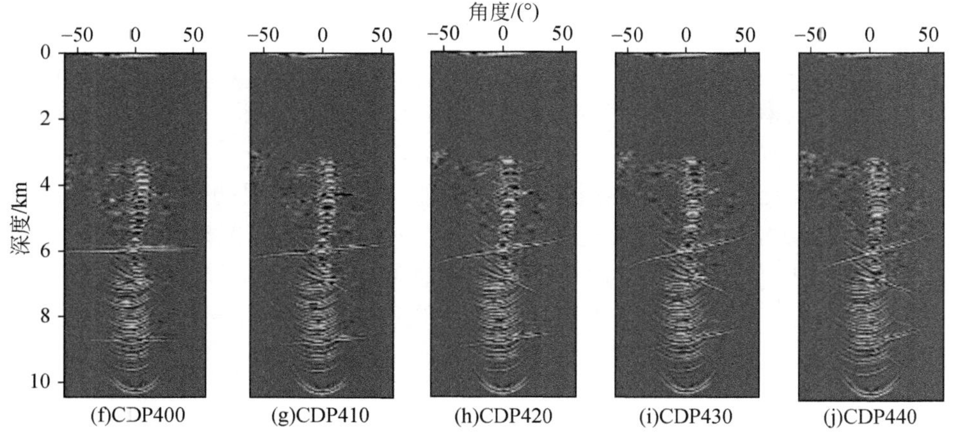

(f)CDP400 (g)CDP410 (h)CDP420 (i)CDP430 (j)CDP440

图 5-41 倾角域 CIG 道集上绕射点的位置识别

图 5-42 给出了倾角域基于平面波解构滤波技术进行绕射波场分离的全过程。其中,(a),(b),(c)是利用正确速度进行高斯束叠前深度偏移提取的 Sigsbee2a 模型倾角域 CIG 道集;(d),(e),(f)为基于平面波解构滤波技术估计得到的局部倾角剖面(用斜率表示),(g),(h),(i)为波场分离压制反射波以后主要包含绕射波的倾角域 CIG 道集。

图 5-42(b)在 CDP 399 位置处,位于绕射点的正上方,图 5-42(a)在 CDP370 处,位于远离绕射点左侧 331.47m,图 5-42(c)在 CDP450 处,位于远离绕射点右侧 571.5m 处。观察图 5-42(a),(b),(c)倾角域 CIG 道集可以看到,反射同相轴表现为开口向上的"笑脸"形式,绕射波表现为拟线性同相轴。在绕射点正上方得到的倾角域 CIG 道集中,如图 5-42(b)所示,在绕射点位置处(深度分别为 5.2km 和 7.5km)的水平线性同相轴可从其他的大多数"笑脸"形反射同相轴明显地识别出来。在远离绕射点正上方位置处的 CIG 道集中,如图 5-42(a),(c)所示,绕射波表现为倾斜拟线性同相轴,并且在绕射点左右两侧同相轴的倾向相反。发射波同相轴全部表现为向上弯曲的"笑脸"状双曲线,绕射能量和反射能量的表现差异非常明显。

图 5-42(d),(e),(f)是基于 PWD 技术得到的局部倾角道集。将图 5-42(d),(e),(f)与图 5-42(a),(b),(c)对比可知,对于反射同相轴来说,由于反射同相轴的开口向上拟抛物线性质,稳相点位置(即拟抛物线顶点位置)处斜率为零,稳相点左右两侧方向相反,因此,斜率正负相反,由此可以确定反射顶点的位置。而对于绕射能量来说,由于绕射同相轴的线性性质,不存在一个固定的稳相点,因此同相轴的斜率符号是一致的。

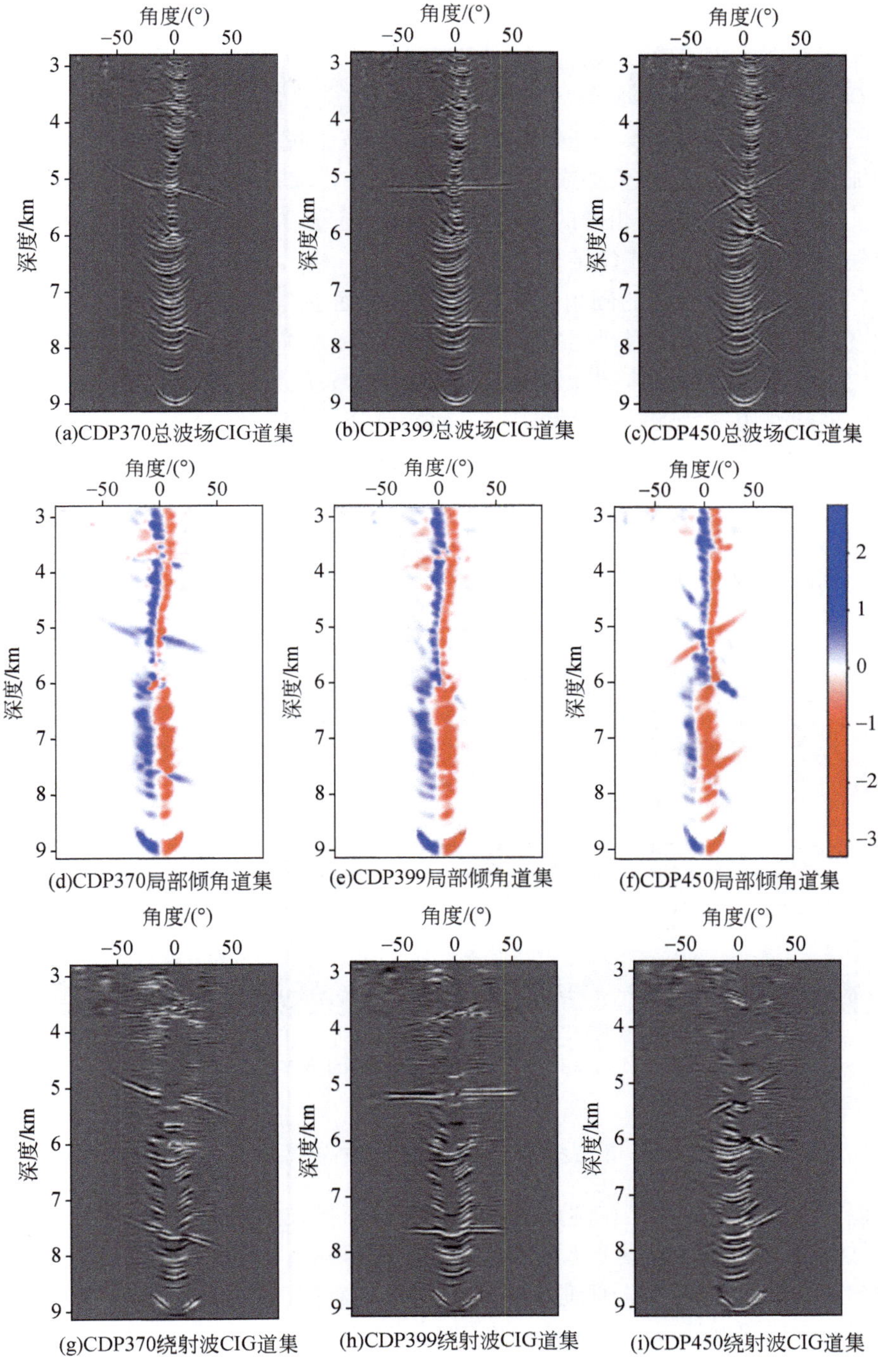

(a)CDP370总波场CIG道集
(b)CDP399总波场CIG道集
(c)CDP450总波场CIG道集
(d)CDP370局部倾角道集
(e)CDP399局部倾角道集
(f)CDP450局部倾角道集
(g)CDP370绕射波CIG道集
(h)CDP399绕射波CIG道集
(i)CDP450绕射波CIG道集

图 5-42　倾角域 CIG 道集波场分离过程

利用反射同相轴在倾角域 CIG 道集上的局部倾角信息，寻找反射顶点位置，然后压制顶点位置附近的反射能量，从而可以达到绕射波场分离的目的[图 5-42(g)，(h)，(i)]。如图 5-42(g)，(h)，(i)所示，顶点位置处对最终叠加成像有巨大贡献的反射能量得到了较好压制。虽然仍保留有少量的倾斜反射同相轴，但由于其叠加时的非同相性，在叠加成像时能量相互抵消，减弱了对绕射目标成像剖面的影响。另外，由于绕射同相轴的非稳相性，在波场分离中较好地保留下来，同相叠加得到最终的绕射目标成像结果。

利用波场分离前后的倾角域 CIG 道集分别逐道叠加，最终得到总波场成像结果和波场分离以后的绕射目标成像结果(图 5-43)。首先，在全波场成像结果中中深层位置处小尺度绕射体被反射能量所掩盖，形态、位置都不清楚；其次，由于高速盐体的屏蔽作用，盐下的地层因能量弱，而导致分辨率降低。在分离后的绕射波成像剖面上，由于压制了反射能量，中深层绕射体被凸显出来，其位置、形态都较全波场剖面清晰。盐下被屏蔽的地层其分辨率也有较大改善。分离绕射波独立成像提高了非均质小尺度目标体的成像分辨率，提高了原来被反射能量压制和屏蔽的地质目标刻画的精细程度，有利于解释人员更好的定位绕射体以及盐下目标体。

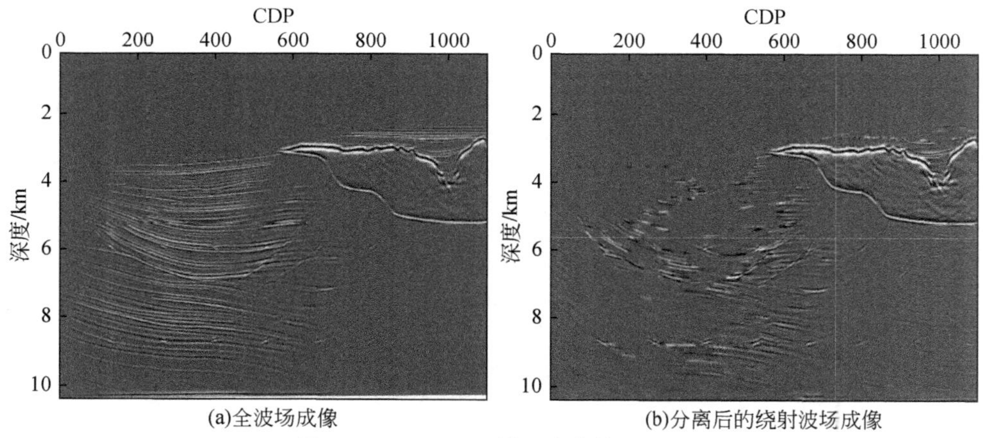

(a)全波场成像　　(b)分离后的绕射波场成像

图 5-43　Sigsbee2a 模型成像结果对比

5.2.3.2　基于相似谱扫描的倾角域绕射波分离

该方法的基本思想是在倾角域利用相似谱扫描技术，确定反射同相轴的稳相顶点，然后压制该顶点附近的反射能量。在 CIG 的每一个深度位置，利用该方法做横向扫描，求取每一个横向倾角处对应的相似能量值。最大相似度对应的那个倾角值即对应该深度处反射同相轴的稳相顶点所在位置。得到稳相顶点位置后，即可在 CIG 中识别反射同相轴，进而压制稳相顶点附近一定范围内的反射能量。最后,对每个位置处的剩余 CIGs 沿横向叠加即得到包含大部分绕射能量的偏移剖面。

为了进一步阐明该分离技术并验证技术的有效性,我们利用图 5-44 所示的国际通用 Sigsbee2a 速度模型对算法进行测试。Segsbee2a 模型为墨西哥湾深水模型,由美国 SEG 和欧洲 EAGE 两大勘探地球物理学会发布。模型参数为:横向 2133 个采样点,纵向 1201 个采样点;纵横向采样间隔分别为 7.62m 和 11.43m。本书采用声波方程有限差分正演 500 炮记录,炮间距 45.72m,单炮最大道数为 348 道,道间距 22.86m,时间采样为 8ms。模型横向速度变化剧烈,盐丘下方有许多薄的反射层,速度模型中发育的一系列断层以及中深部的两排绕射点产生丰富的绕射能量,因此可用于测试绕射波成像算法。

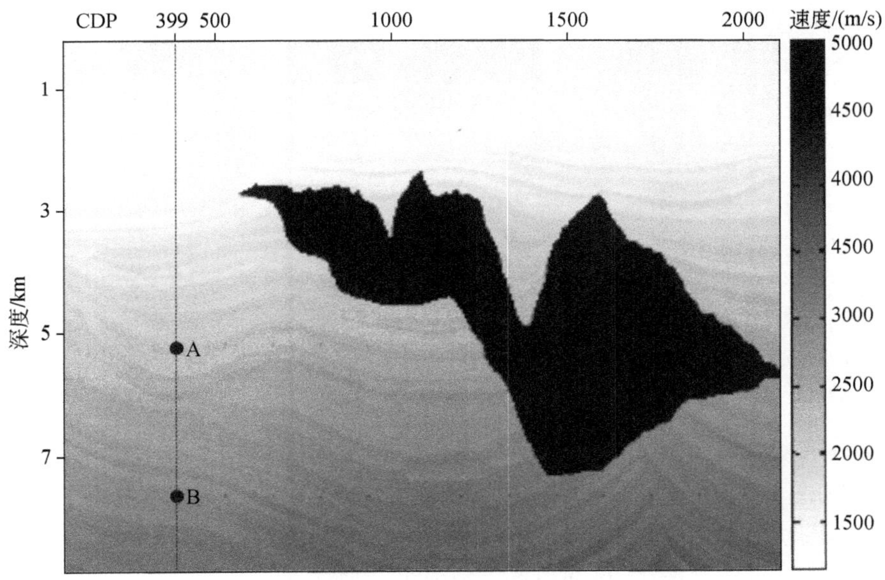

图 5-44　Sigsbee2a 模型层速度场

利用正确的偏移速度,由高斯束角度域叠前深度偏移在横向每个 CDP 位置处提取倾角域 CIG。图 5-45(a)所示为在模型中两个绕射点(A、B)正上方位置(CDP399)处提取的倾角道集。由图 5-45 可知:反射同相轴表现为开口向上的"笑脸"形曲线,且能量强;绕射同向轴呈水平直线,能量相对较弱;二者差异显著,易于分离。

利用上述相似谱扫描方法,我们在倾角域得到了图 5-45(b)所示的反射同相轴稳相顶点位置。与全波场 CIG[图 5-45(a)]相对比,利用该方法确定的反射同相轴顶点位置和双曲形反射同相轴的顶点位置一致。利用得到的反射顶点信息,沿着式(4-33)确定的倾角域反射响应轨迹,切除稳相顶点附近一定范围内的反射

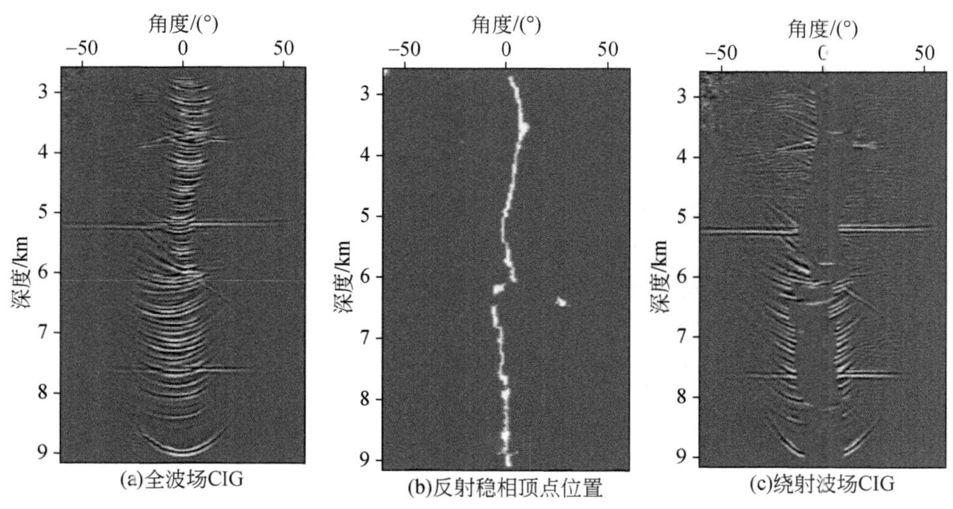

图 5-45　基于相似谱扫描的倾角域 CIG 绕射波提取

能量,得到图 5-45(c)所示的波场分离后的 CIG。和全波场 CIG[图 5-46(a)]对比可知,在分离后的倾角域 CIG 中,“笑脸”形反射同相轴稳相顶点附近能够同相叠加的强反射能量被有效压制。虽然在大倾角处仍残留有少量倾斜反射同相轴,但这些反射能量在叠加过程中会由于非同相性而相互抵消,因此对绕射成像影响不大。强反射被切除后,原来在全波场 CIG 中被反射能量覆盖的弱绕射同相轴相对增强。

上述绕射波成像思路是通过压制强反射能量来突出之前被淹没的弱绕射能量。事实上,我们目前还不能实现二者的完全分离。由于模型相对复杂,绕射同相轴和反射同相轴通常相互交叉。这样,在切除反射同相轴能量的同时,不可避免地会同时切除部分绕射能量,从而造成绕射能量的损失。

对波场分离前后的倾角域 CIG 沿着倾角方向求和即可得到最后的偏移结果。图 5-46(a)和图 5-46(b)分别为全波场和绕射波场的部分(目标区域)成像结果。对比两个成像结果可知,全波场成像结果[图 5-46(a)]可以很好地反映尺度较大的连续地层界面,而能量较弱的绕射目标在全波场成像剖面中由于被强反射淹没而无法准确成像。在绕射波场成像结果中[图 5-46(b)],强反射能量被有效压制,之前在全波场成像结果中被掩盖的中层和深层位置处的两排小尺度绕射目标体得到突显。如,模型中 CDP399 位置处 A、B 两个绕射点在绕射波成像结果剖面上更加清楚(图 5-46)。另外,由断点产生的绕射能量也相对增强,由其刻画的断层界面更加明显,可以在一定程度上帮助解释人员准确拾取断层面位置。综上,绕射波单独成像可以有效提高地震成像分辨率,对地下小尺度绕射目标以及断层面的准确识别意义重大。

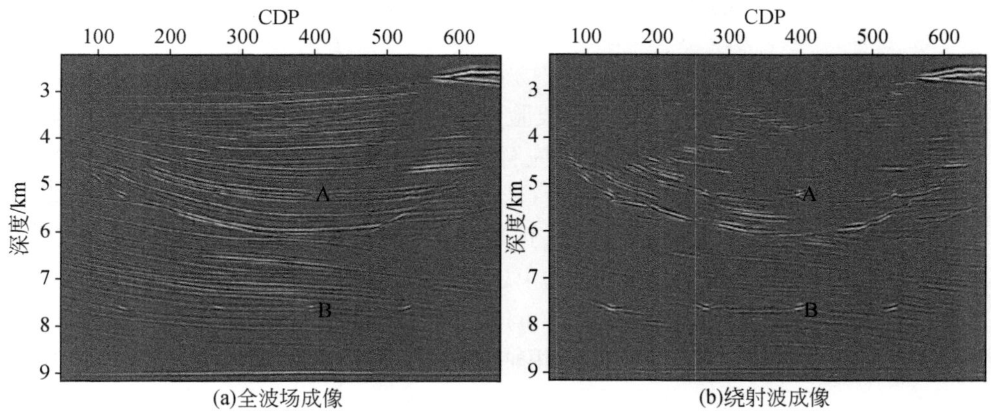

图 5-46　Sigsbee2a 模型相似谱扫描法成像结果

5.2.3.3　基于反射能量预测的倾角域绕射波分离

上述基于相似谱扫描的绕射波提取方法在压制反射顶点附近的反射能量时，反射切除半径只能是固定值[图 5-45(c)]。而在倾角域 CIG 中，不同深度位置的反射能量的横向分布范围不尽相同。固定的反射切除半径不能很好地兼顾压制反射和保留绕射的目标，从而对波场分离效果产生影响。

下面介绍基于反射预测的倾角域绕射波分离技术。该方法首先在倾角域共成像点道集上通过相似谱扫描得到反射同相轴的稳相顶点位置。进而以此为约束，预测反射波形成只含预测反射同相轴的倾角域 CIG，通过与全波场倾角域 CIG 进行相似匹配，实现反射能量的自适应压制，从而获得剩余绕射能量。

该方法的第一步需要确定反射同相轴稳相顶点的位置。这在前面章节中已经做过介绍。下面重点介绍对反射能量的预测以及随后的压制。

由第四章的波场特征分析知，在偏移后的倾角域 CIG 中，反射同相轴和绕射同相轴的解析式为

$$z(a)=z_0\gamma\frac{\cos a_0\cos a+\varepsilon}{1-\gamma\sin a_0\sin a} \tag{5-70}$$

式中 z_0 是反射(绕射)点的真深度；a_0 是地层倾角；$\gamma=v_m/v$ 是速度精度参数，当所用的偏移速度正确时，$v_m=v$，即 $\gamma=1$；ε 是偏差补偿参数。当速度场复杂时，该解析表达式与倾角域的反射曲线有所偏差，尤其是在大倾角处。引入 ε 可以在一定程度上补偿该偏差，使二者在小倾角(反射顶点)处最佳吻合。

鉴于反射和绕射同相轴在倾角域 CIG 上的显著差异，可在倾角域对二者进行

分离。由于反射能量相对强,可以先从全波场中预测出反射波,然后利用预测出的波场压制全波场中的反射能量。

图5-47给出了基于反射预测的倾角域绕射波提取流程。图5-47(a)为利用倾角域反射和绕射的解析式绘制的全波场CIG。其中的绕射同相轴(深蓝色虚线)为拟线性,反射同相轴(绿色实线)为“笑脸”形曲线,二者差异明显,易于分离。与前一节类似,将倾角域CIG中的反射响应解析式作为理论模板,对图5-47(a)进行相似扫描并将得到的相似值置于“笑脸”形曲线顶点处。当理论模板和图中的反射同相轴重合时,相似值达最大。由此,可以根据最大相似值,确定反射同相轴的稳相顶点位置。以反射稳相顶点作为约束,从全波场CIG中[图5-47(a)]预测出只含反射同相轴的倾角域CIG[图5-47(b)]。将图5-47(b)和图5-47(a)进行图像相似匹配,二者的相同部分(反射同相轴)匹配度高。据此,在全波场CIG中切除匹配值大于某个阈值的能量即可得到反射波压制后的绕射波CIG[图5-47(c)]。

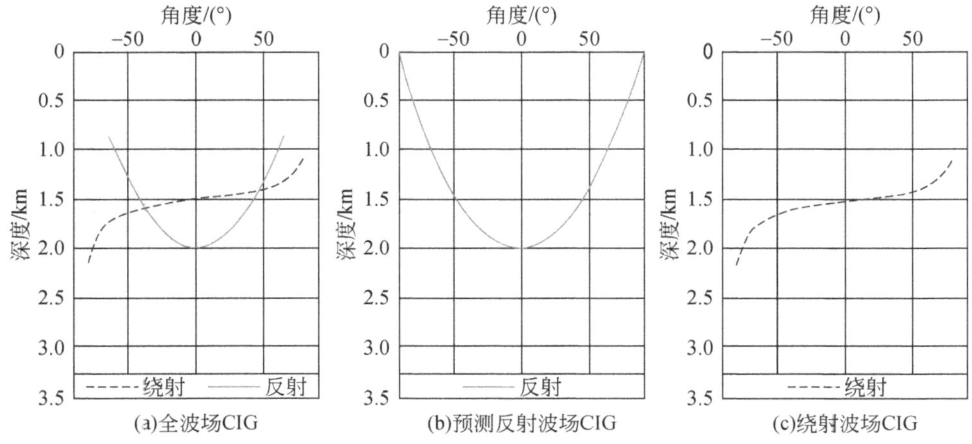

图5-47 基于反射预测的倾角域CIG绕射波提取示意图

当然,在绕射和反射同相轴交叉处压制反射的同时会损失部分绕射能量[图5-45(c)]。但是该部分能量损失相对较少,对最后的绕射成像影响较小,可忽略。

利用反射波在倾角域的解析表达式(5-70)构建一对变换算子:从数据空间$\mathbf{d}_r$到模型空间$\mathbf{m}_r$的变换算子$\mathbf{L}_r^{\mathrm{T}}$为

$$\mathbf{m}_r(\gamma,a_0,\varepsilon,z_0)=\sum_a \mathbf{d}_r[a,z(\gamma,a_0,\varepsilon,z_0)] \tag{5-71}$$

在上述变换对中,地层倾角a_0可以在倾角域CIGs中利用已知的反射解析式通过相似扫描得到,当所用的偏移速度正确时,$\gamma=1$。

为了在倾角域得到最佳预测的反射同相轴,构建如下目标函数:

$$F(\mathbf{m}_r)=\|\mathbf{L}_r\mathbf{m}_r-\mathbf{d}_r\|_2 \tag{5-72}$$

利用共轭梯度法使目标函数 F 达到最小,即可在数据空间得到最佳预测的反射响应。

综上,倾角域绕射波分离与成像技术基于倾角域共成像点道集绕射波和反射波的显著区别,利用高斯束角度域偏移算法得到倾角域 CIG,对其直接叠加即可得到全波场偏移结果;在倾角域 CIG 中压制反射同相轴,将剩余的能量作为绕射叠加即可实现绕射波成像。需要指出的是,当前绕射波成像还不是主流的地震成像手段,它可以作为传统全波场成像的一个补充,二者有效结合,联合解释从而达到地震高精度解释的目的。

下面通过对单个倾角道集进行绕射 CIG 提取试算,来验证上述倾角域反射预测方法的正确性。图 5-48(a)为包含一个反射同相轴和一个绕射同相轴的全波场 CIG。其中的绕射同相轴为拟线性,反射同相轴为"笑脸"形曲线。由于反射能量较强,相对较弱的绕射同相轴不太清晰。

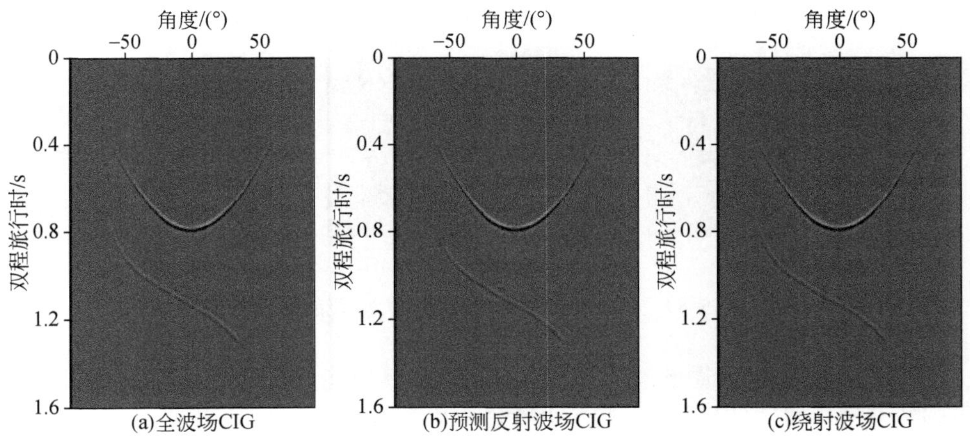

图 5-48　基于反射预测的倾角域 CIG 绕射波提取试算

应用上述反射预测方法预测得到的反射波场 CIG 如图 5-48(b)所示。可以看出,利用上述方法预测所得的反射同相轴和全波场中的反射响应几近相同,尤其在稳相顶点附近,二者吻合程度较高。将图 5-48(a)和(b)进行相似匹配,在全波场共成像点道集中压制相似度大于某个阈值处的能量。将反射压制后的 CIG 作为绕射波场 CIG[图 5-48(c)],可以看出,在分离后的绕射波场 CIG 中,"笑脸"形反射响应被完全压制,从而证明了上述反射预测算法的正确性。另外,由于强反射能量被压制,弱的绕射能量凸显出来,绕射同相轴变得更加清晰,进一步证明了绕射波提取方法的有效性。

同样选择 Sigsbee2a 模型对上述方法进行了试算验证。为了便于对比,试算模型的测试位置同相似普法完全一致。图 5-48(b)为在全波场 CIG 的基础上利用反射能量预测法预测得到的反射波场 CIG。由于预测所用的反射曲线表达式(5-70)在大倾角处与实际有偏差,导致大倾角处预测的反射同相轴不准确。但是在小倾角处,主要反射能量都可得到很好的预测。对图 5-49(a)、(b)两图进行相似匹配,从图 5-49(a)中去除与图 5-49(b)相似的部分,将剩余能量作为绕射波 CIG[图 5-49(c)]。

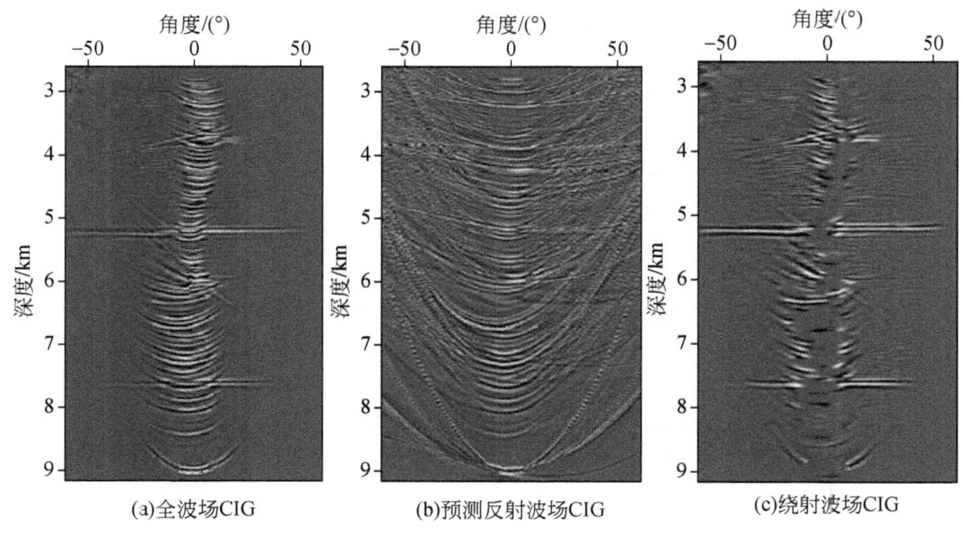

(a)全波场CIG　(b)预测反射波场CIG　(c)绕射波场CIG

图 5-49　基于反射预测的倾角域 CIG 绕射波提取

从绕射波场 CIG[图 5-49(c)]中可以看出,反射能量得到有效压制,绕射能量得到较好的保留,绕射同相轴比全波场 CIG 中的更加清晰。与图 5-45(c)基于相似谱扫描方法得到的绕射波场 CIG 相比,该方法在压制稳相顶点附近的反射能量时适应性强,对于反射能量横向分布范围窄的地方切除半径小,从而最大限度地保留了该处绕射能量,而对于反射能量横向分布范围较宽的地方选择相对较大的切除半径可以使反射能量得到较彻底的压制。

对所有 CDP 位置处分离后的绕射波场 CIG,沿着倾角方向叠加得到基于反射预测的绕射波成像结果。图 5-50 所示为相应目标区域的绕射波偏移剖面。在该结果中反映连续地层界面等大尺度构造的反射能量被有效压制,而我们所关注的两排点绕射体以及断层界面十分清晰。另外,对比发现,为了保留绕射能量,图 5-46(b)基于相似谱估计的绕射目标成像结果中残留有较多的反射能量,而本节基于反射预测的绕射目标成像结果对点绕射体和断层界面附近的反射能量压制效果更好,从而使得绕射目标成像分辨率更高,对绕射目标的刻画更加准确。因此,基于反射预测的倾角域绕射波分离技术比基于相似谱扫描的绕射波分离方法具有更好的效果。下文的绕射成像数值试算中,均采用反射预测法进行绕射波场的分离提取。

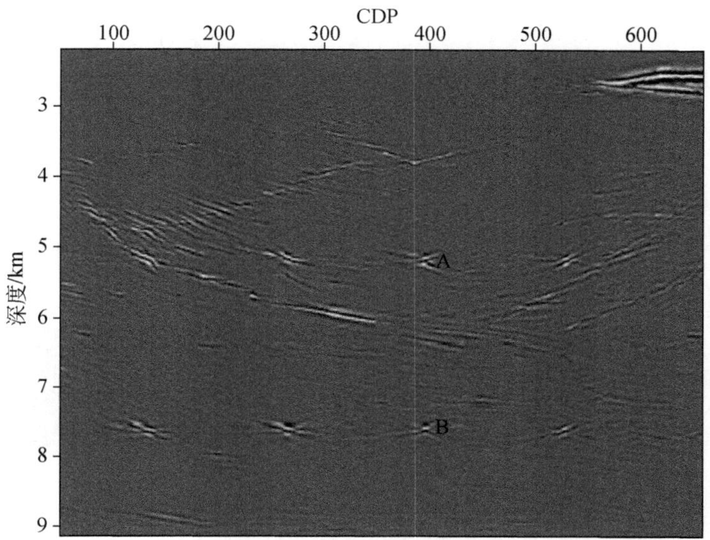

图 5-50 Sigsbee2a 模型反射预测法绕射波场成像结果

5.2.4 倾角域绕射波分离测试

碳酸盐岩地层中蕴含着丰富的油气资源。目前,碳酸盐岩储集层中的油气储量约占世界油气总储量的 50%,其油气产量高达全世界油气总产量的 60% 以上,该类型油气储层构成的油气田通常储量较大且单井产量高,容易形成大型油气田。

我国碳酸盐岩分布广泛,但是相对世界上已发现的油气资源可采储量和油气产量来说,我国的碳酸盐岩勘探开发程度相对较低,只占 18%。因此,中国的碳酸盐岩地区还存在有巨大的油气勘探开发空间和潜力(金之钧,2011)。然而,碳酸盐岩地层沉积和成岩演化的特殊性和复杂性,造成碳酸盐岩探区缝洞型储集体的地震响应通常表现为复杂的绕射波特征。因此,正确识别裂缝、溶洞等绕射目标体对碳酸盐岩探区勘探开发有着极其重要的理论意义和使用价值(金之钧,2011)。

5.2.4.1 碳酸盐岩裂缝模型测试

首先对碳酸盐岩裂缝简单模型进行测试。如图 5-51(a)所示,该模型网格大小为 398×2000,纵横向网格间隔均为 2m,浅层均匀介质速度为 2000m/s,深层均匀介质速度为 4000m/s,并且包含三个横向尺度为 20m、速度为 2300m/s 的小尺度倾斜裂缝(标记为A、B、C)。采用主频为40Hz的点震源激发进行正演模拟,中间激发两边接收,模拟记录一共340炮,每炮301道,道间隔4m,时间采样点数为2825,采样间隔0.32ms。炮记录如图5-51(b)所示。在两层均匀介质分界面上将产生强反射波。由于裂缝的尺度较小,且裂缝与围岩速度差距较大,纵横向速度变化剧烈,产生丰富的绕射波。但和反射波相比,绕射能量较弱。

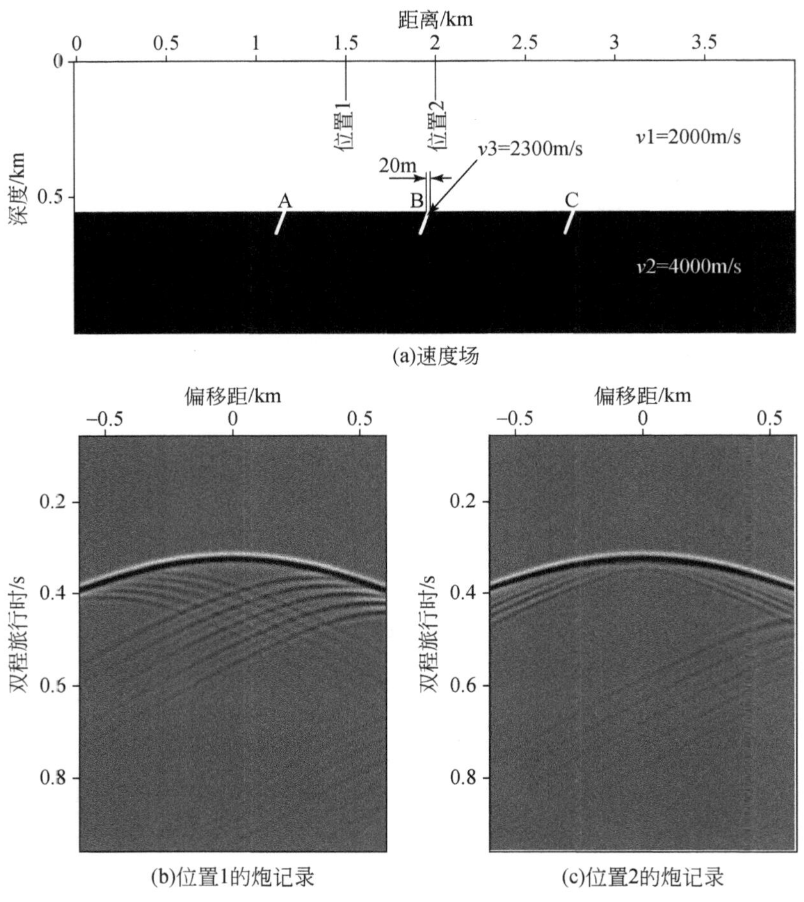

图5-51　裂缝模型及其炮记录

在全波场高斯束偏移结果[如图5-53(a)]中,反射界面信息得到了较完美的表征,但裂缝目标体则由于强反射能量的屏蔽无法进行准确解释。因此,接下来需要提高裂缝目标的分辨率。

图5-52(a)为利用高斯束角度域偏移提取的第一个裂缝A附近位置处的倾角域共成像点道集。其中,图5-52(a-3)位于裂缝顶部位置的正上方,左右两图分别

位于裂缝横向位置的左右两侧。在图 5-52 中可以清晰地观察到水平反射界面产生的“笑脸”形反射成像同相轴和来自裂缝能量相对较弱的水平或者倾斜拟线性同相轴。这样,将全波场能量沿倾角方向进行共成像点道集叠加必然会导致绕射弱能量被反射成像值所掩盖。

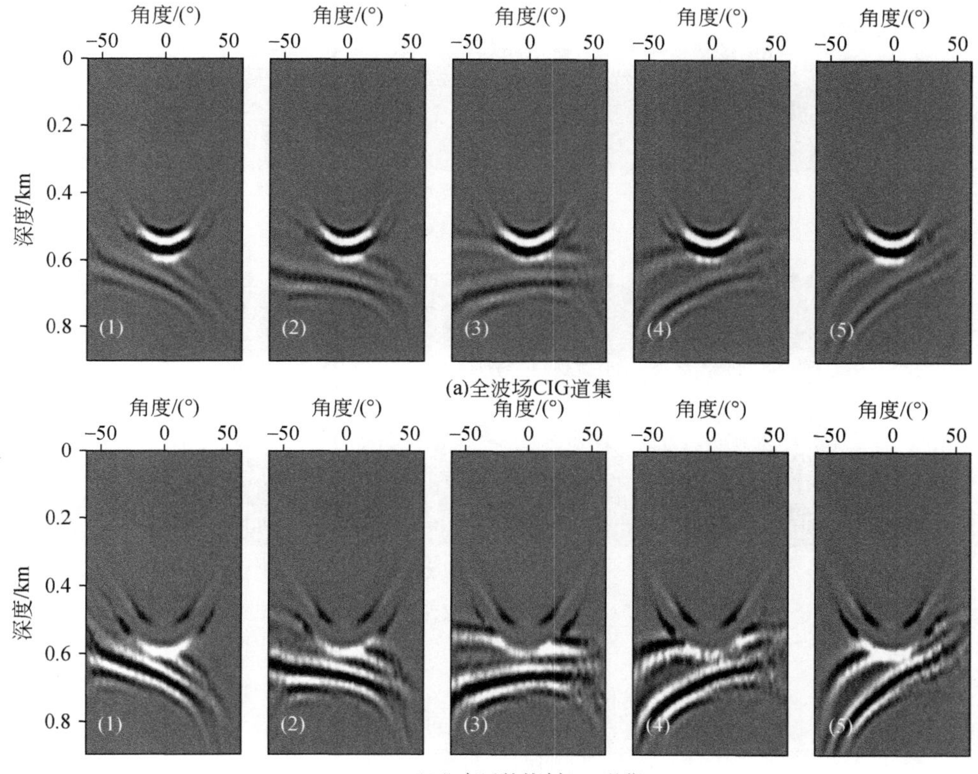

图 5-52　基于反射能量预测法的倾角域波场分离

利用反射能量预测方法进行波场分离。如图 5-52(b)所示,波场分离之后,来自强反射界面的反射能量得到了有效压制,来自裂缝构造的绕射能量较好地保留下来,并且得到了相对加强。虽然反射界面两翼的小部分能量没有得到较好压制,但是由于成像叠加时它们不是同相叠加,对最终的绕射目标成像结果影响不大。

如图 5-53(b)图所示,在该绕射目标成像剖面上,反射界面的成像能量得到了压制,裂缝位置处的能量得到了有效突出,较好地提高了裂缝目标体的成像分辨率,从而能够对裂缝的形态和位置进行很好的解释定位。

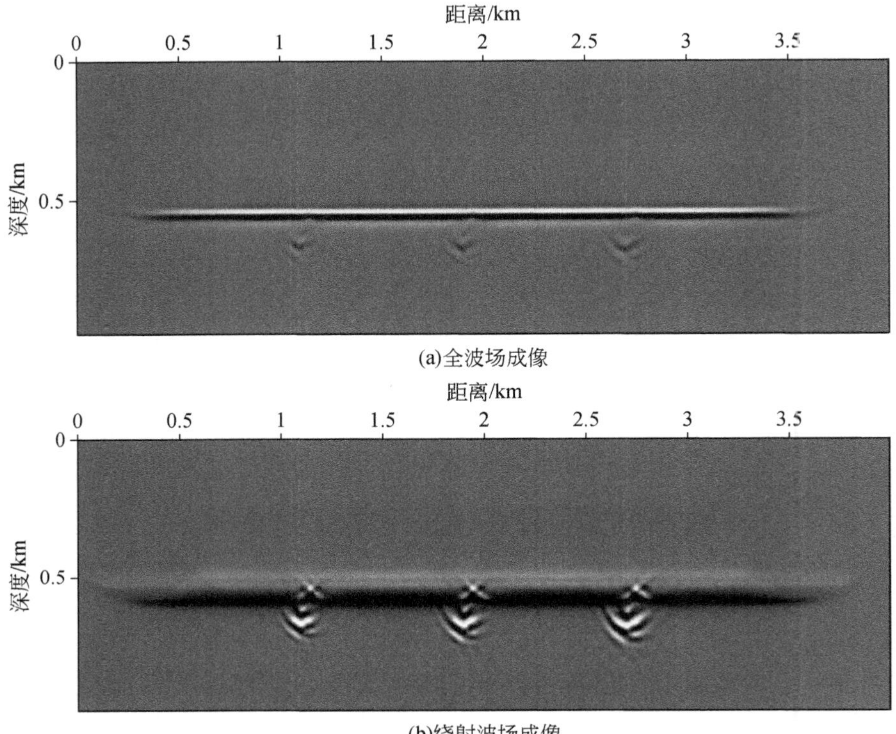

图 5-53　裂缝模型成像结果对比

5.2.4.2　碳酸盐岩溶洞模型测试

接下来对简单溶洞模型进行测试。如图 5-54(a)所示,该模型网格大小为398×2000,纵横向采用间隔均为 2m,浅层均匀介质速度为 2000m/s,深层均匀介质速度为 4000m/s,并且包含速度为 2300m/s 三组从左到右尺度分别为 80m、120m、160m 的溶洞。采用主频为 40Hz 的点震源激发进行正演模拟,中间激发两边接收,模拟记录一共 340 炮,每炮 301 道,道间隔 4m,时间采样点数为 2825,采样间隔 0.32ms。

炮记录如图 5-54(b)所示,由于溶洞内部及溶洞之间的多次散射,炮记录上表现为复杂且能量较弱的绕射波。从全波场高斯束偏移结果[图 5-56(a)]上可以看出,120m 和 160m 尺度的溶洞位置及边界信息都得到了清晰而明确的刻画,但尺度较小的 80m 溶洞组的成像值几乎完全被反射界面信息所掩盖,在全波场偏移结果上较难准确识别和定位。为了提高较小尺度溶洞的成像分辨率,采用倾角域波场分离方法进行溶洞目标成像。

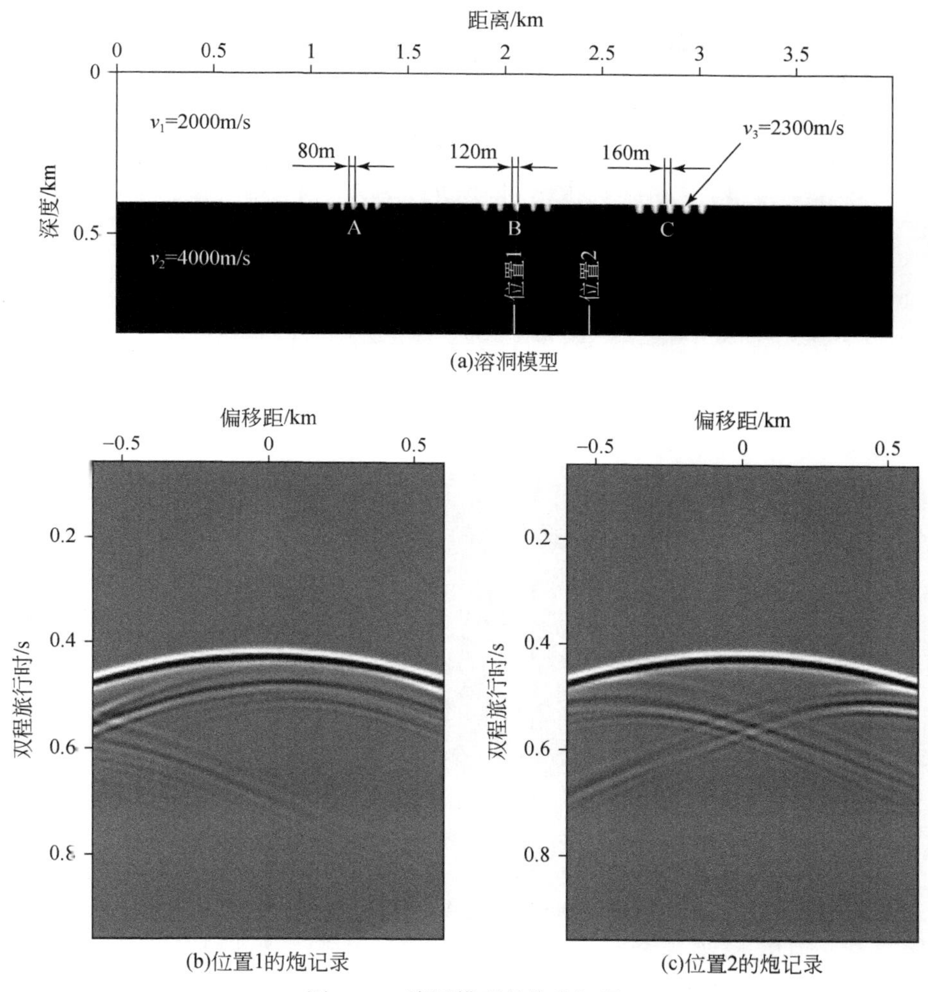

(a)溶洞模型

(b)位置1的炮记录

(c)位置2的炮记录

图 5-54 溶洞模型的炮集记录

首先利用高斯束角度域偏移提取用于波场分离的倾角域共成像点道集。如图 5-55(a)所示为第一组溶洞 A 位置附近的 CIGs。在全波场倾角域 CIGs 上,水平反射界面的反射成像值表现为顶点位于零地层倾角位置处的“笑脸”形同相轴,而来自小尺度溶洞的成像值则表现为不同斜率的多组绕射线性同相轴。根据该形态差异,利用反射能量预测法进行反射波预测和波场分离。波场分离之后的绕射倾角域 CIGs 如图 5-55(b)所示。

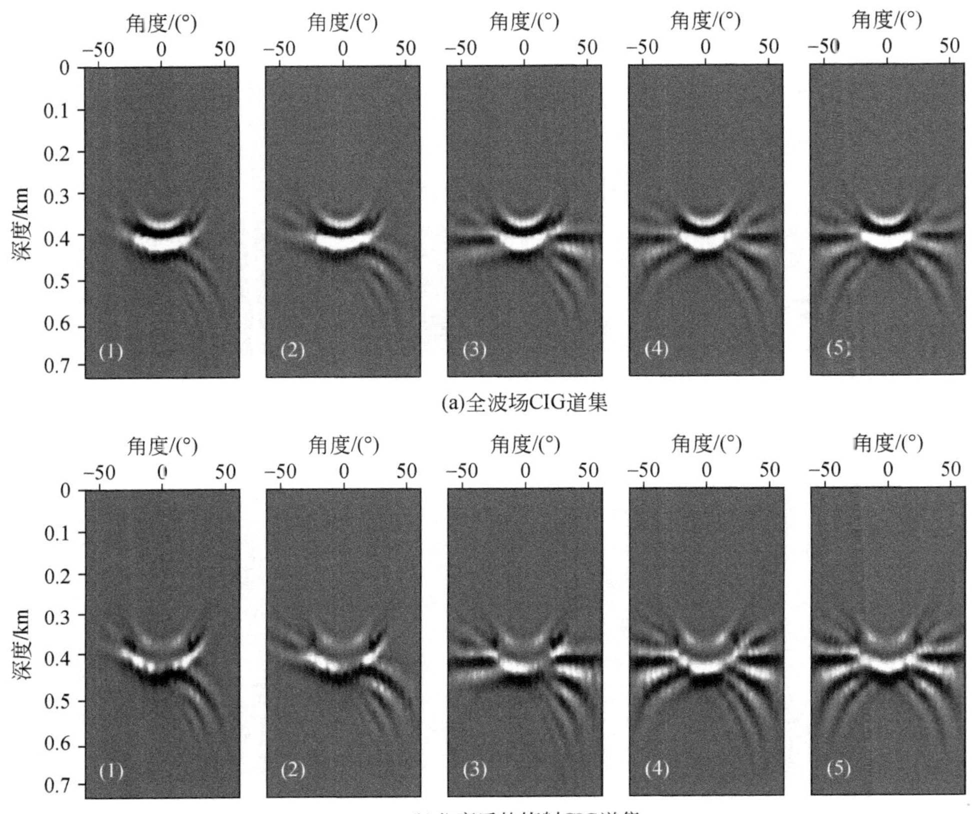

图 5-55　基于反射能量预测的倾角域波场分离

在该绕射 CIG 道集上[图 5-55(b)],由于反射强能量信息大部分被切除,因此在原始 CIG 道集上[图 5-55(a)],能量较弱的多次绕射能量相对增强。将该绕射 CIGs 叠加之后得到的绕射目标成像剖面,如图 5-56(b)所示。在该成像剖面上,不但尺度较大的 120m 和 160m 溶洞组的边界位置得到了清晰而准确的刻画。同时,原来被强反射成像能量所掩盖的小尺度 80m 溶洞位置也得到了准确定位,且其边界信息在剖面上同样表现比较清晰。可以看出,倾角域绕射目标成像很好地提高了小尺度溶洞体的成像分辨率。

5.2.4.3　断块砂体模型测试

图 5-57 为一断块砂体模型。这个是本书前面使用过的模型。模型中有两个明显反射界面,分别为 R1 和 R2。在模型中部有一个地堑构造。地堑区域发育许多不同形态砂体。不同颜色的砂体代表不同的充填物(油、气、水等)。气砂、油砂

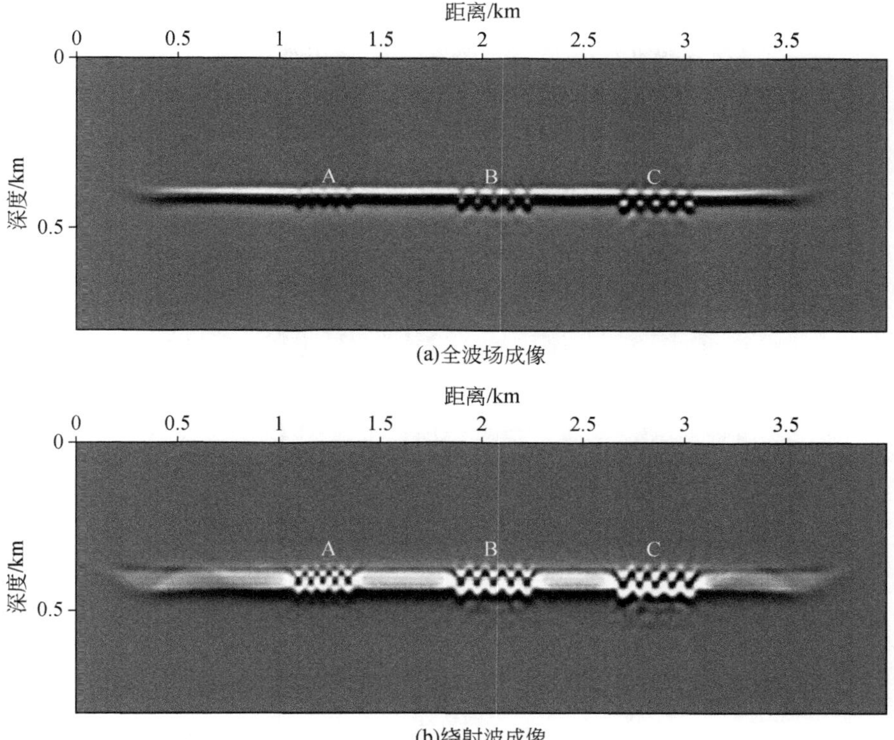

(a)全波场成像

(b)绕射波成像

图 5-56　溶洞模型成像结果

和水砂的速度分别给定为 1700m/s、1900m/s 和 2000m/s。背景泥岩的速度给定为 2100m/s。该模型纵、横向采样点数分别为 5601×1201，采样间隔均为 5m，采用有限差分正演模拟得到炮记录。模型中地堑构造两边的两个正断层可以作为绕射目标。另外，模型中部的小尺度断块砂体也是模型所设计的绕射目标。

图 5-58 为断块砂体模型的全波场成像结果。该成像剖面由高斯束偏移算法得到。由于是理论模型，从全波场成像结果中可以很好地识别模型中的大尺度反射界面以及小尺度绕射目标。

在图 5-58 中两条绿色竖线所在位置(标示为 AB、CD)处分别提取倾角域 CIG，用于绕射波的分离。图 5-59 展示了第一条竖线位置(AB 剖面位置)处的 CIG。图 5-59(a)为全波场 CIG。可以看出，其中的反射同相轴呈现明显的“笑脸”状，绕射同相轴表现为拟线性。由于反射能量较强，绕射同相轴不易识别。图 5-59(b)所示为分离后的绕射波 CIG[图 5-59(b)]。可以看出，强反射同相轴压制后，弱的绕射能量相对突出。

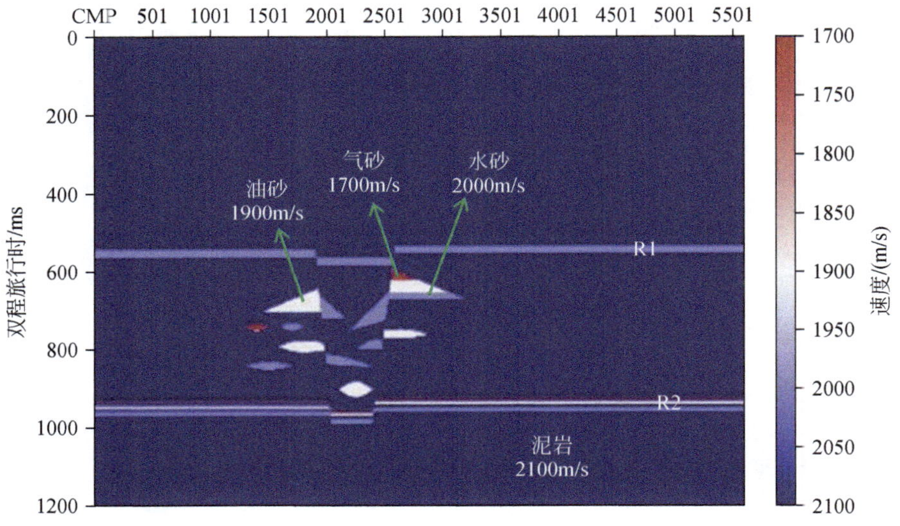

图 5-57 断块砂体模型

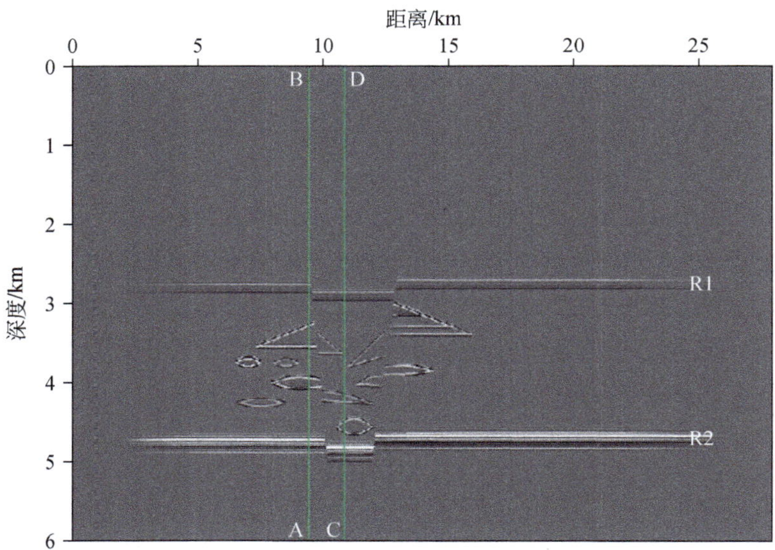

图 5-58 断块砂体模型全波场成像

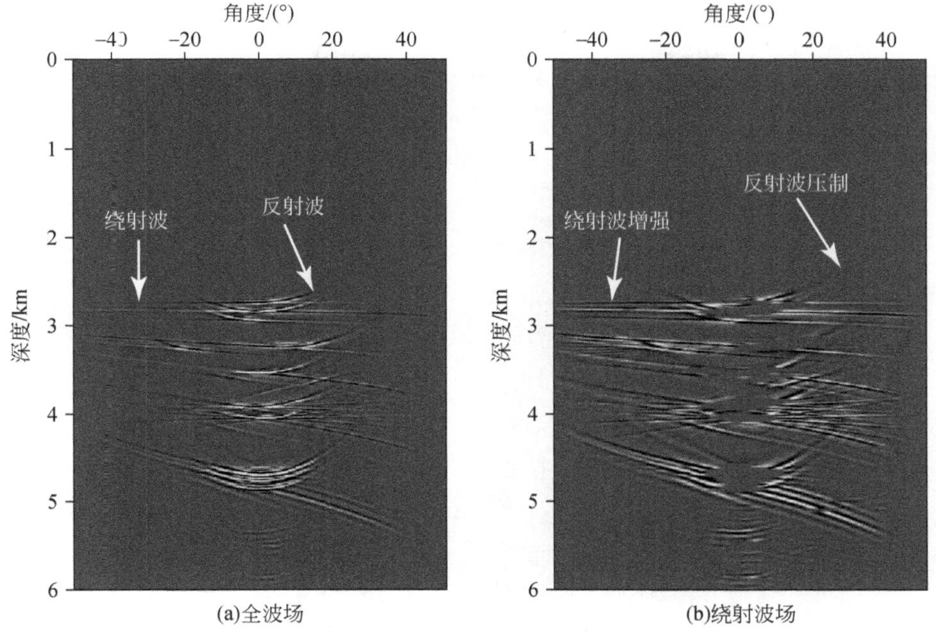

图 5-59　断块砂体模型沿 AB 线的 CIG 对比

同理,图 5-60 展示了第二条竖线位置(CD 剖面位置)处的 CIG。图 5-60(a)为全波场 CIG。可以看出,其中的反射同相轴呈现明显的"笑脸"状,绕射同相轴表现为拟线性。由于反射能量较强,绕射同相轴不易识别。图 5-60(b)所示为分离后的绕射波 CIG。可以看出,强反射同相轴压制后,弱的绕射能量相对突出。

对分离后的绕射波 CIG 沿着倾角方向叠加即可得到绕射波成像结果(图 5-61)。从绕射成像结果可以看出,绕射结果可以很好地压制反射能量,突出绕射能量。绕射结果中的突出的断点可以很好地勾勒出断陷的位置和形态,模型所设计断陷区周围的绕射体等,在绕射结果剖面上都有很好的刻画,而且分辨率较高。

为了更加清晰地对比分析波场分离前后的目标区域,我们将目标区域截取放大显示于图 5-62。通过对比全波场局部显示结果和对应的绕射波场局部显示可知,绕射结果中,模型中尺度较小的椭圆形砂体得到很好的成像,并且,由于某些三角形砂体尺度较大,只保留了几个顶点处的能量。

5.2.4.4　陈家庄凸起模型测试

前面章节已经对胜利油田陈家庄凸起模型有了较为详细的描述。本节介绍基于反射能量预测的倾角域绕射波分离方法在该模型上的测试结果。如前所述,陈家庄凸起模型包含 5 个地层分解面。其中第 1 分界面为水平界面;第 2、第 5 分解面为低幅倾斜分界面;第3、第4两个地层分界面为一个较大的斜坡面。第1层和第6层地层的速度分别为2000m/s和4000m/s。从上到下地层速度依次增大。模型速度场见图5-63。其中,地层分界面分别用R1、R2、R3、R4和R5表示。

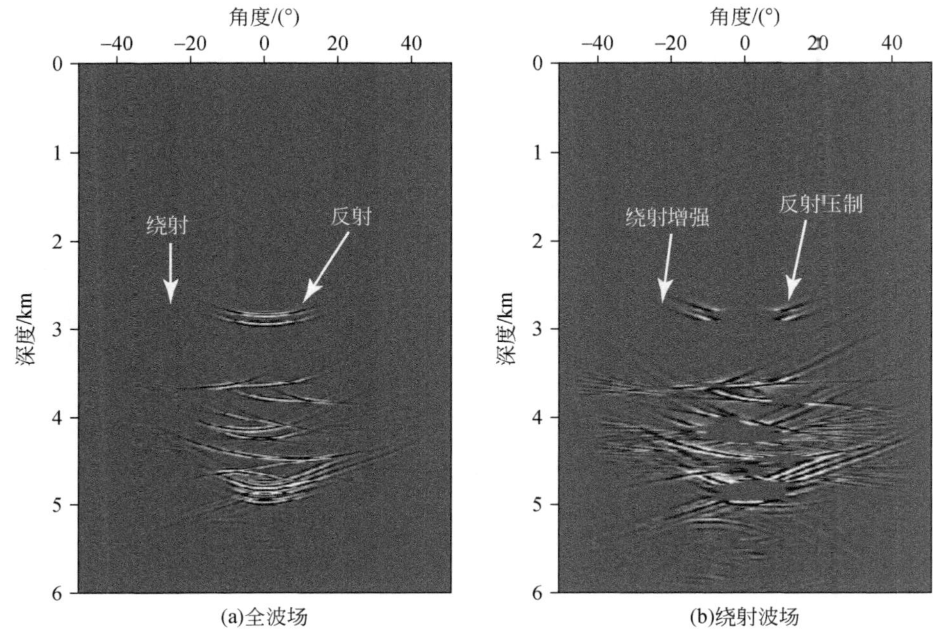

图5-60 断块砂体模型沿CD线的CIG对比

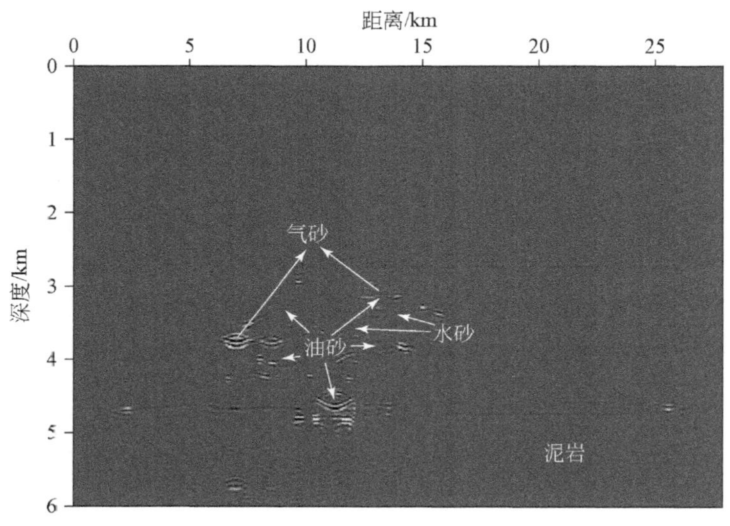

图5-61 断块砂体模型绕射波成像结果

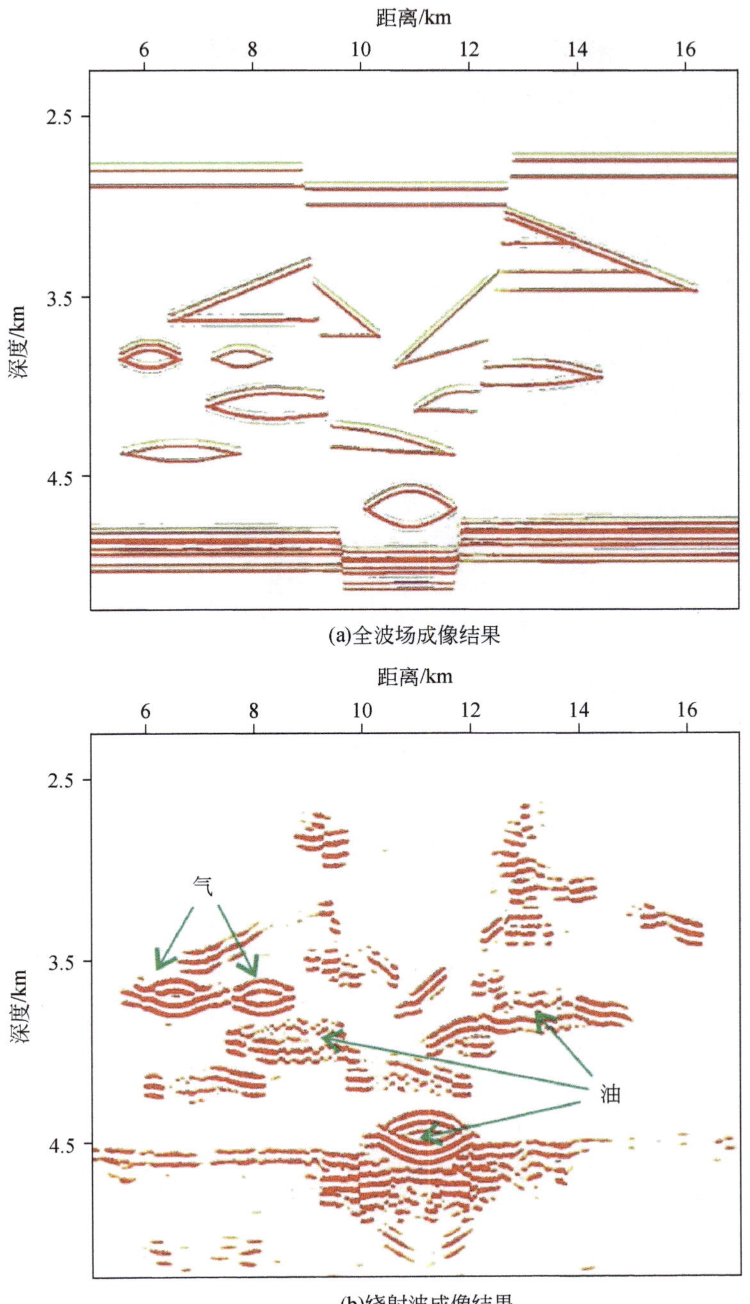

图 5-62　断块砂体模型目标区域局部全波场成像结果与绕射波成像结果对比

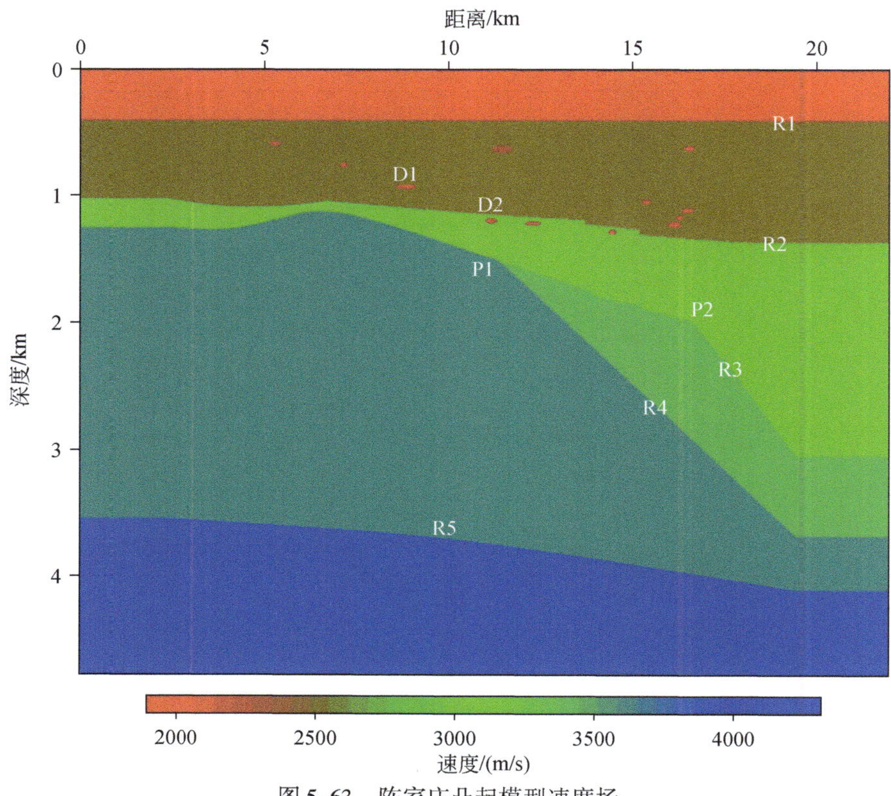

图 5-63　陈家庄凸起模型速度场

浅层第 2 层和第 3 层分布有一系列小尺度绕射目标体。第 4 套地层在上倾方向发育有尖灭。小尺度绕射目标体的速度给定为 2000m/s。上述这些绕射体和尖灭是我们的研究目标。为方便描述,图 5-63 中特别标出了 D1 和 D2 两个小尺度绕射目标,以及 P1 和 P2 两个尖灭点。

图 5-64(a)是该模型的全波场成像结果。可以看出,模型中的主要反射界面和绕射目标都成像出来。地层分界面 R1、R2、R3、R4 和 R5 成像结果清楚,位置正确。其中,模型中设计的小尺度绕射目标也能够成像出来。绕射体 D1、D2 以及其他的绕射目标都能够一一分辨。但由于和反射能量的相对关系,在全波场成像结果剖面上,绕射目标相对于反射目标较弱,分辨率较低。图 5-64(b)为利用倾角域绕射波分离与成像方法得到的绕射波成像剖面。可以看出,绕射剖面上,5 个反射界面得到很好的压制,地层分界面 R1、R2、R3、R4 和 R5 几乎看不到残留的信息。剖面中浅层绕射目标单独成像相对突出。D1、D2 等绕射体得到保留,并很好凸显出来。另外,图 5-64(b)中两个红色箭头指示了 P1 地层尖灭和 P2 断点,二者在绕射结果中都能很好地呈现出来。

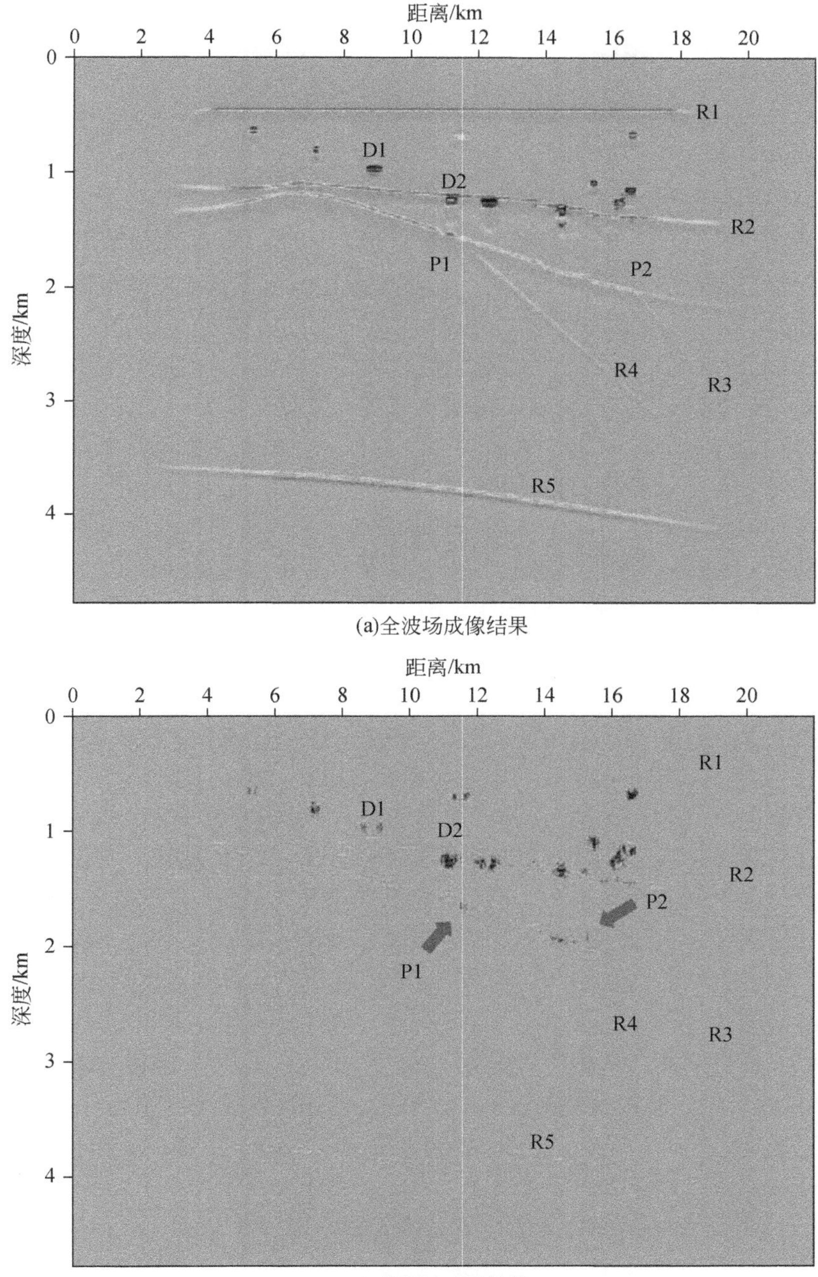

图 5-64　陈家庄凸起模型绕射波场分离结果

综上,通过陈家庄凸起模型试算,倾角域绕射波分离算方法可以很好地实现小尺度绕射目标体的分离,较好地压制了反射层的能量,小尺度砂体位置定位准确清晰,分辨能力较强。

这样,绕射能量与反射能量在倾角域 CIG 道集上分别表现为拟线性和开口向上的"笑脸"状同相轴,存在明显的形态差异。基于两者的这种形态差异,通过反射顶点附近能量压制,来实现反射波和绕射波的分离。应该明确,偏移速度存在误差时,反射波在倾角域 CIG 道集上与偏移速度正确时一样呈现出凹形"笑脸"同相轴,只是反射稳相点的顶点会随速度误差的变化沿深度方向上移或者下移。相应地,绕射同相轴不再呈拟线性形态,而是具有一定的弯曲度,但是它的曲率与反射波相比较小,并且在角度较小的时候仍然表现为一定的线性性质。因此,即使偏移速度存在一定的误差,仍然可以实现倾角域共成像点道集上绕射波的分离。

对比波场分离前后的偏移成像结果可知,在全波场成像剖面中,由于缝洞、断棱、尖灭、河道等小尺度绕射目标体的绕射能量相较于反射能量较弱,常被反射目标所屏蔽。利用分离绕射波单独成像的剖面上,来自连续界面的反射能量得到了较好的压制,绕射目标体得以突显和清晰刻画。因此,绕射波成像提高了非均质构造的成像分辨率,与传统的全波场相辅相成,有利于构造解释、岩性解释,特别是具有开发潜力的碳酸盐岩缝洞储层、河道储层等的解释。

5.3 复杂地表倾角域绕射目标分离成像

随着我国油气田勘探开发的逐步深入,勘探的重点逐渐由东部平原地区转向西部复杂地表区,如西部碳酸盐岩储层区近地表的戈壁、山地等。在勘探过程中常常面临近地表纵横向速度变化大、近地表无低降速带、静校正困难等问题。此时,基于水平地表假设、近地表低降速带等发展起来的偏移成像方法不再适用。也就是说,不能利用水平地表偏移方法提取准确的倾角域共成像点道集,从而不能准确地拾取绕射波。

下面介绍针对复杂地表区的地震资料,如何利用高斯束偏移方法提取倾角域 CIG 道集,然后利用倾角域绕射波分离方法进行反射波和绕射波的分离,以及绕射波的单独成像。

5.3.1 复杂地表倾角域 CIG 道集生成

图 5-65 为起伏地表二维模型示意图。假设 S 为起伏地表面,$\mathbf{x}_s=(x_s,z_s)$ 为震源,$\mathbf{x}_r=(x_r,z_r)$ 为对应震源 $\mathbf{x}_s$ 的接收点,$U(\mathbf{x}_r,\mathbf{x}_s,\omega)$ 为接收到的地震波场,$\mathbf{x}=(x,$

z)为地下成像点。则 $\mathbf{x}$ 点处反向延拓的地震波场 $U(\mathbf{x},\mathbf{x}_s,\omega)$ 可以通过 Kirchhoff-Helmoholtz 积分来表示

$$U(\mathbf{x},\mathbf{x}_s,\omega)=\int \mathrm{d}S\left[G^*(\mathbf{x},\mathbf{x}_r,\omega)\frac{\partial U(\mathbf{x}_r,\mathbf{x}_s,\omega)}{\partial n}-U(\mathbf{x}_r,\mathbf{x}_s,\omega)\frac{\partial G^*(\mathbf{x},\mathbf{x}_r,\omega)}{\partial n}\right] \tag{5-73}$$

式中,$G(\mathbf{x},\mathbf{x}_r,\omega)$ 为接收点 $\mathbf{x}_r$ 到成像点 $\mathbf{x}$ 的格林函数;$\frac{\partial}{\partial n}$代表沿外法线方向求导;$*$ 代表复共轭。

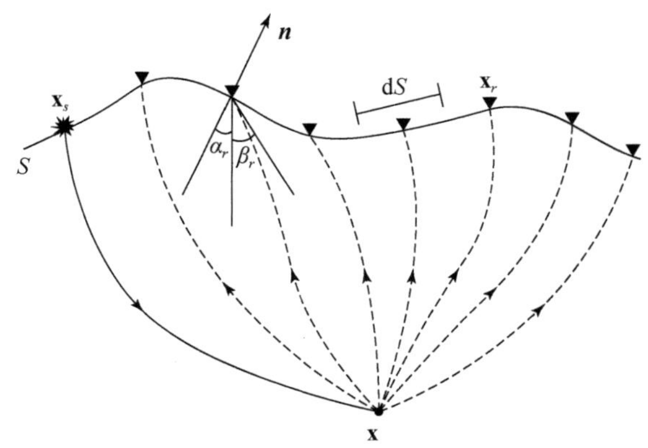

图 5-65　复杂地表条件下的波场反向延拓

当地表起伏变化不大时,反向延拓的地震波场 $U(\mathbf{x},\mathbf{x}_s,\omega)$ 可以近似表示

$$U(\mathbf{x},\mathbf{x}_s,\omega)\approx 2i\omega\int \mathrm{d}S\,\frac{\cos\theta_r}{V_r}G^*(\mathbf{x},\mathbf{x}_r,\omega)U(\mathbf{x}_r,\mathbf{x}_s,\omega) \tag{5-74}$$

式中,$\theta_r=\beta_r-\alpha_r$ 为接收点 $\mathbf{x}_r$ 处射线出射方向同法线之间的角度;β_r 和 α_r 分别为 $\mathbf{x}_r$ 处出射到达地下成像点 $\mathbf{x}$ 射线的出射角以及地表的倾角;V_r 为 $\mathbf{x}_r$ 处地表速度;$*$ 代表复共轭。式(5-74)是利用 Kirchhoff 积分进行基准面校正的基本公式,也是进行起伏地表高斯束偏移的基本公式。

首先,对式(5-74)沿水平方向将地震记录加入一系列重叠高斯窗,得到如下表达式:

$$U(\mathbf{x},\mathbf{x}_s,\omega)\approx\sqrt{\frac{2}{\pi}}\frac{i\omega\Delta\mathbf{L}}{w_0}\left|\frac{\omega}{\omega_r}\right|^{1/2}\sum_{\mathbf{L}}\int \mathrm{d}S\,\frac{\cos\theta_r}{V_r}G^*(\mathbf{x},\mathbf{x}_r,\omega)\exp\left[-\left|\frac{\omega}{\omega_r}\right|\frac{(x_r-\mathbf{L})^2}{2w_0^2}\right]\times U(\mathbf{x}_r,\mathbf{x}_s,\omega) \tag{5-75}$$

接下来,根据平面波沿不同方向传播时到达接收点 $\mathbf{x}_r$ 与束中心 $\mathbf{L}$ 的走时延迟时间(图 5-66),可以将震源所表示的格林函数 $G(\mathbf{x},\mathbf{x}_r,\omega)$ 用高斯波束 $u_{GB}(\mathbf{x},\mathbf{L},\omega)$ 的积分近似表示为

$$
\begin{aligned}
G(\mathbf{x},\mathbf{x}_r,\omega) &\approx \frac{i}{4\pi}\int\frac{\mathrm{d}p_{Lx}}{p_{Lz}}u_{GB}(\mathbf{x},\mathbf{L},\omega)\exp[-i\omega\boldsymbol{p}_L\cdot(\mathbf{x}_r-\mathbf{L})] \\
&\approx \frac{i}{4\pi}\int\frac{\mathrm{d}p_{Lx}}{p_{Lz}}A_L\exp(i\omega T_L)\exp\{-i\omega[p_{Lx}(x_r-L)+p_{Lz}h]\}
\end{aligned}
\tag{5-76}
$$

式中，$\boldsymbol{p}_L=(p_{Lx},p_{Lz})=\left(\dfrac{\sin\beta_L}{V_L},\dfrac{\cos\beta_L}{V_L}\right)$为高斯束中心射线的初始慢度；$\beta_L$ 为射线的出射角；h 为$\mathbf{x}_r$ 和 $\mathbf{L}$ 之间的高程差；$\exp\{-i\omega[p_{Lx}(\mathbf{x}_r-\mathbf{L})+p_{Lz}h]\}$为相位校正因子。

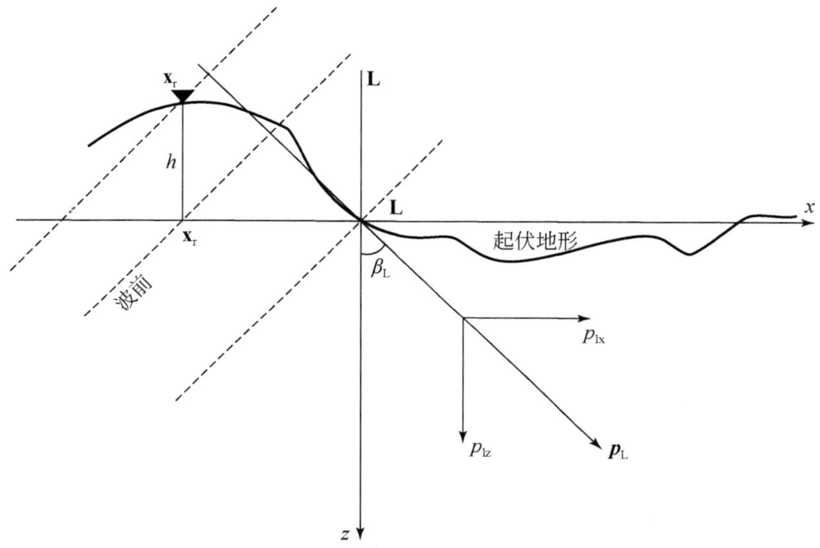

图 5-66 通过 $\mathbf{L}$ 处出射高斯束的积分来近似格林函数 $G(\mathbf{x},\mathbf{x}_r,\omega)$

将式(5-76)代入式(5-75)，得

$$
\begin{aligned}
U(\mathbf{x},\mathbf{x}_s,\omega) \approx& \frac{\omega\Delta\mathbf{L}}{2\pi\sqrt{2\pi}\,w_0}\left|\frac{\omega}{\omega_r}\right|^{1/2}\sum_{\mathbf{L}}\int\mathrm{d}S\,\frac{\cos\theta_r}{V_r}U(\mathbf{x}_r,\mathbf{x}_s,\omega)\exp\left[-\left|\frac{\omega}{\omega_r}\right|\frac{(x_r-\mathbf{L})^2}{2w_0^2}\right] \\
&\times\int\frac{\mathrm{d}p_{Lx}}{p_{Lz}}A_L^*\exp(-i\omega T_L^*)\exp\{i\omega[p_{Lx}(x_r-\mathbf{L})+p_{Lz}h]\}
\end{aligned}
\tag{5-77}
$$

对于经过的地下成像点出射角为 β_L 的高斯束，令 $V_r\approx V_L$，$\beta_r\approx\beta_L$，从而求得 $\theta_r\approx\beta_L-\alpha_r$，交换式(5-77)的积分次序，得到复杂地表波场的高斯束反向延拓公式：

$$
U(\mathbf{x},\mathbf{x}_s,\omega)=\frac{\omega\Delta\mathbf{L}}{2\pi\sqrt{2\pi}\,w_0V_L}\sum_{\mathbf{L}}\int\frac{\mathrm{d}p_{Lx}}{p_{Lz}}A_L^*\exp(-i\omega T_L^*)D_S(\mathbf{L},p_{Lx},\omega)
\tag{5-78}
$$

其中，

$$
D_S(\mathbf{L},p_{Lx},\omega)=\left|\frac{\omega}{\omega_r}\right|^{1/2}\int\mathrm{d}S\cos(\beta_L-\alpha_r)U(\mathbf{x}_r,\mathbf{x}_s,\omega)\exp\{i\omega[p_{Lx}(x_r-\mathbf{L})+p_{Lz}h]\}
$$

$$\times \exp\left[-\left|\frac{\omega}{\omega_r}\right|\frac{(x_r-L)^2}{2w_0^2}\right] \tag{5-79}$$

为地震记录的局部平面波分解。它包含了起伏地表的高程以及倾角信息，因此可以直接在地表起伏面上进行局部平面波的分解。

应用反褶积型的成像条件得到二维起伏地表高斯束成像公式：

$$I(\mathbf{x},\mathbf{x}_s)=\frac{1}{2\pi}\int\frac{U(\mathbf{x},\mathbf{x}_s,\omega)G^*(\mathbf{x},\mathbf{x}_s,\omega)}{G(\mathbf{x},\mathbf{x}_s,\omega)G^*(\mathbf{x},\mathbf{x}_s,\omega)}\mathrm{d}\omega \tag{5-80}$$

将利用高斯束表示的震源格林函数 $G(\mathbf{x},\mathbf{x}_s,\omega)$ 和局部平面波分解公式[式(5-79)]同时代入上述二维起伏地表成像公式[式(5-80)]得

$$I(\mathbf{x},\mathbf{x}_s)=-\frac{\Delta\mathbf{L}}{16\pi^3\sqrt{2\pi}\,w_0}\sum_L\int\mathrm{d}\omega\,\frac{i\omega}{G(\mathbf{x},\mathbf{x}_s,\omega)G^*(\mathbf{x},\mathbf{x}_s,\omega)}\int\frac{\mathrm{d}p_{sx}}{p_{sz}}A_s^*\exp(-i\omega T_s^*)$$

$$\times\frac{1}{V_L}\int\frac{\mathrm{d}p_{Lx}}{p_{Lz}}A_L^*\exp(-i\omega T_L^*)D_S(\mathbf{L},p_{Lx},\omega) \tag{5-81}$$

经推导得最终的复杂地表高斯束偏移成像公式：

$$I(\mathbf{x},\mathbf{x}_s)=-\frac{\Delta\mathbf{L}}{4\pi^2w_0}\sum_L\int\omega\,\mathrm{d}\omega\sqrt{i\omega}\int\mathrm{d}p_{mx}\,\frac{\cos\beta_s}{\cos\beta_L V_s}$$

$$\times\frac{A_s^*A_L^*\,|T_s''(p_{sx}^0)|}{|A_s|^2\sqrt{T^{*\prime\prime}(p_{hx}^0)}}\exp[-i\omega(T_s^*+T_L^*)]D_S(\mathbf{L},p_{Lx}^0,\omega) \tag{5-82}$$

式中，V_s 为震源处地表速度；β_s 为出射角度；$T_s''(p_{sx})$，$T^{*\prime\prime}(p_{hx})$ 为走时的二阶导数。

由于高斯束传播过程中其地下射线的传播角度包含在高斯束走时信息里，因此可以依照式(5-53)角度提取方法获得高斯束延拓时任意入射—出射射线对的角度信息。然后利用式(5-54)和式(5-55)提取成像点处的散射角和地层倾角，将由此入射—出射射线对求取的成像值分别投影到由散射角—局部倾角—深度构成的3D共成像点道集坐标系，然后沿倾角方向叠加得到散射角域CIG道集或者沿散射角方向叠加得到弹性波倾角域共成像点道集，利用前面提到的基于局部倾角估计或者相似谱分析反射能量压制方法或者反射能量预测方法等即可实现绕射能量提取及成像。

5.3.2 复杂地表倾角域绕射波分离及成像数值试验

5.3.2.1 起伏地表溶洞模型

设计了一个简单的起伏地表溶洞模型，如图5-67所示，该模型包含两层均匀介质和几个不同尺度的溶洞。上下两层介质的速度分别为2000m/s，4000m/s。溶

洞的速度介于两者之间，给定为2300m/s。溶洞位于上下两层介质的界面上，尺度从20m到120m不等。地表起伏变化，存在一定的高程差。

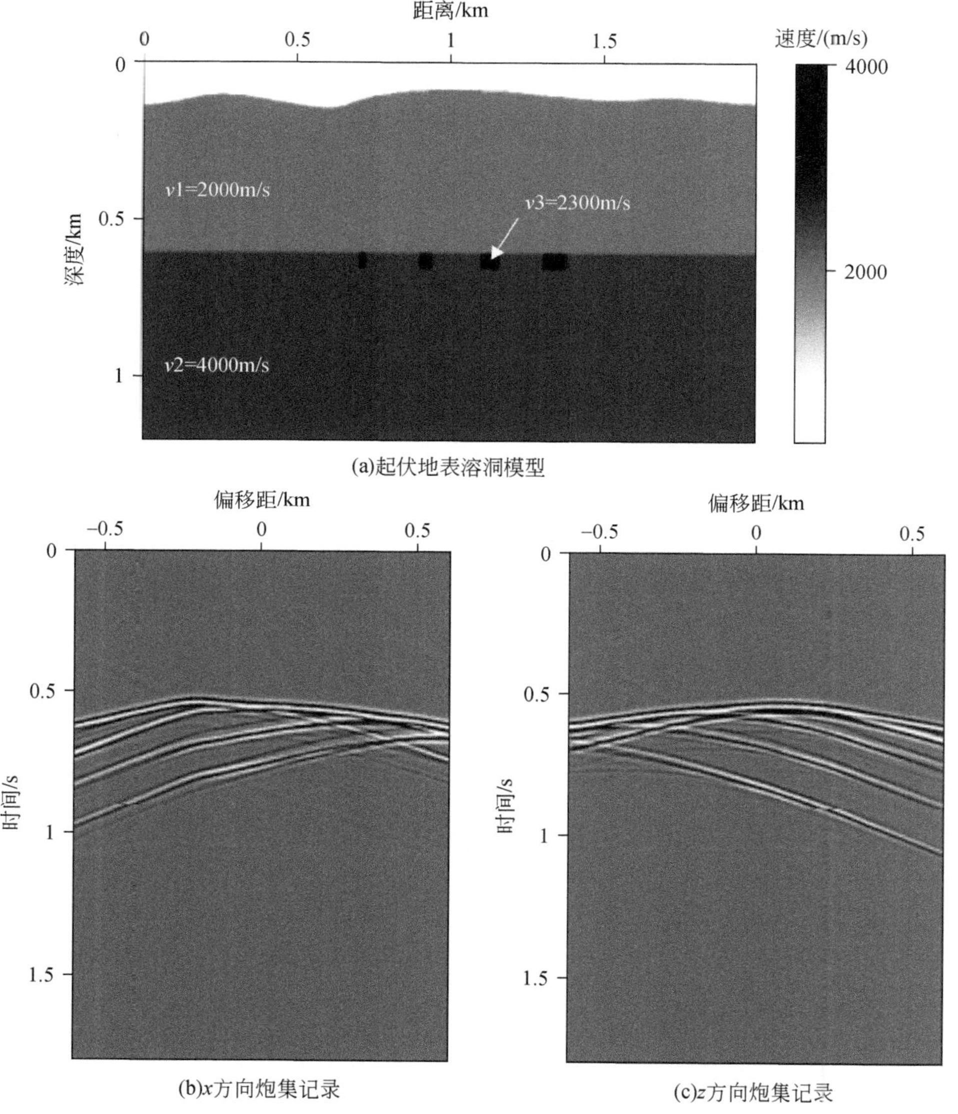

图5-67　起伏地表溶洞模型及炮集记录

在起伏面上进行点震源正演模拟，一共100炮，每炮301道，记录长度为1.7s。从单炮记录中可以看到，起伏地表导致水平反射界面产生的双曲同相轴发生弯曲。无论在哪个方向上获得的单炮记录，原本双曲形的地层界面反射同相轴，由于地表的起伏发生了扭曲。扭曲后的同相轴不再是标准的双曲线形态。在炮集记录上，由溶洞产生的绕射同相轴同样因为复杂地表的原因发生了形态的改变。很明显，由于复杂地表的存在给地震资料的解释带来了困难。从炮集记录可以清楚看出，如果不对地表因素进行校正，后续的处理结果将因地表起伏的影响，和真实地下构造情况产生很大差异。

应用复杂地表直接下延高斯束偏移提取的倾角域共成像点道集，如图 5-68(a)所示。倾角域 CIG 道集上，同相轴的拟线性形态一方面说明地下小尺度介质的存在，另一方面说明了利用复杂地表高斯束角度域偏移方法提取倾角域道集的正确性。在倾角域共成像点道集中，不仅可以观察到水平反射界面产生的同相轴，还可以很清楚地观察到溶洞绕射所产生的拟线性同相轴。从图 5-68 中可以看出，在 CDP387、深度 620m 位置处存在一个水平线性的绕射同相轴，并在该 CDP 位置左

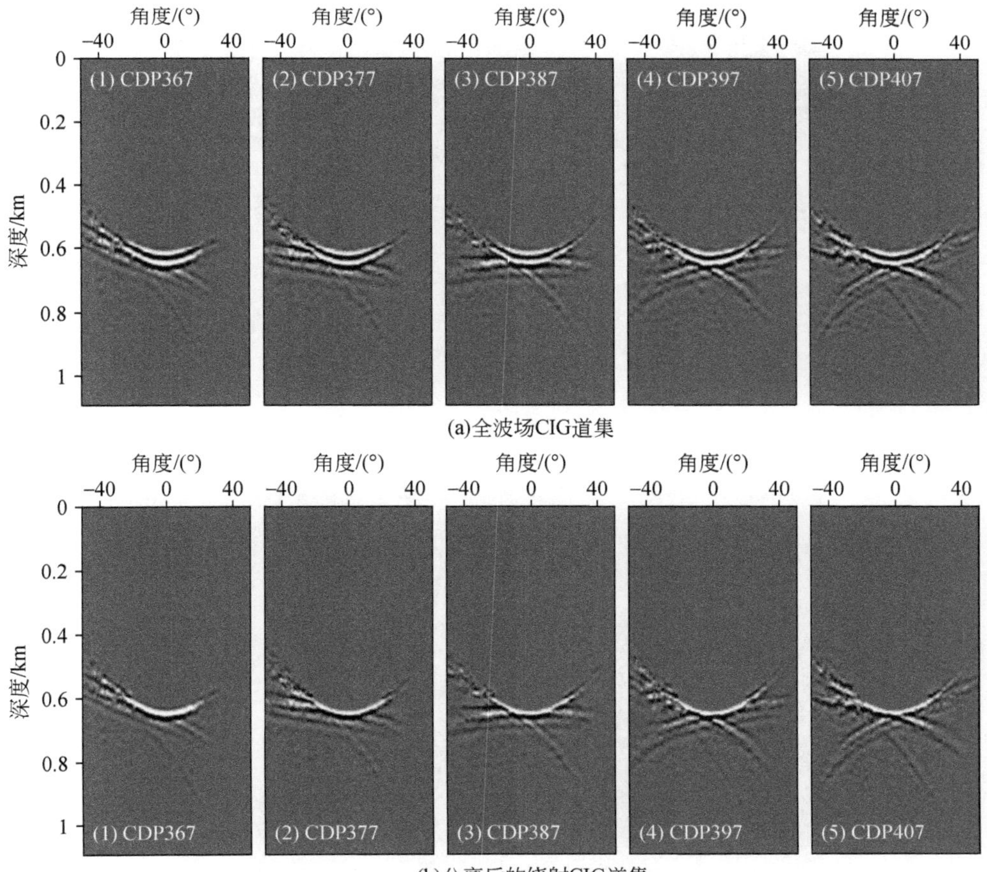

图 5-68　起伏地表溶洞模型基于相似谱分析的倾角域波场分离

右附近的绕射同相轴是按一定规律斜率变化的,因此可以断定溶洞体位于 CDP387 位置处。该位置处的反射同相轴为双曲线,呈向上弯曲的"笑脸"状。水平状绕射同相轴"托"在"笑脸"的下面。组合特征非常清楚。还有,反射能量明显强于绕射能量。在倾角 CIG 道集剖面上,反射同相轴振幅更强。因此,利用倾角域共成像点道集可以直接识别在全波成像结果中较难识别的溶洞体。

应用相似谱分析法进行波场分离得到的绕射倾角域共成像点道集如图 5-68(b)所示。经分析可知,该方法较好的压制了反射主能量,最大限度地保留了绕射能量。

在绕射 CIG 道集叠加之后的成像剖面上反射能量减弱、溶洞位置的成像能量相对增强,提高了溶洞解释的精度(图 5-69)。

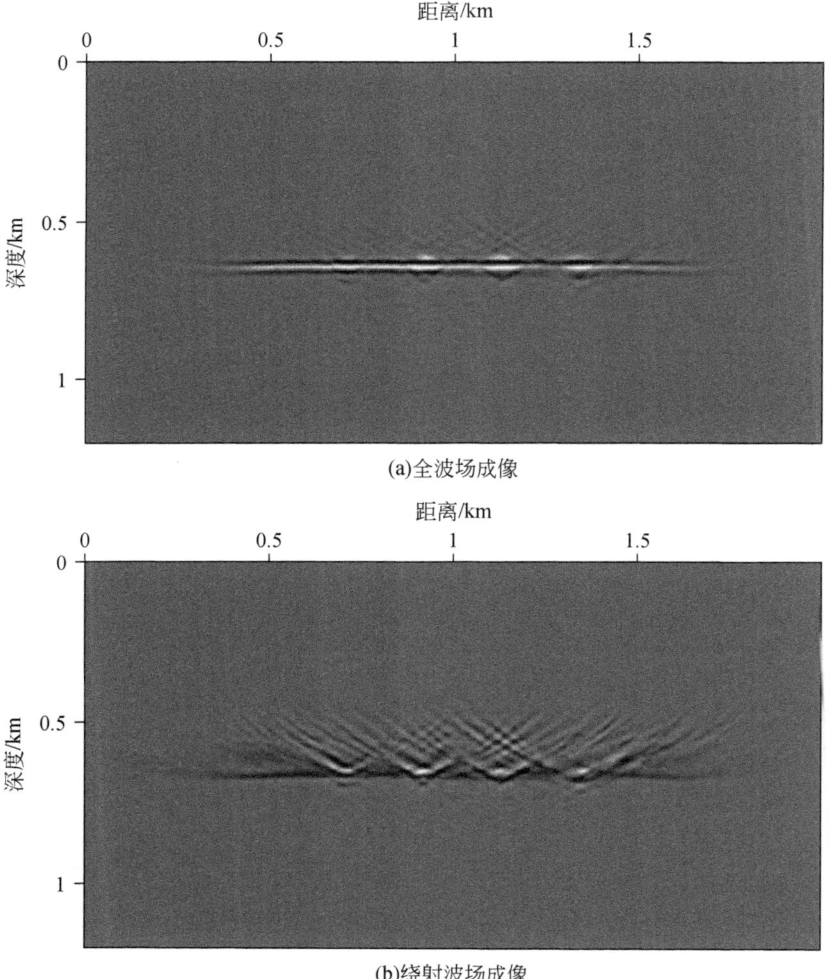

图 5-69　起伏地表溶洞模型波场分离成像结果对比

5.3.2.2 起伏地表断层模型

该模型根据某探区实际地层介质设计。地表存在较大的高程差。中深层包含几套大断层(图5-70)。该模型纵横向维数为1000×871,纵横向采样间隔分别为4m和12.5m,采用中间激发两边接收的方式进行正演模型,模拟炮记录一共80炮,每炮120道,道间隔25m,采样点数为1500,采样间隔2ms。

如图5-70所示,起伏地表断层模型自上而下包含多套地层,速度从2000m/s向下逐渐增大到4000m/s。模型中部为一个地垒构造,深部地层向上抬升。地垒被3条大的断层所围限。断层终止于浅表的地层,没有穿透地表。

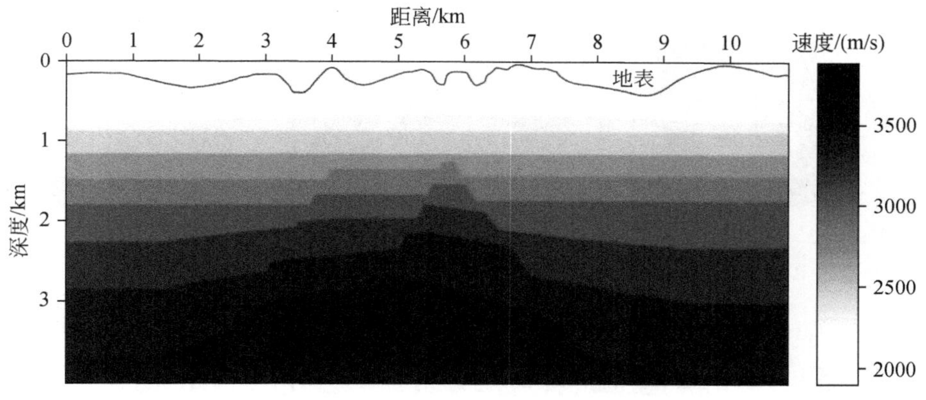

图5-70 起伏地表断层模型的速度谱

对模拟形成的数据体,利用复杂地表高斯束方法形成角度域CIG道集。在倾角域CIG道集的基础上对数据进行分析,并利用相似普法进行反射能量的压制,以获得绕射能量。对获得的数据进行全波场成像和绕射目标成像。

偏移成像结果如图5-71所示。对结果分析可知,利用复杂地表高斯束方法得到全波场成像结果真实可靠。和模型相比(图5-70),全波场成像结果所显示的地层形态、位置、相互关系等都没有因为地表起伏的影响而发生扭曲[图5-71(a)]。由此可见复杂地表高斯束方法在应对复杂地表方面方法的可靠性。通过对比全波场和绕射波场成像结果可知,绕射目标成像方法能有效压制大尺度构造产生的反射能量,使得断层信息有效地凸显出来[图5-71(b)]。在绕射波场成像剖面上,断层表达比全波场剖面更加清晰、更加突出。

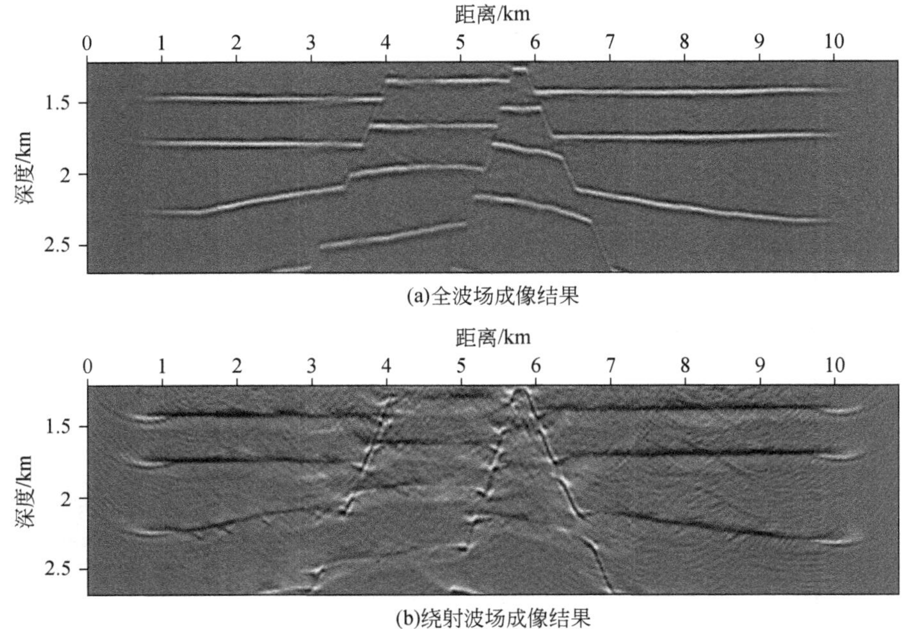

(a)全波场成像结果

(b)绕射波场成像结果

图 5-71　起伏断层模型成像结果对比

5.4　弹性波倾角域绕射目标分离成像

5.4.1　弹性波倾角域 CIG 道集生成

由于在实际地球介质中传播的地震波是一种弹性波。在地下地质条件复杂时,常规以单分量各向同性波动方程理论为基础的处理及偏移方法不再完全适用。基于弹性介质理论的多波多分量地震勘探技术,在高精度偏移成像、油气藏精细描述等方面发挥越来越重要的作用。在油气勘探从构造勘探逐步转向岩性勘探的形势需求下,多波多分量技术逐渐成为研究的焦点问题(黄中玉,2001;康利等,2004;李澈,2013;李录明等,1997;李录明等,1998;刘洋等,2005;芦俊等,2011;马昭军等,2010;孙歧峰等,2011;王赟,2017;张秉铭等,2000;赵波等,2012;张永刚等,2004;张中杰,2002)。岳玉波等(2011)提出的弹性波高斯束偏移不但能较好地处理转换波成像中的极性反转问题,还兼具高斯束偏移计算效率高、灵活性强、有效处理多波至问题等的优点。另外,射线类方法能直接利用走时信息来计算射线传播角度,从而得到地层倾角信息。在前人工作和综合实验的基础上,本书将弹性波问题引入绕射波成像问题,采用弹性波高斯束叠前深度偏移方法提取倾角域共成像点道集。

5.4.1.1 弹性动力学高斯束

首先构建如图 5-32 所示的射线中心坐标系,坐标系的原点为 s,以法向方向矢量 $\boldsymbol{n}$ 和切向方向矢量 $\boldsymbol{t}$ 为坐标轴,其中 s 为从初始参考点到当前计算点的射线路径弧长,则高斯束位移 $\hat{\boldsymbol{u}}^{v}(\mathbf{x};\mathbf{x}_0;\omega)$ 可表示为

$$\hat{\boldsymbol{u}}^{v}(\mathbf{x};\mathbf{x}_0;\omega)=\frac{\varphi^{v}}{\sqrt{V^{v}(s)\rho(s)q(s)}}\boldsymbol{e}^{v}\exp\left[i\omega\tau(s)+\frac{i\omega}{2}\frac{p(s)}{q(s)}n^{2}\right] \tag{5-83}$$

式中,上标 v 代表纵波或者横波等波型;$V(s)$ 为 s 位置处对应纵波或者横波的地震波传播速度;$\rho(s)$ 为 s 位置处的介质密度;$\tau(s)$ 为 s 位置处的走时值;φ^{v} 为复常数,对于 P 波,定义 $V^{v}(s)$ 为 $v_p(s)$,对于 SV 波,定义 $V^{v}(s)$ 为 $v_s(s)$;$p(s)$,$q(s)$ 为动力学射线追踪参量,为复值;$\boldsymbol{e}^{v}$ 为 $\mathbf{x}$ 处高斯束的极化矢量,其中:

对于 P 波:

$$\boldsymbol{e}^{\mathrm{P}}=\left[\boldsymbol{t}+\boldsymbol{n}v_p(s)\frac{p(s)}{q(s)}n\right]$$

对于 SV 波:

$$\boldsymbol{e}^{\mathrm{SV}}=\left[\boldsymbol{n}-\boldsymbol{t}v_s(s)\frac{p(s)}{q(s)}n\right]$$

则高斯束位移矢量 $\boldsymbol{U}_m^{v}(\mathbf{x};\mathbf{x}_0;\omega)$ 可以用出射角不同但射线初始点相同为$\mathbf{x}_0$ 的高斯束的叠加积分表示为

$$\boldsymbol{U}_m^{v}(\mathbf{x};\ \mathbf{x}_0;\ \omega)\ \approx\ \boldsymbol{\Psi}^{v}\int\frac{\mathrm{d}p_1(x_0)}{p_2(x_0)}\hat{\boldsymbol{u}}_m^{v}(\mathbf{x};\mathbf{x}_0;\omega) \tag{5-84}$$

式中,$p_1(\mathbf{x}_0)$ 为高斯束初始射线矢量的水平分量;$p_2(\mathbf{x}_0)$ 为垂直分量,$\boldsymbol{\Psi}^{v}$ 为权因子,用式(5-85)表示:

$$\boldsymbol{\Psi}^{v}=\frac{i}{4\pi\left[V^{v}(\mathbf{x}_0)\right]^{2}}\sqrt{\frac{\omega_r w_0^{2}}{\rho(\mathbf{x}_0)}} \tag{5-85}$$

式中,$\rho(\mathbf{x}_0)$ 为$\mathbf{x}_0$ 处介质的密度。

5.4.1.2 弹性波波场反向延拓

在二维水平地表观测系统上,假设地表记录到的弹性波地震记录为 $u_i(\mathbf{x}_r;\omega)$,其中$\mathbf{x}_s$ 为震源点、$\mathbf{x}_r$ 为接收点,则用 Kirchhoff-Helmholtz 积分所表示的反向延拓弹性波位移场 $\boldsymbol{u}_m(\mathbf{x};\mathbf{x}_r;\omega)$ 为

$$\boldsymbol{u}_m(\mathbf{x};\ \mathbf{x}_r;\ \omega)=\int_S \mathrm{d}x_r\left[t_i(\mathbf{x}_r;\ \omega)G^*_{im}(\mathbf{x};\ \mathbf{x}_r;\omega)-u_i(\mathbf{x}_r;\omega)\sum{}^*_{im}(\mathbf{x};\mathbf{x}_r;\omega)\right] \tag{5-86}$$

式中，$\boldsymbol{G}_{lm}(\mathbf{x};\mathbf{x}_r;\omega)$为位移格林函数张量；$*$为复共轭；$t_i(\mathbf{x}_r)$为$\mathbf{x}_r$处应力；$\sum_{im}(\mathbf{x};\mathbf{x}_r)$为应力格林函数张量，则：

$$t_i=\boldsymbol{n}_j C_{ijkl}\frac{\partial u_l}{\partial x_k}$$

$$\boldsymbol{G}_{im}(\mathbf{x};\ \mathbf{x}_r;\ \omega)=\sum_v g^v_{im}(\mathbf{x};\ \mathbf{x}_r;\ \omega) \tag{5-87}$$

$$\sum{}_{im}=\boldsymbol{n}_j C_{ijkl}\frac{\partial G_{lm}}{\partial x_k}$$

式中，$\boldsymbol{n}_j$为$\mathbf{x}_r$处沿外法线方向的单位矢量；$g^v_{im}(\mathbf{x};\mathbf{x}_r;\omega)$为波型$v$的格林函数；$C_{ijkl}$为四阶刚度参数，性质如下：

$$C_{ijkl}(\mathbf{x})=\delta_{ij}\delta_{kl}\lambda(\mathbf{x})+(\delta_{ik}\delta_{jl}+\delta_{il}\delta_{jk})\mu(\mathbf{x}) \tag{5-88}$$

式中，$\lambda(\mathbf{x})$，$\mu(\mathbf{x})$为拉梅弹性参数，满足关系式(5-89)

$$\begin{aligned}\lambda(\mathbf{x})+2\mu(\mathbf{x})&=\rho(\mathbf{x})v_p^2(\mathbf{x})\\ \mu(\mathbf{x})&=\rho(\mathbf{x})v_s^2(\mathbf{x})\end{aligned} \tag{5-89}$$

式中，δ_{ik}为 Kronecker Delta 函数。

假设地表为自由地表条件，则：

$$\boldsymbol{t}(\mathbf{x};\ \omega)=0,\mathbf{x}\in S(z=0) \tag{5-90}$$

式(5-84)可以简化为

$$u_m(\mathbf{x};\ \mathbf{x}_r;\omega)=-\int_S \mathrm{d}x_r u_i(\mathbf{x}_r;\omega)\sum{}^*_{im}(\mathbf{x};\ \mathbf{x}_r;\ \omega) \tag{5-91}$$

将$n_j=(0,-1)$代入上式，可得

$$\begin{aligned}u_m(\mathbf{x};\ \mathbf{x}_r;\ \omega)=&\int_S \mathrm{d}\mathbf{x}_r\left\{u_1(\mathbf{x};\ \omega)\mu(\mathbf{x}_r)\left[\frac{\partial g^*_{1m}(\mathbf{x};\ \mathbf{x}_r;\omega)}{\partial x_2}+\frac{\partial g^*_{2m}(\mathbf{x};\ \mathbf{x}_r;\omega)}{\partial x_1}\right]\right.\\ &\left.+u_2(\mathbf{x}_r;\omega)[[\lambda(\mathbf{x}_r)+2\mu(\mathbf{x}_r)]\frac{\partial g^*_{2m}(\mathbf{x};\ \mathbf{x}_r;\ \omega)}{\partial x_2}+\lambda(\mathbf{x}_r)\frac{\partial g^*_{1m}(\mathbf{x};\mathbf{x}_r;\omega)}{\partial \mathrm{x}_1}\right]\right\}\end{aligned} \tag{5-92}$$

求取式(5-92)中格林函数的偏导数的高频近似解：

$$\frac{\partial g_{lm}(\mathbf{x};\ \mathbf{x}_r;\ \omega)}{\partial x_k}\approx i\omega\sum_v \boldsymbol{p}^v_k(\mathbf{x}_r)g^v_{lm}(\mathbf{x};\ \mathbf{x}_r;\ \omega) \tag{5-93}$$

式中，$\boldsymbol{p}^v_k(\mathbf{x}_r)$为对应$v$型波的初始慢度矢量。格林函数$g^v_{lm}(\mathbf{x};\mathbf{x}_r;\omega)$可以通过$\mathbf{x}_r$处震源所引起的$\mathbf{x}$处的位移$\boldsymbol{U}^v_m(\mathbf{x};\mathbf{x}_r;\omega)$来表示

$$g^v_{lm}(\mathbf{x};\mathbf{x}_r;\omega)=e^v_l(\mathbf{x}_r)\boldsymbol{U}^v_m(\mathbf{x};\mathbf{x}_r;\omega) \tag{5-94}$$

式中，$\boldsymbol{e}_l^v(x_r)$为$\mathbf{x}_r$处的极性矢量。将式(5-93)、式(5-94)代入式(5-92)得

$$\begin{aligned} u_m(\mathbf{x};\ \mathbf{x}_r;\ \omega) &= u_m^p(\mathbf{x};\ \mathbf{x}_r;\ \omega) + u_m^s(\mathbf{x};\ \mathbf{x}_r;\ \omega) \\ &= -i\omega \sum_v \int_S \mathrm{d}x_r \rho(\mathbf{x}_r) U_m^{v*}(\mathbf{x};\ \mathbf{x}_r;\ \omega)[u_1(\mathbf{x}_r;\ \omega) W_1^v(\mathbf{x}_r) \\ &\quad + u_2(\mathbf{x}_r;\omega) W_2^v(\mathbf{x}_r)] \end{aligned} \tag{5-95}$$

式(5-95)为解耦的弹性波波场延拓公式，其中，$\boldsymbol{u}_m^p(\mathbf{x};\mathbf{x}_r;\omega)$，$\boldsymbol{u}_m^s(\mathbf{x};\mathbf{x}_r;\omega)$分别为位移场$\boldsymbol{u}_m(\mathbf{x};\mathbf{x}_r;\omega)$中的P波和S波成分。

权值$W_1^v(\mathbf{x}_r)$，$W_2^v(\mathbf{x}_r)$具有以下形式：

$$\begin{cases} W_1^p(\mathbf{x}_r) = 2v_s^2(\mathbf{x}_r) p_2^p(\mathbf{x}_r) e_1^p(\mathbf{x}_r) \\ W_2^p(\mathbf{x}_r) = 2v_s^2(\mathbf{x}_r) p_2^p(\mathbf{x}_r) e_2^p(\mathbf{x}_r) + \left[\dfrac{v_p^2(\mathbf{x}_r) - 2v_s^2(\mathbf{x}_r)}{v_p(\mathbf{x}_r)}\right] \\ W_1^s(\mathbf{x}_r) = v_s^2(\mathbf{x}_r) p_2^s(\mathbf{x}_r) e_1^s(\mathbf{x}_r) + v_s^2(\mathbf{x}_r) p_1^s(\mathbf{x}_r) e_2^s(\mathbf{x}_r) \\ W_2^s(\mathbf{x}_r) = -2v_s^2(\mathbf{x}_r) p_1^s(\mathbf{x}_r) e_1^s(\mathbf{x}_r) \end{cases} \tag{5-96}$$

利用式(5-84)进行高斯束叠加积分来计算式(5-95)中的位移矢量$\boldsymbol{U}_m^v(\mathbf{x};\mathbf{x}_r;\omega)$，便可以得到反向延拓的弹性波场计算公式。为减少计算量，根据高斯束初始条件下波前为平面的特点，将原始两分量地震记录进行局部平面波分解并加入重叠的高斯窗函数，具体实现过程如下。

首先，对原始的多分量共炮域地震记录加入一系列重叠的高斯窗，所加入的高斯窗性质如下：

$$\frac{\Delta\mathbf{L}}{\sqrt{2\pi}\, w_0} \sqrt{\left|\frac{\omega}{\omega_r}\right|} \sum_L \exp\left[-\left|\frac{\omega}{\omega_r}\right| \frac{(x_r - L)}{2w_0^2}\right] \approx 1 \tag{5-97}$$

式中，$x=\mathbf{L}$为高斯窗函数的中心，这也是高斯束中心$\mathbf{L}$的水平位置坐标；$\Delta\mathbf{L}$为高斯窗函数中心位置的水平间隔。将式(5-97)代入式(5-93)得

$$\begin{aligned} u_m(\mathbf{x};\ \mathbf{x}_r;\omega) = &-\frac{i\omega\Delta\mathbf{L}}{\sqrt{2\pi}\, w_0} \sqrt{\left|\frac{\omega}{\omega_r}\right|} \sum_v \sum_{\mathbf{L}} \int_S \mathrm{d}x_r \rho(\mathbf{x}_r) U_m^{v*}(\mathbf{x};\ \mathbf{x}_r;\ \omega)[u_1(\mathbf{x}_r;\ \omega) W_1^v(\mathbf{x}_r) \\ &+ u_2(\mathbf{x}_r;\ \omega) W_2^v(\mathbf{x}_r)] \exp\left[-\left|\frac{\omega}{\omega_r}\right| \frac{(x_r - \mathbf{L})}{2w_0^2}\right] \end{aligned} \tag{5-98}$$

接下来，引入相移校正因子，则$U_m^v(\mathbf{x};\mathbf{x}_r;\omega)$的高斯束积分表示形式为

$$U_m^v(\mathbf{x};\ \mathbf{x}_r;\ \omega) \approx \Psi^v \int \hat{u}_m^v(\mathbf{x};\ \mathbf{L};\ \omega) \exp[-i\omega p_1^v(\mathbf{L})(x_r - \mathbf{L})] \frac{\mathrm{d}p_1^v(\mathbf{L})}{p_2^v(\mathbf{L})} \tag{5-99}$$

将上式代入式(5-98)，令

$$\rho(\mathbf{x}_r) \approx \rho(\mathbf{L}),$$

$$W_1^v(\mathbf{x}_r) \approx W_1^v(\mathbf{L}),$$
$$W_2^v(\mathbf{x}_r) \approx W_2^v(\mathbf{L}),$$

并交换积分次序,得到反向延拓的 P 波位移 $\boldsymbol{u}_m^p(\mathbf{x};\ \mathbf{x}_r;\ \omega)$ 以及 S 波位移 $\boldsymbol{u}_m^{\mathrm{S}}(\mathbf{x};\mathbf{x}_r;\omega)$

$$\boldsymbol{u}_m^{\mathrm{P}}(\mathbf{x};\ \mathbf{x}_r;\ \omega) = -\frac{\Delta\mathbf{L}\omega}{4\pi}\sum_{\mathbf{L}}\int\frac{\mathrm{d}p_1^p(\mathbf{L})}{p_2^p(\mathbf{L})}\sqrt{\rho(\mathbf{L})}\,\hat{\boldsymbol{u}}_m^{\mathrm{P}*}(\mathbf{x};\ \mathbf{L};\ \omega)$$
$$\times\left[W_1^{\mathrm{P}}(\mathbf{L})D_1^{\mathrm{P}}(L;\ p_1^{\mathrm{P}};\ \omega) + W_2^{\mathrm{P}}(\mathbf{L})D_2^{\mathrm{P}}(L;\ p_1^{\mathrm{P}};\ \omega)\right] \tag{5-100}$$

$$\boldsymbol{u}_m^{\mathrm{S}}(\mathbf{x};\ \mathbf{x}_r;\ \omega) = -\frac{\Delta\mathbf{L}\omega}{4\pi}\sum_{\mathbf{L}}\int\frac{\mathrm{d}p_1^{\mathrm{S}}(\mathbf{L})}{p_2^{\mathrm{S}}(\mathbf{L})}\sqrt{\rho(\mathbf{L})}\,\hat{\boldsymbol{u}}_m^{\mathrm{S}*}(\mathbf{x};\ \mathbf{L};\ \omega)$$
$$\times\left[W_1^{\mathrm{S}}(\mathbf{L})D_1^{\mathrm{S}}(\mathbf{L};\ p_1^{\mathrm{S}};\ \omega) + W_2^{\mathrm{S}}(\mathbf{L})D_2^{\mathrm{S}}(\mathbf{L};\ p_1^{\mathrm{S}};\ \omega)\right] \tag{5-101}$$

式中,$D_n^v(\mathbf{L};P_1^v;\omega)$ 为对不同波型地震记录的局部平面波分解。

$$D_n^v(\mathbf{L};\ P_1^v;\ \omega) = \sqrt{\frac{|\omega|}{2\pi}}\int_S \mathrm{d}x_r u_n(\mathbf{x}_r;\ \omega)\exp\left[i\omega p_1^v(\mathbf{L})(\mathbf{x}_r - \mathbf{L}) - \left|\frac{\omega}{\omega_r}\right|\frac{(\mathbf{x}_r - \mathbf{L})^2}{2w_0^2}\right] \tag{5-102}$$

权值 $W_1^v(\mathbf{L})$,$W_2^v(\mathbf{L})$ 此时为

$$W_1^{\mathrm{P}}(\mathbf{L}) = 2\gamma^2(\mathbf{L})p_2^{\mathrm{P}}(\mathbf{L})e_1^{\mathrm{P}}(\mathbf{L})$$
$$W_2^{\mathrm{P}}(\mathbf{L}) = 2\gamma^2(\mathbf{L})p_2^{\mathrm{P}}(\mathbf{L})e_2^{\mathrm{P}}(\mathbf{L}) + \left(\frac{1-2\gamma^2(\mathbf{L})}{v_p(\mathbf{L})}\right) \tag{5-103}$$
$$W_1^{\mathrm{S}}(\mathbf{L}) = p_2^{\mathrm{S}}(\mathbf{L})e_1^{\mathrm{S}}(\mathbf{L}) + p_1^{\mathrm{S}}(\mathbf{L})e_2^{\mathrm{S}}(L)$$
$$W_2^{\mathrm{S}}(\mathbf{L}) = -2p_1^{\mathrm{S}}(\mathbf{L})e_1^{\mathrm{S}}(\mathbf{L})$$
$$\gamma(\mathbf{L}) = \frac{v_s(\mathbf{L})}{v_p(\mathbf{L})}$$

5.4.1.3 成像公式及角度域共成像点道集提取

根据 Claerbout(1992)成像原理,不同波型的成像值可以通过求取震源波场与不同波型反向延拓的接收波场的零延迟互相关来计算。其中,震源位移波场 $\boldsymbol{U}_m^p(x;x_s;\omega)$ 的高斯束表示形式为

$$\boldsymbol{U}_m^p(\mathbf{x};\ \mathbf{x}_s;\ \omega) \approx \frac{i}{4\pi v_p^2(\mathbf{x}_s)}\sqrt{\frac{\omega_r w_0^2}{\rho(\mathbf{x}_s)}}\int\frac{\mathrm{d}p_1^p(\mathbf{x}_s)}{p_2^p(\mathbf{x}_s)}\hat{\boldsymbol{u}}_m^p(\mathbf{x};\ \mathbf{x}_s;\omega) \tag{5-104}$$

结合式(5-100)、式(5-101)与式(5-104),得到弹性波高斯束成像公式

$$I^{\mathrm{PP}}(\mathbf{x}) = \int U_2^{\mathrm{P}*}(\mathbf{x};\ \mathbf{x}_s;\ \omega)u_2^{\mathrm{P}}(\mathbf{x};\ \mathbf{x}_r;\ \omega)\mathrm{d}\omega$$
$$= \frac{\Delta\mathbf{L}\sqrt{\omega_r w_0^2}}{16\pi^2}\sum_{\mathbf{L}}\int\mathrm{d}\omega\,\frac{i\omega}{v_{\mathrm{P}}^2(\mathbf{x}_s)}\sqrt{\frac{\rho(\mathbf{L})}{\rho(\mathbf{x}_s)}}\iint\frac{\mathrm{d}p_1^{\mathrm{P}}(\mathbf{x}_s)\mathrm{d}p_1^{\mathrm{P}}(\mathbf{L})}{p_2^{\mathrm{P}}(\mathbf{x}_s)p_2^{\mathrm{P}}(\mathbf{L})}$$

$$\times \hat{u}_2^{\mathrm{P}*}(\mathbf{x};\ \mathbf{x}_s;\ \omega)\hat{u}_1^{\mathrm{P}*}(\mathbf{x};\ \mathbf{L};\ \omega)[W_1^{\mathrm{P}}(\mathbf{L})D_1^{\mathrm{P}}(\mathbf{L};\ p_1^{\mathrm{P}};\ \omega) + W_2^{\mathrm{P}}(\mathbf{L})D_2^{\mathrm{P}}(\mathbf{L};\ p_1^{\mathrm{P}};\ \omega)] \tag{5-105}$$

$$\begin{aligned} I^{\mathrm{PS}}(\mathbf{x}) &= \int U_2^{\mathrm{P}*}(\mathbf{x};\ \mathbf{x}_s;\ \omega)u_1^{\mathrm{S}}(\mathbf{x};\ \mathbf{x}_r;\ \omega)\mathrm{d}\omega \\ &= \frac{\Delta\mathbf{L}\sqrt{\omega_r w_0^2}}{16\pi^2}\sum_L \int \mathrm{d}\omega\, \frac{i\omega}{v_{\mathbf{p}}^2(\mathbf{x}_s)}\sqrt{\frac{\rho(\mathbf{L})}{\rho(\mathbf{x}_s)}}\iint \frac{\mathrm{d}p_1^p(\mathbf{x}_s)\mathrm{d}p_1^s(\mathbf{L})}{p_2^p(\mathbf{x}_s)p_2^{\mathrm{S}}(\mathbf{L})} \\ &\quad\times \hat{u}_2^{\mathrm{P}*}(\mathbf{x};\ \mathbf{x}_s;\ \omega)\hat{u}_1^{\mathrm{S}*}(\mathbf{x};\ \mathbf{L};\ \omega)[W_1^{\mathrm{S}}(\mathbf{L})D_1^{\mathrm{S}}(\mathbf{L};\ p_1^{\mathrm{S}};\ \omega) + W_2^{\mathrm{S}}(\mathbf{L})D_2^{\mathrm{S}}(\mathbf{L};\ p_1^{\mathrm{S}};\ \omega)] \end{aligned} \tag{5-106}$$

式中，$I^{\mathrm{PP}}(\mathbf{x})$为 PP 单炮成像值，$I^{\mathrm{PS}}(\mathbf{x})$为 PS 单炮成像值，将所有单炮偏移结果对应叠加得到最终的弹性波成像剖面。

由于高斯束传播过程中其地下射线的传播角度包含在高斯束走时信息里。因此，可以依照式(5-96)和式(5-97)角度提取方法获得弹性波高斯束延拓时任意入射—出射射线对的角度信息。然后利用式(5-98)和式(5-99)提取成像点处的散射角和地层倾角。将由此入射—出射射线对求取的 PP 波或者 PS 波成像值分别投影到由散射角—局部倾角—深度构成的 3D 共成像点道集坐标系。然后沿倾角方向叠加得到弹性波散射角域 CIG 道集或者沿散射角方向叠加得到弹性波倾角域共成像点道集。与纵波倾角域 CIG 道集不同的是，由于弹性波域偏移包括 PP 波成像和 PS 波成像两部分，所以最终会得到 PP 波和 PS 波偏移得到的两种倾角域共成像点道集。

5.4.2　弹性波倾角域绕射波分离及成像数值试验

由多波多分量弹性波高斯束叠前深度偏移得到的 P-P 波和 P-S 波倾角域共成像点均满足前述的反射波和绕射波的运动学波场特征差异关系。因此，同样利用 5.2 节所述的分离方法实现简单缝洞模型弹性波倾角域的绕射波分离，并最终进行叠加成像。

5.4.2.1　裂缝模型测试

使用前面的简单裂缝模型，如图 5-72 所示。模型分为两层。第一层地层 P 波速度取 2000m/s，第二层 P 波速度取 4000m/s。裂缝 P 波速度取 2300m/s。S 波速度取 P 波速度的 0.577 倍。两层介质之间的界面为水平反射界面。裂缝共三条，位于水平反射界面以下，宽度 20m。

使用主频为 40Hz 的弹性波进行正演模拟。共计 340 炮，每炮 301 道，道间距 4m，炮间距 4m，时间采样间隔为 0.16ms，记录长度 1s。

图 5-73(c)，(d)为第 107 炮 x 和 z 两个分量的炮记录。和前面纯 P 波裂缝模

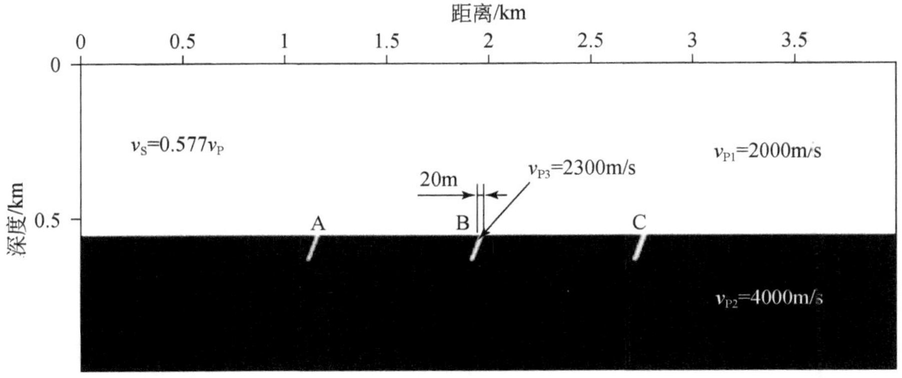

图 5-72 裂缝模型及其速度

型的炮记录[5-73(a),(b)]相比,由于横波的存在,原始炮记录上地震波的形态更加错综复杂。在炮集记录上,当存在 S 波时,S 波的形成具有和 P 波同样的原因,但由于其速度低,晚于 P 波被接收,在炮集记录上滞后于 P 波出现,并和 P 波相位相反。这一点在图 5-73 的炮集记录上看得很清楚。和绕射不同,S 波的出现较 P 波晚,但其仍具有很强的能量,具有强振幅特性,从而不会被 P 波所屏蔽。这样,地震数据中 P 波和 S 波同时出现,会造成炮集记录的复杂与混乱,前面在不考虑 S 波时常规角度域的成像方法将无法准确提取倾角域道集并对其准确成像。

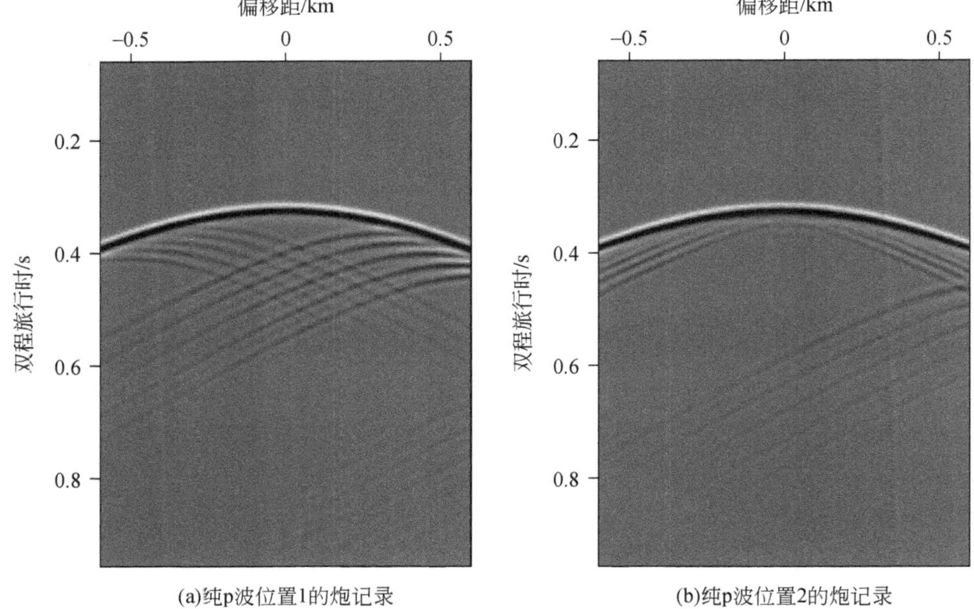

(a)纯p波位置1的炮记录　　(b)纯p波位置2的炮记录

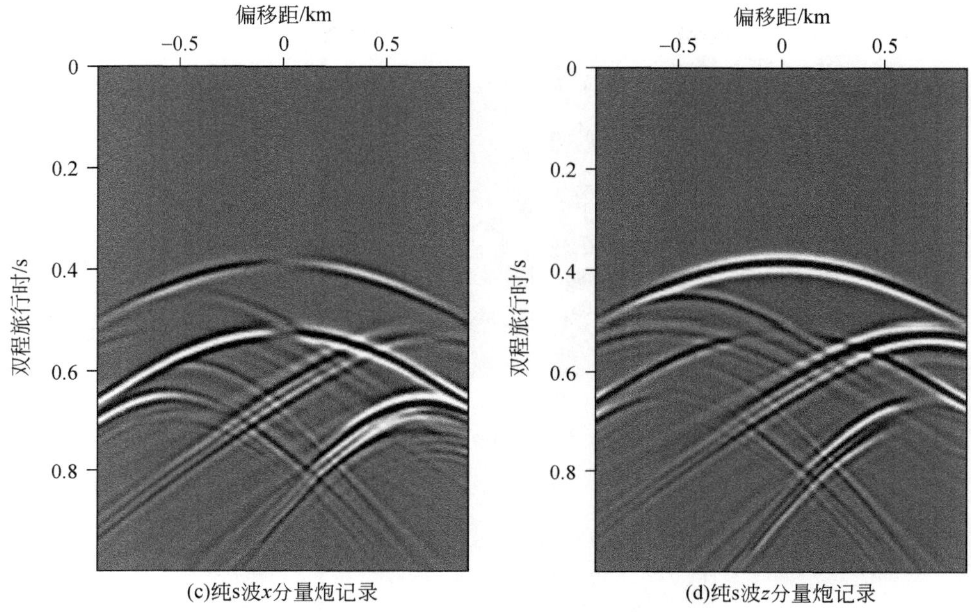

(c)纯s波x分量炮记录　　(d)纯s波z分量炮记录

图 5-73　裂缝模型纯 P 波与弹性波炮集记录对比

图 5-74 和图 5-75 给出了利用弹性波高斯束角度域偏移得到的倾角域共成像点道集及其分离后的绕射波共成像点道集。因为是弹性波,这其中包含了 PP 波和 PS 波的倾角域共成像点道集,以及 PP 波和 PS 波的绕射波道集。从全波场 CIG 道集可以看出,该方法可以较准确地提取弹性波记录的倾角域 CIG 道集,并且通过图中线性同相轴的斜率方向的变化可以判断裂缝储集体的位置。

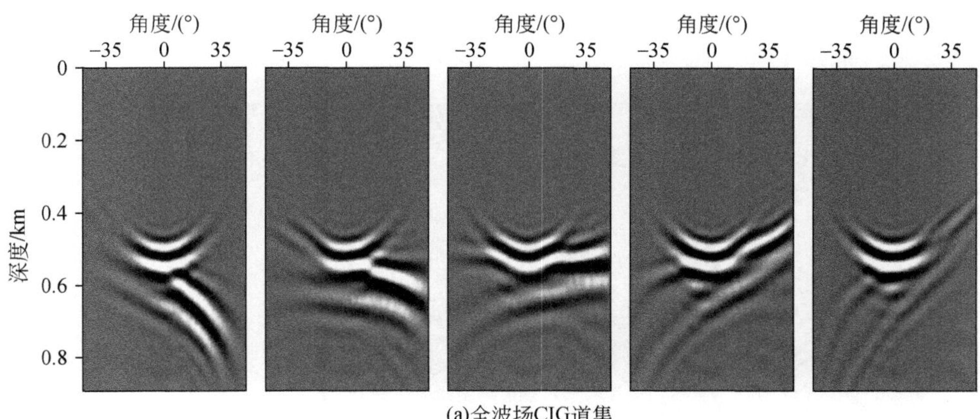

(a)全波场CIG道集

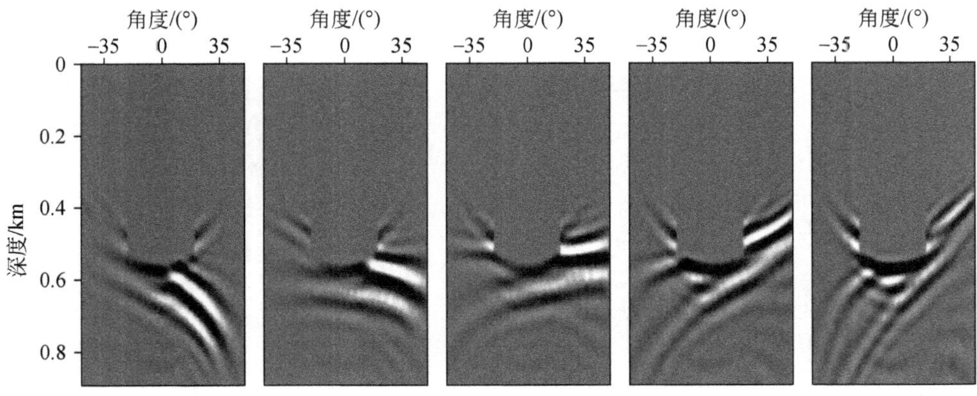

(b)分离后的绕射CIG道集

图 5-74　裂缝模型 PP 波倾角域波场分离

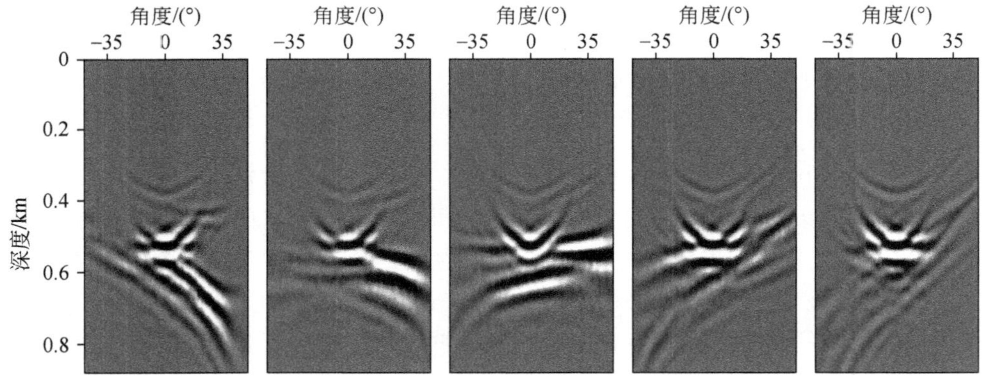

(a)全波场CIG道集

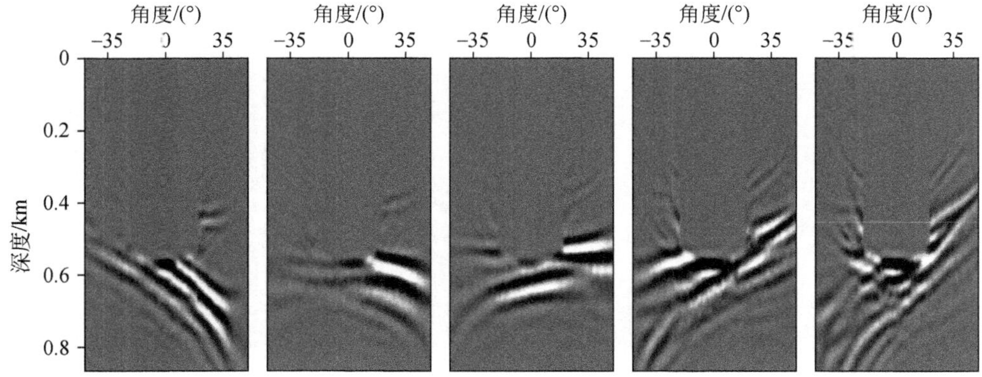

(b)分离后的绕射CIG道集

图 5-75　裂缝模型 PS 波倾角域波场分离

PP 波和 PS 波全波场 CIG 道集还有明显不同。最明显的，因 P 波和 S 波的速度明显不同，两者绕射同相轴的位置，以及反射波“笑脸”双曲线顶点位置不同。由于 P 波的速度更快，在道集剖面上，PP 波绕射线性同相轴更深，而 PS 波绕射同相轴则位于前者的上方。

将波场分离前后的倾角域共成像点道集叠加得到全波和绕射目标成像结果。使用弹性波可以同时得到两个全波场成像结果和两个绕射波场成像结果。从结果可以看出，无论是 PP 波还是 PS 波的绕射波场成像结果都很好地压制了反射能量成分，使得来自裂缝绕射的能量能够凸显，从而使成像剖面上裂缝的位置和形态更加清晰(图 5-76)。同时应该注意到，PP 波和 PS 波成像的不同。在突出裂缝成像方面，PS 波要比 PP 波的绕射波成像具有更高的分辨率，这使得裂缝在成像结果剖面上更突出，更清晰。但应该看到，在使用弹性波进行绕射分离方面，还有很多工作要做，也有待于从理论上更详细地分析 PS 波较 PP 波在绕射成像能力上的差别。

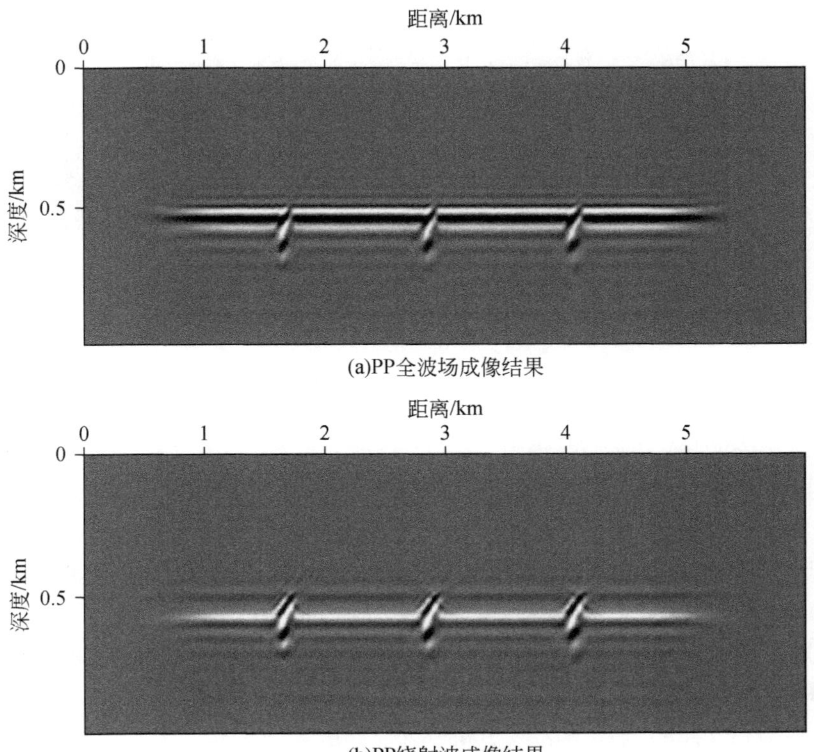

(a)PP全波场成像结果

(b)PP绕射波成像结果

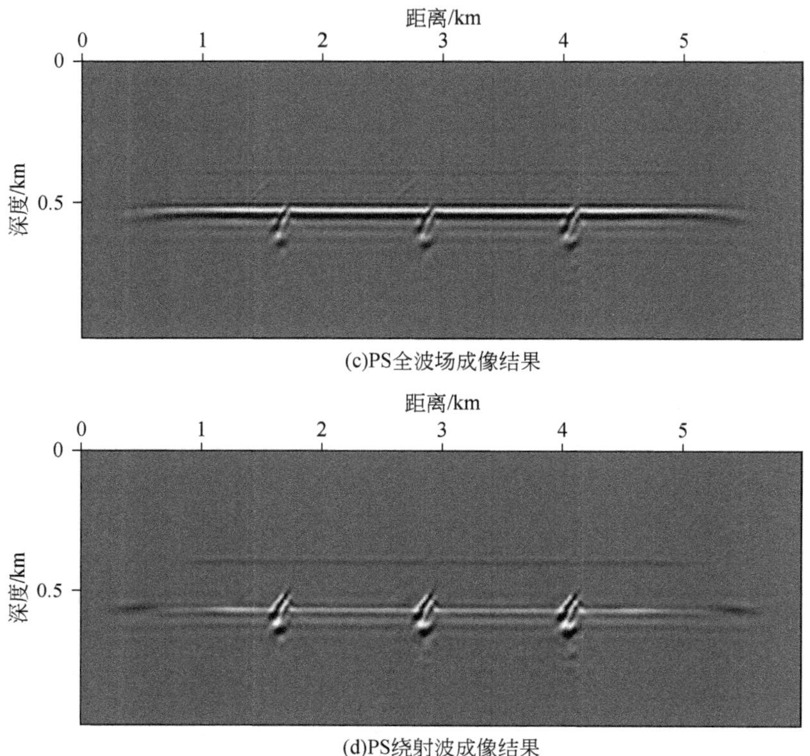

(c)PS全波场成像结果

(d)PS绕射波成像结果

图 5-76　裂缝模型弹性波绕射波分离成像结果对比

5.4.2.2　溶洞模型

该模型为简单溶洞模型,如图 5-77(a)所示。模型分为两层。第一层地层 P 波速度取 2000m/s,第二层 P 波速度取 4000m/s。溶洞 P 波速度取 2300m/s。S 波速度取 P 波速度的 0.577 倍。两层介质之间的界面为水平反射界面。溶洞共四个,位于水平反射界面以下,宽度分别为 20m、50m、80m、120m。该模型网格大小为 590×1000,纵横向采用间隔均为 2m。

使用主频为 40Hz 的弹性波进行正演模拟。共计 180 炮,每炮 301 道,道间距 4m,炮间距 4m,时间采样间隔为 1ms,记录长度 2s。

图 5-77(b),(c)为第 107 炮 x 和 z 两个分量的炮记录。和前面纯 P 波模型的炮记录相比,横波的存在造成原始炮记录上地震波的形态更加错综复杂。在炮集记录上,当存在 S 波时,S 波的形成具有和 P 波同样的原因,但由于其速度低,晚于 P 波被接收,在炮集记录上滞后于 P 波出现,并和 P 波相位相反。和绕射不同,S 波

的出现较 P 波晚，但其仍具有很强的能量，具有强振幅特性，从而不会被 P 波所屏蔽。这样，地震数据中 P 波和 S 波同时出现，会造成炮集记录的复杂与混乱，前面在不考虑 S 波时常规角度域的成像方法将无法准确提取倾角域道集及对其准确成像。

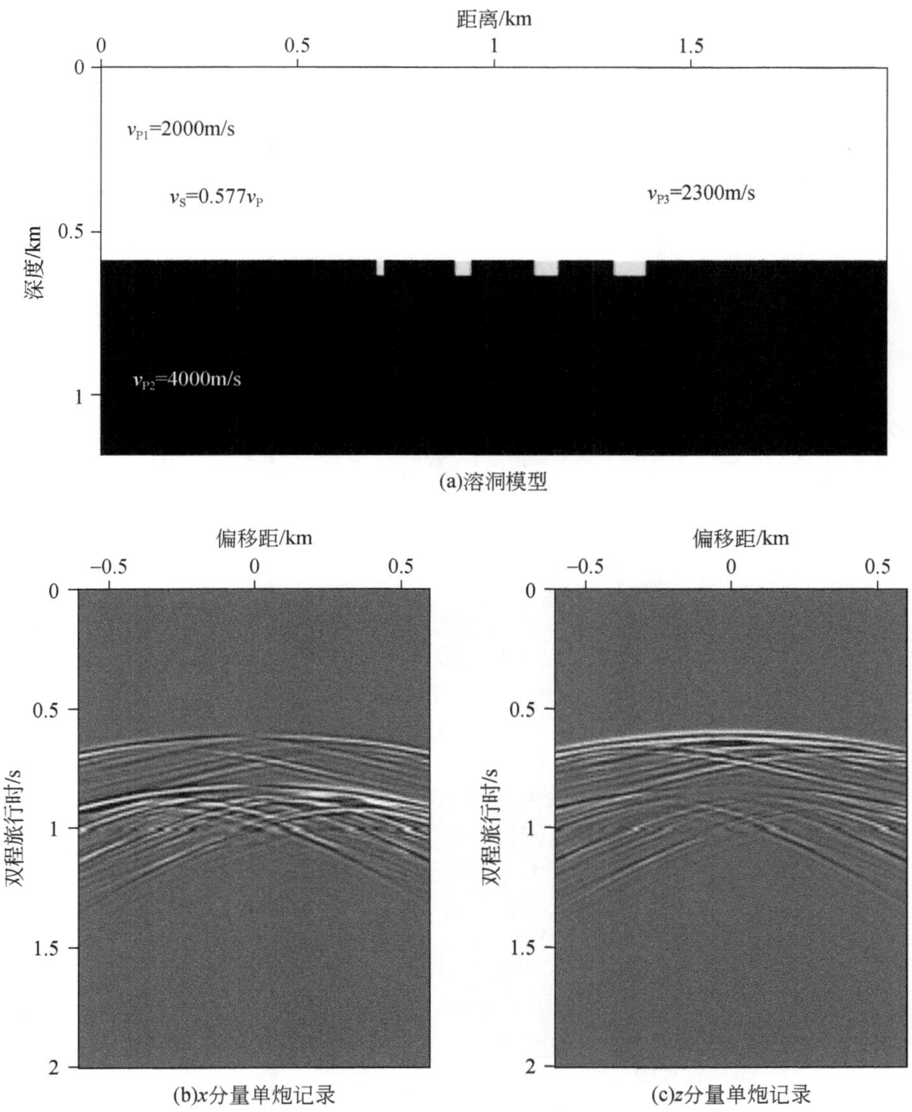

(a)溶洞模型

(b)x分量单炮记录

(c)z分量单炮记录

图 5-77 溶洞模型与弹性波炮集记录

利用弹性波高斯束角度域偏移得到的倾角域共成像点道集及其分离后的绕射波共成像点道集。因为是弹性波,这其中包含了 PP 波和 PS 波的倾角域共成像点道集,以及 PP 波和 PS 波的绕射波道集。将波场分离前后的倾角域共成像点道集叠加得到全波和绕射目标成像结果(图 5-78)。使用弹性波可以同时得到两个全波场成像结果和两个绕射波场成像结果。从结果可以看出,无论是 PP 波还是 PS 波的绕射波场成像结果都很好地压制了反射能量成分,使得来自溶洞绕射的能量能够凸显,从而使成像剖面上溶洞的位置和形态更加清晰(图 5-78)。

同时应该注意到,PP 波和 PS 波成像的不同。在突出溶洞成像方面,PS 波的无论是其全波场结果还是绕射波场结果,对溶洞的刻画较 PP 波更为清楚。

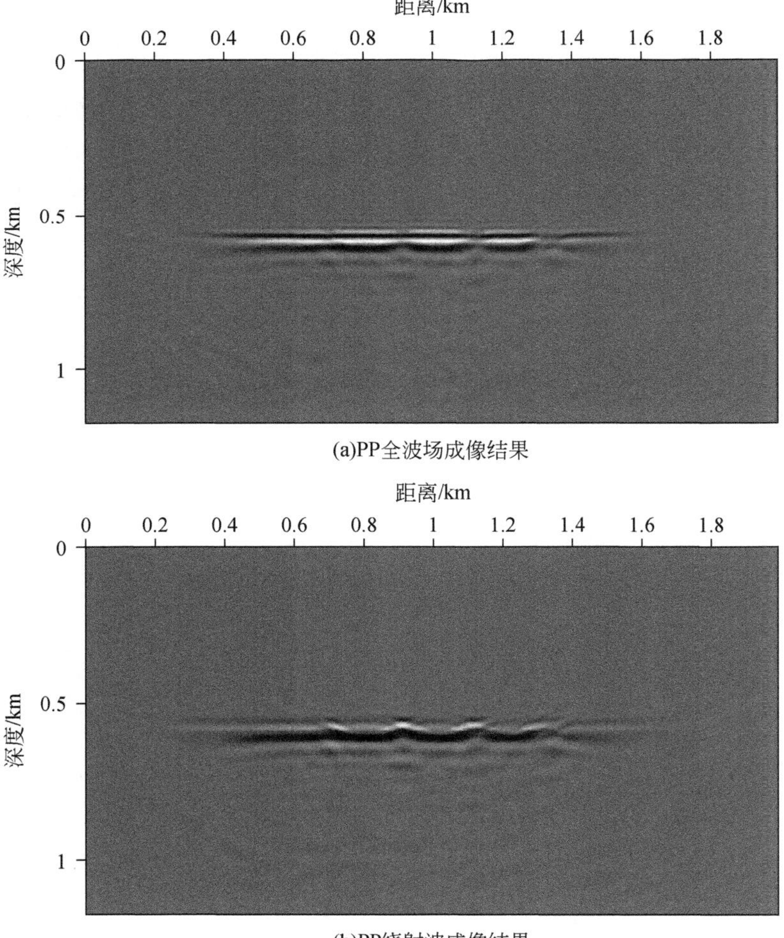

(a)PP全波场成像结果

(b)PP绕射波成像结果

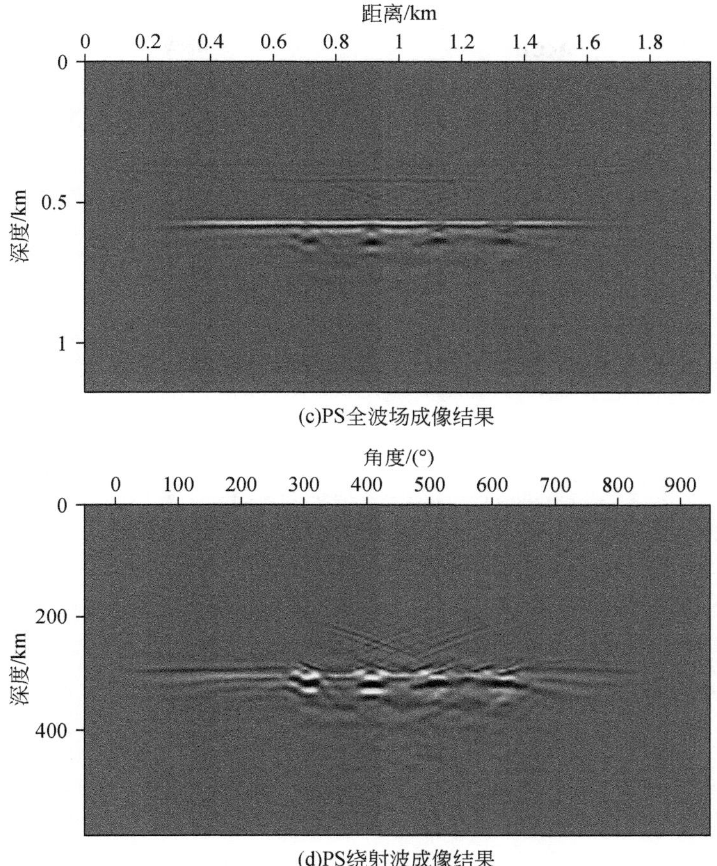

(c)PS全波场成像结果

(d)PS绕射波成像结果

图 5-78　溶洞模型弹性波绕射波场分离成像结果对比

5.5　平面波域绕射波分离

事实上,从物理学的角度来看,全波场中的绕射波场携带了高分辨率甚至是超高分辨率的构造信息,可以精确地描述地下小尺度构造和岩性异常体(Moser et al. ,2008)。但是,由于绕射能量比反射能量小一到两个数量级,而且常规的地震处理流程和偏移算子都是针对反射波发展起来的。一般来说,在使用常规的地震处理流程和偏移算子时,反射波会得到加强,而绕射波则受到压制(Bansal et al. ,2005;Khaidukov et al. ,2004)。例如,由于反射波和绕射波的特点不同,常规的动校正只校平了反射波,而绕射波仍有一定的曲率。这样,在动校以后的处理流程中,校平了的反射波作为有用的信息被保留下来,而未校平的绕射波通常是被滤除掉,从而损失了绕射波成分。而作为经典的叠加只加强了动校保留下来的反射能量和部分绕射能量,而减弱了来自绕射点的在动校过程中未能校平的部分能量。倾角域绕射波分离方法和弹性波倾角域绕射波分离方法在速度准确的情况下,实验和实际实例都证明可以取得较好的效果。

Taner 等(1976)较早实现了利用点源炮集记录合成平面波源的炮集记录。Fomel 等(2002,2007)较早地提出了利用平面波解构滤波器进行反射波和绕射波的分离,并利用速度延拓方法进行速度分析和成像,在一定程度上克服了绕射波分离对速度准确性的依赖。Taner 等(2006)将 Fomel 等提出的平面波解构方法从叠后推广到叠前,并且指出,平面波解构可以很自然地分离反射波和绕射同相轴,获得绕射波的平面波剖面。

已经知道,使用平面波震源代替点源入射时,在时距曲线图上,来自地下平直界面的反射波呈线性形态,而来自小尺度地质体的绕射波则呈现出曲率较大的双曲形态。两者在形态上有明显不同,这有助于绕射波场的分离。

利用平面波解构滤波器进行反射波和绕射波的波场分离,得到平面波绕射波场信息。在此基础上,对绕射目标进行成像,还需要将该平面波域的绕射目标能量变换到点源激发时的炮记录,然后再利用传统的偏移方法操作该炮记录,即可实现对绕射目标能量的单独成像。

平面波解构滤波器是一种求导滤波器。在波场分离的过程中,双曲同相轴的两翼存在极性反转的问题,并且得到的绕射波仅仅是估计误差剩余能量。所以,仍然有大量连续性较好的绕射信息保留在反射能量中。在平面波解构的基础上,Fomel(2010)后期又发展了平面波预测技术。该预测方法不仅解决了同相轴极性反转的问题,还得到了主要包含反射波的炮记录。此时,绕射波炮记录包含更多的能量信息。

5.5.1 平面波域绕射波分离依据

在平面波域,绕射波响应和反射波响应存在明显差异。我们可以基于此差异实现绕射波的分离提取,进而对获得的绕射波进行单独成像。如图 5-79 所示,在点源激发的炮记录上,反射波和绕射波时距曲线均为双曲线。只是两者顶点位置不同,曲率差异不明显。因此,在点源炮集记录上较难对反射波和绕射波进行分离。

平面波震源入射到地下介质时,由地下平直反射界面产生的反射波为光滑连续的线性同相轴,而由非均质绕射体产生的绕射波仍和点源入射时一样,为双曲同

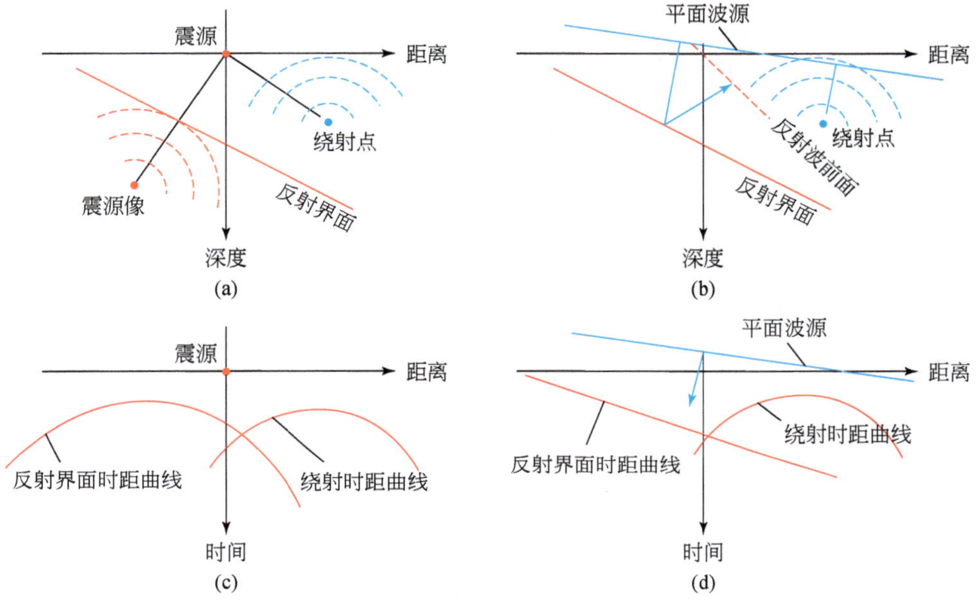

图 5-79 点源激发和平面波激发的时距曲线对比

相轴,两者差异明显。

当扩展到三维情况时,对地下平面反射界面,平面波震源激发产生的反射响应为光滑连续的平面(因激发角度或界面倾角的不同可能产生一定的空间倾角)。地下绕射体的响应为顶点在绕射点上方的双曲面(图 5-80)。相比反射平面,双曲面曲率更大,连续性相对较差。

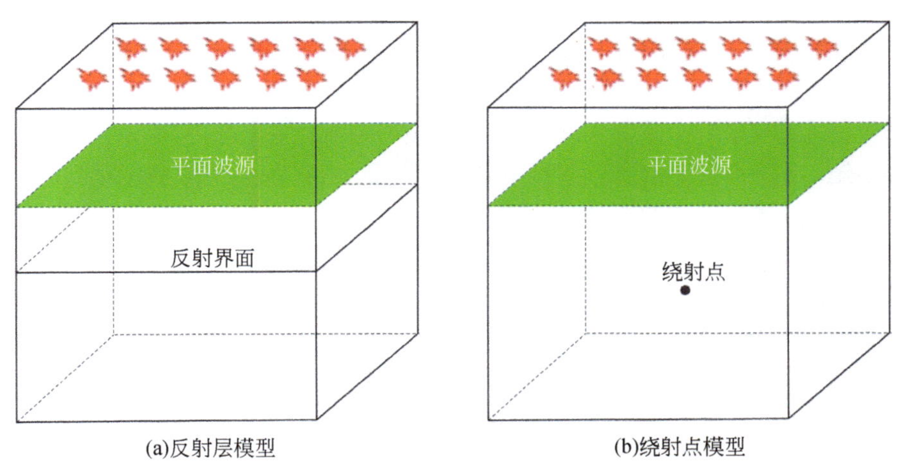

(a)反射层模型 (b)绕射点模型

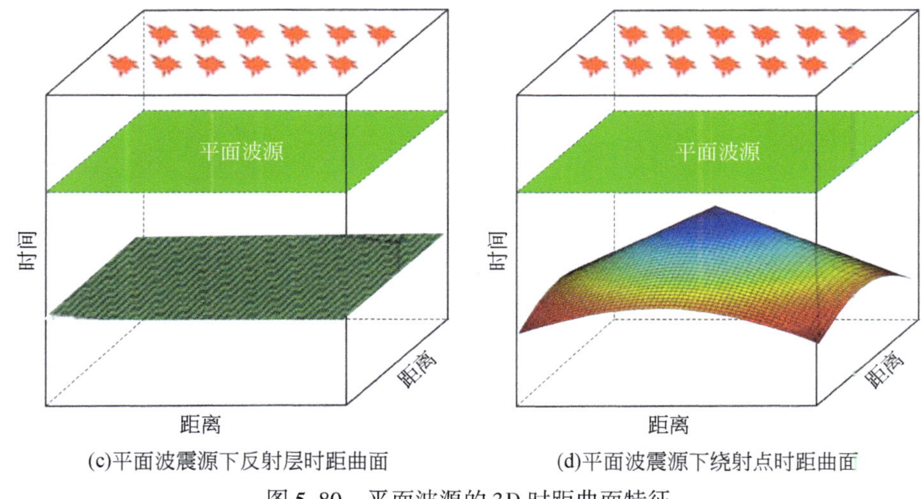

(c)平面波震源下反射层时距曲面　　(d)平面波震源下绕射点时距曲面

图 5-80　平面波源的 3D 时距曲面特征

5.5.2　合成平面波记录

Taner(1976)利用点源共炮集记录,用如下的方法获得了平面波记录,即实现了平面波的分解。大致步骤如下。

1) 将点源产生的单炮记录不加任何时延地进行水平叠加。得到的记录可以看作是在所有检波点位置同时放炮的平面波垂直地面入射,在炮点位置接收到的(用射线参数 p 表示,$p=0$)的地震响应结果。

2) 对连续排列的炮记录重复步骤 1,得到垂直入射平面波炮记录剖面。

3) 如果将记录道按一定的倾斜叠加(时延叠加),则获得沿一定倾角方向入射($p=\sin\theta/v$)的平面波震源产生的炮记录。

沿不同的倾角方向重复对单炮记录的倾斜叠加过程,可得到一个 τ-p 剖面。抽取所有 τ-p 剖面中具有相同射线参数的道记录,并按炮点位置顺序排列,获得沿不同倾角入射的平面波炮记录。

因此,采用线性 Radon 变换可以实现平面波分解。令 $\mathrm{d}(t,x)$ 为 2D 地震信号,则表达式为

$$P(\tau,p)=\int_{-\infty}^{+\infty}\mathrm{d}(t=\tau+px)\,\mathrm{d}x \tag{5-107}$$

$$d_D(t,x)=\int_{-\infty}^{+\infty}P_D(\tau=t-px)\,\mathrm{d}p \tag{5-108}$$

式中,t 为双程旅行时;x 为炮检距;τ 为垂直延迟时间(截距时间);p 为射线参数(水

平波慢度分量);$P(\tau,p)$为倾斜叠加信号;$d_D(t,x)$为目标绕射波场。由式(5-107)得到 $\tau-p$ 剖面。

将由式(5-107)得到的 $\tau-p$ 剖面按固定射线参数 p 抽道集,获取平面波记录。在该平面波记录上来自地下平直反射界面的反射表现为拟线性连续同相轴,绕射波表现为拟双曲同相轴,两者时距关系迥异。由此,利用平面波解构滤波压制反射能量,得到主要包含绕射波的平面波记录;将该记录反抽回 $\tau-p$ 域,得到射线参数域的绕射信号 $P_D(\tau,p)$。应用式(5-108)反 Radon 变换可获得点源入射炮域的目标绕射波场 $d_D(t,x)$。

5.5.3 平面波域绕射波分离原理

平面波解构滤波器起初是为了描述地震数据用的(Claerbout et al.,1992,1994,1999;Fomel,2002)。原型是局部平面波模型。这种滤波器可被认为是频空域(F-X)预测误差滤波器的时空(T-X)域模拟,是时空域预测误差滤波器的一种替代形式。它是通过局部平面波方程的隐式有限差分格式构建的。后来发现,有限差分平面波解构滤波器可用于断层检测、数据规则化和噪音衰减(刘玉金等,2012)、多次波消除(刘琦,2009)以及绕射波分离等方面。

平面波解构滤波器的基本原理是利用事先未知的局部倾角,构造一种最优的非稳态预测误差滤波器,根据相邻的地震道数据预测该道的地震数据,在局部倾角平滑变化的约束条件下,使预测误差达到最小,通过最优化方法,经反复迭代求得局部倾角场。该倾角场针对的主要是反射波波场,因此预测剩余量主要包含了绕射地震波波场的信息。

通过建立局部平面波的物理模型,用局部平面有限差分方程定义平面波解构滤波器:

$$\frac{\partial P}{\partial x}+\sigma\frac{\partial P}{\partial t}=0 \tag{5-109}$$

式中,$P(t,x)$代表波场;σ 是局部倾角,它可能也是 t 和 x 的函数。对于某一固定倾角来说,式(5-109)有一个简单通解:

$$P(t,x)=f(1-\sigma x) \tag{5-110}$$

如果假设 σ 不是 t 的函数,式(5-109)可以变换到频率域,可以表示为常规差分方程:

$$\frac{\mathrm{d}\widetilde{P}}{\mathrm{d}x}+i\omega\sigma\widetilde{P}=0 \tag{5-111}$$

这也是频率域平面波的微分方程。它相当于定义了相邻道之间相互转化的预测误

差滤波器。它的通解为

$$\widetilde{P}(x)=\widetilde{P}(0)e^{i\omega\sigma x} \tag{5-112}$$

式中,$\widetilde{P}$ 为波场 P 的傅里叶变换。方程中的复指数项表示时间道的变化,它是依据倾角 σ 和道间距 x 改变的。

在频率域,将 $x-1$ 位置处的地震道转换到 x 位置处的地震道,通过乘以 $e^{i\omega\sigma}$ 得到(简单地说,假设 x 代表与道数相关的整数值)。换句话说,在 F-X 域经过一个两项预测误差滤波可以很好的预测平面波:

$$a_0\widetilde{P}(x)+a_1\widetilde{P}(x-1)=0 \tag{5-113}$$

式中,$a_0=1$,$a_1=-e^{i\omega\sigma}$。通过级联几个两项滤波器便可获得预测的平面波。事实上,任一 F–X 预测误差滤波器都可以用 Z 变换的形式表示:

$$A(Z_x)=1+a_1Z_x+a_2Z_x^2+\cdots+a_NZ_x^N \tag{5-114}$$

可以用一系列二阶滤波器的乘积来表示:

$$A(Z_x)=\left(1-\frac{Z_x}{Z_1}\right)\left(1-\frac{Z_x}{Z_2}\right)\cdots\left(1-\frac{Z_x}{Z_N}\right) \tag{5-115}$$

在多项式(5-115)中,$Z_1,Z_2,\cdots,Z_N$ 为零值。根据式(5-114)可知,每个零值对应的相位与乘以频率后的局部平面波斜率一致。不在单位圆上的零值会引入方程中不包含的振幅增益。

考虑时间和空间两个方向,得到二维预测误差滤波器:

$$A(Z_t,Z_x)=1-Z_x\frac{B(Z_t)}{B(1/Z_t)} \tag{5-116}$$

为避免多项式除法,Fomel(2002)将式(5-116)所示的滤波器进行了改进,引入:

$$C(Z_t,Z_x)=A(Z_t,Z_x)B\left(\frac{1}{Z_t}\right)=B\left(\frac{1}{Z_t}\right)-Z_xB(Z_t) \tag{5-117}$$

由式(5-117)可知,$C(Z_t,Z_x)$ 可以表示为局部倾角 σ 的函数 $C(\sigma)$,有限差分平面波滤波器变成局部倾角估计问题。最终的局部倾角估计可归结为最小二乘问题:

$$C(\sigma)d\approx 0 \tag{5-118}$$

式中,σ 为要估计的局部倾角;$C(\sigma)$ 为平面波解构滤波器;d 为已知的输入数据,在绕射波波场分离中为合成平面波震源炮记录。当方程左边能量最小时,得到方程的近似解。然而式(5-118)为非线性方程,为了方便求解,将其线性化:

$$C(\sigma_0)\Delta\sigma d+C(\sigma_0)d\approx 0 \tag{5-119}$$

式中,$\Delta\sigma$ 为局部倾角增量;σ_0 为人为初始给定的初始倾角。$C(\sigma)d\approx 0$ 是一个滤波器的卷积,通过对平面波解构滤波器系数 $C(\sigma)$ 关于 σ 求导得到。通过将 $\Delta\sigma$ 增量加到 σ^0 上更新初始的倾角,得到式(5-119)线性问题的解。更新后的 σ^0 即为最终求取的局部倾角值。将 σ^0 带入 $C(\sigma)d$ 即得到主要包含绕射能量的平面波震源炮记录。

5.5.4 平面波域绕射波分离流程

已经很清楚,平面波域绕射波的分离是从点源炮集记录的输入开始的。将输入的点源炮记录,采用高精度线性 Radon 变换进行叠加,从而获得平面波入射的合成平面波炮集记录。对获得的合成平面波炮集记录,按照射线参数 p 抽取道集,得到在共射线参数道集(共 p 道集)。在共 p 道集中,反射波表现为准线性同相轴,绕射波表现为准双曲同相轴,两者时距曲线关系差异明显。据此,对共 p 道集,采用高阶平面波解构滤波器压制反射能量,从而得到主要包含绕射能量的合成平面波记录,即获得绕射波场的共 p 道集。对绕射波场的共 p 道集进行线性反 Radon 变换,获得绕射波波场的点源炮集记录。

从输入的炮集记录,经 Radon 变换获得平面波记录是十分重要的一个环节,这关系着能否正确、准确地识别和提取绕射信息。在此,我们需要特别注意的是,在按照式(5-107)进行 Radon 变换的时候,需要谨慎地选取变换参数,否则可能在变换过程中引入噪音,影响抽取得到的平面波域共射线参数剖面的质量。能否得到高质量的共射线参数剖面直接决定了能否得到理想的绕射波成像剖面。此过程中,使用高精度线性 Radon 变换,就是为了保证最后获得的平面波绕射波场共 p 道集能够抽回点源共炮点道集。

5.5.5 平面波域绕射波分离试算

5.5.5.1 简单凹陷模型

首先设计了简单凹陷模型对平面波域绕射波分离方法进行试算。简单凹陷模型包含三个水平反射界面和一个凹陷反射界面[图 5-81(a)]。凹陷界面位于前两个凹陷界面之下。凹陷深度 500m,底宽 100CDP,顶宽 200CDP。从上而下,各层的速度给定为 2000m/s,2300m/s,2800m/s,3200m/s 和 4000m/s。

使用主频为 40Hz 的弹性波进行正演模拟。共计 400 炮,每炮 301 道,道间距 4m,炮间距 4m,时间采样间隔为 0.16ms,记录长度 3s(双程旅行时)。

从炮点位置位于凹陷模型正上方的中间激发点源炮记录(含多次波)[图 5-81(b)]中可以清晰观察到:水平反射层产生反射波,凹陷两翼产生了绕射波。在炮集记录上,反射与绕射均表现为双曲规律,只是曲线顶点的位置不同。因此,在点源炮集记录较难实现反射与绕射波的分离。图 5-81 中的箭头和加号表示地震振幅(同相轴)信号的正极性。

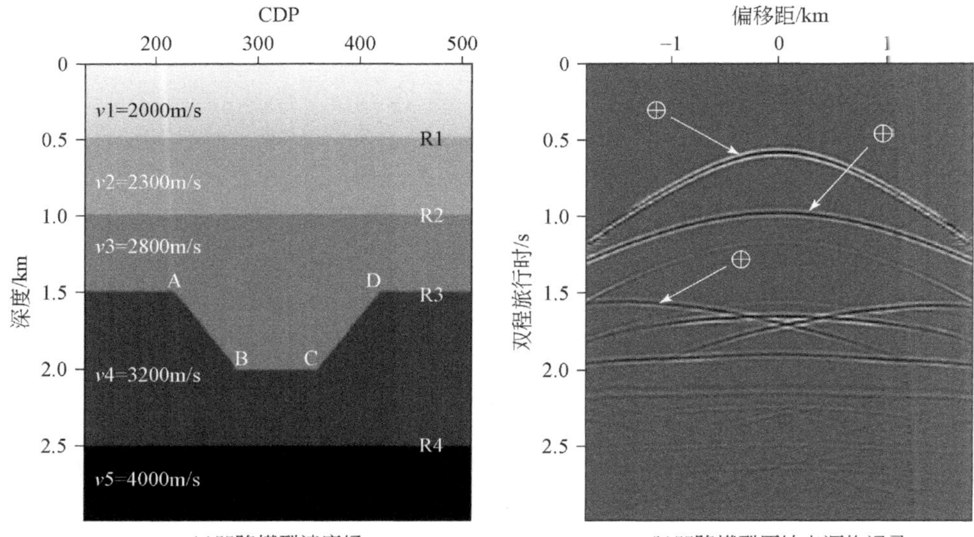

(a)凹陷模型速度场　　(b)凹陷模型原始点源炮记录

图 5-81　凹陷模型速度场及原始点源炮记录

然而在合成平面波震源炮集记录[图 5-82(a)]上,来自水平反射界面的反射波变为水平线性响应,这包括凹陷下部的深层水平反射界面的反射。与此同时,来自洼陷两翼的绕射信息则仍然表现为双曲规律。因此,在平面波记录上较易实现反射与绕射波的波场分离。同样,图 5-82 中的箭头和加号表示地震振幅(同相轴)信号的正极性。

利用平面波解构方法估计出合成平面波记录的局部倾角信息。从图 5-82(b)中可以看出,对水平连续同相轴估计出的倾角信息较准确,而对于连续性较差曲率较大的同相轴存在较大的估计误差。因此,利用平面波解构滤波方法得到的剩余能量即为绕射能量(图 5-83)。

从图 5-83 可以看出,合成的平面波场中,来自反射波的同相轴表现为线性,这和模型设计的平直反射界面有很好的吻合。在深部,由于凹陷的影响,深部反射界面发生弯曲,但仍具有很好的线性。在平面波场中,绕射的双曲特性被很好地凸显出来。绕射能量在平面波场中很容易识别。平面波场分解后,反射能量作为主能量得到了保留,绕射能量得到了压制。但在主能量剖面上,绕射的双曲部分虽然有所压制,但仍有部分保留。在分离后的绕射波场中,很明显,线性反射能量几乎不存在。剖面上平直线性的部分很难见到。双曲部分得到了很大程度的突出[图 5-83(b)]。注意,图 5-83 中的箭头和加号表示地震振幅(同相轴)信号的正极性,减号则表示负极性。

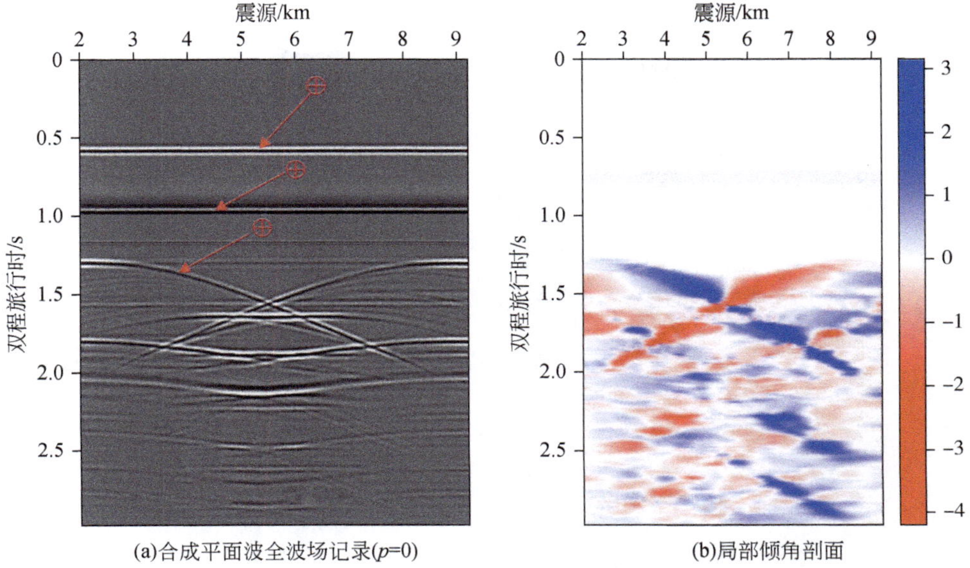

(a)合成平面波全波场记录(p=0)　　(b)局部倾角剖面

图 5-82　凹陷模型由点源炮集合成的平面波全波场记录和局部倾角剖面

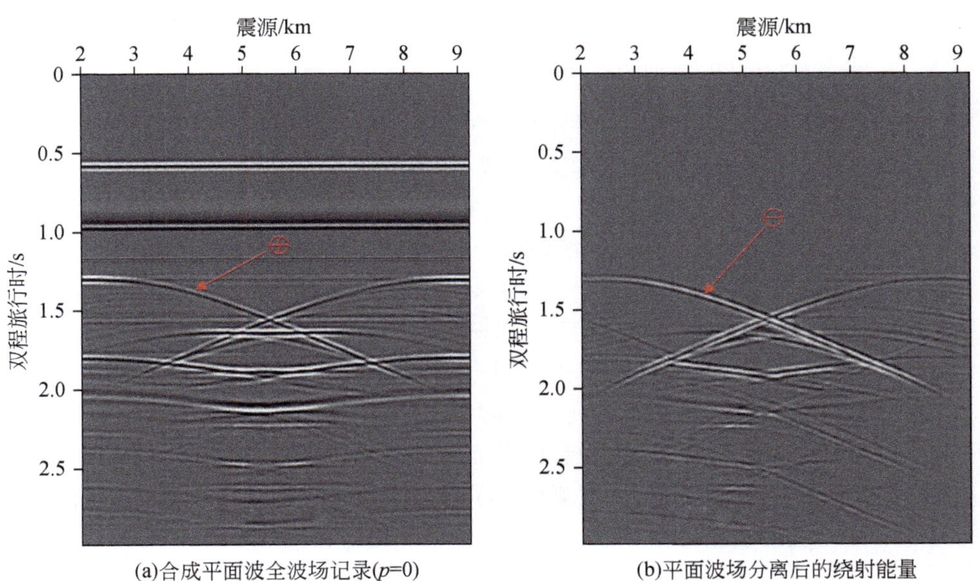

(a)合成平面波全波场记录(p=0)　　(b)平面波场分离后的绕射能量

图 5-83　凹陷模型平面波域波场分离后的主能量和绕射能量

将获得的平面波数据进行高精度线性反 Radon 变换重新得到点源炮集记录。从图 5-84 可以看出，其中在绕射炮集记录上，由水平反射界面所产生的反射能量得到了很好的压制，特别是浅层的反射能量分离得非常干净。由凹陷两翼绕射产生的双曲成分得到了很好的突出，较之前的炮记录有明显的突出效果，在深部同时也保留了少部分反射能量和多次波能量。

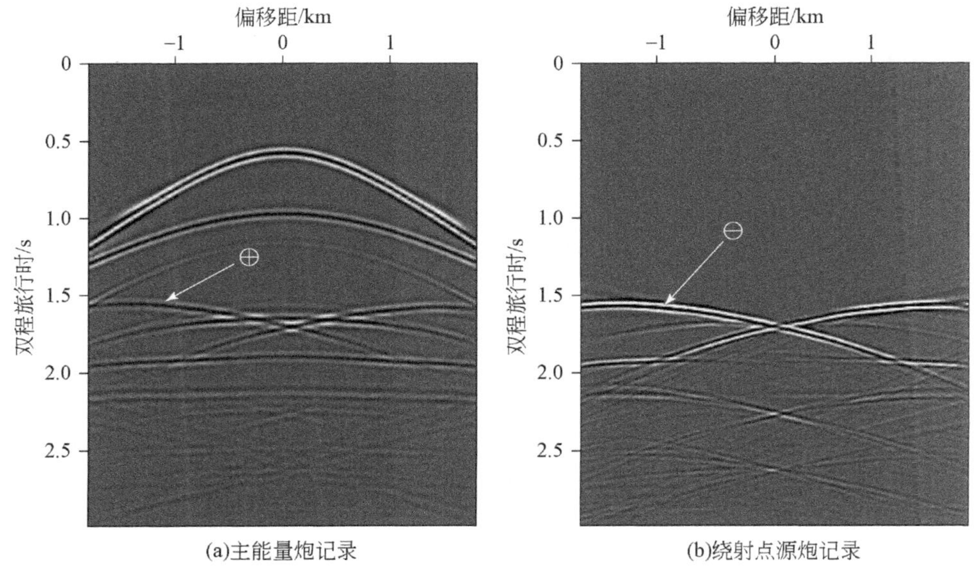

(a)主能量炮记录

(b)绕射点源炮记录

图 5-84　凹陷模型平面波反 Radon 变换得到点源主能量和绕射能量炮集记录

由于平面波解构滤波器是一种求导滤波器，滤波之后会造成双曲同相轴两翼的极性反转问题。因为模型给定的地层速度由上往下依次增高，因此，原始的炮集记录，无论是反射信号，还是绕射信号，在各反射界面上都表现为正极性，只有多次波表现为负极性。使用平面波解构滤波器以后，和双曲相关的绕射同相轴发生了极性的反转，由原来的正极性变为负极性。对比图 5-84 主能量炮记录上的绕射同相轴和分离后绕射炮记录上的绕射同位置同相轴，可以明显看出其极性的反转。地震信号极性反转，不仅会给后续地质目标的解释带来困难，同时也会降低地质目标的成像分辨率。

接下来采用平面波预测方法实现绕射波的分离与成像以解决平面波解构滤波带来的极性反转问题。图 5-85 为利用平面波预测方法进行绕射波分离的全过程。从图 5-85 中可以看出在平面波预测后的主能量剖面中反射能量得到了有效保护，而自断层面的绕射能量得到了极大压制。原始合成平面波记录与主反射能量的差剖面[图 5-85(b)]中曲率较大的绕射能量最大限度地保留下来，并且与图 5-83(b)对比可知，由平面波解构滤波产生的来自右边断层面的绕射同相轴极性反转问题也得到了极好的解决。在波场分离并反 Radon 变换后的反射波和绕射波点源炮记录上可以得到与平面波记录上相似的结论[图 5-85(c)、(d)]。

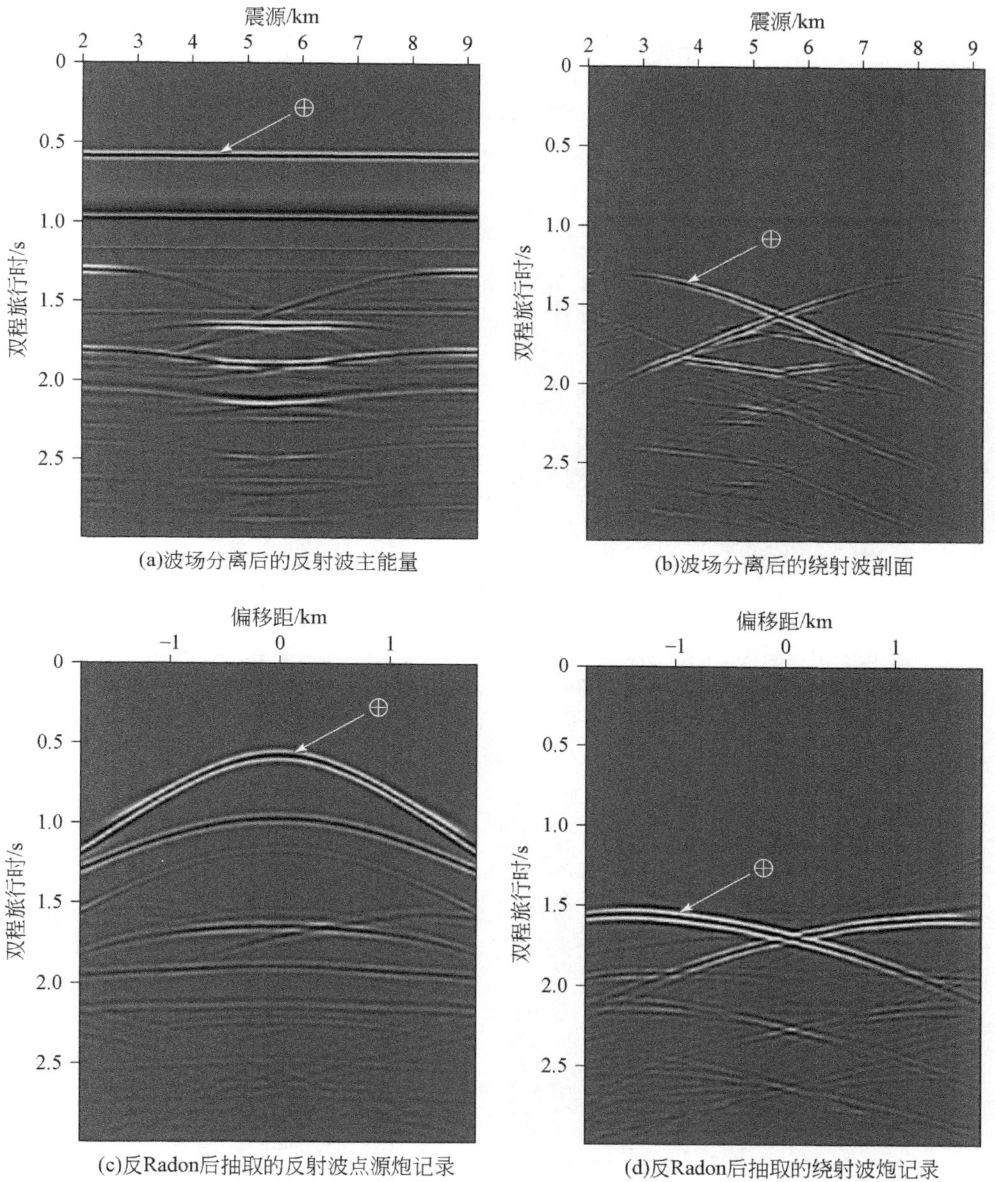

图 5-85　凹陷模型平面波预测绕射波分离全过程

对比对比平面波解构滤波与平面波预测最后的偏移成像结果(图 5-86)发现，利用平面波解构滤波和平面波预测方法得到的绕射炮记录进行偏移之后都能将水平反射成像能量压制并把断层面能量信息凸显出来，与全波场偏移结果和反射主能量偏移结果相比，提高了断层面的成像分辨率。比较发现，在利用两方法得到的主能量偏移剖面上，存在较大的成像差别。利用平面波解构滤波方法得到的主能量剖面与全波场成像结果几乎是一致的，而利用平面波预测得到的主能量剖面偏

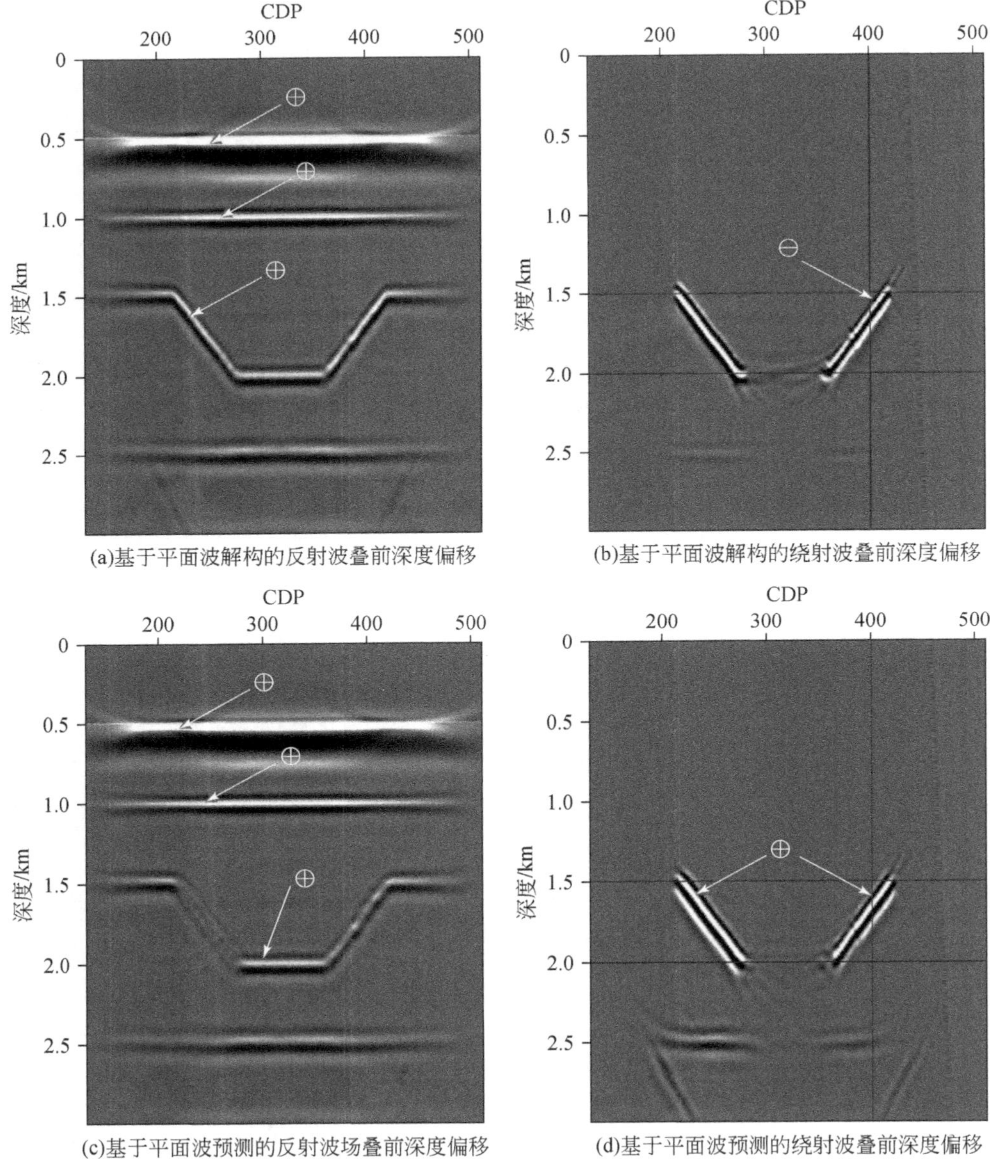

图 5-86 凹陷模型平面波解构滤波与预测成像结果对比

移结果中可以看到左侧断层信息几乎得到了完全的压制,这也在另一方面证明了平面波预测方法突出和保护连续同相轴信息的特点。同样,两种结果得到的绕射能量偏移剖面存在较大成像差别。最突出的变化就是,平面波解构滤波方法产生的相位反震问题,在平面波预测剖面上得到了解决。图 5-86(b)、(d)给出的网格线用于标志相位反转引起的成像位置变化。

5.5.5.2 盐丘模型

在凹陷模型之后,我们选用包含丰富断层信息及高速盐体的 2D SEG/EAGE 盐丘模型进行测试(图 5-87)。除了包含有典型的高速盐体之外,该模型还包含几套尺度较大的正断层,另外还存在许多尺度较小的断点这些较小尺度的断点在试算中产生大量绕射,成为方法检验的主要研究对象。采用 40Hz 主频的地震波进行正演模拟。正演记录一共 325 炮,右边放炮,176 道接收。炮间距为 120ft①,道间距为 80ft,时间采样间隔为 8ms。特别注意的是,本原始的模型采用英尺为单位,为便于同行比较,本实验沿用原始的计量单位。

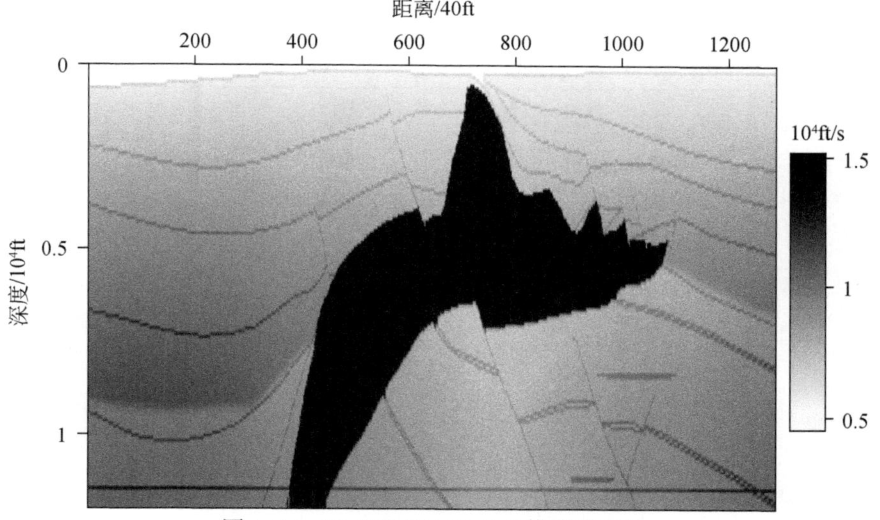

图 5-87　2D SEG/EAGE 盐丘模型速度场

首先,利用高精度线性 Radon 变换将原始的点源入射单炮记录变换到截距—射线参数域,然后抽取共射线参数道集,得到合成的平面波记录[图 5-88(a)]。观察图 5-88(a),由平缓地层产生的反射能量在平面波记录上连续性较好,且同相轴

① $1ft=3.048\times10^{-1}m$。

变化较平缓,具有较好的光滑度。与此相比,大尺度断层、小尺度断点及盐丘下部等非均质构造所产生的绕射能量呈现明显的双曲型,和平直、线性的反射能量具有明显区别。但也能清楚看到,在合成的平面波记录上,绕射能量较反射能量弱,和反射能量相比,不清楚,几乎被反射信息所掩盖。

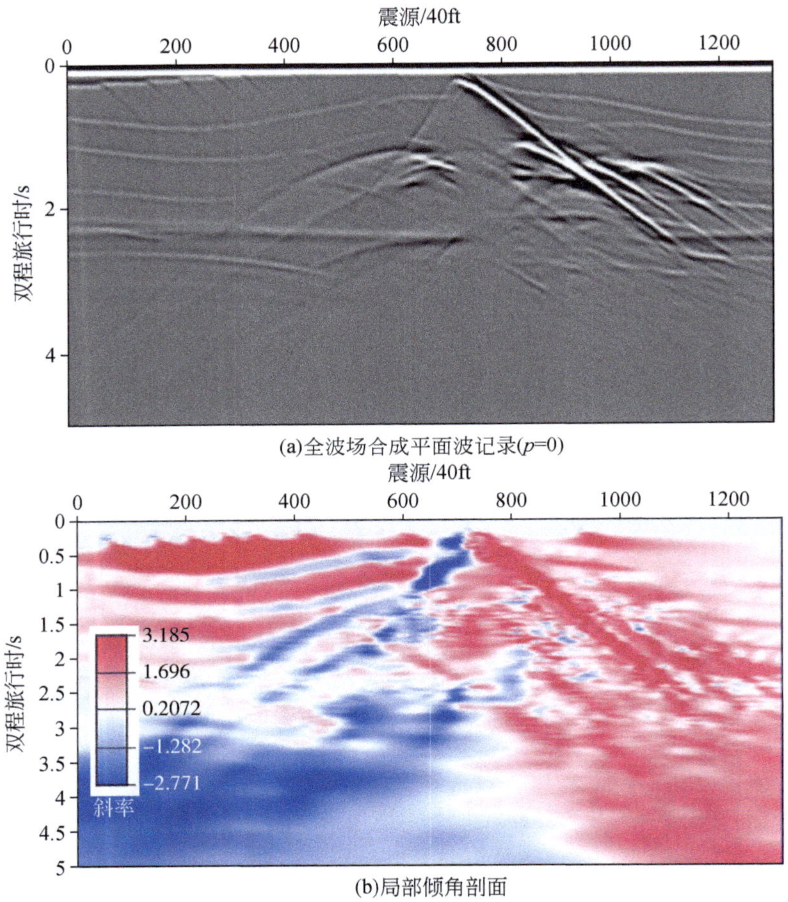

图 5-88 基于平面波解构滤波的全波场合成平面波记录和倾角剖面

我们应用平面波解构技术估计出该平面波记录的局部倾角信息[图 5-82(b)]。如图所示,这里的局部倾角指的是局部同相轴的切线斜率,红色代表正倾角,蓝色代表负倾角,水平的同相轴斜率为零,用白色表示。对比分析平面波记录和它的局部倾角图可知,平面波解构方法将平滑连续的同相轴局部倾角估计较准确,这些同相轴信息对应于平缓地层产生的反射能量。较大的局部倾角代表真实的陡同相轴倾角(比如,盐丘顶部左翼或右翼的地震响应),或者是由于同相轴曲率较大、连续性较差引起的倾角估计不足。因此,在绕射波发育、同相轴连续性较差的地区,估计的局部倾角误差较大,平面波解构滤波后的预测剩余能量较大,也就是我们所追求的包含盐丘边界、断层、小尺度断点等信息的绕射能量。

图5-89(a)给出了基于平面波解构滤波得到的平面波数据经绕射分离得到的绕射波场结果。从该结果可以看出,绕射分离后,被反射波屏蔽的绕射能量得到了突出。由断层、断点、盐下非均质体等产生的绕射能量都在该剖面上有清楚的表现,基本达到了绕射分离的目的。但同时,如前所述,在该剖面上,绕射波极性反转的问题同样存在。

为解决绕射波极性反转问题,采用了平面波预测的方法进行了处理,得到分离后的绕射结果剖面,见图5-89(b)。同前面的绕射结果对比可以发现,绕射同相轴

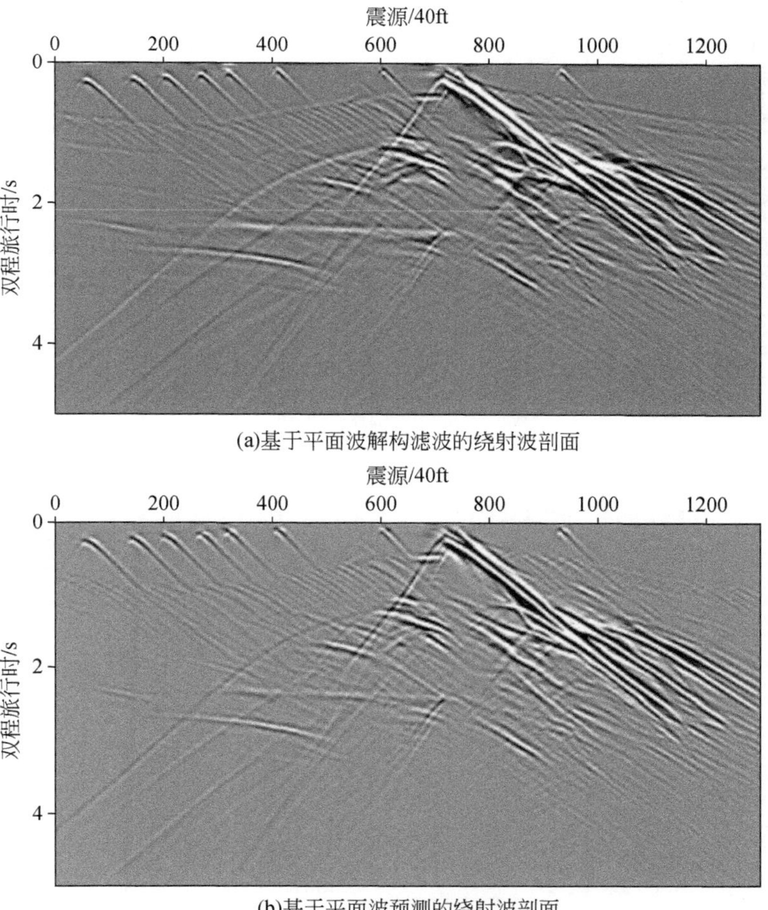

(a)基于平面波解构滤波的绕射波剖面

(b)基于平面波预测的绕射波剖面

图5-89 基于平面波解构滤波和平面波预测的分离绕射波场结果对比

极性反转的问题得到了解决,同时,和前面的结果相比,该剖面上反射能量更弱,从而绕射能量更突出。

为验证绕射目标成像效果,用相同的叠前深度偏移(带误差补偿的频空域有限差分叠前深度偏移)方法对波场分离前后的炮记录进行成像处理,成像结果如图5-90所示。其中,图5-90(a)为未进行波场分离的全波场成像结果。该结果剖面上,主要的水平界面、盐丘轮廓等都较为清晰,小尺度断点、断层面等边界信息不太明显;在平面波预测后的反射主能量剖面[图5-90(b)]中小断点信息和断层信息基本无法识别,只有盐丘边界的部分能量被保留下来,间接证明了平面波预测平稳构造的能力。绕射波单独成像的结果如图5-90(c)和(d)所示。从该结果剖面上可以看出,小尺度断点和大尺度断层都得到了较好的成像,对盐丘底部边界的刻画更清晰,提高了绕射目标构造定位的准确度。观察图5-90(c)和(d)可知,两种分离方法得到的偏移结果不尽相同。

为便于对比,我们对图5-90(d)中白色框图区域进行放大,如图5-91所示。由于平面波解构滤波造成的极性反转问题[图5-91(c)],只能大致确定小尺度断层的总体位置。平面波预测方法得到的深度偏移结果上可以清晰地观测到断层面上下两个端点的位置,因此,基于平面波预测方法的绕射目标成像的成像分辨率高于平面波解构滤波绕射目标成像结果。从平面波预测反射主能量成像结果上[图5-91(b)]也可以看出,剖面上的反射能量得到了保留,其中的绕射能力得到了很好的压制。图5-91中的红色箭头和极性符号用于表示用平面波解构滤波器对绕射波极性发生的反转。

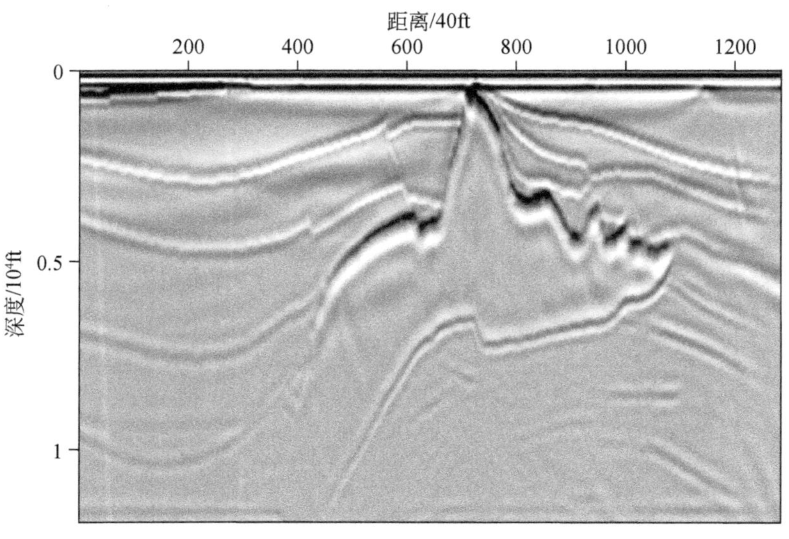

(a)全波场成像

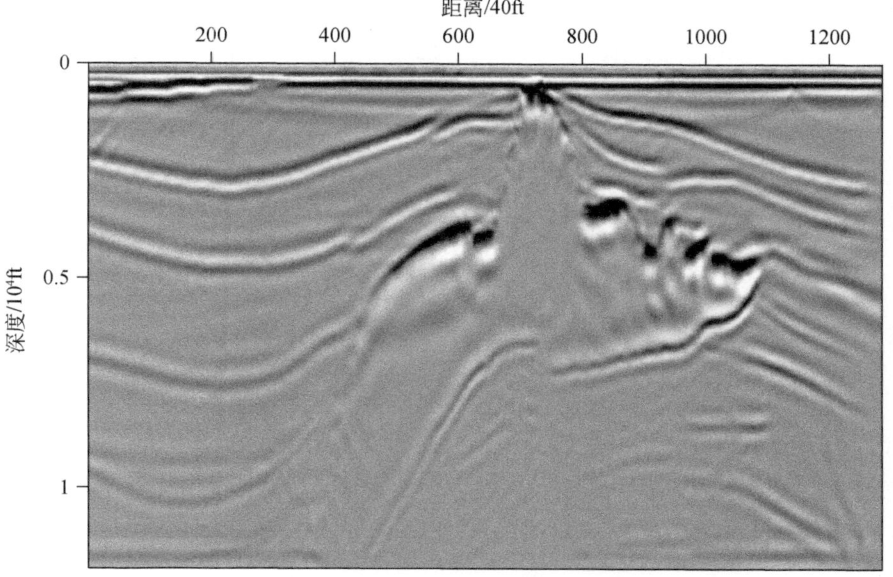

(b)基于平面波预测的反射主能量成像

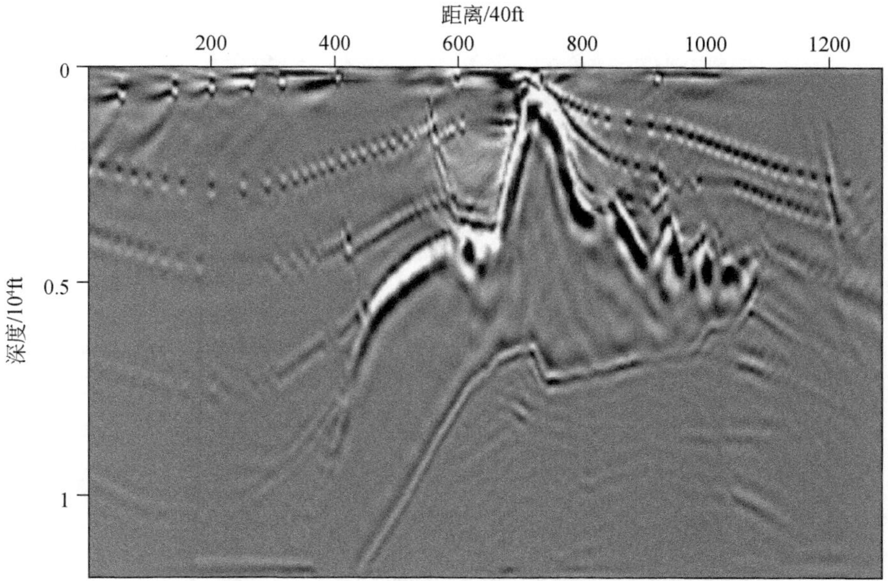

(c)基于平面波解构滤波的绕射目标能量成像

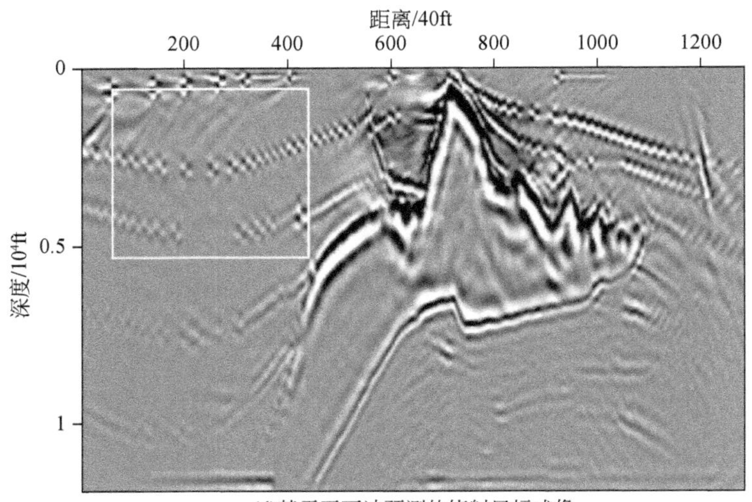

(d)基于平面波预测的绕射目标成像

图 5-90　叠前深度偏移结果对比

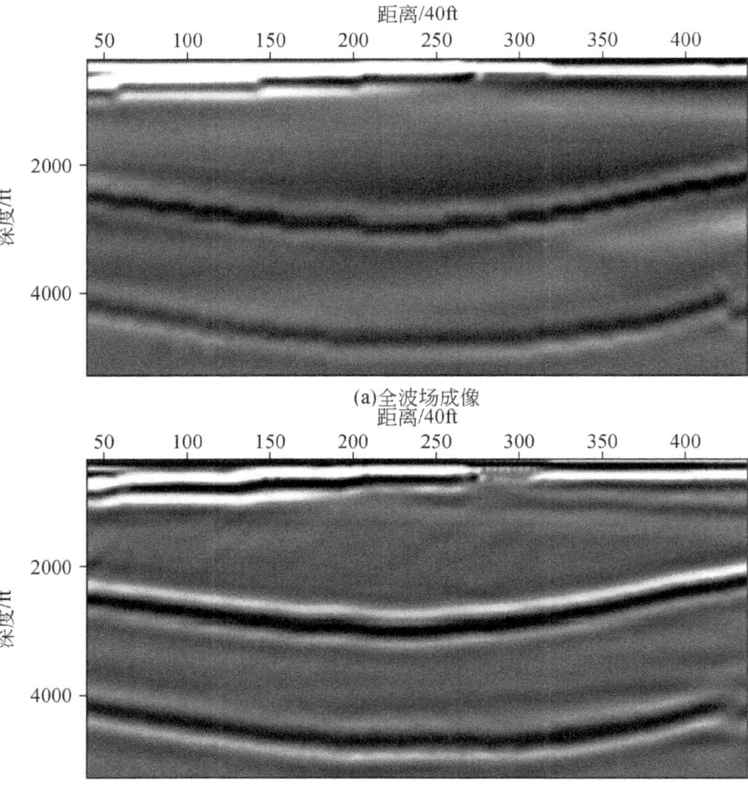

(a)全波场成像

(b)基于平面波预测的反射主能量成像

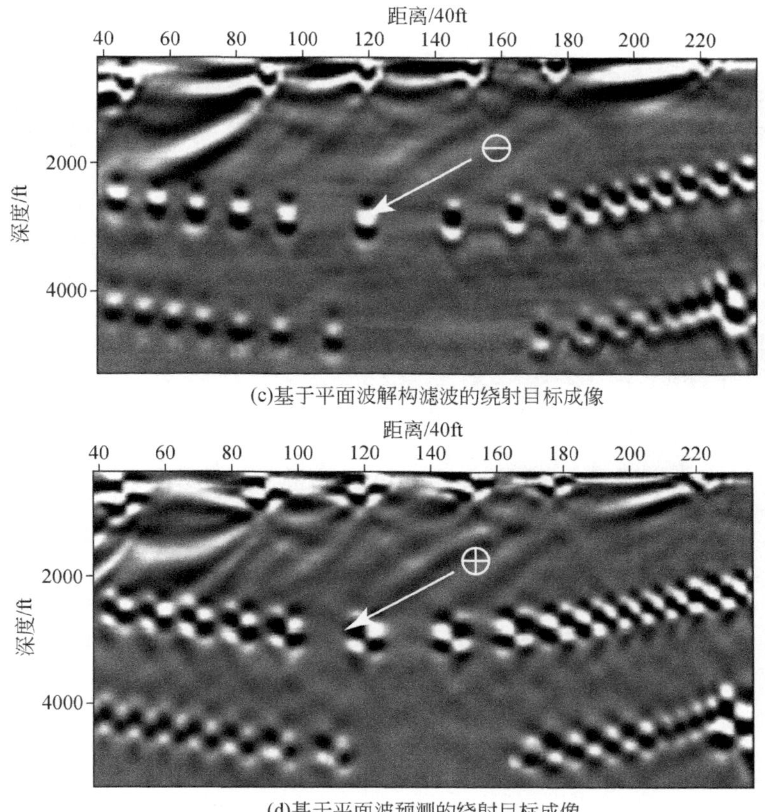

(c)基于平面波解构滤波的绕射目标成像

(d)基于平面波预测的绕射目标成像

图 5-91　盐丘模型叠前深度偏移局部放大对比

5.5.5.3　陈家庄凸起模型试算

同样用平面波解构滤波方法对陈家庄凸起模型进行了试算。详细的模型解构设计如前所述,在此不再赘述。模型速度场见图 5-92。其中,地层分界面分别用 R1、R2、R3、R4 和 R5 表示。浅层第 2 层和第 3 层分布有一系列小尺度绕射目标体。第 4 套地层在上倾方向发育有尖灭。上述这些绕射体和尖灭是我们的重点测试的目标。其中,图 5-92 中,D1 和 D2 为两个小尺度绕射目标,P1 和 P2 为两个尖灭点。

使用主频为 40Hz 的弹性波进行正演模拟。共计 400 炮,每炮 301 道,道间距 4m,炮间距 4m,时间采样间隔为 0.16ms,记录长度 4s(双程旅行时)。用平面波解构滤波器对模拟获得的数据进行滤波,合成平面波场全波场记录和绕射波记录(图 5-93)。从图 5-93 可以看出,在绕射波记录中,经过平面波解构滤波后,全波场中的线性反射能量被有效滤除,原先被反射能量屏蔽的绕射能量相对增强,并凸显出来[图 5-93(b)]。

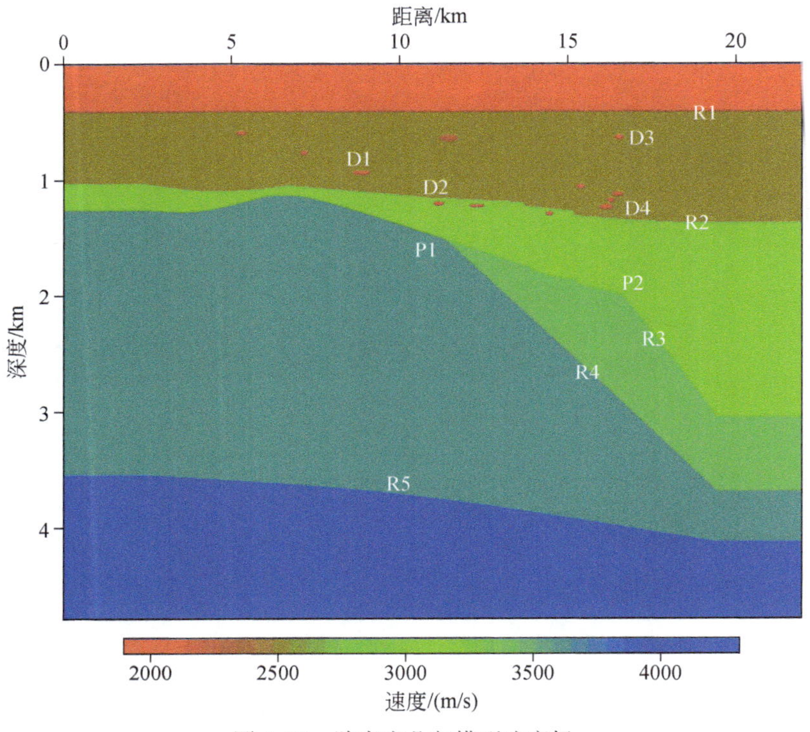

图 5-92　陈家庄凸起模型速度场

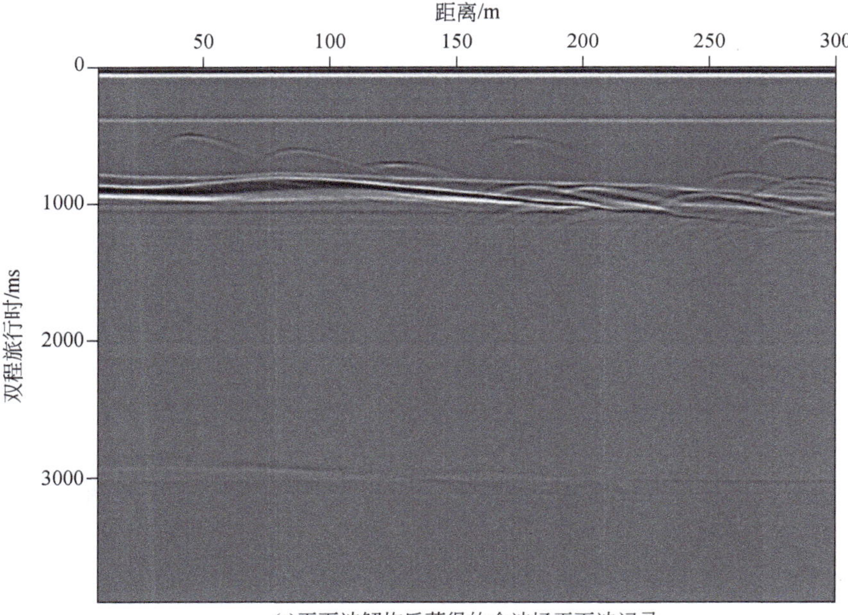

(a)平面波解构后获得的全波场平面波记录

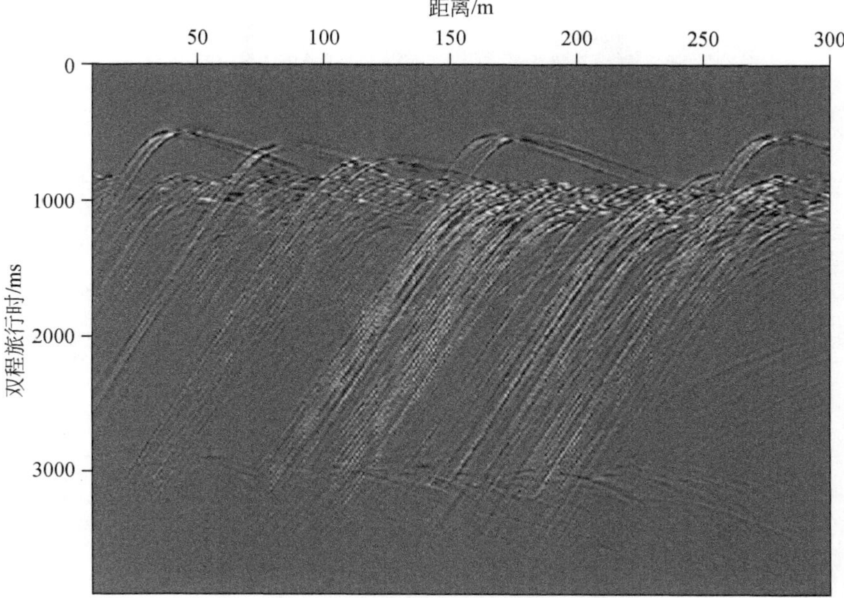

(b)平面波解构后分离得到的绕射波场

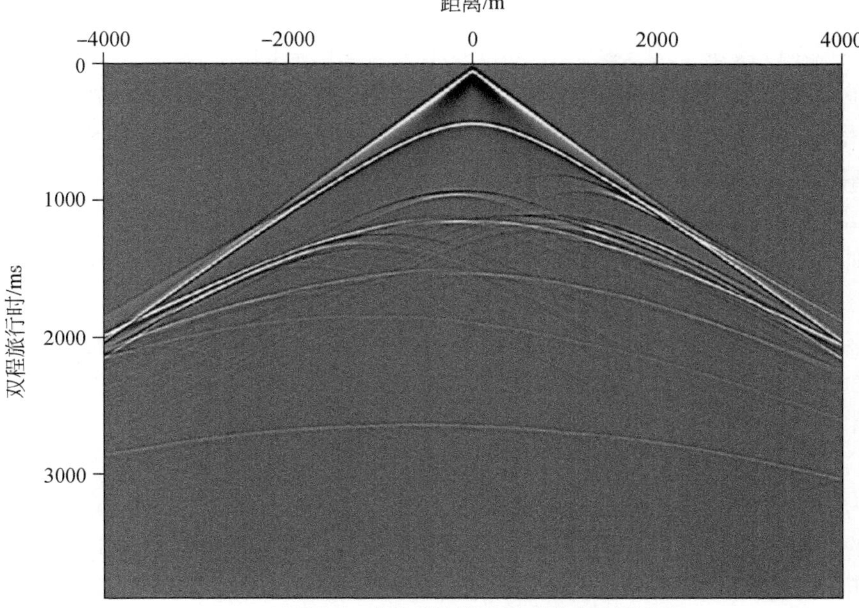

(c)反Radon变换后的第290炮单炮全波场记录

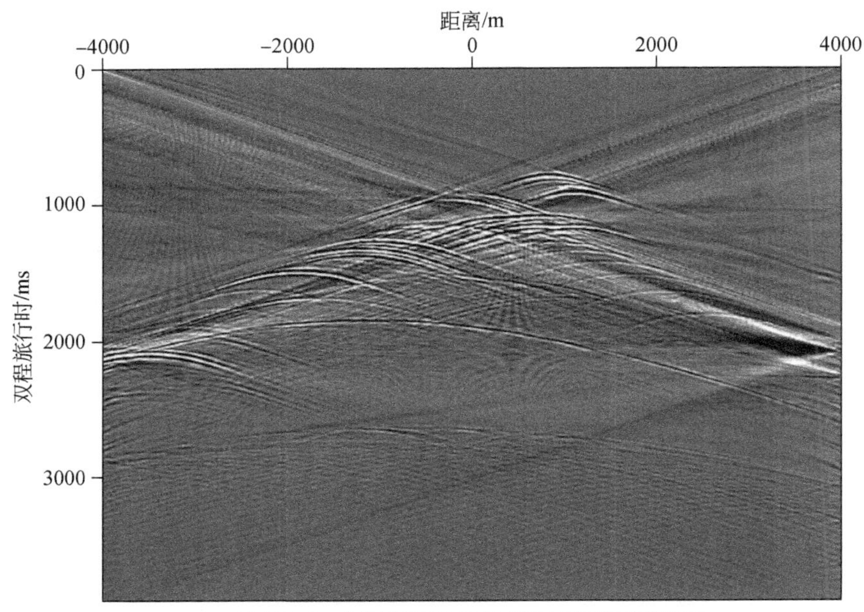

(d)反Radon变换后第290炮分离后的绕射波炮集记录

图 5-93　陈家庄凸起模型平面波分离前后的炮集记录

在平面波域压制反射能量后，对将其进行高精度 Radon 反变换，将平面波场数据变换到点源波域。图 5-93(c)、(d)展示了分离前后的炮记录对比。从全波场炮集记录和分离后的绕射波场炮集记录可以看出，该方法可以有效压制直达波和反射同相轴。在图 5-93(d)中，直达波、反射波的能量很好地得到了压制，保留的绕射同相轴能量相对增强，清晰可见。

图 5-94 为全波场成像结果和利用平面波解构方法得到的绕射波单独成像结果。对比二者可以看出，绕射波单独成像结果中，水平反射层和直达波被有效滤除，浅层的绕射目标得到很好的刻画。另外，绕射波成像结果中一个突出的现象为，高陡反射界面 R3、R4 也都凸显出来，显示出绕射成像在非常规地质体成像捕捉方面独特的优势。

5.5.5.4　三维断块模型试算

为了验证方法对三维数据的分离效果，采用图 5-95 所示三维断块模型进行绕射波的分离试算。该三维模型来自胜利油田实际三维工区。模型自上而下包含明化镇组、馆陶组和沙河街组三套近水平分布的地层。其中分布多层含水、含气、含油砂岩。模型中存在两组逆断层。其在三维模型中构成向上凸起的地垒构造。此外，模型中还包含多个小尺度绕射地质体。均由含水、含气、含油砂岩组合而成。

模型的速度分布详见图 5-95。

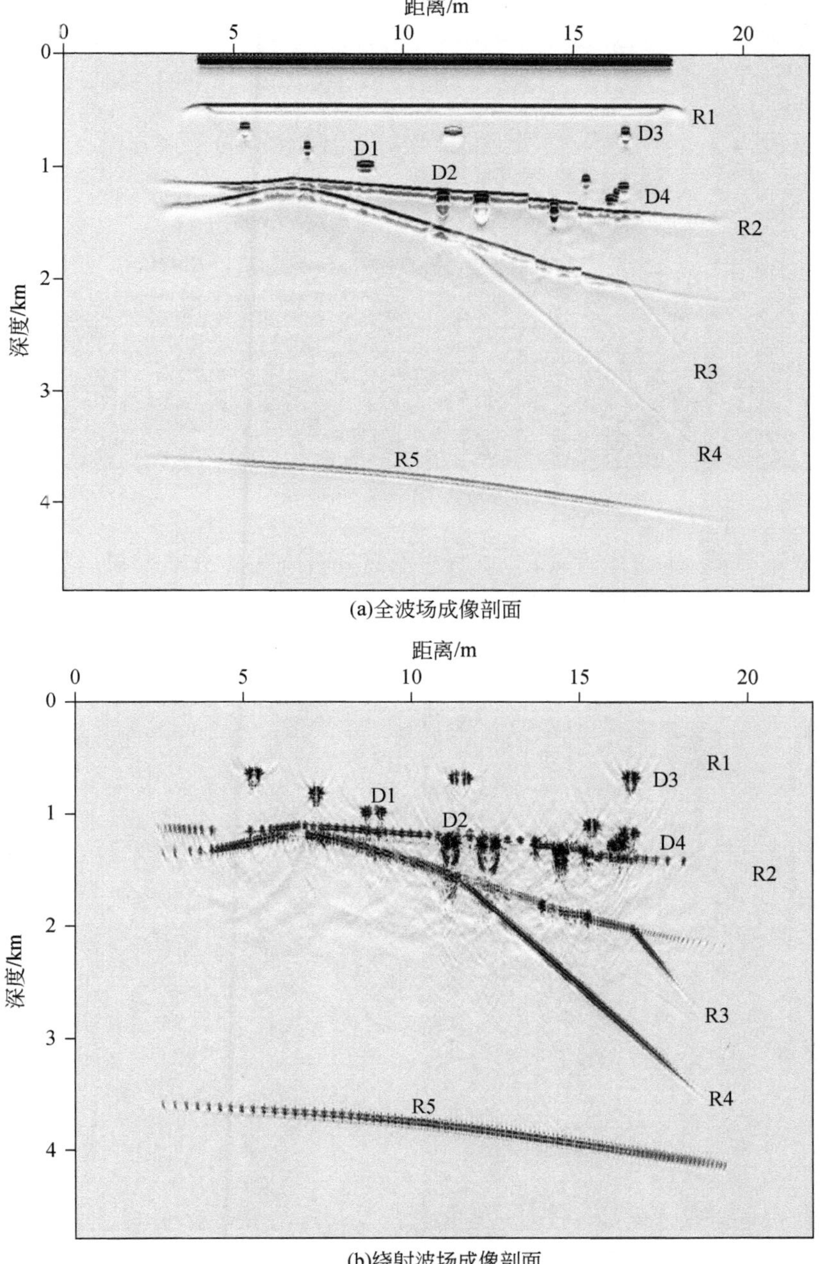

(a)全波场成像剖面

(b)绕射波场成像剖面

图 5-94　陈家庄凸起模型试算结果

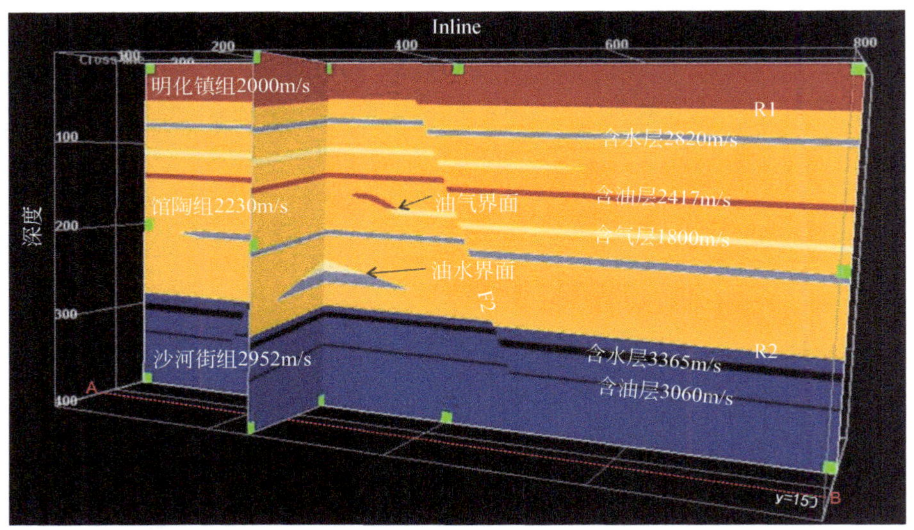

图 5-95　三维断块模型

选取该模型纵向 150 个 CDP 点所在剖面分析绕射波分离效果。如图 5-96 所示，展示了全波场成像结果和绕射波场成像结果。对比全波场结果和单独的绕射波成像结果可以发现，在单独的绕射波成像结果中，模型中的大断层以及小尺度砂

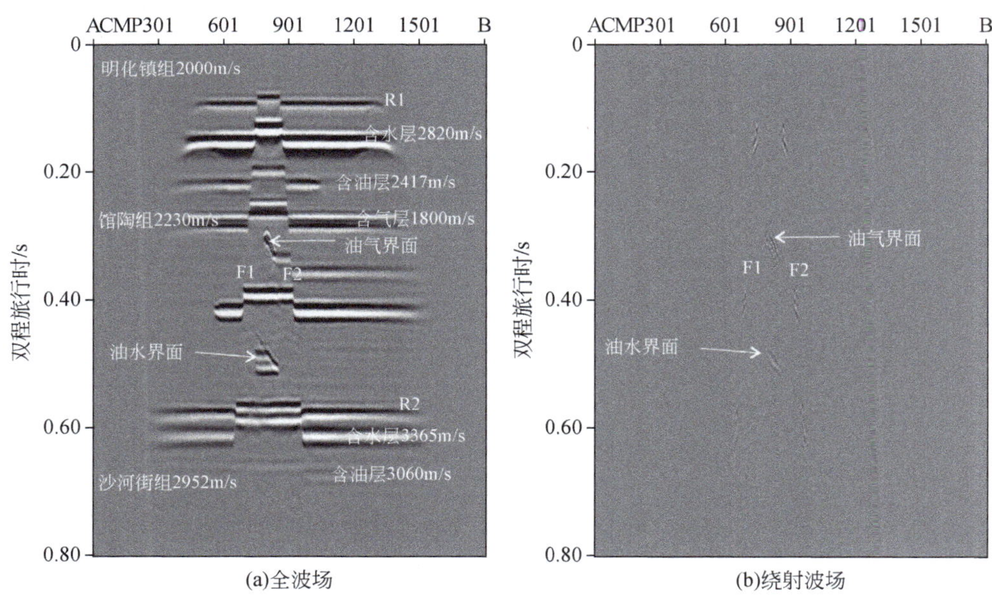

图 5-96　三维断块模型的全波场和绕射波场结果

体等在绕射波场成像剖面中均得到很好的突出显示，而大套的水平反射界面则被很好地压制。绕射目标体定位准确，绕射同相轴收敛于产生绕射的各个绕射点处，证明了分离与成像算法的稳定性和正确性。

总结本节的内容可知，点源入射时，反射波和绕射波在原始的共炮集记录上均表现为双曲形式，只是两者曲率有所不同。在实际资料中，反射和绕射交叠在一起，很难单独识别反射波和绕射波。平面波震源入射时，来自地下平直界面的反射在平面波记录上不再是双曲线，而是表现为直线。此时，绕射波仍然如点源入射一样，呈现出拟双曲规律。因此，在平面波记录上，较易识别反射和绕射，容易实现绕射波和反射波场的分离。

平面波解构方法可较好地估计平滑连续反射同相轴的局部倾角信息，而对绕射同相轴的局部倾角值估计不足，基于该技术，平面波解构滤波和平面波预测方法均可以较好地提取绕射波波场，后者可以很好地解决绕射波极性反转问题。

全波场成像对产生反射波的大尺度构造成像效果较好，绕射体在全波成像剖面上被屏蔽。分离后的绕射波成像凸显了绕射目标体，大大提高了绕射目标体的成像精度。

5.6 反稳相绕射波分离

前文通过理论改进及算法改造，形成了倾角域绕射波分离及平面波域绕射波分离两套实用技术，取得了明显的效果。后续本节将通过在传统的 Kirchhoff 偏移算子中引入反稳相滤波器，使满足 Snell 定律的镜面反射得到有效压制，绕射能量可以得到更好的分离，通过对反稳相绕射波分离技术的研究，目前已形成专有处理技术，并申请了专利予以保护。

5.6.1 稳相偏移

Kirchhoff 叠前偏移算子沿着绕射叠加曲线对地震记录中的同相轴振幅求和。当求和孔径包含地震记录中的所有道时，偏移结果中除了真实的反射成像结果外还包括偏移假象。这些假象的引入，降低了剖面的信噪比，常常会使成像结果的连续性变差，分辨率降低。

对偏移算子的稳相近似说明，只有镜面射线及其附近一定范围内的地震道对地下相应点的成像结果有贡献。除此之外，地震记录中的其他道会在成像结果中引入偏移噪音，降低成像精度。这样，Kirchhoff 求和孔径对成像剖面的质量至关重要。

为了减少上述偏移假象，Schleicher 等(1997)提出最小孔径偏移方法。该方法使用尽可能少的地震道参与绕射叠加。尽量少的地震道叠加不仅提高了信噪比，有效改善了成像质量，而且通过减小偏移孔径，也有效降低了计算量。另外，最小孔径偏移对真振幅成像具有重要意义。

5.6.1.1 镜面射线、菲涅耳带、菲涅耳孔径

在高阶近似下，波动方程解可以由射线理论描述。此时，波场传播的地下介质是分层光滑的。在层间不连续界面上，波场传播遵循反射、透射定理。震源和检波器之间的地震波能量传播轨迹由费马原理确定。在图5-97所示的观测系统中，黑色实线表示的射线路径遵守反射定理，该射线即镜面射线，界面上相应的反射点为镜面反射点。

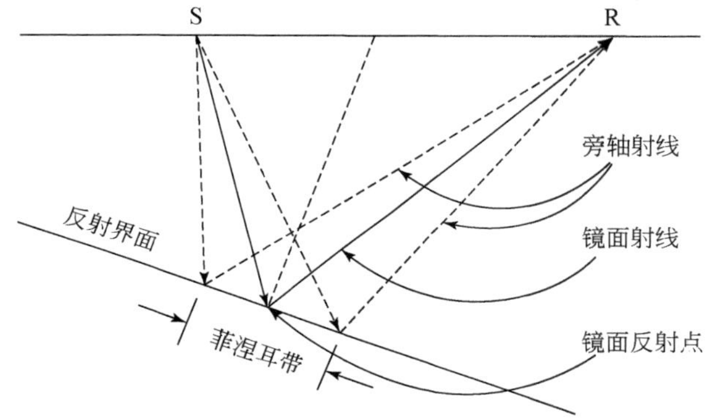

图5-97 镜面射线和菲涅耳带示意图

当地震带宽无穷大时，镜面反射可以准确描述地震波的传播路径。但实际上，由于实际中所用的地震子波带宽有限，射线理论并不能准确描述地下反射界面、绕射目标等不连续体的地震响应。

事实上，实际中的反射、透射是发生在地下界面上的一个区域而不是几何光学理论描述的一个点。来自该区域的反射在地表检波器处的到达时间差别不大。如图5-97所示，该区域被称为(第一)菲涅耳带。该区域内除了实线表示的镜面射线外，其他虚线为旁轴射线。很明显，镜面射线和旁轴射线到达接收点的时间并不一致。两者之间存在时差。菲涅耳带的旁轴射线和镜面射线的到达时差小于半个主周期。主周期越大，菲涅耳带的半径越大，横向分辨率相应越小。

菲涅耳带内的反射能量对接收点的地震道均有贡献。相应地，地表一定空间范围内接收到的地震记录对地下同一个成像点均有贡献。同样，地表接收点在一定时间段内接收到的地震数据对地下同一个成像点均有贡献。如图5-98所示，R为反射界面上的一点，与R点对应的绕射叠加曲线覆盖了某一个范围内的地震道。图5-98中的同相轴表示R点附近反射界面的自激自收响应。由图5-98可知，R

点的绕射叠加曲线与其附近反射界面的零偏移距响应在时间剖面上“相切”。这里的“相切”表示二者相互接触,表示凡是相接触的地震道对 R 点的成像均有贡献。和绕射叠加曲线相切的地震的地震道跨越范围正好是“菲涅耳孔径”,即半个地震波长的范围。随着地震子波中包含的高频成分增多,菲涅耳孔径逐渐变小。当子波变为理想的尖脉冲时,绕射叠加曲线与地震道的接触变为真正的相切。此时只有一条镜面射线[图 5-98(b)中的黑色粗实线]对 R 点的成像有贡献。另外,与反射点不同,无论震源子波的频带如何,地下绕射点的同相轴均与绕射叠加曲线完全重合,菲涅耳孔径理论上为无穷大。

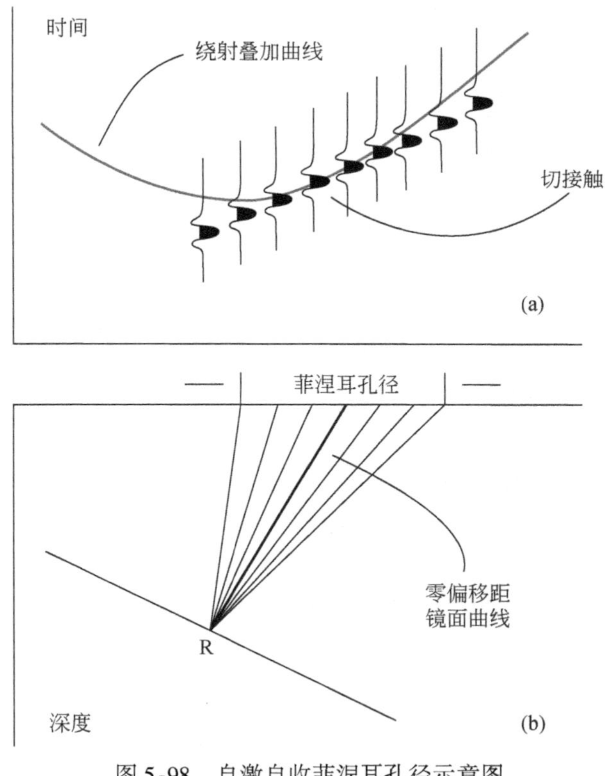

图 5-98　自激自收菲涅耳孔径示意图

5.6.1.2　稳相偏移原理及流程

偏移成像就是将地震记录中的反射波归位到产生它们的反射界面上,使绕射波收敛到产生它的绕射点上。对于地下既非反射点也非绕射点的区域,常规 Kirchhoff 求和得到的成像值应该很小以至于可以忽略。但当求和孔径太大时,在这些区域往往会出现较大的能量值,从而对真实成像结果产生影响。在真实的反射点处，当求和孔径选取不合适时，同样会导致成像能量值很小，从而影响反射界面的连续性，以及后续的 AVO 分析等。诸多实例都表明，当偏移孔径偏大时，与成像点无关的地震道能量被叠加到该成像点处，出现上述偏移假象。因此，偏移孔径的选取对消除 Kirchhoff 偏移假象至关重要。位于菲涅耳孔径内的地震道可以实现绕射相干叠加。Schleicher(1997)提出的最小孔径偏移如下：

$$U(x) = \int_{\Omega} \mathrm{d}t\mathrm{d}s\mathrm{d}r\omega(s,x,r)U(t,s,r)\delta(t - T(S,x,y)) \tag{5-120}$$

式中，积分范围 Ω 为最佳偏移孔径，称菲涅耳孔径，其中心位置称稳相点。沿着绕射叠加曲线对菲涅耳孔径内的地震道进行叠加，称为稳相叠加。按照上式进行的偏移亦被称为稳相偏移。

根据上述分析，稳相偏移分为两步：①利用式(5-120)得到两个成像数据体，进而求得镜面射线参数；②利用第一步得到的镜面射线参数求取成像点对应的菲涅耳孔径，沿着绕射叠加曲线对分布于菲涅耳孔径内的地震道振幅求和得到 Kirchhoff 部分偏移结果。

除了压制偏移假象，稳相偏移还被用于迭代偏移速度分析。偏移速度分析需要多次偏移来更新速度，对偏移的效率要求高。而对于稳相偏移来说，一旦第一步的镜面射线参数确定以后，第二步的部分偏移计算效率很高。所以在偏移速度分析中，可以先求取镜面射线参数，在随后的多次速度更新后仅需要利用稳相偏移的第二步来得到用于速度分析的共成像点道集，这样可以大大减少偏移速度分析的用时。

5.6.2 反稳相绕射波分离原理及实现

在炮集记录上，通过开展常规叠前 Kirchhoff 偏移得到全波场成像剖面。利用平面波解构滤波技术从全波场成像结果中提取每个成像点处的倾角信息。利用倾角信息构建反稳相滤波器，并将其作为叠前 Kirchhoff 偏移权函数，即可得到只含绕射能量的偏移结果。

反稳相绕射波分离主要包括如下两个主要方面。

5.6.2.1 反稳相滤波器的构建

2D 观测系统下，源自光滑反射界面上的镜面反射遵循 Snell 定律。入射射线和反射射线与界面法线共面，入射角等于反射角；源自界面边界(或不平滑界面)的绕射不满足 Snell 定律，出射射线可以沿着测线所在平面内的任意方向。

如图 5-99 所示，为上述两种情况下的射线路径示意图。其中，黑色垂线表示界面法线，绿色射线表示入射射线，蓝色射线表示出射的镜面反射，红色射线表示绕射。将全波场中的镜面反射(图 5-99 中蓝色射线)压制，将剩余波场[图 5-99

(b)中红色射线]作为绕射能量。为此,引入如下函数:

$$S(\mathbf{s},\mathbf{x},\mathbf{r})\ |\boldsymbol{n}^T T_x| / \| T_x \| \tag{5-121}$$

式中,T_x 表示射线旅行时 $T(\mathbf{s},\mathbf{x},\mathbf{r})$ 关于成像点横向位置 $\mathbf{x}$ 的偏导数,$\boldsymbol{n}$ 表示每个成像点处的界面法线。该函数表示成像点处入射射线和出射射线的等分线与界面法线的夹角的余弦值。对于镜面反射(图 5-99 中蓝色射线),界面法线正好是入射和反射射线的等分线,二者夹角为零。上述函数最大值达到 1。对于镜面反射之外的绕射[图 5-99(b)中红色射线],入射线和出射线的等分线与界面法线的夹角均不为零度,上述函数小于 1。

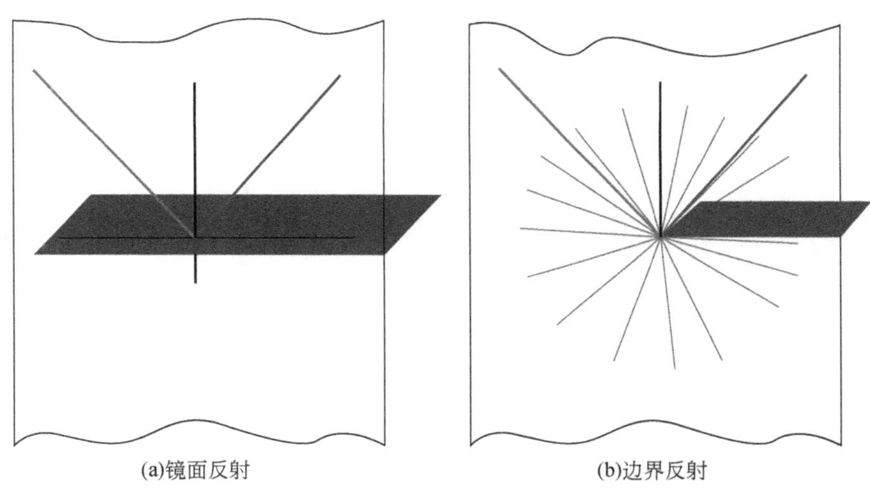

(a)镜面反射　　(b)边界反射

图 5-99　射线路径示意图

在高频近似下,只需令式(5-121)中等于 1 的能量压制,即可得到分离后的绕射能量。然而,实际地震数据频带有限,地面某点观测到的反射能量是地下以镜面反射点为中心的菲涅耳带内的无数二次元波点震源的波场之和。根据以上分析,构建如下滤波器(如图 5-100 所示):

$$\omega=\begin{cases}1, & S\leqslant\delta_1\\ \dfrac{S-\delta_1}{\delta_1-\delta_2}+1, & \delta_1<S<\delta_2\\ 0, & S\geqslant\delta_2\end{cases} \tag{5-122}$$

式中,S 为式(5-121)所示函数;δ_1 和 δ_2 为两个阈值,与地震频带有关,用于控制菲涅耳带的大小,δ_1 为绕射能量保留上限,δ_2(1 附近小于 1 的值)为镜面反射压制下限,二者之间为过渡区域。与 Bleistein(1987)、Schleicher 等(1997)用于加强镜面反射的稳相滤波器相反,式(5-122)所示滤波器将菲涅耳带内的镜面反射压制,将剩余能量作为绕射,为此把该滤波器叫作反稳相滤波器。

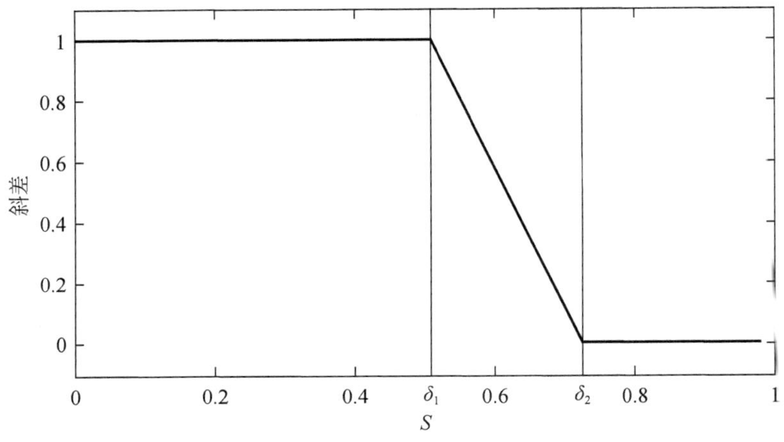

图 5-100　反稳相滤波权函数

5.6.2.2　局部倾角的估计

应用式(5-122)构建的反稳相滤波器需要获取地下每个成像点处的反射界面倾角信息[即式(5-121)中的界面法线 $\boldsymbol{n}$]。在时间域可以将局部平面同相轴看作满足波动方程的平面波解,从而实现反射界面倾角估计。进而采用 Fomel(2002)提出的平面波解构滤波方法,从全波场成像剖面中求取反射界面倾角信息。

平面波解构滤波器利用局部平面波叠加来表征地震数据,可以被看作频空域(F-X)预测误差滤波器的时空域(T-X)模拟,能较好地估计平滑连续同相轴的局部倾角信息。根据局部平面波的物理模型,将如下的局部平面波微分方程作为平面波解构滤波器的理论基础:

$$\frac{\partial \boldsymbol{P}}{\partial x}\sigma\frac{\partial \boldsymbol{P}}{\partial t}=0 \tag{5-123}$$

式中,σ 为同相轴局部斜率。

1) 当局部斜率 σ 为常数时,方程(5-123)的通解为

$$\boldsymbol{P}(t,x)=f(t-\sigma x) \tag{5-124}$$

式中,$\boldsymbol{P}(t,x)$ 表示波场;$f(x)$ 表示任意波形,式(5-124)为平面波的数学描述。

2) 当局部斜率 σ 独立于 t 时,将式(5-124)变换到频率域可得频域一般解:

$$\boldsymbol{P}(x)=\boldsymbol{P}(0)e^{i\omega\sigma x} \tag{5-125}$$

式中,$\boldsymbol{P}(x)$ 是 P 的傅里叶变换。在 F-X 域平面波可以通过如下的两项预测误差滤波器很好地预测出:

$$a_0\boldsymbol{P}(x)+a_1\boldsymbol{P}(x-1)=0 \tag{5-126}$$

式中，$a_0=1$；$a_1=-e^{i\omega\sigma}$。将该滤波器表示为 Z 变换的形式，并进一步分解为多个两项滤波器的乘积：

$$A(Z_x)=\left(1-\frac{z_x}{z_1}\right)\left(1-\frac{z_x}{z_2}\right)\cdots\left(1-\frac{z_x}{z_N}\right) \tag{5-127}$$

3）当局部斜率 σ 随时间和空间都变化时，需重新变换到时间域寻找相移算子式(5-125)和平面预测滤波器式(5-126)的类似表达。鉴于平面波传播的总能量保持不变，可以在时间域利用全通数字滤波器模拟该特性。在 Z 变换域，该过程表示为

$$P_{x+1}(Z_t)=P_x(\ _t)\frac{B(Z_t)}{B(1/Z_t)} \tag{5-128}$$

式中，$P_x(Z_t)$ 表示相应地震道的 Z 变换；$B(Z_t)/B(1/Z_t)$ 为相移算子 $e^{i\omega\sigma}$ 的全通滤波近似。$B(Z_t)$ 的系数可由相移滤波算子在低频时的频率响应拟合获得。下式为用 Taylor 级数展开求得的三点中心滤波器：

$$B_3(Z_t)=\frac{(1-\sigma)(2-\sigma)}{12}Z_t^{-1}+\frac{(2-\sigma)(2+\sigma)}{6}+\frac{(1+\sigma)(2+\sigma)}{12}Z_t \tag{5-129}$$

同时考虑时空两个方向上的变化，得到 2D 预测滤波器：

$$A(Z_t,Z_x)=1-Z_x\frac{B(Z_t)}{B(1/Z_t)} \tag{5-130}$$

为了避免多项式除法，Fomel 将式(5-130)所示滤波器进行改进得

$$C(Z_t,Z_x)=A(Z_t,Z_x)B\left(\frac{1}{Z_t}\right)=B\left(\frac{1}{Z_t}\right)-Z_xB(Z_t) \tag{5-131}$$

式中，$C(\sigma)$ 表示预测误差算子，则局部倾角估计问题转化为如下的最小二乘问题：

$$C(\sigma)\mathrm{d}\approx 0 \tag{5-132}$$

利用式(5-132)可从全波场成像结果中估计反射界面的倾角信息，进一步利用该倾角信息构建反稳相滤波器。

5.6.2.3 反稳相绕射波分离及成像

基于绕射叠加理论，Kirchhoff 偏移将偏移孔径内所有地震道上满足双平方根走时关系的散射能量聚焦求和得到全波场成像剖面 $I(\mathbf{t},\mathbf{x})$：

$$I(\mathbf{t},\mathbf{x})=\int \mathrm{d}\mathbf{t}\mathrm{d}\mathbf{s}\mathrm{d}\mathbf{r}\,\omega(\mathbf{s},\mathbf{x},\mathbf{r})U(\mathbf{t},\mathbf{s},\mathbf{r})\delta(\mathbf{t}-T(\mathbf{s},\mathbf{x},\mathbf{r})) \tag{5-133}$$

式中，$U(\mathbf{t},\mathbf{s},\mathbf{r})$ 表示全波场叠前数据，$T(\mathbf{s},\mathbf{x},\mathbf{r})$ 表示由双平方根方程计算的双程旅行时。引入权函数 $\omega(\mathbf{s},\mathbf{x},\mathbf{r})$ 可以使 Kirchhoff 偏移应用于不同目的：当 $\omega(\mathbf{s},\mathbf{x},\mathbf{r})=1$ 时，上式即古典的绕射叠加偏移，得到全波场成像结果。将式(5-121)作为权函数引入式(5-122)即可实现旨在突出镜面反射的稳相偏移，然后将第二部分求得的反稳相滤波器式(5-122)作为权函数，通过压制镜面反射能量实现绕射偏移成像。

综上所述,基于反稳相绕射波分离及成像主要包括以下几步。

1) 利用式(5-133)[$\omega(\mathbf{s},\mathbf{x},\mathbf{r})=1$]得到全波场 Kirchhoff 叠前时间偏移剖面$I(\mathbf{t},\mathbf{x})$;

2) 应用第三部分所述的平面波解构滤波方法从 $I(\mathbf{t},\mathbf{x})$ 中提取每个成像点处的反射界面倾角信息;

3) 将上一步估计的倾角信息作为输入构建式(5-122)所示的反稳相滤波器,把该滤波算子作为式(5-133)的权函数即可实现最终的绕射波分离及成像。

5.6.3 反稳相绕射波分离试算

5.6.3.1 凹陷模型试算

为了验证本方法的正确性和有效性,采用图 5-101 所示的凹陷模型对算法进行测试。模型含有两个水平层和一个凹陷层,横向 900 个 CDP 点,纵向 380 个采样点,纵横向采样间隔均为 10m。观测系统为中间放炮两边接收,炮间距 20m,最大偏移距 1500m,道间距 20m。

在图 5-101 三条竖线正上方位置处激发的三个单炮记录示于图 5-102 中。其中图 5-102(a)、(b)、(c)分别对应图 5-101 中红、绿、蓝三条竖线位置处激发的单炮记录。

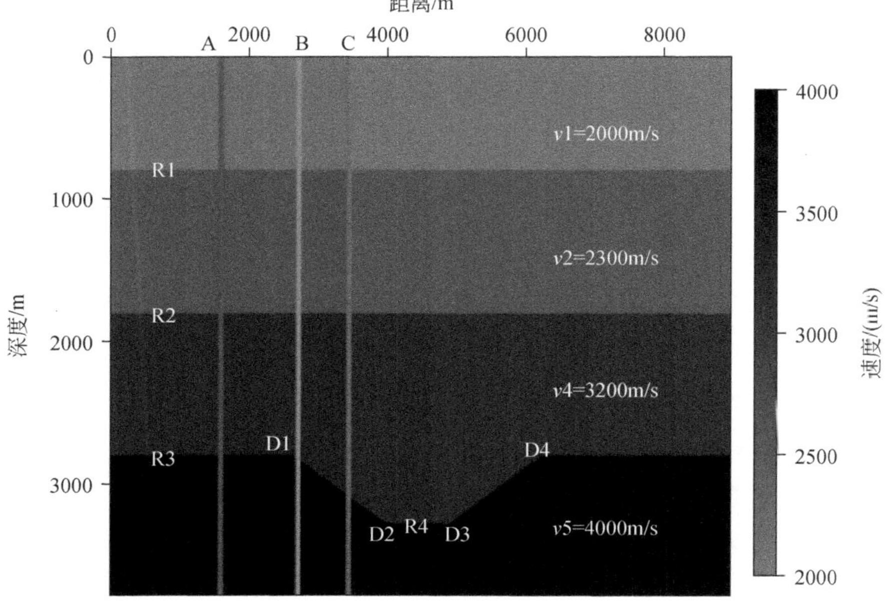

图 5-101 凹陷模型速度场

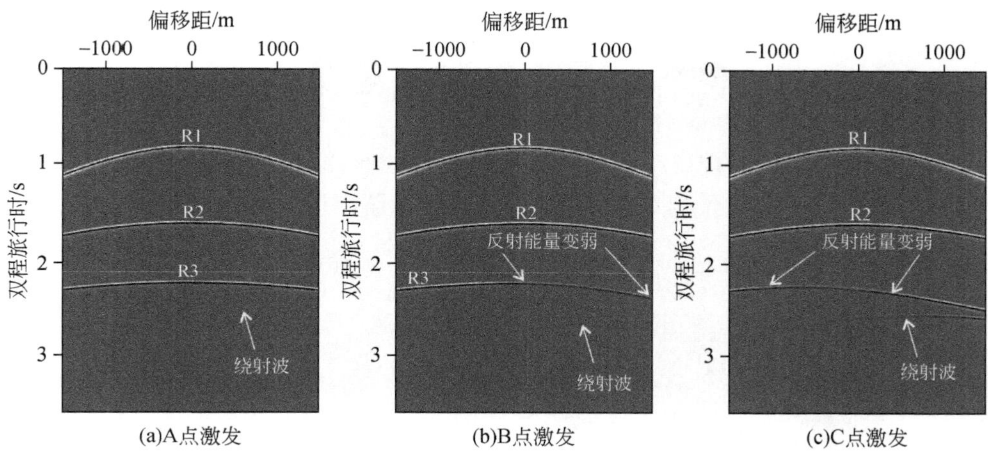

(a)A点激发 (b)B点激发 (c)C点激发

图 5-102 凹陷模型三个位置激发的单炮记录

从图 5-102 可以看出,三个位置处炮记录中,上面两个同相轴顶点均位于零偏移距处,满足反射波的双曲规律,对应凹陷模型中的上面两个水平反射界面 R1、R2。第三个同相轴同样为来自水平界面的反射响应。但由于第三个界面上存在凹陷模型,由于反射角度突然变化,第 2 和第 3 炮接收点只接收到部分反射波的能量,导致反射同相轴能量变弱。模型中尖点 D 是产生绕射的地方。绕射点产生的绕射波为双曲线形态,顶点和模型中的 D1、D2、D3、D4 相对应。

将式(5-133)中的权函数设为 1,得到全波场成像结果[图 5-103(a)]。利用平面波解构滤波技术,由全波场成像结果估计得到的同相轴局部斜率剖面[图 5-103(b)]。利用该倾角信息,构建反稳相滤波器,得到最终的绕射成像结果[图 5-103(c)]。

对比波场分离前后的偏移剖面可知,来自水平反射层和凹陷底部水平层的反射能量得到极大压制,凹陷两翼的反射能量得到压制,凹陷两翼由微小断点产生的绕射能量得到保留和突出。

5.6.3.2 断层—绕射体模型

针对绕射目标成像设计了断层—绕射体模型,如图 5-104 所示。模型中自上而下存在四个地层界面。地层在应力场的作用下发生轻微变形。地层速度在 2000 ~ 4000m/s。底部速度存在倒转现象。模型右侧设计了大型断层,倾角较大。除大型断层外,模型中设计了众多小型断层。速度异常体、大型断层和地层的交点、小断层等三类绕射体是本次绕射成像的目标。模型横向 1000 个 CDP 点,纵向 180 个采样点,纵横向间距均为 5m。采用声波方程高阶有限差分正演炮记录,共记录了 350

炮数据,每炮 151 道,道间距 10m,时间采样间隔为 0.4ms。

图 5-105(a)为该模型全波场叠前时间偏移成像结果。可以看出,反射与绕射在偏移结果剖面上共存。由于受强反射屏蔽掩盖,相对弱的绕射不易识别,某些绕射目标定位不准。

图 5-105(b)为应用反稳相滤波得到的绕射波偏移成像结果。镜面反射得到了很好的压制,绕射能量相对增强,断层、速度异常绕射体、小型断阶更加清晰。

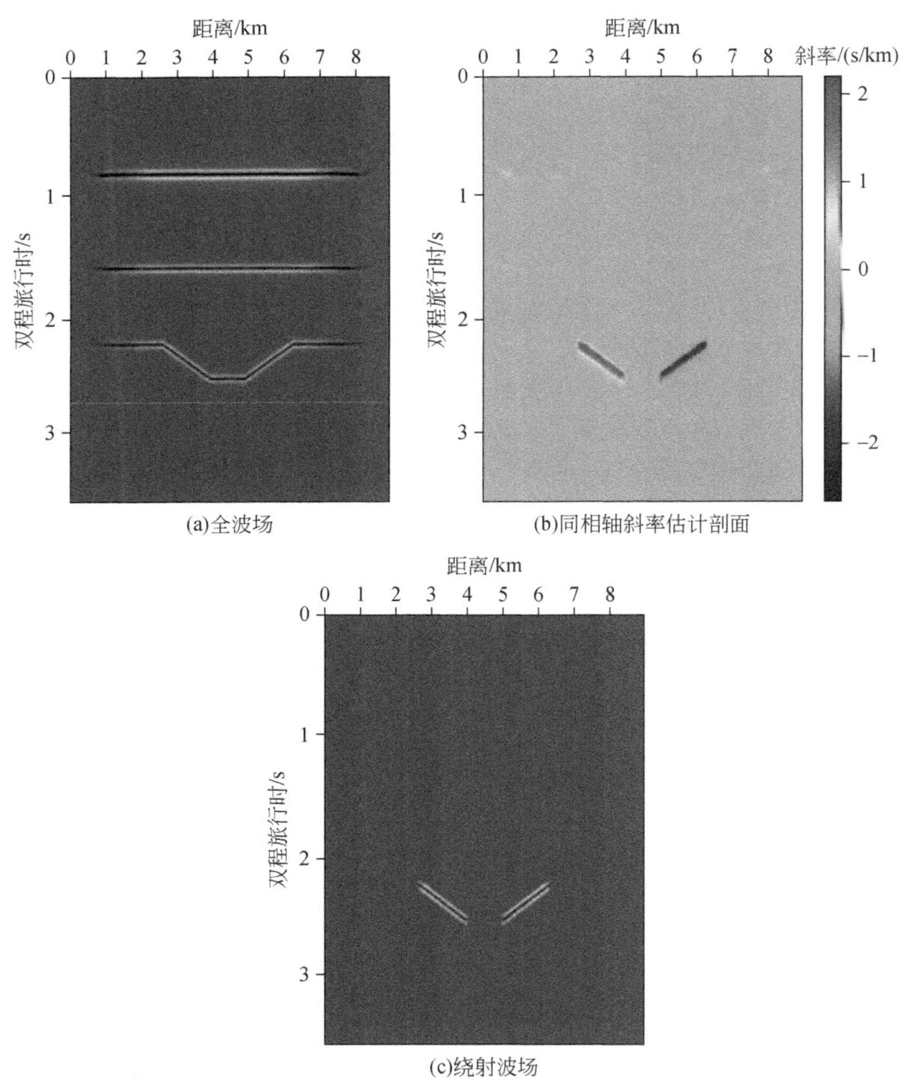

(a)全波场

(b)同相轴斜率估计剖面

(c)绕射波场

图 5-103 基于反稳相滤波的绕射波场分离

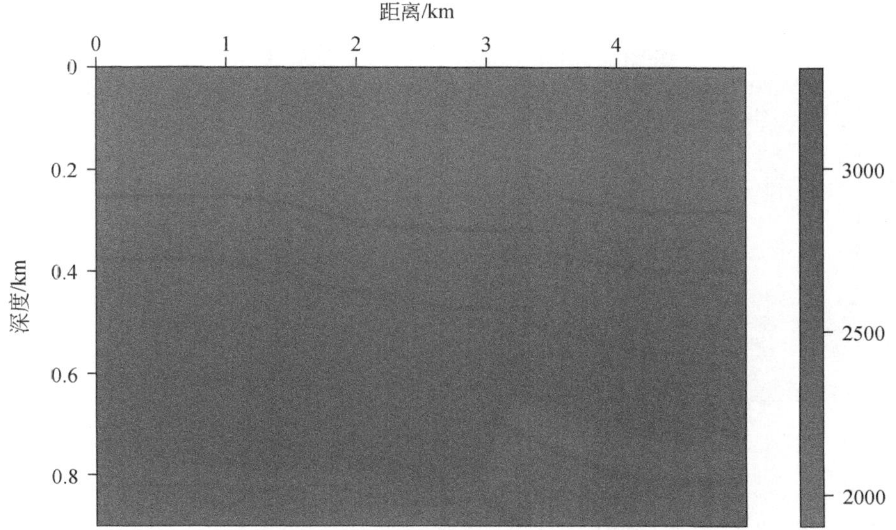

图 5-104　断层—绕射体模型速度场

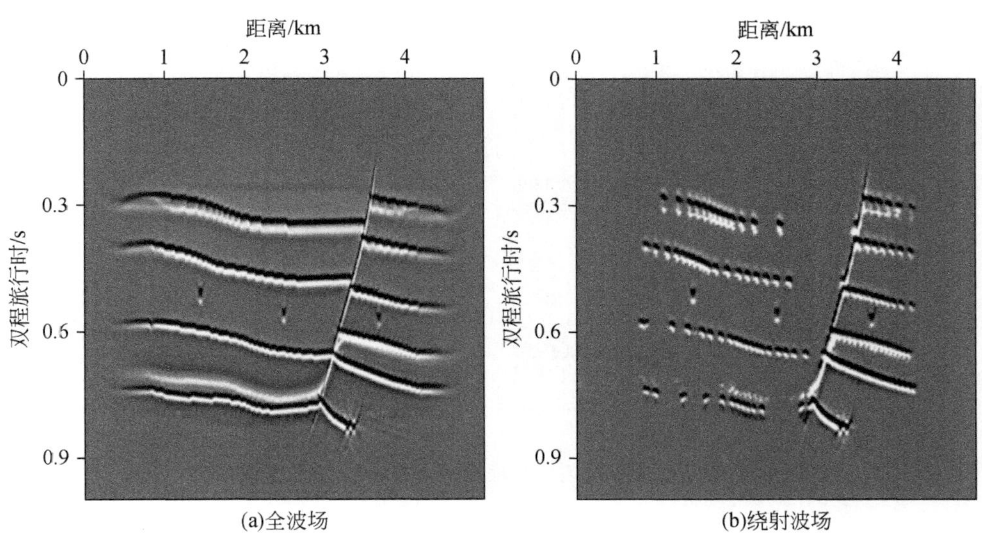

图 5-105　断层—绕射模型反稳相滤波成像效果

图 5-106 为波场分离前后的断层局部成像剖面。对比可知,断层左边的镜面反射压制完全,断层面及其右边的小断阶得到很好的保留。

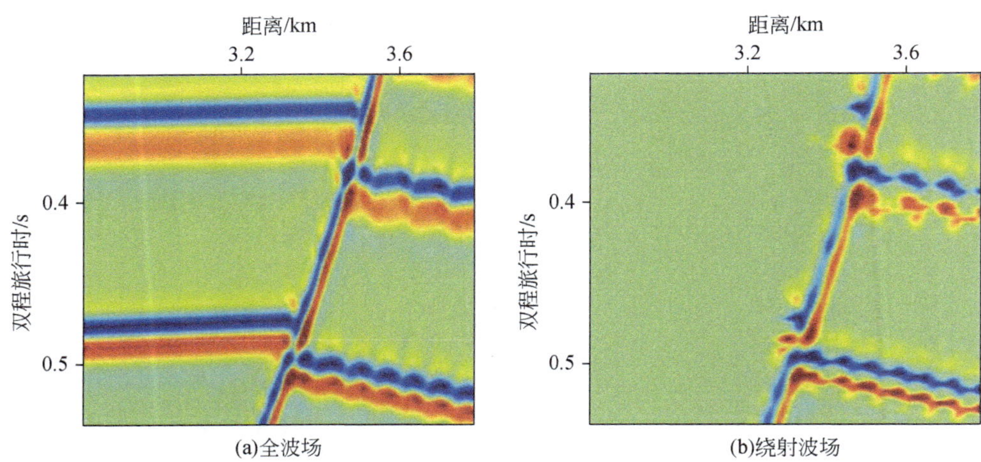

(a)全波场　　(b)绕射波场

图 5-106　断层—绕射模型反稳相滤波断层成像效果局部

图 5-107 为反射压制前后的小型断阶局部成像结果。可以看出,反稳相滤波得到的绕射波成像结果中,小型断阶在绕射成像剖面中更易识别,定位更准。

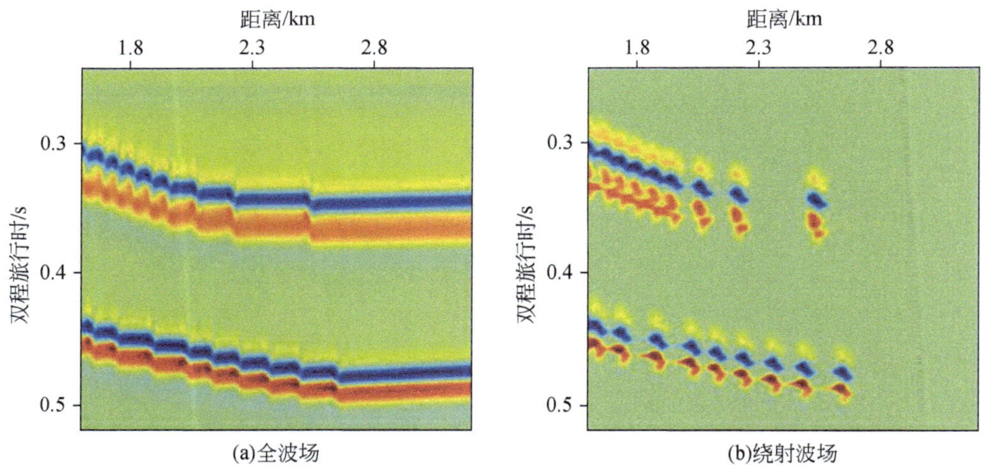

(a)全波场　　(b)绕射波场

图 5-107　断层—绕射模型反稳相滤波断阶成像效果局部

第六章　绕射波成像

6.1　绕射波速度分析方法

速度表征了地震波在地下介质中传播的快慢，是地下介质基本物理属性的一种体现，是地震勘探成像的关键因素之一。速度获取的准确与否，直接关系到地震波成像的精确程度。

在速度场准确的情况下，地震数据通过成像处理，能够较好地反映地下构造特征，否则会产生假象，甚至出现错误的结果。准确可靠的速度分析是地震数据处理的基础。地震波速度与传播距离和旅行时相关联。地震记录中含有地震波到达地面位置的旅行时，因此依据地震波时距方程，从旅行时分析入手，就可以求出地震波的传播速度。

6.1.1　倾斜界面地震绕射波时距曲线方程

前面已经对各种界面反射波、绕射波时距曲线方程进行了理论分析。为便于后面绕射速度分析的介绍，本小节再对倾斜界面的绕射波时距曲线方程做简单回顾。

传统反射理论中的反射波时距方程为

$$t=\sqrt{t_0^2+\frac{x^2}{v^2}} \tag{6-1}$$

正常时差为

$$\Delta t=\sqrt{t_0^2+\frac{x^2}{v^2}}-t_0 \tag{6-2}$$

式(6-2)中，x 为炮检距；t_0 为零炮检距的双程旅行时；v 为叠加速度；t 为反射波旅行时；Δt 为时差。

如果炮检距 x 已知，那么反射波到达时间 t 和正常时差 Δt 是零炮检距反射波旅行时 t_0 和叠加速度 v 的函数，即地震波的反射时间和正常时差中包含了速度的信息。这就是传统反射波速度分析的基础。

图 6-1 为倾斜界面情况下反射波和绕射波旅行路径,图中的标示定义如下:炮点 O,检波点为 D,OD 为地表,地层界面 O_1D_1 与水平方向成 φ 角度。以顺时针方向为正,炮点到地层界面的垂直距离为 h,O′为虚震源,R 为反射点位置,M 为共中心点位置,v 为地层界面以上的介质速度,偏移距 OD=x,地下绕射点 R 在地表的投影位置为 R_2,且 $OR_2=L$。粗线代表地层界面。

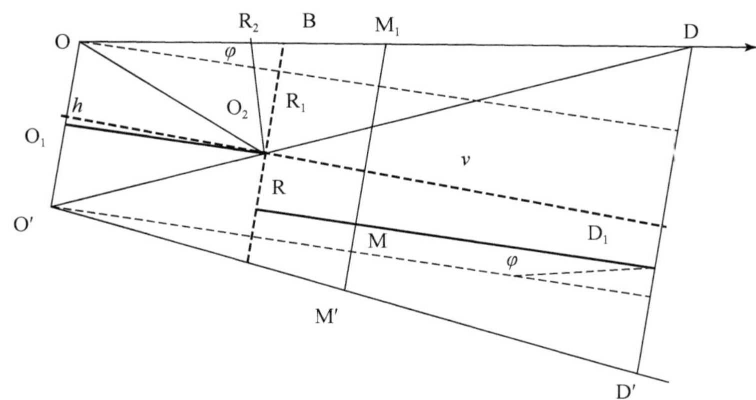

图 6-1　倾斜界面反射波和绕射波旅行路径

不含绕射点时,倾斜界面反射地震波时距曲线方程为

$$t_1=\frac{1}{v}\sqrt{x^2+4h^2-4hx\sin\varphi}=\frac{1}{v}\sqrt{(x-2h\sin\varphi+4h^2\ \cos^2\varphi}\tag{6-3}$$

由式(6-3)可知,反射波旅行时极小点的横坐标为 $x=2h\sin\varphi$,该极小点对应的旅行时为$\frac{2h\cos\varphi}{v}$。由此可知,反射波旅行时极小点位置与垂直距离 h 和地层倾角 φ 有关(与垂直距离 h 和地层倾角 φ 的正弦成正比),与介质速度 v 无关。而其对应的最小旅行时却与三者密切相关(与垂直距离 h 和地层倾角 φ 的余弦成正比,与介质速度 v 成反比)。

当地层倾角 $\varphi=0$ 时,即为水平界面情况,此时的反射波时距曲线变为 $t_1=\frac{1}{v}\sqrt{x^2+4h^2}$。

含绕射点时,由射线旅行路线图可知:

$$t_2=\frac{OR+RD}{v}\tag{6-4}$$

根据勾股定理并结合边长关系可得:

$$R_2O_2=L\mathrm{tg}\varphi,RO_2=\frac{h}{\cos\varphi}\tag{6-5}$$

将式(6-5)带入式(6-4),整理得

$$t_2=\frac{1}{v}\left[\sqrt{L^2+\left(L\mathrm{tg}\varphi+\frac{h}{\cos\varphi}\right)^2}+\sqrt{(x-L)^2+\left(L\mathrm{tg}\varphi+\frac{h}{\cos\varphi}\right)^2}\right] \tag{6-6}$$

由式(6-6)可以看出,在任意倾角情况下,绕射波时距曲线仍具有双曲线特征。绕射波旅行时极小点的横坐标为 $x=L$,极小点对应的旅行时为

$$t_2=\frac{1}{v}\left[\sqrt{L^2+\left(L\mathrm{tg}\varphi+\frac{h}{\cos\varphi}\right)^2}+\left|L\mathrm{tg}\varphi+\frac{h}{\cos\varphi}\right|\right] \tag{6-7}$$

分析式(6-6)和式(6-7)可知,地层倾斜情况下绕射波时距曲线的极小点始终在绕射点上方,与地层倾角 φ、垂直距离 h、介质速度 v 无关,因此,不管地层倾角如何变化,激发点在测线方向如何移动,该极小点在测线上的位置不变,仅与激发点位置和绕射点的地面投影之间的水平距离大小 L 有关。而对应的旅行时则与这三者密切相关(存在非线性关系)。这三个量的变化会改变绕射波时距曲线的形状。当地层倾角 $\varphi=0$ 时,即水平地层情况,此时的绕射波时距曲线方程变为

$$t_2=\frac{1}{v}\left[\sqrt{L^2+h^2}+\sqrt{(x-L)^2+h^2}\right] \tag{6-8}$$

这与水平界面情况下的绕射波时距曲线方程完全一致,式(6-6)是绕射波时距曲线的一般形式。理论分析表明,倾斜界面绕射波时距曲线仍具有双曲线特征,且最小旅行时点的位置始终在绕射点正上方。

6.1.2 倾角域绕射波速度分析方法

6.1.2.1 倾角域绕射波速度分析依据

在偏移后的倾角域 CIG 道集上,不论偏移速度正确与否,反射波始终表现为开口向上的“笑脸”形同相轴。也就是说,我们很难利用倾角域的反射波进行速度分析。然而,绕射波在倾角域 CIG 道集上对速度误差的响应则完全不同。图 6-2 是本书前面已经测试过的一个模型。利用该模型,本节再次说明倾角域绕射波速度分析的依据。

如图 6-2 所示,模型中包含两个反射界面和一个绕射点。绕射点位于深度 1.5km 的位置,介于反射界面 R1 和 R2 之间。设计了三个观测位置,分别位于绕射点和绕射点的左右两侧,用于测试观测位置偏离绕射点时,倾角域反射曲线和绕射曲线的形态变化。

在倾角域道集上,无论是水平反射界面还是倾斜反射界面,其反射波形成的同相轴都呈现为开口向上的双曲线形状。对于水平反射界面而言,这个双曲线表现为开口向上,左右双支对称的形状。曲线的顶点都位于倾角 0°的位置。对于倾斜

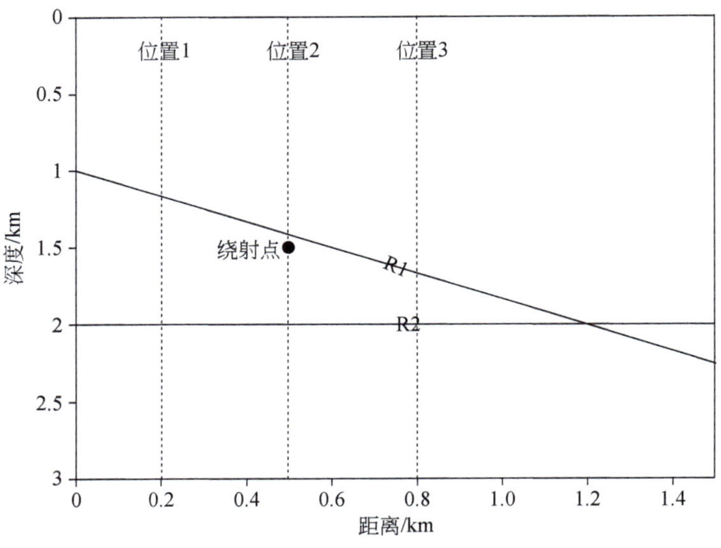

图 6-2　包含两个反射界面和一个绕射点的理论模型

平直反射界面,其反射同相轴形成的双曲线不对称,曲线的顶点也不在倾角 0°的位置。此时,顶点所对应的角度指示了界面倾斜的角度。无论偏移速度误差变化如何,界面反射形成的同相轴基本形态、开口、顶点位置等不变。它对偏移速度的指示作用在于,当偏移速度大于真实速度时,曲线顶点整体下移,当偏移速度小于真实速度时,曲线顶点整体上移(图 6-3)。应该看到,反射曲线顶点随偏移速度误差的变化,目前难以成为速度判断的一个工具。

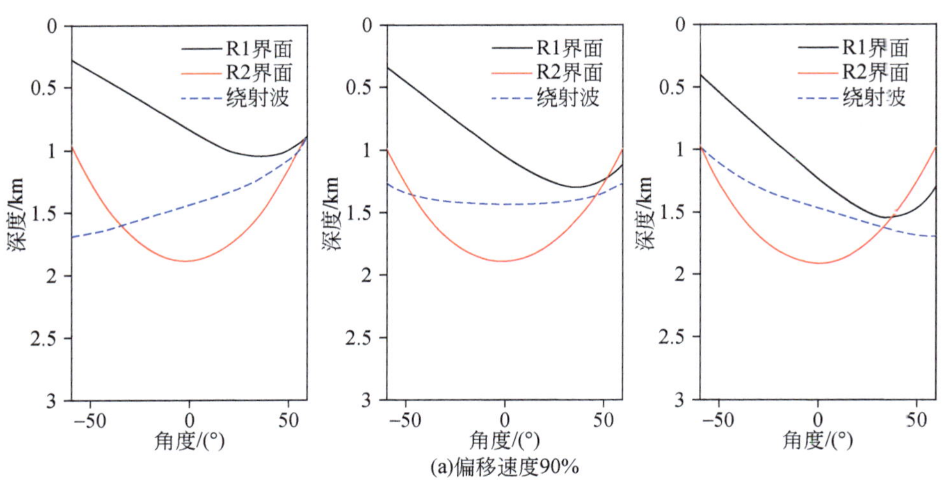

(a)偏移速度90%

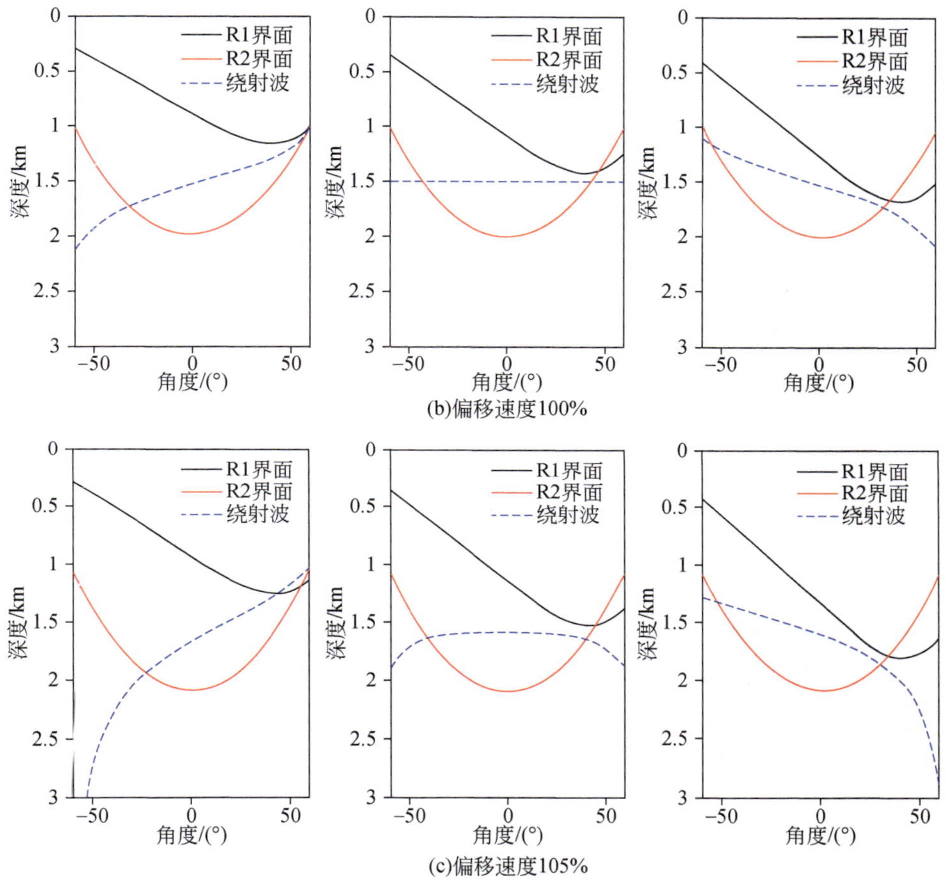

(b)偏移速度100%

(c)偏移速度105%

图 6-3　倾角域绕射波速度分析依据

模型中绕射点形成的绕射能量在倾角域 CIG 道集上的表现同反射能量有较大差异。首先,通过分析绕射波绕射同相轴形态的变化可以准确分析绕射点的位置。当观察位置位于绕射点左右两侧时,绕射同相轴在 CIG 道集上表现倾斜的线性形态,而且,从左侧观测和从右侧观测,绕射同相轴的倾斜方向正好相对。当观测位置正好位于绕射点处时,此时的绕射同相轴在倾角域 CIG 道集上表现为水平直线(图 6-4)。这种特性不因偏移速度误差的变化而变化。所以,绕射同相轴倾角相对于绕射点的位置变化而变化,而不是因偏移速度误差的变化而变化,这种特性也难以成为速度判断的一个工具。

对于绕射波来说,当偏移速度恰当时,绕射同相轴在倾角域 CIG 道集上表现为一条直线。当偏移速度偏低时,绕射同相轴不再是一条直线,而是呈现为向上弯曲

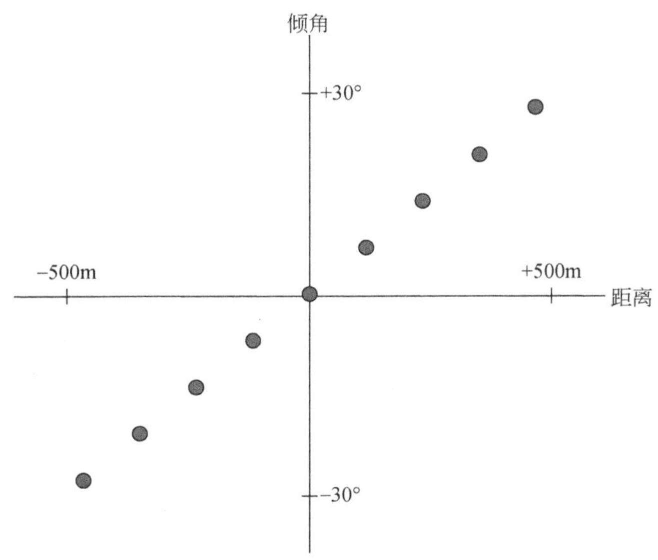

图 6-4　倾角域 CIG 道集绕射同相轴倾斜方向和相对于绕射点观测位置的关系

的“笑脸”状同相轴。当偏移速度偏高时,绕射同相轴呈现为向下弯曲的“哭脸”状同相轴。容易理解,当速度偏低时,相对于真实速度的情况,绕射同相轴整体向上抬升;当速度偏高时,绕射同相轴整体降低(图 6-5)。这样,对于绕射同相轴来说,当偏移速度变化时,同相轴的形态和位置都有相应的变化,规律性很强,可以成为速度分析的工具。

给定的偏移速度越低,绕射同相轴向上弯曲的越明显,“笑脸”越明显,其位置向上抬升的幅度越大。相反,给定的偏移速度越高,绕射同相轴向下弯曲的越明显,“哭脸”越明显,其位置降低抬升的幅度越大(图 6-6)。

不同于与地层倾角有关的反射同相轴的不对称性(Audebert et al. ,2002),绕射同相轴的不对称性取决于横向速度变化和倾角域 CIG 道集与绕射点的相对位置关系。因此,可以利用此性质进行从低速到高速倾角域速度谱扫描,直到得到所需的线性同相轴为止。

6.1.2.2　倾角域绕射波速度分析模型试算

鉴于绕射波在倾角域共成像点道集上对偏移速度误差的敏感性,可用其做偏移速度分析。设计了如下模型进行绕射速度场分析。如图 6-7 所示,设计模型为一个均质体,速度为 3000m/s,其中含有两个绕射体,位于横坐标 0. 8km 位置处,上下分布,绕射体的速度为 2500m/s。

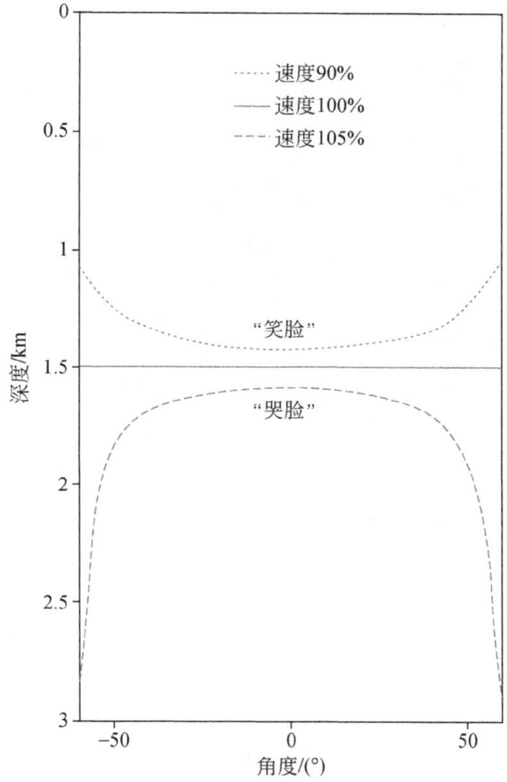

图 6-5 倾角域 CIG 道集绕射同相轴的形态变化和偏移速度的关系

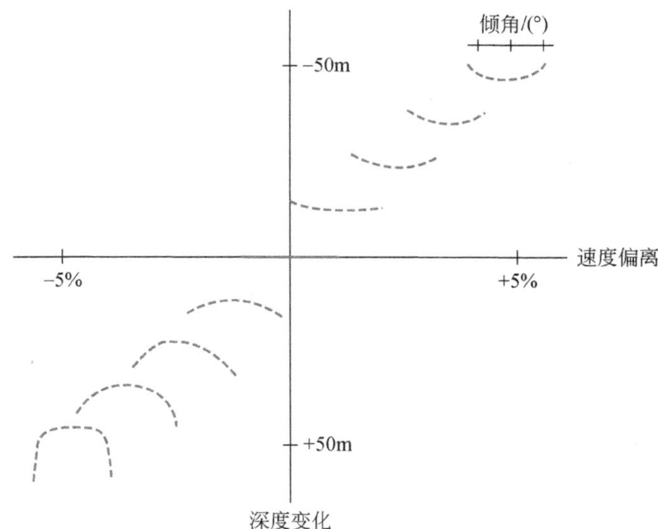

图 6-6 倾角域 CIG 道集绕射同相轴形态和位置变化与偏移速度的关系

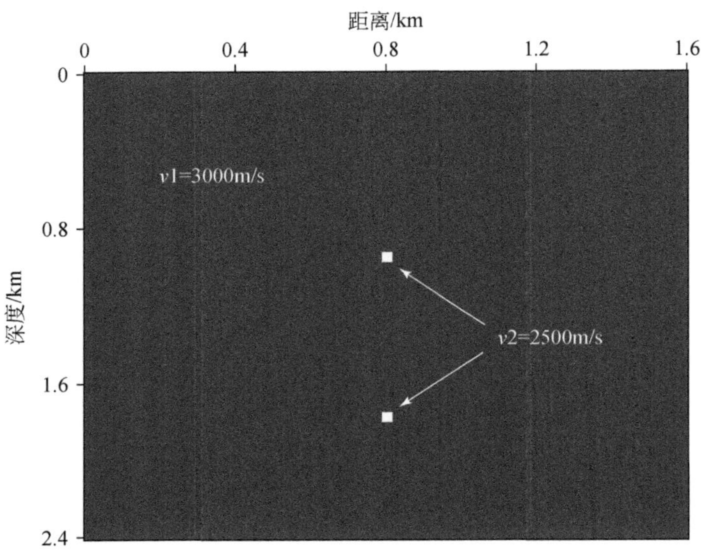

图 6-7 倾角域绕射波速度分析模型

利用这个模型进行速度分析时,先按照两个绕射点所在的位置将模型分为三层。三层分别给定速度,以便进行速度测试。开始时,先将三层的速度全部给定为起算速度,即 $v_1=v_2=v_3=2500\mathrm{m/s}$。根据这个速度先获得一个偏移结果[图 6-8(a)]。在此基础上获得绕射点所在位置处的倾角域 CIG 道集[图 6-8(a)]。从结果可以明显看出,由于偏移速度不准确,偏移剖面在两个绕射点位置出现明显“画弧”现象。而在倾角域 CIG 道集上,两个绕射点给出典型向上弯曲的双曲线绕射同相轴。绕射顶点的位置即是绕射点所在的位置。如前所述,“笑脸”形态表明偏移速度偏低。

在第一次迭代结果的基础上,首先将第一层的速度增大为 3000m/s。需要说明的是,模型中的第一个绕射点位于速度测试划分的第一层中。偏移结果发现,因为速度增大,第一个绕射点偏移“画弧”现象消失,但第二个绕射点的偏移“画弧”现在依然存在。对应地,在角度域 CIG 道集上,对应于第一个绕射点的绕射同相轴变为一条直线,对应于第二个绕射点的绕射同相轴仍为向上弯曲的“笑脸”状双曲线。这说明,第一层的速度是合适的,但下面的速度仍然偏低。

从图 6-8 可以看出,各层在前几次迭代过程中由于偏移速度值小于真实速度值,绕射点上方提取的倾角道集向上弯曲,呈现“笑脸”状,成像结果由于速度场不准确,绕射点产生的绕射波没有收敛。随着迭代过程的进行,各层速度逐渐逼近于真实速度值,倾角道集逐渐被拉平,成像结果图中绕射波逐渐收敛于一点处。由于绕射波速度分析方法划分速度层是需要依赖于层位之下的绕射点。第三层下方不存在绕射点,速度值无法得到更新,这也是倾角域绕射波速度分析方法存在的一个缺陷。对比图 6-9 所示成像结果可以发现,最终更新得到的速度场偏移成像结果与准确速度场偏移成像结果不存在明显差异。绕射点上的绕射弧已明显收敛,绕射点归位准确。

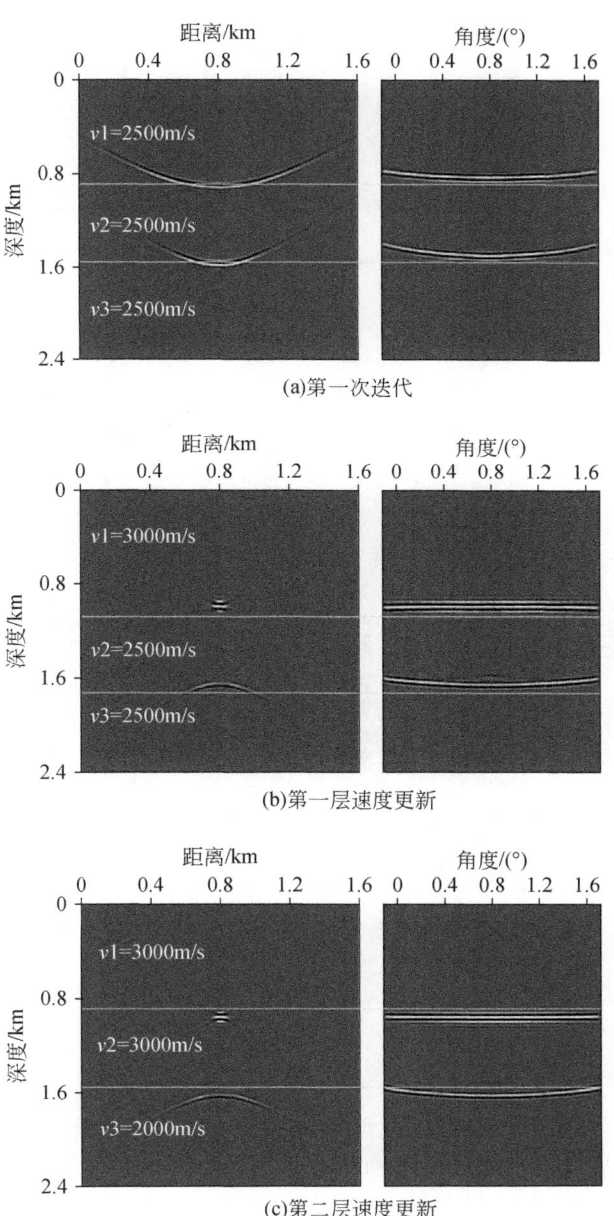

(a)第一次迭代

(b)第一层速度更新

(c)第二层速度更新

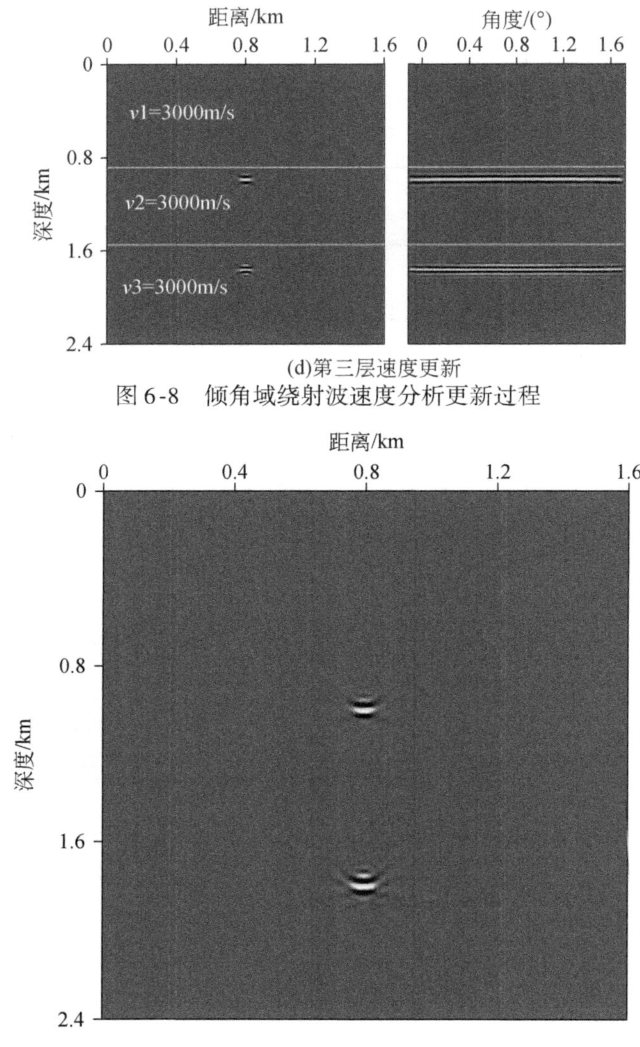

(d)第三层速度更新

图 6-8 倾角域绕射波速度分析更新过程

图 6-9 两个绕射点模型速度分析迭代最终成像结果

6.1.2.3 速度求取及速度谱

实际速度获取是在绕射波时距曲线方程基础上进行的。在炮集上,固定 t_0 的情况下,任意选择一个速度 v_i,该速度用来确定一条双曲线轨迹,并沿该双曲线轨迹对各炮检距上的绕射波振幅进行收敛和叠加。

当 $v_i = v_{\mathrm{mig}}$ 时,不同炮检距地震道上的振幅同相叠加,叠加振幅最大。沿不同速度定义的双曲线轨迹计算叠加振幅就是对双曲线轨迹上的地震道进行相关性度量,通过不同速度对应的叠加振幅分析,便可提取地震绕射波传播速度。

在绕射点位置确定后,依据散射波时距曲线,沿不同速度定义的双曲线轨迹对共炮点道集进行叠加或相关,得到地震波叠加能量或相关能量对应于扫描速度变化的地震散射波速度谱。

设一条测线炮集记录有 m 个地震道,炮检距分别为 $x_j(j=1,2,3,\cdots,m)$,对第 m 道来说,其正常时差为

$$\begin{aligned}\Delta t_m &= \frac{1}{v}\left[\sqrt{L^2+z_0^2}+\sqrt{(L-x_m)^2+z_0^2}\right]-\frac{2z_0}{v_{\text{mig}}} \\ &= \frac{1}{v_{\text{mig}}}\left[\sqrt{L^2+z_0^2}+\sqrt{(L-x_m)^2+z_0^2}\right]-2z_0\end{aligned} \tag{6-9}$$

得到绕射波成像速度 v_{mig} 为

$$v_{\text{mig}}=\frac{1}{\Delta t_m}\left[\sqrt{L^2+z_0^2}+\sqrt{(L-x_m)^2+z_0^2}\right]-2z_0 \tag{6-10}$$

对于给定的 t_0 值和最大炮检距 $x_{\max}$,绕射波成速度 v_{mig} 是以正常时差 Δt_m 为变量的。如果对最大炮检距处的正常时差值预设一个范围,最小值为 $\Delta t_{\min}$,最大值为 $\Delta t_{\max}$,则对应这个范围内的每一个 Δt 都有一个相应的双曲线校正规则和按式(6-10)计算得到的绕射波成像速度。时差越大,相应的速度越小,对每个 Δt_m 值或相应的绕射波成像速度,沿着相应的双曲线对同一炮各个地震道的离散振幅值进行求和,然后再对同一个绕射点的能量加权求和,便得到相应的平均振幅,即

$$\overline{A}=\frac{1}{m}\sum_{j=1}^{m}f_{j,i+r_j} \tag{6-11}$$

平均振幅($\overline{A}$)是 Δt_m 或相应速度的函数,由于各记录道是同向的,因此其平均振幅达到了最大,而与这条双曲线或其 Δt_m 相应的速度就是所要求取的绕射波成像速度。

6.2 绕射波成像方法

6.2.1 等效偏移距(EOM)绕射波成像方法

等效偏移距叠前时间偏移方法,其原理是将地下的每一个点看成散射点,对地震道集进行重排,在给定的偏移距范围内形成共散射点(CSP)道集,继而在 CSP 道集上采用 Kirchhoff 积分实现成像。

该方法所形成的 CSP 道集中,偏移距变化范围较大,基本包含了偏移孔径内所有偏移距的地震数据,覆盖次数较高,信噪比较高。因此更适合解决绕射波和散射波发育的复杂非均质体以及低信噪比地区的成像问题。

6.2.1.1 方法原理

地震波场成像(偏移)理论一般认为是建立在 20 世纪 70 年代晚期和 80 年代早期的一些经典的工作之上发展起来的,如 Stolt(1978)、Schneider(1978)、Gazgad(1978)等。常规的地震波场叠加成像通常分成叠前和叠后两种。此处的“叠加”指的是共中心点(CMP)叠加方法。在地震成像发展早期阶段,由于计算机资源的限制,地震波场成像方法常常被限制在叠后的范围之中。对于叠加成像理论的研究,普遍认为和叠后偏移相比,叠前偏移在理论上更加优越。

这一矛盾促进了随后 DMO(倾角时差)理论的提出与发展。DMO 通过对叠后偏移的输入部分进行改进,从而使常规的成像得以改善。Hale(1983)通过推导 DMO 与 Stolt(1978)叠前偏移理论公式之间的关系将 DMO 理论置于坚实的理论基础之上。Hale 证实,对于常速而言,通过三个成像步骤的串接,DMO 完全可以实现叠前偏移。这三个步骤是:NMO 消除,DMO 校正和叠后偏移。已经证实,DMO 理论对于 $v(z)$(即时间偏移)可扩展到非常速情况,但是对于 $v(x,z)$ 是有问题的。不过该理论给地震勘探带来了巨大的实际效益。

Bancroft 和 Geiger(1994)以及 Bancroft(1995)在 DMO 改进的基础上,发展了一种新的方法。最初叫做共散射点(CSP)偏移,现在称作等效偏移距偏移(EOM)。用等效偏移距的叠前偏移通过首先对每个要偏移的道(散射点位置)组成共散射点道集,然后对这些道集成像。这样在偏移孔径之内的每一输入道对所有的 CSP 道集都有作用。等效偏移距通常要比炮检距大得多,所以在进行速度分析方面,CSP 道集比 CMP 道集更灵敏。

在不变速度的情况下,EOM 等价于 Stolt(1978)在傅里叶域中给出的叠前偏移公式。根据 Stolt 公式推导出傅里叶 EOM,称之为等效波数域偏移(EWM)。对 EWM 而言,EOM 是常规的 kirchhoff 近似。而 EWM 是确切地等价于傅里叶域中的叠前深度偏移。因此,EOM 的理论基础至少和 NMO、DMO、叠后偏移一样好。

这种方法通过组成一种新的道集而完全避开了 CMP 道集叠加。这种道集采用的是共地下散射点,而不是共炮—检的中点。穿过某一散射点 $x=0$(在常速介质中)从震源到检波点的旅行时表达式被称为双重平方根方程(DSR 方程)。用中点 x 和半偏移距 h 写成式(6-12)。这一方程通过认定 DSR 能够按一次平方根写出,从而也定义了“等效偏移距”h_e。

Bancroft 指出,等效偏移距 h_e 由式(6-13)确切给出。众所周知,由式(6-12)描述的旅行时面在(x,h)域中并不是双曲面,而是准矩形的横切面,通常称为 Cheop 四面体。用等效偏移距重新表示,相当于在 h_e 中将 Cheop 四面体(对每个 x)映射为双曲面的坐标变换。它更容易按常规的(即叠后)偏移理论进行成像。

$$t=\sqrt{\left(\frac{1}{2}t_0v\right)^2+(x+h)^2}+\sqrt{\left(\frac{1}{2}t_0v\right)^2+(x-h)^2}$$

$$=2\sqrt{\left(\frac{1}{2}t_0v\right)^2+h_e^2} \tag{6-12}$$

$$h_e^2=x^2+h^2-\frac{4x^2h^2}{v^2t^2} \tag{6-13}$$

EOM 地震散射波偏移成像方法分两步进行:第一步把每个输入的采样点映射到一个共散射点道集上,并在等效偏移距上把这些能量累积起来。等效偏移距的定义为:共散射点在地面的投影与震源、接收点位置之间的距离,因此震源—散射点—接收点的旅行时等于震源—散射点—接收点的输入旅行时;第二步偏移叠加,通过对沿正常时差旅行时的共散射点道集求和完成。

通过 DSR 方程,EOM 直接对某一时刻的地震响应用一个等效偏移距来定义,并将其映射成一个 CSP,一旦 CSP 道集形成,Kirchhoff NMO 完全等效于叠前偏移。CSP 不需要对输入数据作 DMO 和时移,并且可以依据原始数据的几何关系建立任一位置处的 CSP 道集。

6.2.1.2 等效偏移距 CSP 道集及成像

CSP 道集描述为包含 CSP 散射能量的所有记录道。叠前偏移的输出道能量决定于所有输人道的能量。现在震源—接收点偏移距 h_{sr} 失去了输入道的偏移距意义,但是从震源到 CSP 的位置偏移距 h_s 与 CSP 到接收点 h_r 变得更有意义。共偏移距 CSP 道集的偏移距可以由 h_s 或 h_r 定义,这些新的偏移距和偏移成像将依赖于震源到散射点和散射点到接收点的速度信息。

等效偏移距叠前时间偏移通过定义一个炮检点位于同一位置的等效偏移距点 E,利用 E 点到共散射点的距离 h_e 将叠前时间偏移的双平方根方程改写为单平方根方程,其偏移实现分为以下两步实现。

$$t=\sqrt{\frac{\tau^2}{4}+\frac{(x-y+h)^2}{v^2}}+\sqrt{\frac{\tau^2}{4}+\frac{(y-x+h)^2}{v^2}} \tag{6-14}$$

可得到:

$$\tau^2=t^2-\frac{4h^2}{v^2}-\frac{4\ (y-x)^2}{v^2}+\frac{16h^2\ (y-x)^2}{v^4t^2} \tag{6-15}$$

式中,τ 为偏移后反射点的垂直双程旅行时;h 为偏移距;x 是反射点的地面位置;y

是共中心点的地面位置;选取等效偏移距 h_e 作等效偏移距变换:

$$h_e^2=(y-x)^2+h^2-\frac{4h^2\ (y-x)^2}{v^2t^2} \tag{6-16}$$

使其旅行时 t_E 满足

$$t_E=t=(t_s+t_r) \tag{6-17}$$

式(6-14)的双平方根方程可以转换为含有等效偏移距 h_E 的单平方根方程

$$\tau^2=\frac{t_E^2}{4}-\frac{h_E^2}{v^2} \tag{6-18}$$

式(4-14)是等效偏移距叠前时间偏移的基本公式,可将(h,t)域的 CMP 道集数据映射为(h_e,t)域的 CSP 道集数据。

图 6-10 给出了等效偏移距变换的几何关系示意。上述 CMP 道集映射到 CSP 道集过程中,旅行时没有变换,这样可以认为数据映射时不需要对反射振幅进行补偿处理,所形成的 CSP 道集是相对振幅保真的。

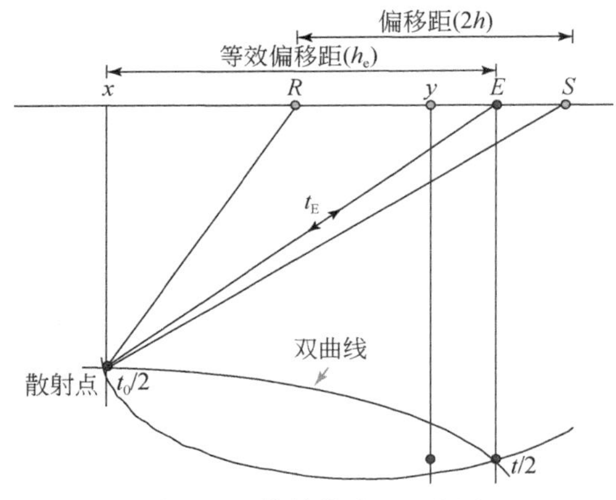

图 6-10　等效偏移距示意图

第二步是 kirchhoff 成像。根据 kirchhoff 叠前时间偏移公式,可得到 CSP 道集成像公式

$$p_0(x,\tau,t=0)=\frac{\Delta h_e}{2\pi}\sum\left[\frac{\cos\theta}{\sqrt{v_{rms}r}}\rho(t)p_i\left(x,h_e,t-\frac{r}{v_{rms}}\right)\right] \tag{6-19}$$

式中,x 为空间位置;$p_i\left(x,h_e,t-\frac{r}{v_{rms}}\right)$ 为 CSP 道集输入波场;$\rho(t)$ 为对时间求导的算子;Δh_e 为等效偏移距采样间距,$p_0(x,\tau,t=0)$ 为叠前时间成像结果。用式(6-19)对 CSP 道集进行积分求和,就得到等效偏移距叠前时间偏移成像结果。

EOM 成像能够有效利用非反射成分进行成像,尤其是低信噪比、构造复杂和非均匀区域的资料。该处理思路在沿用传统共中心点(CMP)水平叠加技术上,将CMP道集换成CSP道集,使其速度分析、NMO和水平叠加都基于CSP道集,使特殊地质体产生的绕射波能够有效地成像,从而提高精细断层和岩性地质体的成像精度。

6.2.2 基于2D反褶积成像条件的保幅叠前偏移

保幅成像条件是实现保幅叠前偏移的一个重要环节(李继光等,2018)。为适应复杂构造和岩性油气藏勘探开发对地震处理精度的需求,下面测试基于2D反褶积成像条件的保幅叠前偏移方法。也即基于2D反褶积成像条件的保幅分步傅里叶(SSF)叠前偏移。其成像点(x,z)处的成像结果通过同时延拓至成像点的所有炮的频率—震源波数域(ω,k_{x_s})的上行、下行波场的反褶积基于所有频率和震源波数求和得到,也就是通过提取上行、下行波场的反褶积结果中的零延迟分量来得到。可以证明,这种成像条件同样满足Claerbout成像原则(Claerbout,1971)。

6.2.2.1 单程波方程保幅偏移算子

基于光滑介质假设的全标量波动方程的近似表达式,张关泉(2000)推导出包含运动学和动力学特征的单程波方程(以二维情况为例):

$$\begin{cases}\left(\dfrac{\partial}{\partial z}+\Lambda\right)D(t,x,z)+\dfrac{v'}{2v}(I+H)D=0\\\left(\dfrac{\partial}{\partial z}-\Lambda\right)U(t,x,z)+\dfrac{v'}{2v}(I+H)U=0\end{cases}\tag{6-20}$$

式中,$D(t,x,z)$和$U(t,x,z)$分别代表下行和上行波场;$v'=\dfrac{\partial v}{\partial z}$;$I$为单位算子;$H$为拟微分算子。

为了得到声压反射系数特征,张宇(2001)提出在成像前进行如下声压波场变换:

$$p_D=\Lambda^{-1}D$$
$$p_U=\Lambda^{-1}U$$

则声压波场满足如下真振幅单程波方程:

$$\begin{cases}\left(\dfrac{\partial}{\partial z}+\Lambda-\Gamma\right)p_D(x,z;\omega)=0\\\left(\dfrac{\partial}{\partial z}-\Lambda-\Gamma\right)p_U(x,z;\omega)=0\end{cases}\tag{6-21}$$

式中，$\Lambda=\left(\frac{1}{v^2}\frac{\partial^2}{\partial t^2}-\frac{\partial^2}{\partial x^2}\right)^{\frac{1}{2}}$为拟微分算子；$\Gamma=\frac{v'}{2v}(I+H)$，并满足以下边界条件：

$$\begin{cases}p_D(x,z=0;\omega)=\frac{1}{2}\Lambda^{-1}\delta(x-x_s)\\ p_U(x,z=0;\omega)=Q(x;\omega)\end{cases}\tag{6-22}$$

由式(6-21)、式(6-22)推导出保幅分布傅里叶(SSF)波场延拓算子式(6-23)到式(6-26)(以下行波为例)：

$$\tilde{p}_{\mathrm{d}}(\omega,k_x,z+\Delta z)=e^{-i\Delta z\sqrt{\omega^2/v_0^2-k_x^2}}\tilde{p}_{\mathrm{d}}(\omega,k_x,z)\tag{6-23}$$

$$p_{\mathrm{d}}(\omega,x,z+\Delta z)=e^{-i\omega\left(\frac{1}{v}-\frac{1}{v_0}\right)\Delta z}p_{\mathrm{d}}(\omega,x,z)\tag{6-24}$$

$$\tilde{p}_{\mathrm{d}}(\omega,k_x,z+\Delta z)=\left[\frac{v_0(z+\Delta z)\sqrt{1-\frac{v_0^2(z)}{\omega^2}k_x^2}}{v_0(z)\sqrt{1-\frac{v_0^2(z+\Delta z)}{\omega^2}k_x^2}}\right]^{\frac{1}{2}}\tilde{p}_{\mathrm{d}}(\omega,k_x,z)\tag{6-25}$$

$$p_{\mathrm{d}}(\omega,x,z+\Delta z)=\left[\frac{v(x,z+\Delta z)v_0(z)}{v(x,z)v_0(z+\Delta z)}\right]^{\frac{1}{2}}p_{\mathrm{d}}(\omega,x,z)\tag{6-26}$$

6.2.2.2 不同成像条件叠前深度偏移

(1) Claerbout 成像原则

依据 Claerbout(1971)成像原则，反射层位于入射波的初至和反射波的产生时间和空间位置相同的点上。Claerbout(1971)提出成像条件的基本公式为

$$r(x,z)=u(x,z,t_{\mathrm{d}})/d(x,z,t_{\mathrm{d}})\tag{6-27}$$

式中，x 是水平方向坐标；z 是深度；t_{d}是下行波 $d(x,z,t)$的初始时间。理论上，正确的成像条件是上下行波场在反射层深度处的反褶积(频率域相除)，然而成像时并不知道反射层的真正位置，所以在每一深度层处都利用式(6-27)计算其反射系数。由于下行波场传播过程中会在某些位置趋近于零值，因此该成像条件会出现计算不稳定现象。

(2) 1D 互相关成像条件

Claerbout 给出的互相关成像条件不但效率高还可以消除式(6-27)带来的计算不稳定现象(Claerbout,1971)。他提出在时间域计算震源和接收波场的零延迟互相关值作为反射系数，其表达式为

$$r(x,z)=\sum_{x_s}\sum_{\omega}U(x,z,\omega,x_s)D^*(x,z,\omega,x_s)\tag{6-28}$$

式中，$r(x,z)$是互相关零延迟系数，由所有频率成分波场值相加得到。$U(x,z,\omega)$和 $D(x,z,\omega)$分别表示接收和震源波场关于时间 t 的一维 Fourier 变换。将所有炮

的成像结果在对应地下位置上叠加得到最终的成像剖面。

(3) 1D 反褶积成像条件

然而互相关成像条件虽然效率高、计算稳定,但不具备保幅性和方向性,通过在时间域引入 1D 反褶积,将简单的互相关成像条件扩展,其表达式为

$$r(x,z)=\sum_{x_s}\sum_{\omega}\frac{U(x,z,\omega,x_s)D^*(x,z,\omega,x_s)}{D(x,z,\omega,x_s)D^*(x,z,\omega,x_s)} \tag{6-29}$$

这种反褶积成像条件存在明显的缺陷,分母很小时会出现计算不稳定现象,严重影响成像质量。许多学者做了大量的研究以改进 1D 反褶积成像条件来消除这种不稳定,通常采用的方法是在分母项加一个阻尼因子 ε:

$$r(x,z)=\sum_{x_s}\sum_{\omega}\frac{U(x,z,\omega,x_s)D^*(x,z,\omega,x_s)}{D(x,z,\omega,x_s)D^*(x,z,\omega,x_s)+\varepsilon^2(x,z,x_s)} \tag{6-30}$$

注意:$\varepsilon(x,z,x_s)$是个变量,其计算式为

$$\varepsilon^2(x,z,x_s)=\lambda<D(x,z,\omega,x_s)D^*(x,z,\omega,x_s)> \tag{6-31}$$

式中,$< >$为该炮当前地下位置处下行波场所有频率成分自相关函数的平均值;λ是一个可变常数($0<\lambda<1$)。

(4) 2D 反褶积成像条件

对于 2D 反褶积成像条件,成像点(x,z)处的成像结果是通过延拓至成像点的频率—震源波数域(ω,k_{x_s})的上行、下行波场的反褶积基于所有频率和震源波数求和得到,也就是通过提取上行、下行波场的反褶积结果中的零延迟分量来获得。因此,延拓的上行、下行波场不仅要在时间上,而且要在空间震源位置上也一致才能满足成像条件,如公式(6-32)所示:

$$r(x,z)=\sum_{k_{x_s}}\sum_{\omega}\frac{U(x,z,\omega,k_{x_s})D^*(x,z,\omega,k_{x_s})}{D(x,z,\omega,k_{x_s})D^*(x,z,\omega,k_{x_s})+\varepsilon^2(x,z)} \tag{6-32}$$

式中,$r(x,z)$是 2D 反褶积零延迟值;$U(x,z,\omega,x_s)$和 $D(x,z,\omega,x_s)$分别是接收点和震源波场关于炮点位置 x_s 和时间 t 的二维 Fourier 变换。为消除成像计算的不稳定性,特在分母项中引入阻尼因子 ε。注意:$\varepsilon(x,z)$虽可变,但是在(x_s,t)面内是个定值,用公式表示:

$$\varepsilon^2(x,z)=\lambda<D(x,z,\omega,k_{x_s})D^*(x,z,\omega,k_{x_s})> \tag{6-33}$$

式中,$< >$为延拓至当前成像点的所有下行震源波场自相关函数关于频率 ω 和震源波数 k_{x_s}的平均值;λ 取值范围在 0 ~ 1 区间内。

基于 2D 反褶积成像条件的叠前深度偏移简单流程主要包括以下三步:

1) 首先把震源波场和炮记录分别变换到频率域,利用波场延拓算子延拓到 z 深度处并保存该波场;

2) 在当前 z 深度层内,对于每一横向位置 x 抽取对该成像位置有贡献的所有

震源和检波记录,变换到炮点位置波数域,应用2D 反褶积成像条件得到该(x,z)位置处的成像值;

3）然后,将第1步保存下来的波场外推到$z+\Delta z$处,重复步骤2,得到最终成像结果。

6.3 模型测试效果分析

6.3.1 三维断块模型

前文已经述及,本节讨论的三维断块模型来自胜利油田实际三维工区。模型自上而下包含明化镇组、馆陶组和沙河街组三套近水平分布的地层。其中分布多层含水、含气、含油砂岩。模型中存在两组逆断层。其在三维模型中构成向上凸起的地垒构造。此外,模型中还包含多个小尺度绕射地质体,均由含水、含气、含油砂岩组合而成(图6-11)。断层、小尺度绕射体为本模型主要测试地质目标。利用40Hz 的震源对模型进行三维地震采集。将获得的三维模型数据分别进行叠前和叠后绕射波场分离。在此基础上,进行叠前和叠后时间偏移处理。利用获得的偏移处理结果来进行绕射波的成像精度分析,以便对方法进行检验和评价。

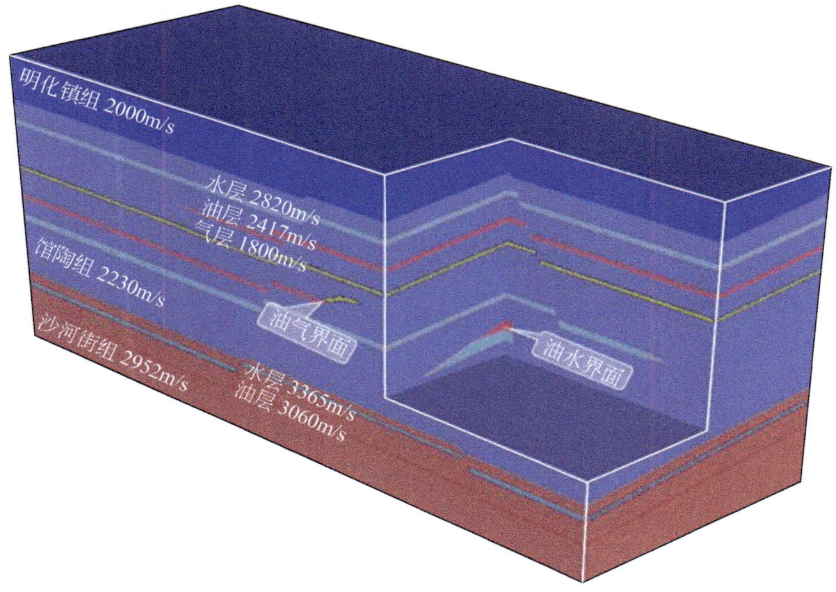

图6-11　三维断块及岩性地质模型

图 6-12(a)、(c)是 inline125 线和 inline245 线的全波场叠加剖面结果。从叠加剖面可以看出,首先叠加结果剖面上水平地层界面,如明化镇组与馆陶组之间的界面,馆陶组和沙河街组之间的界面以及模型中设计的含油、含气、含水薄砂层等引起的反射位置准确,反射连续、清楚,基本能够看出设计地质模型的基

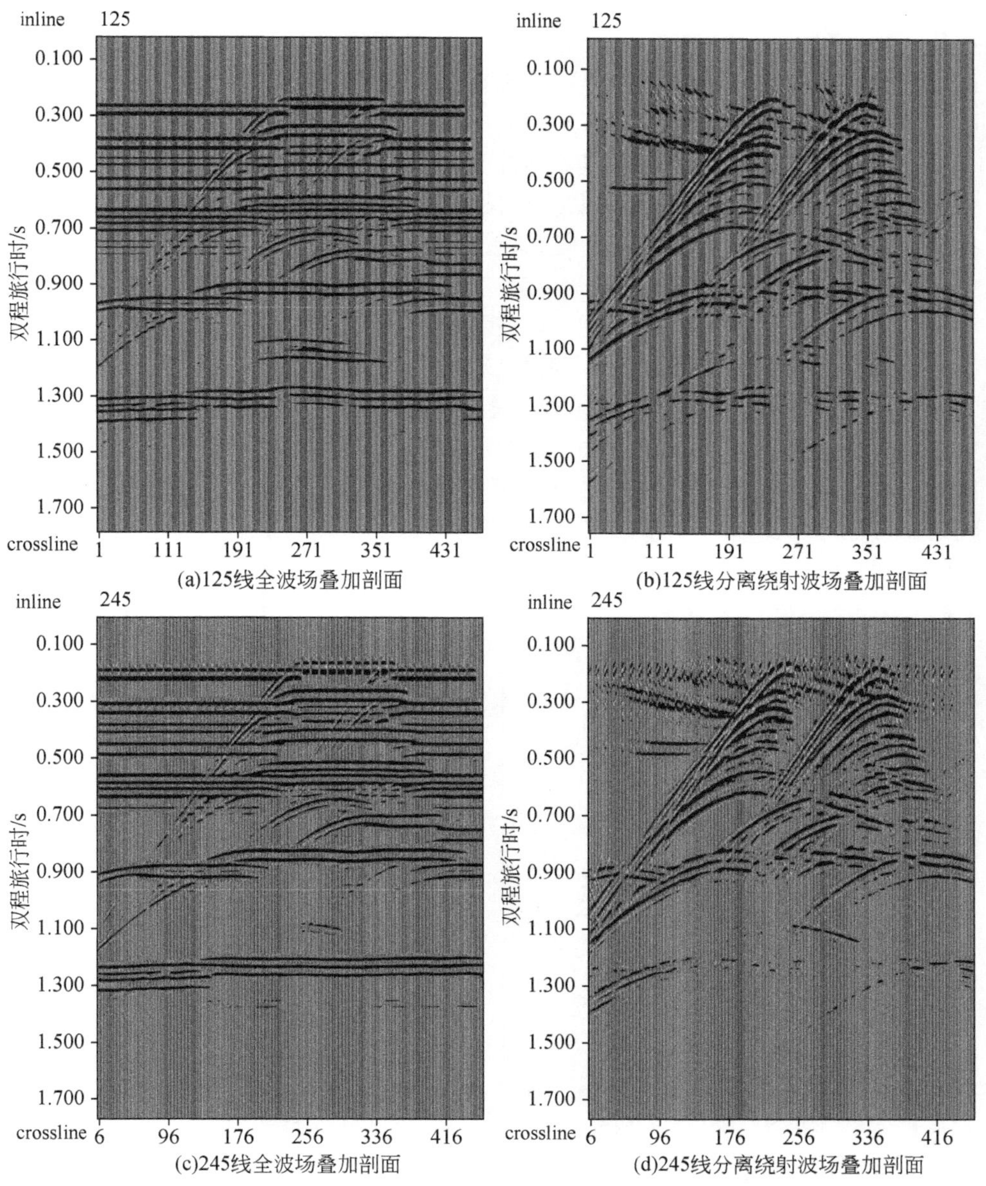

图 6-12 三维断块模型 inline125 线、245 线偏移前全部场及绕射波场剖面

本轮廓。其次模型设计的断层边界清晰,断点绕射清楚可见。全波场叠加剖面上绕射波,以断点为起点,形成半只绕射双曲线。由于反射波和绕射波的能量差异,绕射同相轴双曲线形态不很完整,在稍原理绕射顶点的位置处,绕射同相轴断续出现,并很快消失。在分离后的绕射波场叠加剖面上,模型中由水平层状反射引起的反射同相轴已经完全消失,绕射同相轴,相较于全波场叠加剖面,断点更加清晰、形态更加完整,能量相对增强。除断层绕射外,模型中的小尺寸地质体引起的绕射、油气界面、油水界面等都在分离后的绕射波场叠加剖面上有相对应的绕射同相轴。

由于计算量方面的优势,在某些情况下,人们在很多情况下更倾向于叠后时间偏移。但叠前偏移相对于叠后偏移在全波场或者是反射波域的成像精度方面已有很清楚的论证。此前,对于绕射波,这方面的比对工作并不多。虽然,在直观上,绕射波应该和反射波存在同样的结论。我们使用三维断块模型获得的地震数据,在叠前数据体和叠后数据体上,分别进行波场分离,获得了叠前绕射波数据体和叠后绕射波数据体。在此基础上进行了偏移成像。

图 6-13 为三维断块模型 inline125 线、245 线绕射波叠前偏移和叠后偏移的成像结果剖面。从整体上,无论是叠后剖面还是叠前剖面,大致的轮廓差别不大。它们对断层的断点,对小尺度绕射体等都有相似的刻画。在细节上,叠前绕射剖面,相比而言,位置更准确,断点更清晰。特别是对位于深部的断层的断点和小尺度地质体,叠前剖面有显示,叠后剖面则没显示,或者显示得不是很清晰。

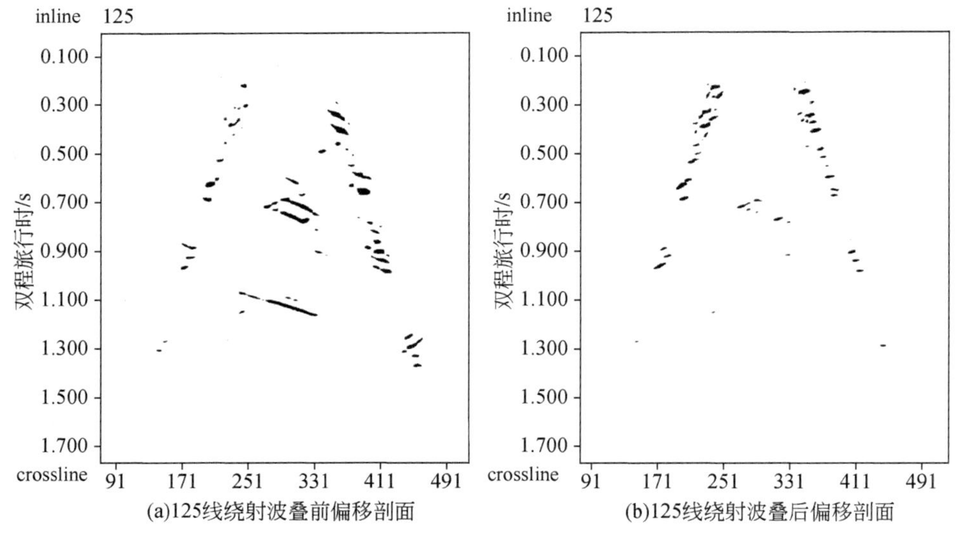

(a)125线绕射波叠前偏移剖面　　(b)125线绕射波叠后偏移剖面

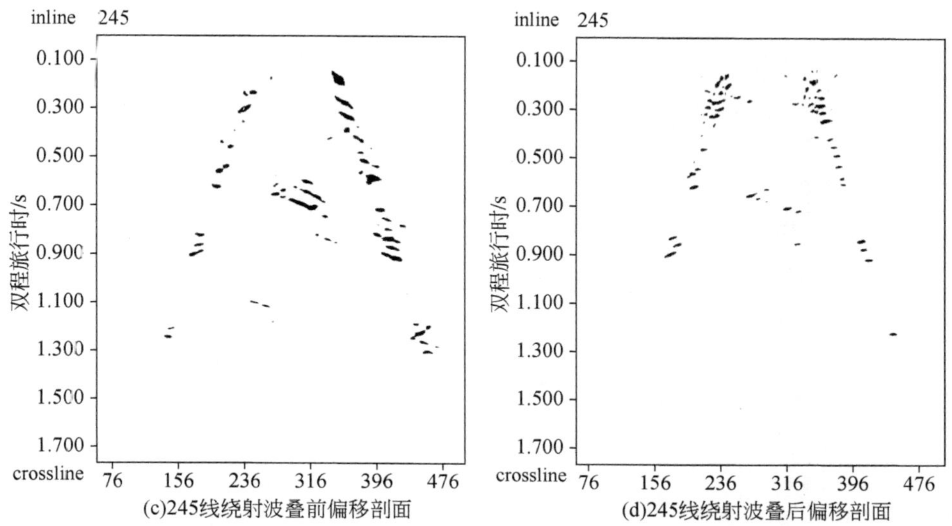

图 6-13　三维断块模型 inline125 线、245 线绕射波叠前偏移与叠后偏移剖面对比

图 6-14 是全波场叠前偏移结果剖面和相对应的绕射波叠前偏移结果剖面。从成像结果我们可以得出，绕射波对绕射地质体具有较强的边界刻画能力。以图 6-14(c)、(d)为例。在 inline165 测线时间 1.1s 的位置存在一个小尺度的楔形砂体。砂体的上部含油，下部含水。在全波场偏移成果剖面上，反射同相轴对这个

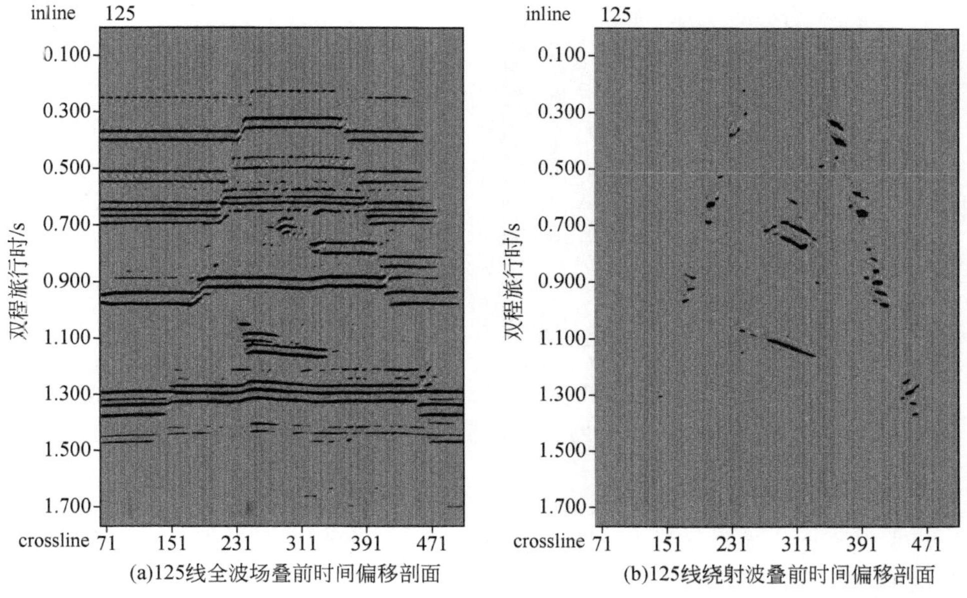

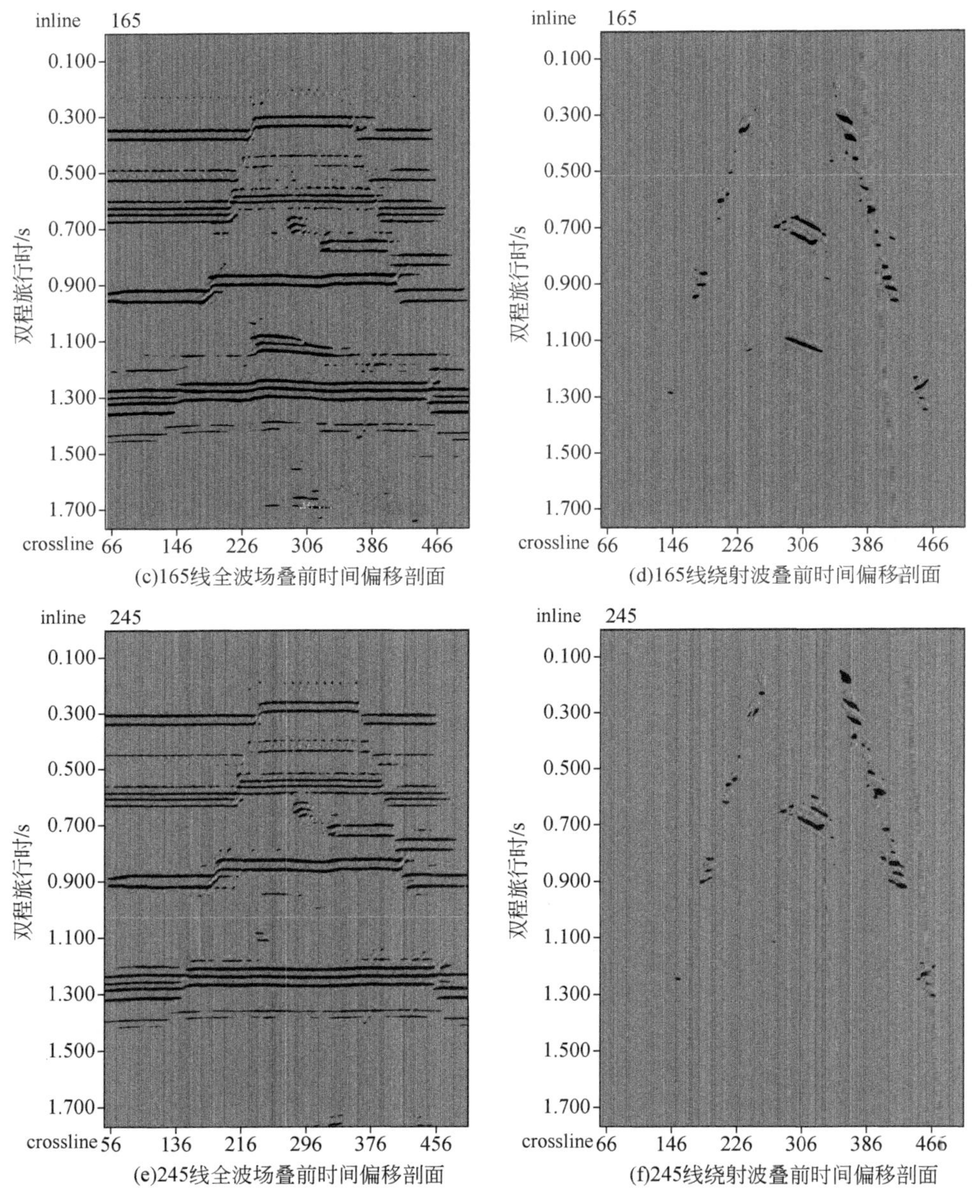

(c)165线全波场叠前时间偏移剖面

(d)165线绕射波叠前时间偏移剖面

(e)245线全波场叠前时间偏移剖面

(f)245线绕射波叠前时间偏移剖面

图 6-14 三维断块模型 inline125 线、165 线、245 线全波场、绕射波场叠前偏移剖面

小尺度楔形砂体的下边界反射界面,以及其间的油水界面都表现比较清楚。但从这个剖面上,无论是第界面还是油水界面在空间上的延伸,从这个剖面上难以做出明确的判断。在绕射成像剖面上,这个楔形砂体的斜坡面有非常清楚的成像结果。

结合全波场结果和绕射波的结果,我们可以判断在空间上楔形体的底界面,以及其油水界面在空间上终止的位置,据此可以明确定位楔形砂体的空间范围。通过两者的配合解释,同样,我们可以对断层等其他地质信息有更清晰合理的解释。

6.3.2 陈家庄凸起模型

前已述及,胜利油田探区陈家庄凸起历经40年的勘探开发,先后发现了馆陶组、东营组、沙一段、奥陶系等多套含油层系。2000年以来的整体评价认为,河流相砂体是该区未来重要的勘探方向。在这一探区,河道砂属于典型的薄互层砂体,在地震响应上,地震反射特征通常表现为一定层段内薄互层的复合反射,加上高频干扰,在地震剖面和常规反演剖面很难对厚度变化进行预测。点状或短轴状分布的剖面形态在空间追踪也比较困难。因此对这类砂体的描述比较困难,还没有形成比较适合砂体识别技术,从而影响了对该类油藏整体成藏规律的认识。绕射成像是目前该地区砂体储层公关的一个重要技术突破方向。目前,整个探区已全部被三维地震资料覆盖。

本节的数据全部为新采集的实际的三维生产数据。根据前文介绍的技术方法,组织了生产流程,获得了全波场数据和绕射波场数据。

对实际的绕射波叠加结果分析可知,绕射叠加剖面上最突出的还是起伏的沉积基底界面(图6-15,图6-16)。沉积基底界面在整个绕射波叠加剖面上振幅能量强,连续性好,地质特征明显,容易被识别出。剖面上表现出来的其他信息和基底界面相比,较难识别,其整体面貌,相当于剖面噪音。在全波场叠加剖面上,毋庸置疑,沉积基底也是最突出的地质界面。这首先是因为其很强的地震波振幅,再次是因为其突出的地质特征。起伏的基底面和上覆大致水平状的沉积地层形成鲜明对比,从而容易识别。但在全波场剖面上,最突出的基底界面因其“双轴”特征,并不清晰。基底界面上的第二个轴相当于海洋地震反射中的“鬼波”。“双轴”的存在,不仅遮挡了“双轴”覆盖范围的其他地质信息,同时使基底界面的真实位置难以解释。相比而言,绕射剖面上,基底面为单轴界面。这样,通过二者的对比分析,可以准确判断其真实的界面位置。

在全波场剖面上,基底界面以下高陡的同相轴,在绕射波场剖面上并不存在。绕射波场剖面上基底以下出现的陡倾角连续同相轴,我们解释为基底断裂。这些基底断裂的作为绕射体,在全波场中形成绕射能量,但和反射能量相比较弱,所以在全波场剖面上,这些基底以下的断层信息被屏蔽,并不突出也不清晰;但其绕射能量在分离的绕射剖面上得以成像。在inline1217线上,基底断裂和基底相连,在剖面上向左倾,以较大的倾角向基底内延伸[图6-15(d)]。这在地质上比较容易解释,也在很大程度上说明绕射信息的合理程度。

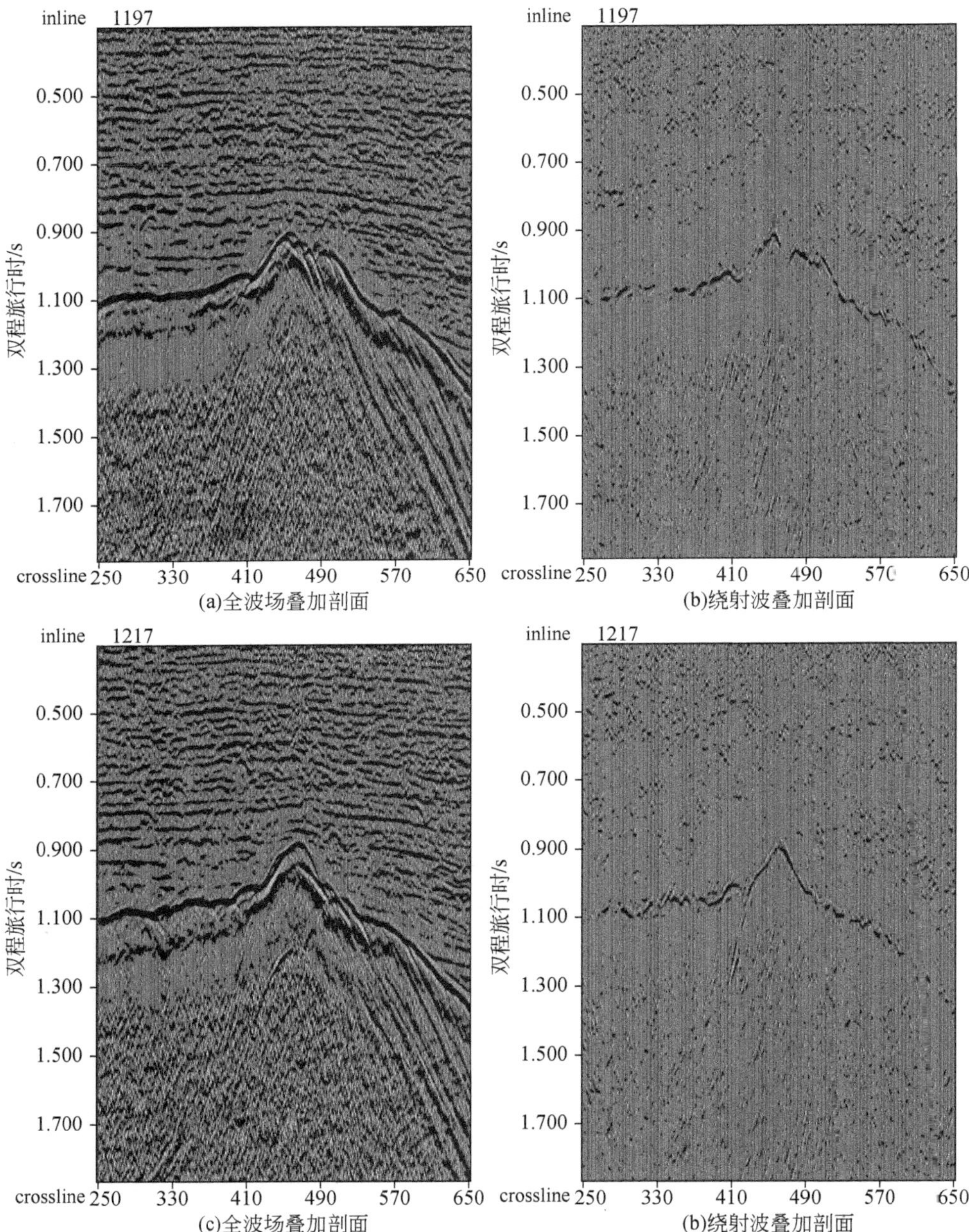

图 6-15 陈家庄凸起 inline1197 线、1217 线全波场与绕射波叠加剖面

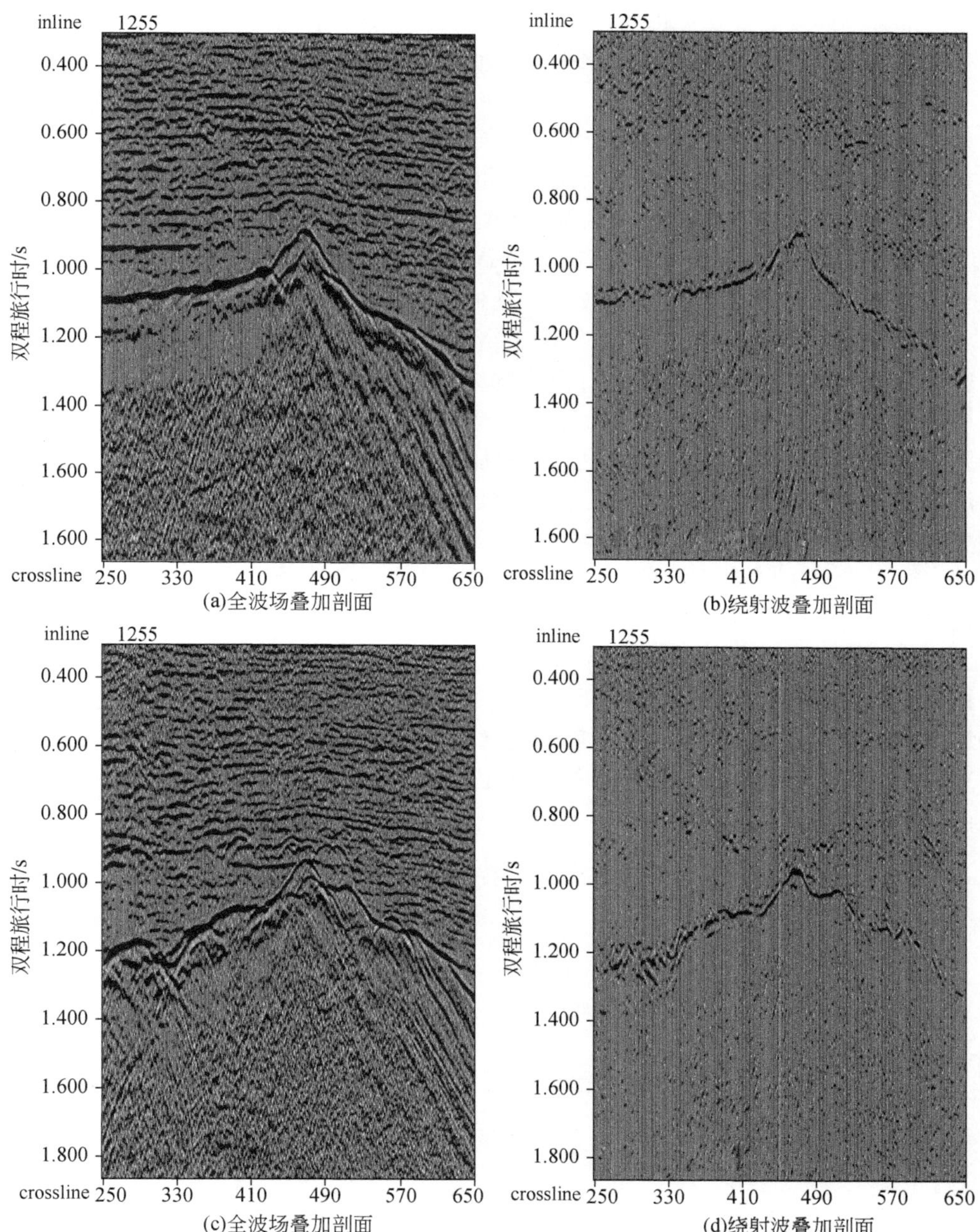

图 6-16　陈家庄凸起 inline1255 线、1555 线全波场、绕射波场叠加剖面

对基底面以及基底以下的断层进行解释,显示不是该地区的核心目的。基底面以上的沉积地层中,在全波剖面上存在较多的同相轴断点,或者说同相轴不连续

点。部分不连续点处发育相向弯曲的双曲状线状同相轴。这些双曲状同相轴幅度很小,一般介于上下两个相邻的水平同相轴之间。在绕射剖面上,由于对反射波的压制,水平同相轴全部被消除掉。全波场剖面上沉积层中的微型双曲同相轴,在绕射剖面上对应的位置表现为一个点。总体上,表现为噪音的特征。所以,在二维绕射波成像剖面上,在目标地质体尺度较小的情况下,比如中小型切割不深的河道,地质目标可能呈现为点状的噪音,从而较难识别和解释。

对于模型资料,前面已经看到,无论是在倾角域 CIG 道集上分离绕射,还是在平面波域分离绕射,都有很好的效果。但对于实际资料,对陈家庄三维资料测试来看,对于沉积层中河道绕射的情况,由于绕射的能量较小,平面波域分离绕射效果较倾角域分离要好一些,倾角域分离出的绕射对于基底的成像效果更好一些。这应该是因为基底有着更强的绕射能量。至于叠前绕射成像还是叠后绕射成像问题,从测试结果看,绕射波分离前后,其叠加速度和偏移速度基本一致,分离的绕射波数据,整体能量关系相对一致,保证了绕射点最后归位的成像效果。从效果看,叠前时间偏移绕射波成像在细节的刻画上明显好于叠后偏移。

综上,传统的全波场成像得到的成像结果中大尺度构造的成像效果良好,但是来自小尺度地质构造的绕射波由于其能量很弱,成像结果通常会被反射能量屏蔽,无法得到很好的成像结果,偏移后得到的绕射目标体(如断层,断点等)信息常常被大的构造所掩盖,使解释人员无法在地震剖面上对目标地质体进行精确识别和解释。绕射波分离成像去掉了反射能量,绕射相对突出。将全波场成像结果和分理处的绕射波单独成像结果进行联系、对比,有助于地震地质解释人员对地质剖面做出更精确的解释。

第七章　绕射波成像应用

7.1　济阳拗陷陈家庄凸起

7.1.1　地质背景

如前所述，陈家庄凸起的河道沙勘探问题，促使了绕射波成像技术在该地区的尝试与应用。本章详细叙述渤海湾盆地济阳拗陷陈家庄凸起的地质问题与应用效果。

济阳拗陷位于渤海湾盆地东南隅，夹持于郯庐断裂带和兰聊断裂带之间，素有“地质大观园”之称（方旭庆等，2013；侯贵廷等，2001）。济阳拗陷发育有东营、沾化、车镇、惠民四个凹陷和无棣、义和庄、孤岛、陈家庄、宾县、林樊家和青城等七个大型凸起。这些凹陷、凸起的构造形态、地质结构、主要油气藏类型和油气富集层段等都有所不同（图 7-1）。

济阳拗陷在太古界结晶变质岩系之上，发育了古生界、中生界和新生界三套沉积岩系，经历了泰山、加里东、海西和印支等四次大规模构造运动，造成了四个区域性间断和不整合，缺乏元古界、古生界志留系、泥盆系和中生界三叠系四套地层。古生界主要发育下古生界的寒武系—奥陶系和上古生界石炭系—二叠系。寒武系—奥陶系是一套以碳酸盐岩为主的浅海相沉积。石炭系—二叠系为海陆过渡带沉积。中生界主要发育侏罗系和白垩系。早中侏罗统是一套陆相碎屑岩含煤系地层，晚侏罗统及早白垩统为陆相砂泥岩沉积（吴智平等，2003）。

新生界古近系和新近系均发育。古近系各凹陷中都有较厚的沉积，自下而上发育孔店组、沙河街组的沙四段、沙三段、沙二段、沙一段和东营组。孔店组整体为干旱湖泊环境沉积，范围和厚度分布不一。惠民凹陷和东营凹陷分布范围大，最大厚度超过 5.0km。沾化凹陷和车镇凹陷局部分布，一般小于 500m。沙四段在惠民凹陷和东营凹陷地层厚约 400m，车镇凹陷和沾化凹陷一般小于 100m，其中沙四下亚段为红色砂砾岩沉积，沙四上亚段主要为半深湖相泥岩和油页岩。沙三段、沙二段各凹陷均大面积分布，经历了深湖——半深湖——滨浅湖沉积演化过程。各凹

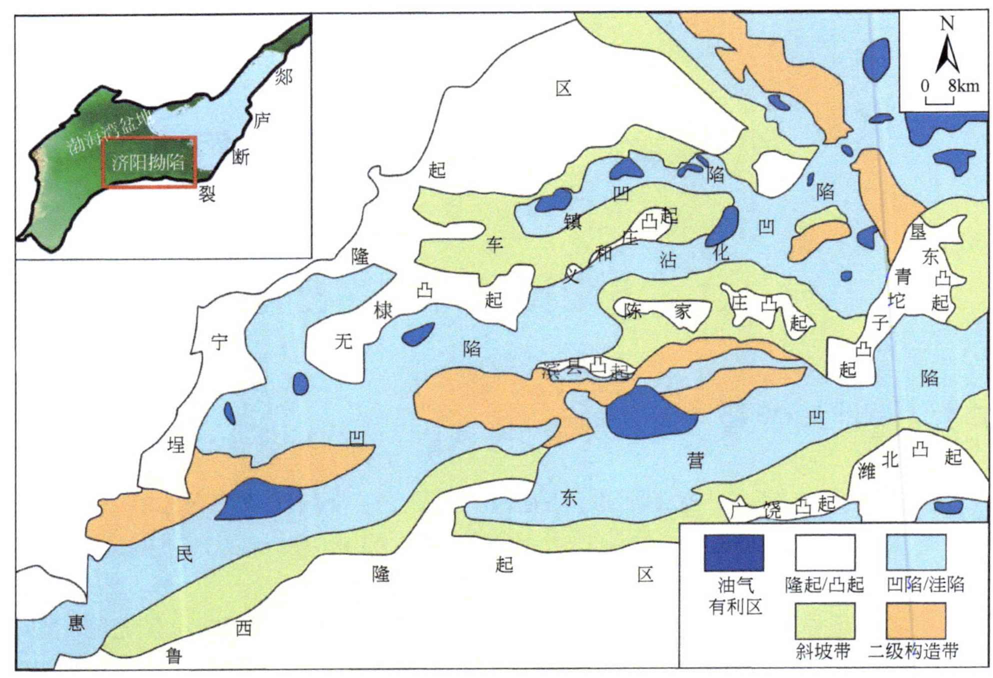

图 7-1 陈家庄凸起在济阳坳陷中的位置

陷北部陡坡带，沙三段、沙二段持续发育为近岸水下扇体，在南部缓坡带，发育为滩坝和（扇）三角洲—浊积岩体系，地层厚度一般在 2.0～3.0km，沾化凹陷厚度明显增大。沙一段主要为 200～300m 深湖—半深湖相泥岩，是区域性盖层。东营组为一套湖相—河流相沉积，底部以半深湖—深湖相沉积为主，逐渐过渡为三角洲—河流相沉积，沾化凹陷地层厚度大于 1.5km，惠民和东营凹陷厚度小于 700m。

新近系自下而上发育馆陶组和明化镇组，馆陶组下部以辫状河沉积为主，上部为曲流河—泛滥平原的砂泥岩互层，是一套良好的盖层。明化镇组主要为泛滥平原沉积。沾化凹陷新近系厚度约 2.0km，惠民凹陷约 400m。

中、晚三叠世，在南南西—北北东向水平挤压应力作用下，济阳地区呈现北西向凹隆相间的构造格局。随着挤压作用增强，自北东—南西发生类似“多米诺骨牌”式的褶皱形成过程，形成了三叠世末—侏罗纪初的“叠瓦状”逆冲褶皱带。

晚侏罗世，济阳地区受东缘郯庐断裂和西缘兰聊断裂左行走滑影响，处于南西—北东向扭张应力场中。由于先期形成的北西向逆冲断裂带相对薄弱，所以沿着断面滑脱，自北东—南西发生了“多米诺骨牌”式构造反转。

喜山早期（孔店期），济阳坳陷开始处于右旋剪切应力场之中，北西向断裂逐渐停止，北东向断裂逐渐形成。沙四—沙三期北东向走滑—拉张断裂成为主导，切割早期北西向断裂。由于西南部鲁西隆起的“砥柱”作用,断裂整体呈南西收敛、北东撒开“帚状”展布,形成济阳拗陷现今的构造格局。

受我国东部张裂作用的控制,整个拗陷第三纪具有“脉动式”伸展过程。各个凹陷伸展方式的差异造成了各凹陷不同的凹陷样式和圈闭类型。惠民凹陷和东营凹陷自孔店期反转以来持续伸展,形成中央背斜带的开阔型凹陷以及中央背斜带构造圈。车镇凹陷在孔店—沙四期伸展量一直较小,形成窄陡型凹陷,主要发育陡坡带构造圈。沾化凹陷多组断裂叠加,断裂后期活动性强,呈现多洼、多凸的格局,新近系披覆构造圈闭最具特色。

烃源岩、成藏期和有利圈闭类型差异控制了不同凹陷油气藏类型和油气富集层段。惠民凹陷油气主要聚集在烃源岩内及附近的构造和岩性圈闭中,中央带沙三段构造圈闭和南斜坡岩性圈闭是主要场所;车镇凹陷、东营凹陷油气主要运聚在沙二—沙三段北部陡坡带、中央背斜带构造圈闭和南部斜坡带岩性圈闭中;沾化凹陷纵向油气通道畅通,油气主要富集在新近系披覆构造圈闭中。

从构造演化来看,惠民凹陷在孔店期就进入了断陷期,沙三中期开始进入盆地衰退期,属于早断早衰型凹陷。沾化凹陷沙三期断陷活动加剧,沙二期有所减弱,沙一期—东营期进入二次活动高峰,东营末期进入衰减,属于晚断晚衰型凹陷。东营凹陷和车镇凹陷介于两者之间,属于过渡型凹陷。凹陷沉降史的差异控制了有效烃源岩发育层段。惠民凹陷发育孔店组、沙河街组沙四段和沙三下亚段三套有效烃源岩;沾化凹陷主要发育沙三下亚段和沙一段两套主力烃源岩;东营凹陷和车镇凹陷主要发育沙四上亚段和沙三下亚段两套主力烃源岩。

勘探实践表明,东营凹陷油气具有有序性分布的特点,如岩性、构造、地层等油藏空间上横向毗邻、纵向叠置,不同油藏类型之间往往有过渡类型存在,但在不同地区、不同构造单元油藏分布序列存在差异。从凹陷、二级层序和沉积体系来看,油气有序性分布具有普遍性。

在凹陷层次上,东营凹陷主要发育四个生油洼陷,自每个洼陷中心到盆地边缘,依次发育岩性油藏、构造—岩性油藏、岩性—构造油藏、构造油藏、地层油藏,油藏类型在平面上分布是有序的,且围绕洼陷中心呈环带状分布。

在二级层序层次上,以东营凹陷主力含油层系沙河街组四段上亚段—沙河街组二段下亚段为例,自洼陷中心至盆地边缘,依次发育岩性油藏、构造油藏和地层油藏,不同油藏类型之间还发育构造—岩性、岩性—构造等过渡油藏类型,油藏分布序列较完整。其他二级层序内油藏序列不完整,油藏类型分布样式存在明显差异,反映了不同二级层序与烃源岩空间配置关系的差异(图 7-2)。

在沉积体系层次上,以东营三角洲为例,三角洲沉积体系主要由前三角洲亚相(滑塌浊积砂体)、三角洲前缘亚相(河口坝砂体)、三角洲平原亚相(分流河道砂

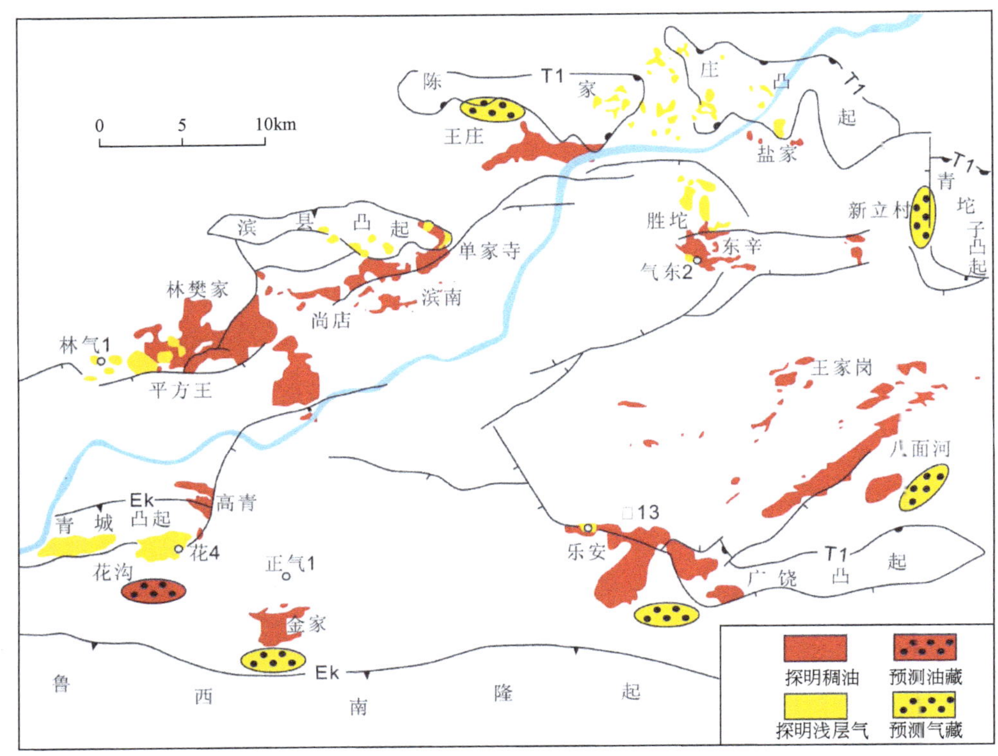

图 7-2　东营凹陷稠油油藏与浅层气藏平面分布

体）组成，自洼陷中心至盆地边缘依次发育岩性油藏、构造—岩性油藏、构造油藏，有序性分布特征明显。同时东营凹陷滩坝砂体和砂砾岩扇体油藏类型也具有类似的有序分布特征。油藏类型分布的有序性认识促进了对油藏空间分布的科学预测和评价，指导了不同区带（层系）主要勘探对象的主动转移。

自 1961 年华 8 井获得突破发现胜利油田以来，经过 50 余年勘探，对其规律认识和油气勘探有一个渐进的过程。根据勘探主要目标类型的变化，济阳坳陷勘探历程可根据勘探主要目标类型的变化，可划分为四个阶段：①1961 ~ 1982 年大型构造油气藏勘探阶段。该时期按照构造控藏的认识，主要利用二维地震资料寻找背斜等大型构造圈闭，探明石油地质储量 13.29×10^8t（胡朝元，1982）。②1983 ~ 1995 年复式油气藏勘探阶段。该时期在“多期成盆、多套源岩、多期成藏、多类油藏”复式油气聚集带勘探理论指导下，应用三维地震勘探技术，以非背斜油气藏为主要目标，寻找斜坡带构造油藏、洼陷带岩性油藏，扩大老油田范围，探明石油地质储量 21.23×10^8t。③1996 ~ 2012 年隐蔽油气藏勘探阶段。该时期在“断坡控砂、复式输导、相势控藏”隐蔽油气藏勘探理论指导下，全方位寻找具有一定规模的岩性、地层等隐蔽油气藏，探明石油地质储量 17.95×10^8t（张善文等，2004，2007，2012；李丕龙等，2003）。④2013 年以后，随着勘探程度进一步提高，勘探方向由中深层向中浅层转移，勘探目标由近油源向远油源转移，圈闭类型由简单隐蔽型向复杂隐蔽型转移。近 20 年的隐蔽油气藏勘探，经过多轮次的筛选，圈闭隐蔽性更强、储集类型和油水关系更复杂。圈闭类型和规模的变化对圈闭描述技术要求更苛刻，已有技术表现出不适应性（宋明水，2005；宋明水等，2012）。根据 2011 年以来济阳坳陷所有失利探井原因统计表明，因储层描述不准导致钻探失利占 33%，因油气输导不利导致钻探失利占 30%，因油气充满度低导致钻探失利占 20%，因圈闭描述不准导致钻探失利占 17%。应该看到，济阳坳陷剩余资源依然丰富。但也必须看到，目前圈闭类型的复杂性和已有技术的不适应性。面向河道砂岩、陡坡砂砾岩、滩坝砂岩和浊积砂岩等新的增储类型，从理论、实用等多个层面，针对性地发展相关技术，包括绕射成像技术，仍有希望获得新的储量突破（宋明水，2018）。

陈家庄凸起是一个呈东西走向，横亘于济阳坳陷中部的次级正向构造单元。南部以陈南断层与东营凹陷相接，北部以角度低缓的斜坡带以及次级断层活动形成的构造坡折带过渡到沾化凹陷，东部与垦东—青坨子凸起毗邻，西与无棣凸起相望。包括陈家庄东西两大凸起，东西长约 40km，南北长约 20km，凸起面积约为 800km^2，加上凸起北部的缓坡带，总体勘探面积约 1400km^2，已钻探井 139 口。该区含油气层系主要为奥陶系、新近系馆陶组和明化镇组三套层系，具有地层、断块、岩性等多种油气藏类型，馆陶至下古生界均有成藏。在其中发现了陈家庄馆陶组超覆稠油、罗家鼻状构造沙四段砾岩地层油藏等，累计探明含油面积约 53km^2，探明储量约 5500×10^4t。本次绕射应用研究范围主要为陈家庄凸起西段。

陈家庄凸起西段主体位于沾化县境内，共涉及沾化、河口、垦利、利津等县区（图 7-3），目标区位于东营凹陷与沾化凹陷之间，主体位于陈家庄凸起北坡西部，工区以陈 22 构造西为西边界，北部至邵家洼陷，南部包括陈南断层并与利津凹陷相邻，东部以罗家鼻状构造带西部为边界。

该区馆陶组地层属河流相沉积，明化镇组地层为河流平原相连续沉积在馆陶组之上，河流相砂体发育，为天然气聚集提供良好储层；明化镇组时期沉积形成的泛滥平原泥岩可作为浅层优质盖层，成藏条件有利。陈家庄地区浅层气藏丰富，是胜利油田运用亮点技术勘探浅层气最早的地区之一。经多年的工作，亮点技术在勘探开发浅层气过程中取得较高的勘探效益，截至 2006 年底，陈家庄油气田累计探明天然气含气面积 33.92km^2，探明储量 $28.78\times10^8\text{m}^3$，是天然气产能建设的重要阵地（图 7-3）。

陈家庄地区油气勘探工作始于 20 世纪 60 年代。1973 年钻探陈 7 井，发现馆陶组低产油流。随后钻探陈 25、陈 27 井，在馆陶组的油层测试中发现气层。其后

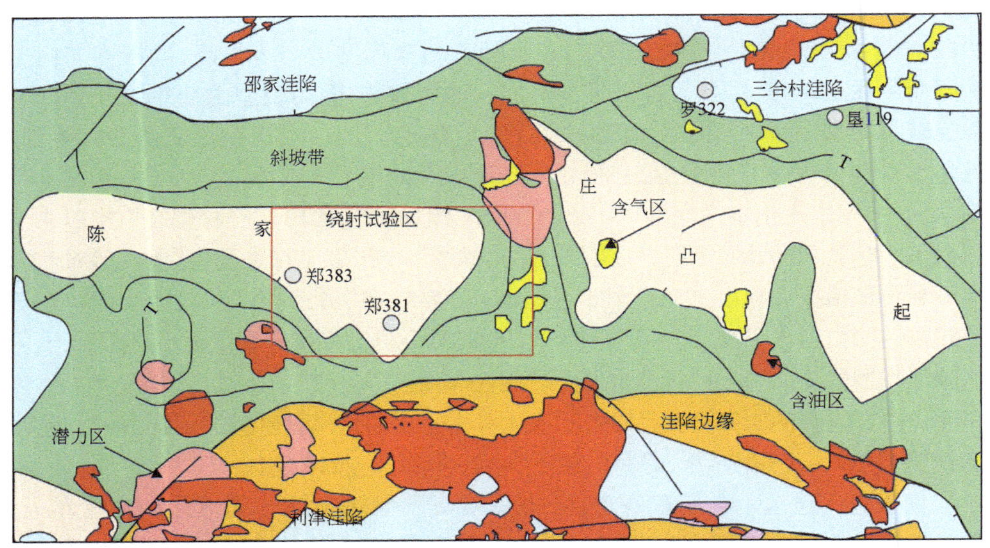

图 7-3　陈家庄凸起新近系顶面构造

钻探陈 14、陈 33、陈 53 等井，又发现了明化镇组气藏，揭开了陈家庄地区天然气勘探的序幕。本区具备奥陶系、新近系馆陶组和新近系明化镇组三套含油气层系，而天然气集中分布在新近系馆陶组和明化镇组。截至目前，共有 14 口探井获工业气流，发现三个含气区。气藏主要分布在凸起东部，多聚集在局部高点上，西部零星见气层。凸起南部以明化镇组岩性气藏为主，北部多为馆陶组构造岩性气藏为主，具有双向气源的特征。浅层气岩性气藏及古近系地层气藏初步评价有 20×10^8 m^3 的潜力。绕射试验区选在陈家庄凸起西段的东南，跨凸起和斜坡带。

7.1.2　绕射波成像的剖面特征

陈家庄工区凸起上环凸起发育多期地层超剥线，广泛发育地层圈闭。此外，基底以上的沉积地层中广泛发育孤立砂体，河道砂体等。这些地层圈闭，以及孤立砂体在全波场叠加剖面上表现为丰富的绕射波。但由于上覆强反射层的存在，绕射能量较弱。利用绕射对地层剥蚀线和孤立砂体等进行定位较困难。为此，将绕射波分离技术引入处理流程，以期实现剥蚀线及孤立砂体的准确定位。

考虑到倾角域以及弹性波倾角域绕射波分离对速度精度的依赖，采用平面波域绕射波分离的方法进行绕射波的分离。按照前面讲述的方法，首先输入点源炮集记录。然后，将输入的点源炮记录，采用高精度线性 Radon 变换进行叠加，从而获得平面波入射的合成平面波炮集记录。对获得的合成平面波炮集记录，按照射

线参数 p 抽取道集，得到共 p 道集。再对共 p 道集采用高阶平面波预测滤波器压制反射能量，从而得到主要包含绕射能量的合成平面波记录，即获得绕射波场的共 p 道集。对绕射波场的共 p 道集进行线性反 Radon 变换，获得绕射波波场的点源炮集记录。利用点源炮集记录进行偏移叠加，获得最终的成果剖面。注意，在此使用平面波预测滤波，用以解决绕射波双曲同相轴两翼的极性反转问题。

图 7-4 是绕射波分离前全波场的炮集记录和绕射波分离后的绕射波炮集记录。从分离出的绕射波炮集记录上可以明显看出绕射波的存在，以及绕射能量的加强。全波场炮集记录上，由于反射能量屏蔽了绕射等其他的波场能量。从上到下，表现出统一的反射双曲线同相轴特征，双曲线的顶点位于炮点的正下方。分离后的绕射波仍表现为双曲线同相轴特征，但双曲线的顶点位置不再统一地位于炮点的下方。在高精度线性拉东变换环节恰当地选择了变换参数，可以看出，绕射炮集记录上没有明显的噪音增加。由于使用了平面波预测滤波器，绕射同相轴没有发生极性的反转现象。

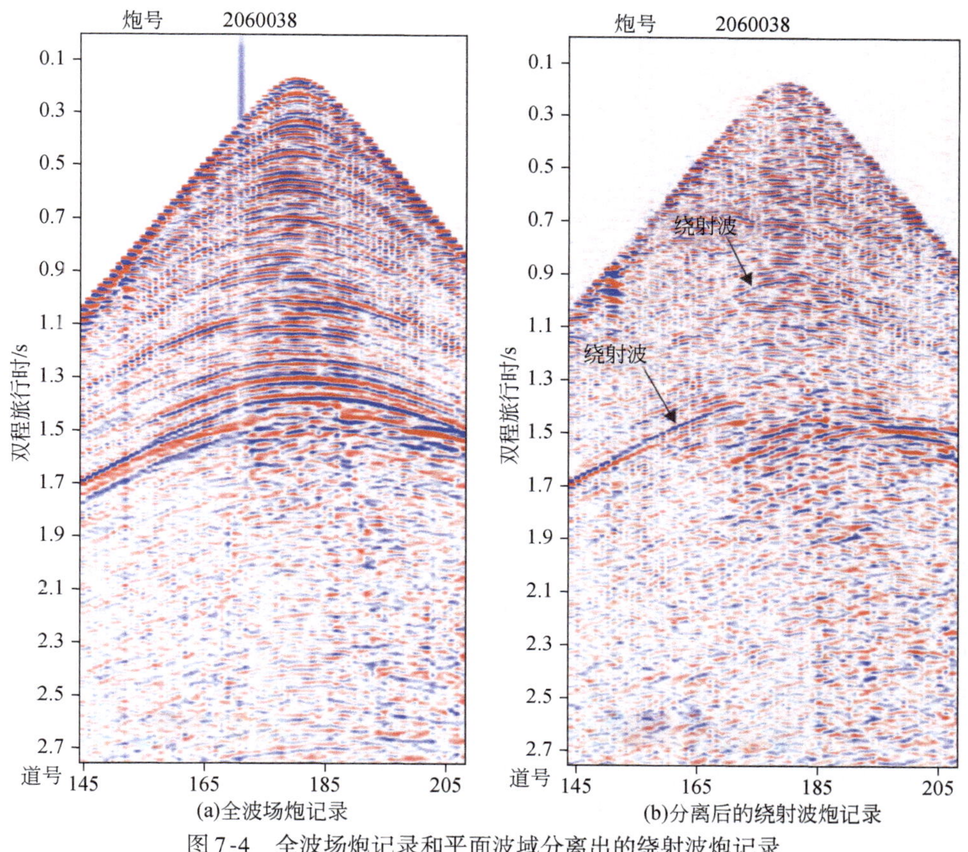

(a)全波场炮记录 (b)分离后的绕射波炮记录

图 7-4 全波场炮记录和平面波域分离出的绕射波炮记录

利用反 Radon 后的炮集数据得到偏移前的叠加剖面，如图 7-5，可以清楚看出绕射“尾巴”在整个叠加剖面上同近于平行的反射同相轴不协调存在。剖面上的多数绕射同相轴是以半只双曲线形式存在的。绕射曲线指示了断点、绕射点等的位置。在对应的分离后绕射波场叠加剖面上，由于反射能量被压制，绕射能量增强，绕射同相轴的形态更加清楚、绕射波发育分布的位置也更明确。从绕射波场叠加剖面可以看出，绕射波发育的位置主要分布在三个强反射同相轴之下。强反射轴之下存在同相轴的断续、破碎，这成为绕射波发育的原因。绕射波集中发育的位置位于 3.3s（双程旅行时）强反射同相轴之下。这一位置，地层严重破碎，绕射集中发育。

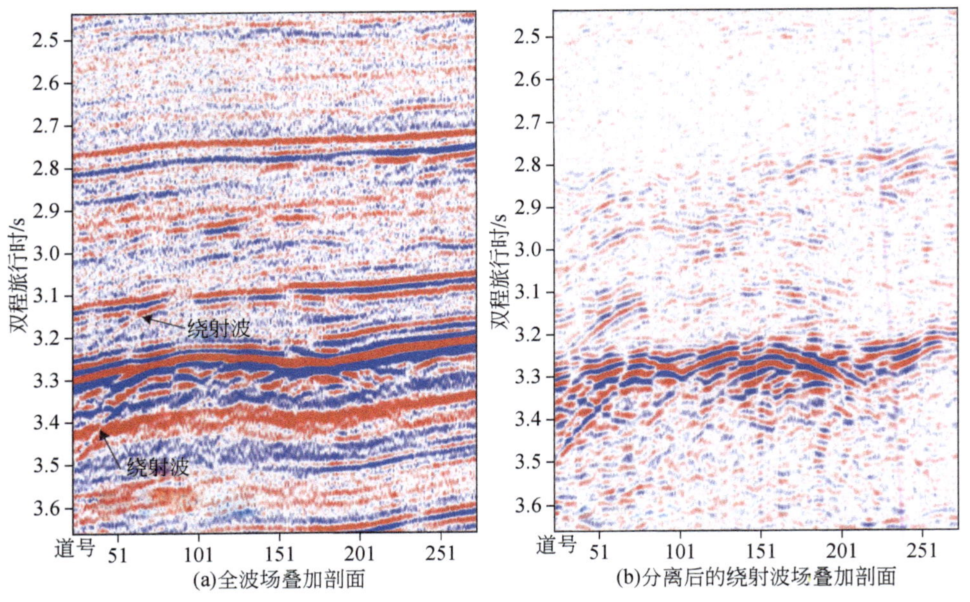

图 7-5　全波场叠加剖面和平面波域分离出的绕射波叠加剖面

考虑到地层的破碎，绕射的发育和信噪比等问题，使用等效偏移距叠前时间偏移方法（EOM），将反 Radon 后的炮集数据进行叠前时间偏移。从叠前时间偏移及绕射波分离成果剖面对比看，处理得到的叠前时间偏移剖面河道砂、特殊岩性体、基底面成像清楚，河道砂体绕射收敛干脆、位置、形态明确，而绕射波分离资料上，河道砂体、基底面更清晰（图 7-6）。

局部放大剖面来看，对比处理前后的叠加剖面及反射能量压制后的绕射剖面和偏移以后的绕射剖面（图 7-7）可以发现，在绕射叠加剖面中，大段连续的反射能量被滤除，被反射压制的“蝌蚪状”绕射能量凸显出来，在偏移的绕射剖面中，绕射波收敛到一个点上。偏移剖面上能量较强的点对应位置即为绕射目标位置。

CDP 450 350 250 150
双程旅行时/s
0.75
1.00
(a)EOM叠前时间偏移全波场剖面
CDP 450 350 250 150
双程旅行时/s
0.75
1.00
河道
(b)EOM叠前时间偏移绕射波剖面

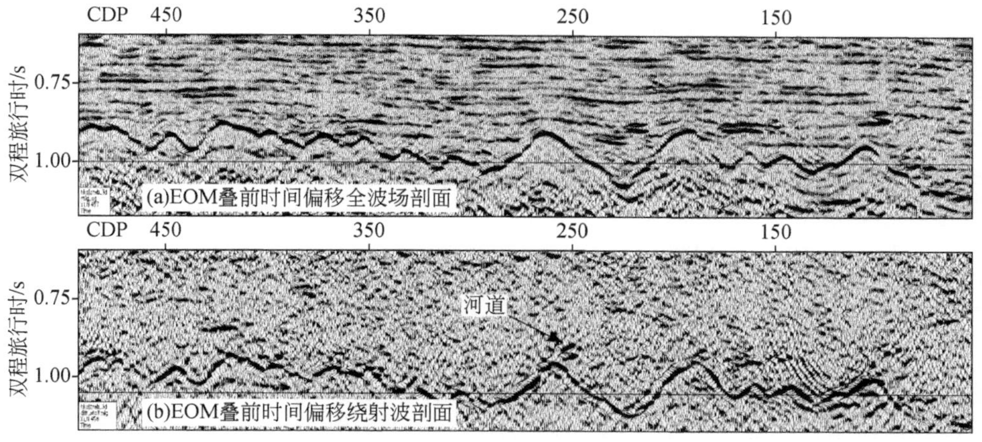

图 7-6　EOM 叠前时间偏移全波场和绕射波场剖面

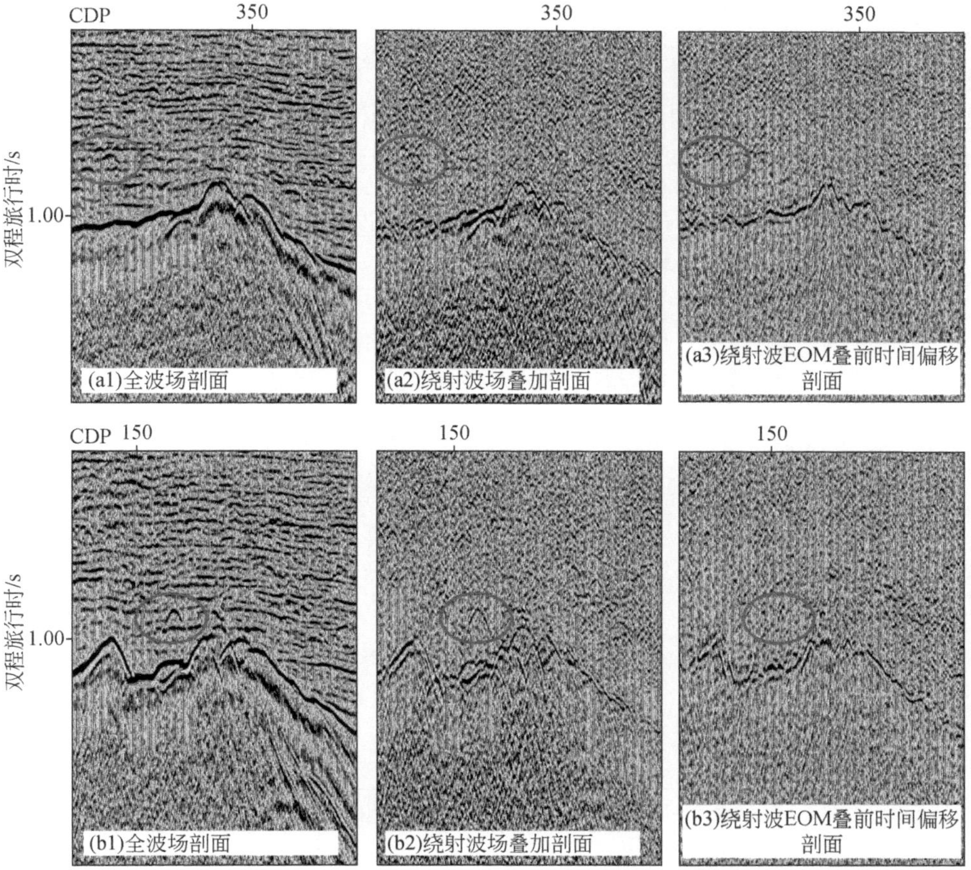

CDP 350 350 350
双程旅行时/s
1.00
(a1)全波场剖面
(a2)绕射波场叠加剖面
(a3)绕射波EOM叠前时间偏移剖面
CDP 150 150 150
双程旅行时/s
1.00
(b1)全波场剖面
(b2)绕射波场叠加剖面
(b3)绕射波EOM叠前时间偏移剖面

图 7-7　陈家庄全波场叠加、绕射叠加和绕射偏移剖面对比

必须承认,由于成果剖面上包含随机噪声,当分离出的绕射波场偏移以后,叠加剖面上的绕射双曲线收敛为一个点后,偏移成果剖面上绕射目标比较难以和随机噪音区分出来,往往勘探目标会被随机噪声掩盖。

7.1.3　绕射波成像的平面特征

偏移处理以后,绕射波的"尾巴"收敛,绕射目标体在二维地震剖面上收敛为一个点。这在含有噪音的情况下是比较难以辨识的。用平面图来显示绕射的处理结果则完全不同,如图 7-8 所示。图 7-8 是三维绕射试验区三维数据体的切片图。图 7-8 中显示的地震属性为振幅属性。图 7-8(a)是全波场的振幅属性,图 7-8(b)为绕射波场的振幅属性。从结果可以看出,由于反射能量的屏蔽,图 7-8(a)能够看出河道的存在,但河道的边界不清晰,部分河道甚至没有呈现出来。由于去掉了反射能量,在分离后的绕射波切片图上,河道的边界非常清楚。部分在图 7-8(a)中没有显示出来的河道,在绕射波切片图上也非常清楚地呈现出来。图 7-8 中过 AB 的剖面,实际上经过了两条分开的河道。由于分辨能力不足,在图 7-8(a)上,难以分辨出两条河道。限于主频的原因,绕射数据能分辨的河道的宽度在 40m 左右。大于 40m 的河道,基本可以分辨河道的两岸界限,而小于 40m 的河道则不能分辨。

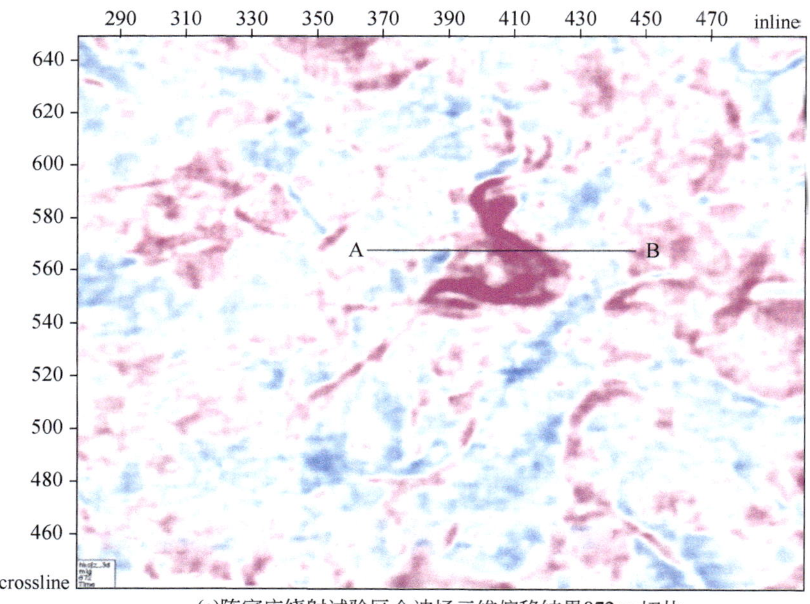

(a)陈家庄绕射试验区全波场三维偏移结果872ms切片

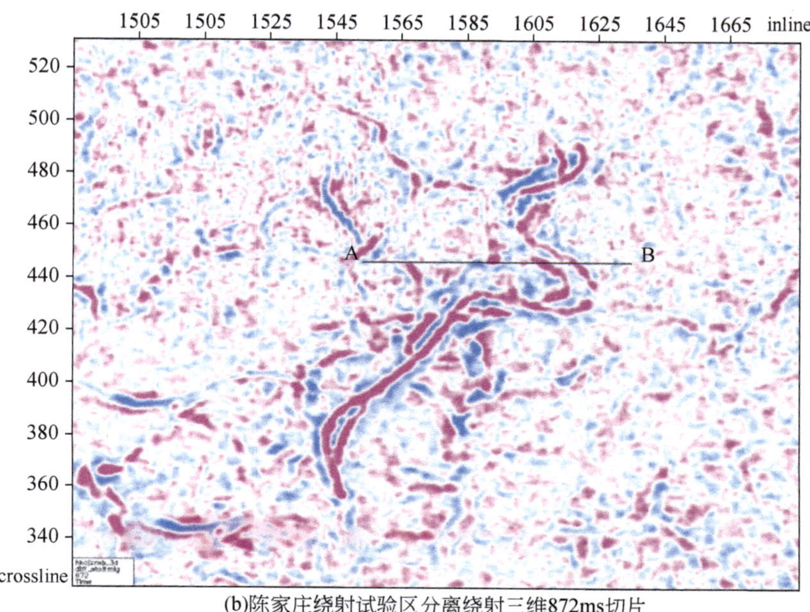

(b)陈家庄绕射试验区分离绕射三维872ms切片

图 7-8　陈家庄凸起绕射试验区全波场与绕射波场三维偏移数据体切片对比

图 7-8 中的剖面 AB 用于对应地显示河道在地震剖面上的特征,从图上可以看出,河道在剖面 AB 经过的地方偏转,并由原来的一条河道分成两条。图 7-9(a)中红线是上面地震属性切片所切的位置。从二维的地震剖面也可以看出,全波场的同相轴在切片深度(0.872s,双程旅行时)是连续的,不能分辨河道的分开。但在单独的绕射波剖面上,在切片的深度,代表河道的绕射同相轴很清楚地分成了两段。由此可以看出,在对河道等小尺度地质成像方面,分离的绕射波场具有非常明显的优势,其对小尺度地质体边界位置刻画非常清楚。

我们知道,地震资料的均方根振幅属性可以指示岩性。当均方根振幅属性值高时,往往代表较高的砂泥比,相反,当均方根振幅属性值低时,往往代表较低的砂泥比。经验表明,这种属性在埋藏河道的研究中一般可发挥很好的作用。平面图上高属性一般指示河道的位置和形态。

在开展绕射波试验区 T_0 层位全区精细解释基础上,沿 T_0 向上 150ms、向下 60ms 提取了该区三维资料的均方根振幅属性(图 7-10)。结果分析认为绕射波资料属性结果很好地反映了馆陶组上部及明化镇组底部的曲流河的形态和位置。绕射资料显示的河道位置清晰,走向明确,形态完整。一些在全波场结果中无法表现出的小河道,也在绕射结果中得到准确刻画,较全波场属性有明显优势。比如,全波场资料在陈气 12 井区及试验区北部刻画的河道信息明显不完整,漏失了很多河

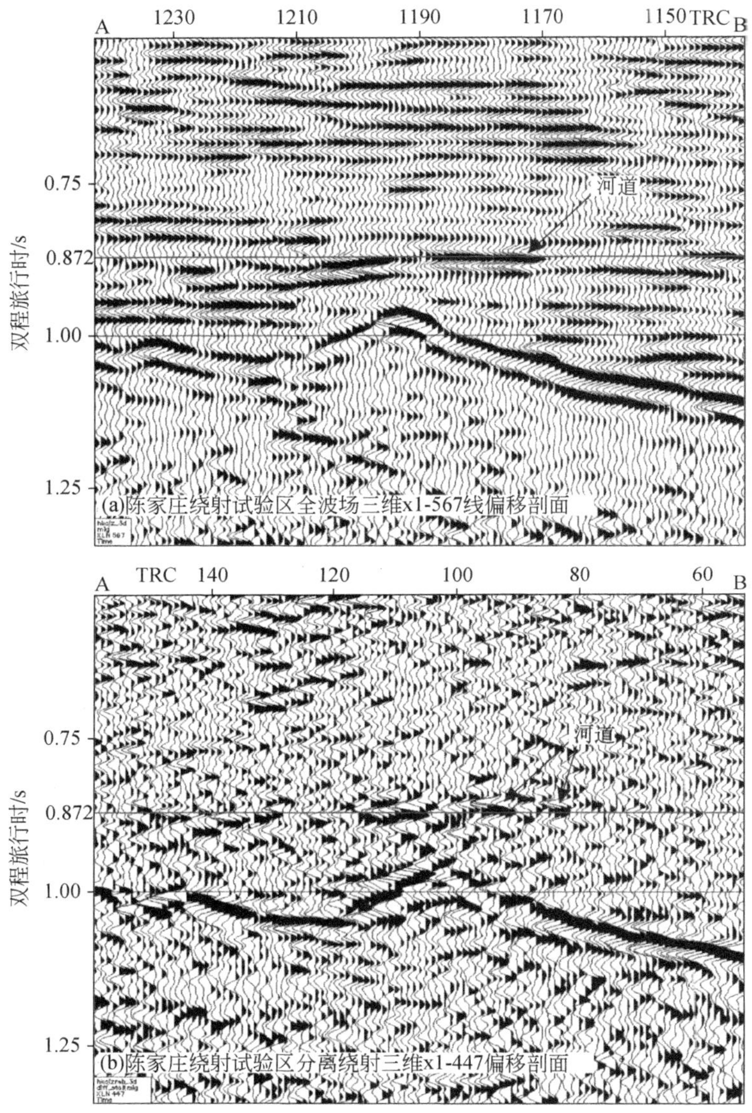

图 7-9　陈家庄凸起绕射试验区切片图上过河道的地震剖面对比

道细节及微小河道，而这些漏失是河道信息都在绕射波分离振幅属性上得到了准确、完整的反映（图 7-10）。以陈气 12-20 以北、陈 50 以西河道砂为例，在全波场属性图上，该区域基本为低幅值空白区，不能判断或者断层的存在。在绕射波属相图上，振幅属明显增强，呈现河道砂含气的亮点特征（图 7-10）。

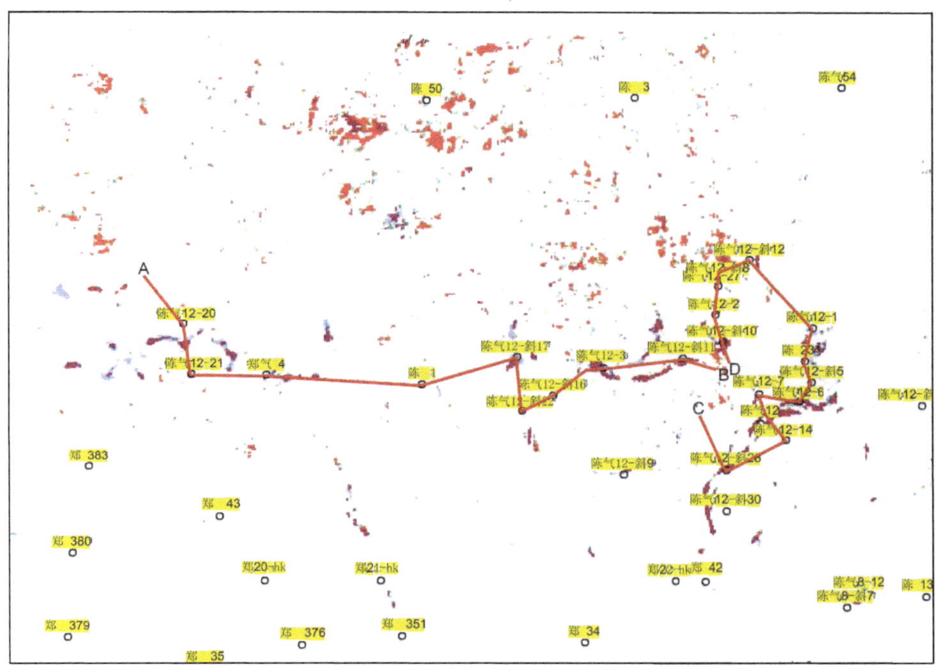

(a)三维试验区全波场T_0–150+60ms振幅与低频谐振属相叠合

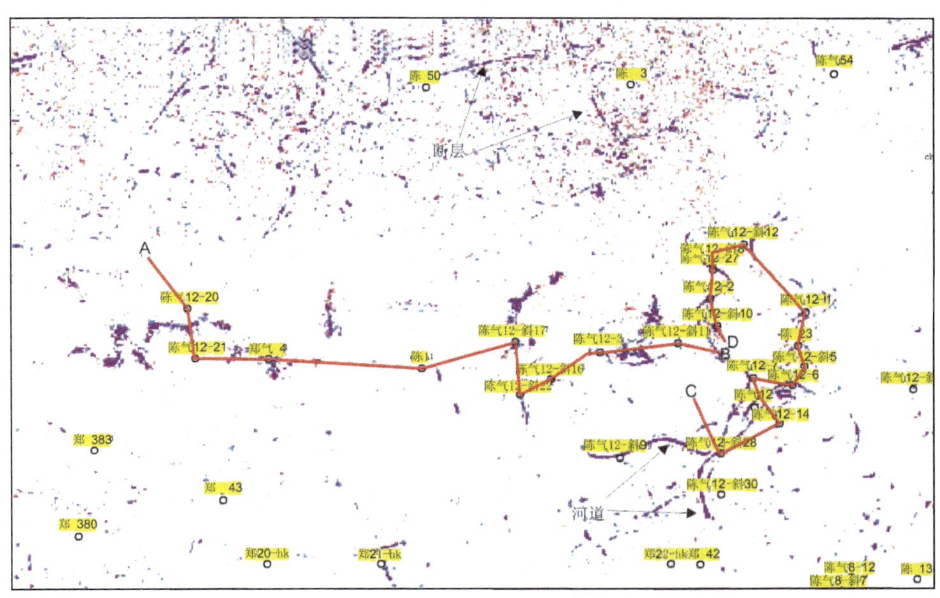

(b)三维试验区绕射波场T_0–150+60ms振幅与低频谐振属性叠合

图 7-10 陈家庄凸起绕射试验区振幅与低频谐振属性叠合

7.1.4 绕射波成像检验

在利用绕射波资料获得精确河道形态和位置的情况下部署了钻井，对河道砂体进行了钻探，验证了河道砂体的正确性，但获得了两种不同的油气结果。一种是河道含气，另一种是河道不含气，如图7-11连井剖面给出的干井结果以及图7-12连井剖面给出的气井结果。

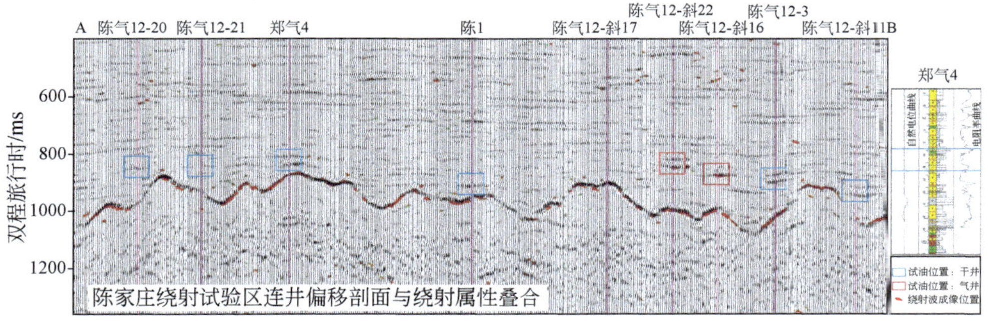

图7-11　陈家庄凸起绕射试验区振幅与低频谐振叠合干井剖面

根据Biot理论，若多孔介质的孔隙单元相互连通，则地震波在含流体的多孔介质中传播时，流体和固体的振动相互作用与相互耦合，会使孔隙中的流体在孔隙空间流动，从而引起流体和固体颗粒的相对运动，导致波的振幅衰减。

流体和固体颗粒相对运动速度很小时，也就是流体被骨架“锁住”时，地震波衰减最小而振幅最大。这种现象就是所谓的“谐振”，它只存在于地震波的某一低频率上。

随着频率增加，由于惯性作用，流体与固体之间的相对运动速度增大，在某一频率处，地震波衰减最大，而振幅最小，这种现象就是高频衰减。当流体为油气时，地震记录上具有更为明显的“低频共振、高频衰减”动力学特征。

已知胜利探区浅层河流相含气层系具有强振幅反射、低频谐振、高频衰减等动力学特征。依据此特征，利用振幅属性与低频谐振属性叠合，来开展河道砂体的含气性检测。

从振幅与低频谐振属性叠合效果（图7-12）来看，在陈气12-20井、陈气12-21井、郑气4井、陈1井所控制的区域，在绕射波成像剖面上，并没有明显的河道发育，振幅属相剖面上也没有明显的河道等异常体出现。连井剖面上，各井经过的剖面显示有振幅异常，但并不突出。再有，这几口井控制的区域没有明显的低频谐振出现，即在连井剖面上没有红色的色块标志。钻井结果显示，上述几口井皆为空井。郑气4井钻井结果显示，880～1000m主要钻遇的岩芯为砂泥岩互层，砂质占优，呈黄色，自然电位曲线平稳，电阻率曲线在薄层砂体部位变高，泥岩层变低。在924～942m的

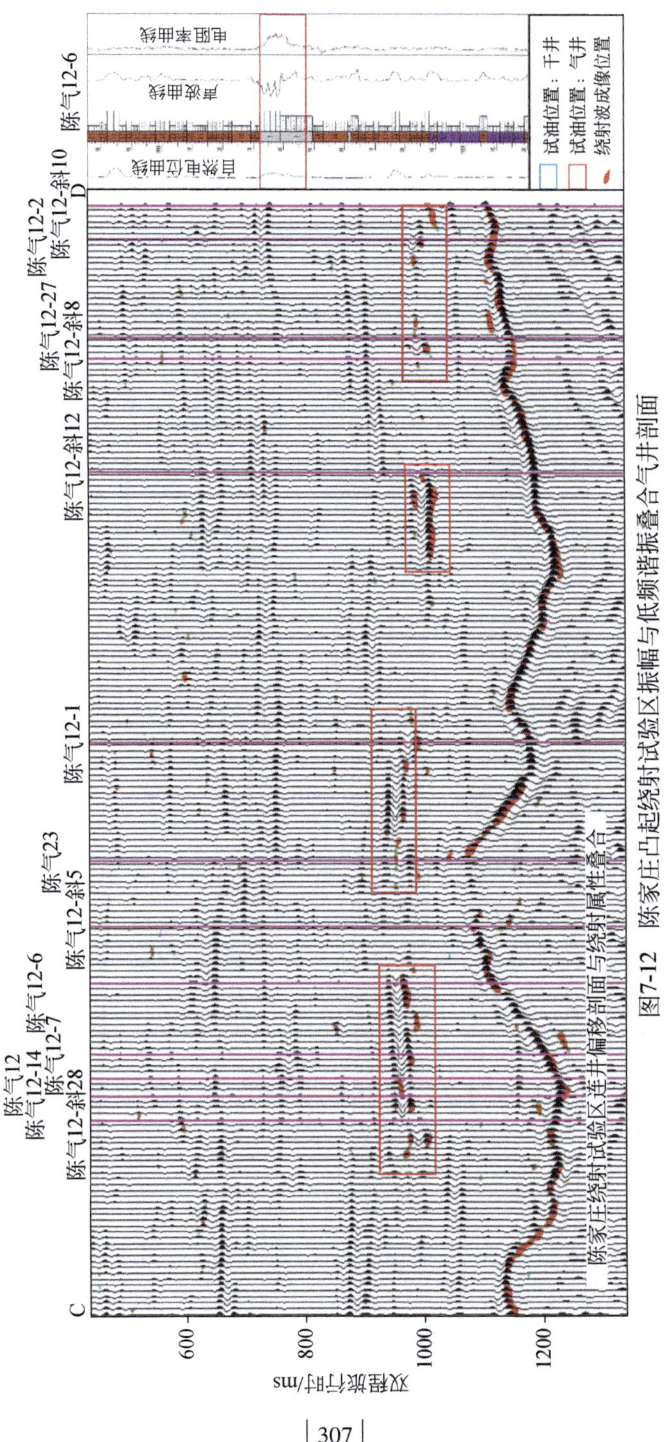

图7-12 陈家庄凸起绕射试验区振幅与低频谐振叠合气井剖面

深度试气,结果是干井。

在陈气 12-斜 28 井、陈气 12-14 井、陈气 12 井、陈气 12-7 井、陈气 12-6 井、陈气 12 井、陈气 12-1 井、陈气 12-斜 12 井、陈气 12-27 井、陈气 12-斜 10 井所控制的区域,在绕射波成像剖面上,是明显的河道发育区。连井剖面上,各井经过的剖面显示有振幅异常,同时,这几口井控制的区域有明显的低频谐振出现。低频谐振异常和振幅属性异常相配合。钻井结果显示,上述几口井皆为气井。陈气 12-6 井钻井结果显示,932 ~ 950m 主要钻遇的岩芯为灰色砂岩,以上及以下皆为红色泥岩,岩性差别大。自然电位曲线、声波曲线和电阻率曲线在该井段同时出现异常,配合完美。在 932 ~ 947m 的深度试气,结果是气井。

在陈气 12-斜 17 以东的区域,绕射波偏移剖面上显示清晰的河道分布。低频谐振属性异常和河道分布位置非常吻合,钻井结果显示,该区域大面积含气,证实为天然气的有利分布区。

7.1.5 应用效果

分离出的绕射波成像结果剖面上清晰地给出了河道的位置。钻井结果证实了绕射结果对河道砂体的预测。钻井结果进一步证实了凡是强振幅和低频谐振叠合的区域均为含气有利分布区域。这样,绕射资料给出的强振幅配合低频谐振能够可靠地进行气藏的预测。

强振幅和低频谐振叠合的区域除分布在陈气 12-斜 17 井以东的河道发育区外,也分布在研究区北部的大范围的区域。河道区已部署大量钻井,证实了为天然气藏区。而北部区域除陈 50 井、陈 3 井、陈气 54 井外,尚无其他钻井。强振幅和低频谐振叠合的结果表明试验区北部有着较大的勘探空间。

以试验区北部陈 50 井附近属性叠合异常为例,该区域三维全波场剖面上表现为中强振幅和明显的低频谐振异常,平面上存在属性叠合异常;而绕射波分离后的资料此种属性叠合异常更为明显,大大增加了该区砂体含气的可能性。

利用区内已钻遇天然气井精细制作合成记录,开展气层层位标定,确定研究区较为准确的时深转换速度。在合成记录标定基础上,利用三维纯波资料,以断层或极性反转作为气藏边界,开展气藏构造解释。

本区域共解释振幅与低频谐振属性叠合约束后的亮点 19 个,新发现较大的亮点 3 个,面积 1.5km^2。依据直接振幅法,利用已知井气层振幅与厚度统计(图 7-13),拟合振幅与厚度关系曲线。振幅 4000 ~ 10 000,对应气层厚度 1.2 ~ 12m,振幅门槛值为 4000 左右。浅层气速度较低,为 1600 ~ 1800m/s,频率也较低,波长在 64 ~ 80m,$\lambda/4$ 厚度在 16 ~ 20m。当气层厚度小于 $\lambda/4$ 时,振幅随厚度增加而增加,二者呈线性关系(图 7-13)。

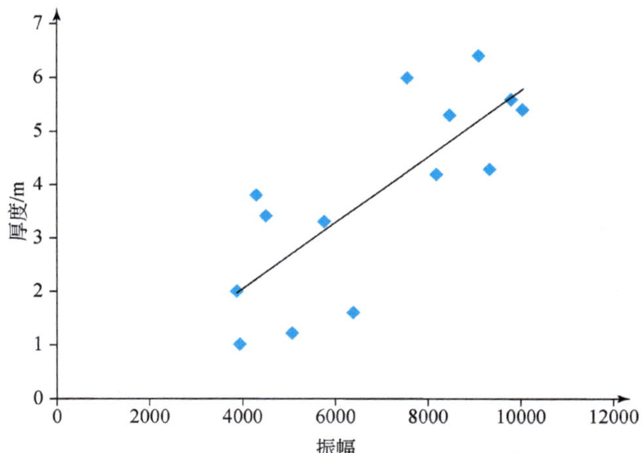

图 7-13 绕射波试验区“亮点”型气层振幅与厚度关系曲线

依据振幅与厚度关系曲线开展了亮点厚度预测,绕射波试验区内预测结果:振幅 1000 ~6600,厚度 2 ~8m(图 7-13,图 7-14)。在绕射波分离资料基础上,试验区内利用振幅及低频谐振属性,新发现并落实多个亮点,圈闭面积 11km^2,圈闭资源量约 1.5×10^{8}m^3。

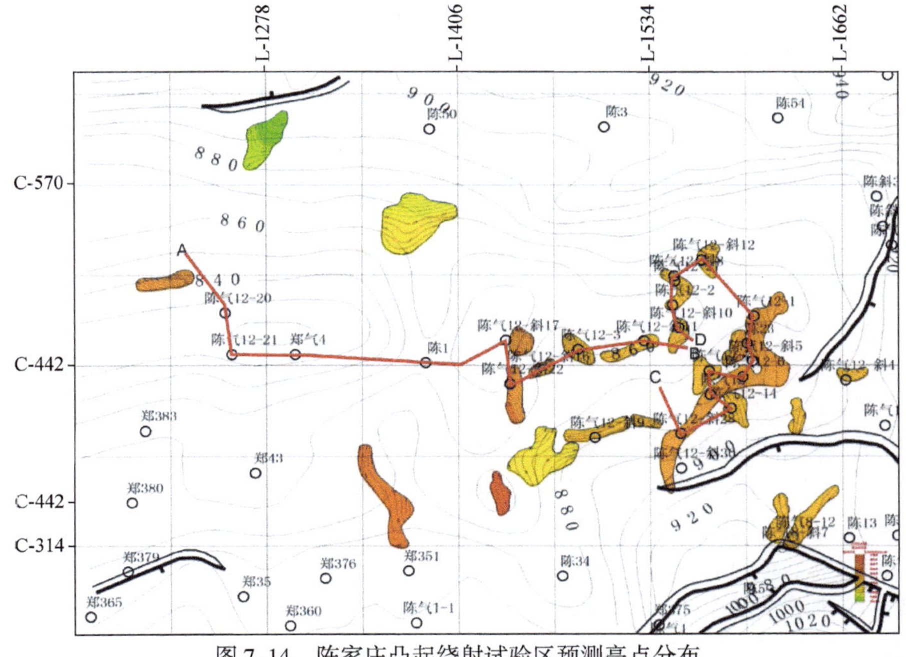

图 7-14 陈家庄凸起绕射试验区预测亮点分布

通过陈家庄凸起 110km^2 地震资料的试处理和综合研究，重新落实圈闭资源量已达到 15×10^8m^3。如果在整个陈家庄区块推广应用，甚至在肯东、三合村、林樊家、田家等济阳坳陷类似地区推广，其潜力将是巨大的(图 7-15)。

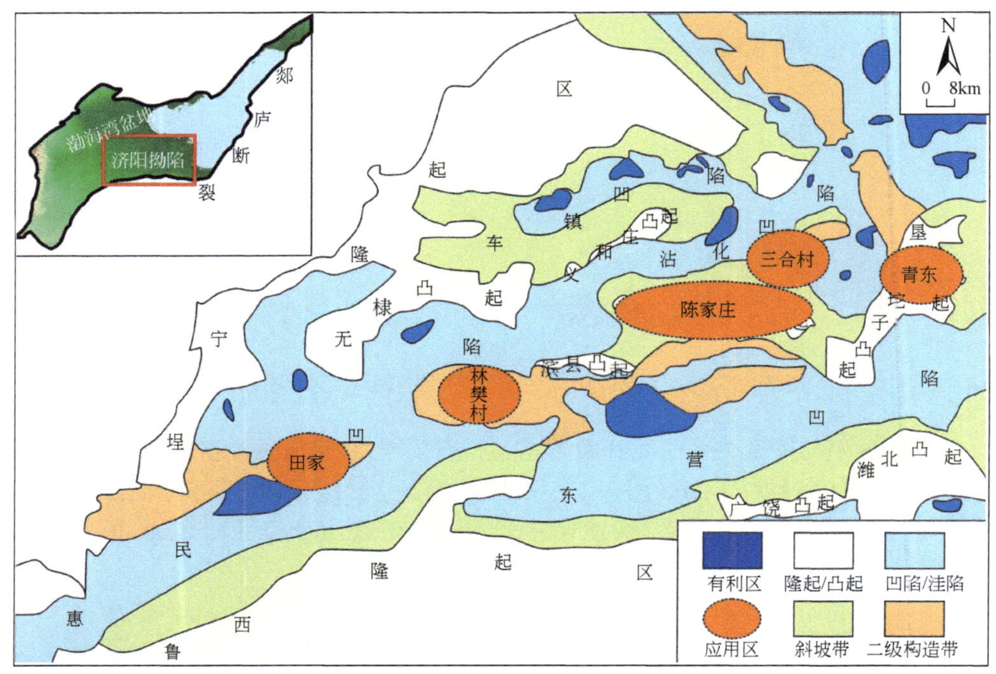

图 7-15　陈家庄凸起绕射试验在济阳坳陷的推广应用

7.2　准噶尔盆地董 2 井

7.2.1　地质背景

准噶尔盆地属于晚古生代至中、新生代多旋回叠合盆地，由西部隆起、陆梁隆起、中央坳陷、南缘冲断带、东部隆起、乌伦古坳陷六个一级构造单元构成，周缘被扎伊尔山、北天山、博格达山、克拉美丽山和青格里底山、阿尔泰山环绕，总面积超过 700km^2，是我国西部大型复合型盆地(图 7-16)。

准噶尔盆地沉积地层的演化经历如下四个阶段：①晚石炭世—早二叠世的海相或残留海相前陆盆地阶段；②中—晚二叠世的陆相前陆盆地阶段；③三叠纪—白垩纪陆内坳陷的育阶段；④古近纪—第四纪的类前陆盆地发育阶段。准噶尔盆地

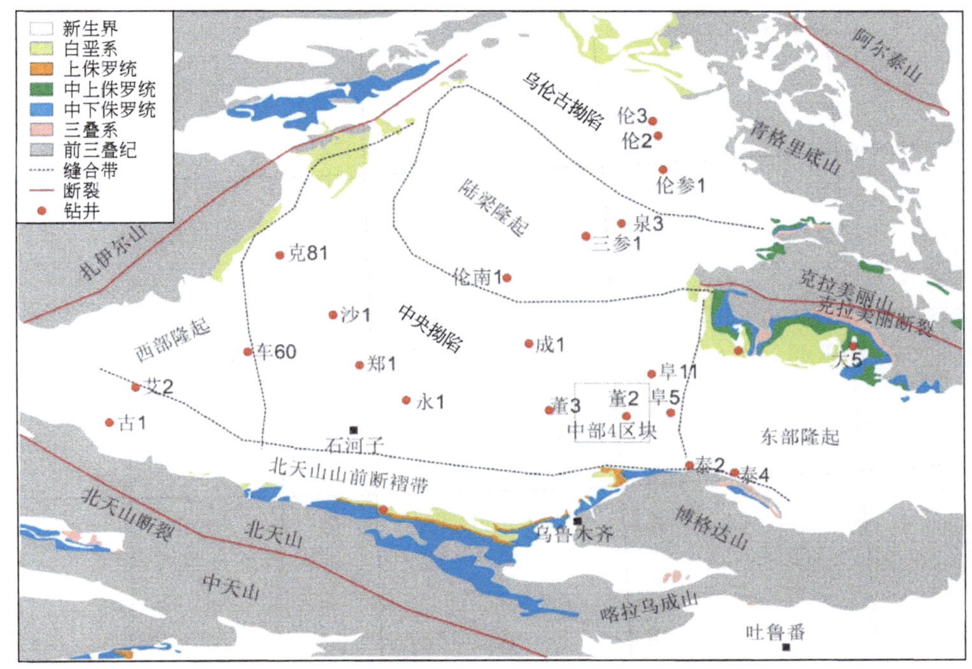

图 7-16　准噶尔盆地及中部 4 区块位置

的地层划分自下而上包括古生界的石炭系、二叠系，中生界的三叠系、侏罗系和白垩系，新生界的古近系、新近系、第四系。自下而上共分为 4 个一级层序，9 个二级层序和 29 个三级层序（李德江等，2005）。

准噶尔盆地油气资源丰富（李丕龙等，2010），自 1955 年发现中华人民共和国成立后第一个大油田——克拉玛依以来（李国玉等，2002），先后相继探明 30 多个油气田，实现原油储量和产量多年的持续增长。2002 年建成了西部第一个千万吨级的大油田，成为中国西部地区探明石油储量最多的沉积盆地。

准噶尔盆地发育六套烃源岩，即石炭系、二叠系、三叠系、侏罗系、白垩系和古近系。同时存在六大类原油和三大类天然气，广泛分布于盆地的不同地区。油气分布十分广泛，油气类型多种多样，成因十分复杂（陈建平等，2016）。准噶尔盆地天然气有油型气、混合气和煤型气。前两类主要来源于二叠系湖相烃源岩和石炭系海相烃源岩。煤型气主要来源于石炭系和侏罗系煤系烃源岩。不同类型油气分布与不同时代烃源灶具有良好对应关系。石炭系油气主要分布于陆东—五彩湾；二叠系油气主要分布于西北缘、腹部与东部；三叠系原油仅分布于东部；侏罗系原油主要分布于东部与南部；白垩系原油仅分布于南缘中部；古近系原油仅分布于南缘西部。按照盆地构造特征及不同时代烃源灶与油气关系，将准噶尔盆地划分为西部、中部、东部、南部及乌伦古5个油气系统及15个子油气系统。

平面上准噶尔盆地油气聚集受主力生烃凹陷所控制。凹陷斜坡及凸起伸向生烃凹陷的倾伏带均是油气聚集的有利部位。生烃凹陷控制了油气分布。富生烃凹陷则控制了大油气田分布。在盆地隆起区的背斜、断块、扇体、潜山等圈闭是油气聚集的有利场所。凹陷区的低幅度背斜、岩性体及坡折带也可储集油气。除乌伦古拗陷外,盆地其他一级构造单元都分布有石油储量,其中以西部隆起最多。截至2012年底累计探明石油地质储量17.62×10^8t,占全盆地总量的73.2%。其次是陆梁隆起,累计探明石油地质储量2.20×10^8t,占全盆地总量的9.1%。而天然气探明地质储量则主要分布在陆梁隆起和南缘冲段带,两个构造单元合计探明地质储量约占全盆地的72.9%。

纵向上区域性盖层对油气纵向聚集有明显控制作用。在盆地构造沉积演化历史中存在三次盆地级规模湖侵和两次区带级规模湖侵,从而形成了三套区域性盖层(上三叠统白碱滩组泥岩、下侏罗统三工河组上部泥岩和下白垩统吐谷鲁群泥岩)和两套区带性盖层(下侏罗统八道湾组中部泥岩和古近系安集海河组泥岩)。这些盖层在盆地范围或区带范围内对其下伏油气聚集起到了明显的控制作用。

准噶尔盆地油气成藏与断裂体系息息相关。油气沿断层的垂向运移十分显著。大多数油气藏的形成与油气垂向运移相关。在缺乏油源断裂区域,油气均分布于烃源岩上覆第一套区域性、区带性盖层之下。盆地在石炭系、二叠系、三叠系、侏罗系、白垩系、古近系、新近系都发现了石油探明储量(张枝焕等,2014;王学忠等,2013)。其中侏罗系最多,截至2012年底累计探明石油地质储量7.54×10^8t,占盆地总量的31.3%。其次是三叠系,累计探明石油地质储量7.16×10^8t,占盆地储量的29.7%。而天然气则以石炭系探明储量最多,为1061.67×$10^8$$m^3$,占盆地总量的53.8%(陈萍等,2015)。

根据准噶尔盆地不同时期勘探目标类型的不同(林隆栋,2005),勘探历程大致可划分为四个阶段:①大型显形构造圈闭勘探阶段(20世纪50~80年代):发现了克拉玛依油田、百口泉油田、夏子街油田和三台油田等;②斜坡区陡坡型扇体勘探阶段(20世纪80~90年代初):发现了五、八区油气富集区、马北富集区、小拐油田和沙南油气富集区;③低幅度构造圈闭勘探阶段(20世纪90年代中期到末期):发现了莫北油田、陆梁油田及莫索湾油田等;④腹部缓坡型水道化岩性圈闭勘探阶段(2000年至今):发现了石南21、彩43、石南31等隐蔽油气聚集区带。自2000年以来,准噶尔盆地中国石化勘探区块隐蔽油气藏也屡获突破:腹部地区相继发现了具微幅构造、岩性复合特点的庄1、沙1、征1井油气富集区,岩性上倾尖灭型的董1、董3井油气富集区,地层遮挡型的永进油田。在西缘车排子地区发现了构造—岩性型的春光油田和春风油田。目前已知,构造油气藏主要分布在盆地南部、东部,

隐蔽油气藏则主要分布在盆地西部隆起带和盆地中部。

准噶尔盆地的构造演化及基底特性,决定了隐蔽油气藏类型与我国东部断陷盆地有较大的差异。盆地内的不同构造带隐蔽油气藏的发育层位和类型也存在差异。如陡坡带在二叠系—三叠系中下统发育扇体型岩性圈闭,腹部缓坡带在侏罗系发育水道型岩性圈闭,东北缘在石炭系发育火成岩裂缝油气藏。按圈闭成因类型,可将准噶尔盆地隐蔽油气藏类型分为四大类:岩性类、地层类、复合类和(准)连续型。

美国石油地质学家莱复生最早提出了隐蔽油气藏的概念,指复杂难找的油气藏(莱复生,1975)。20 世纪 60 ~ 90 年代中国在渤海湾、松辽等盆地发现了一批形态、特征不明显、具有隐伏性、常规勘探方法难发现的隐蔽油气藏(刘传虎,2012)。进入 20 世纪 90 年代,陆续发现了松辽盆地大规模薄互层、低渗透岩性油藏,鄂尔多斯盆地中生界低丰度岩性油藏,渤海湾盆地的陡坡带砂砾岩扇体油藏、洼陷带的浊积岩油藏和缓坡带的滩坝砂岩油藏等。统计认为,这些隐蔽的非构造油气藏储量已占总探明储量的 32% ,年新增储量中也已占 1/3 以上(刘传虎,2014)。

准噶尔盆地尽管陆续发现了多个隐蔽油气藏,但由于其独特的成藏特点和分布规律,预测描述还面临着诸多困难,如盆地面积大、沉积体相变多样、亚相或微相研究难度大;砂层薄、横向变化快,地震资料空间分辨率低,圈闭的外形、边界和结构难以落实;储层岩性、物性地震预测的准确性差等。因此,针对其勘探潜力巨大但成藏规律复杂的情况,有必要开展隐蔽油气藏类型及有利勘探区带研究。

继陈家庄凸起绕射波工作以后,胜利油田将这一工作推广到准噶尔盆地中石化探区中部 4 区块。作为本书的应用实例,本部分介绍绕射波在准噶尔盆地中石化中部 4 区块的应用。

中部 4 区块位于准噶尔盆地腹部,行政区划属于新疆维吾尔自治区北部昌吉回族自治州和伊利哈萨克自治州,位于阜康市的北部。构造上,位于昌吉凹陷,北部邻近白家海凸起,东边为帐北断裂带,南部为北天山山前断褶带。区块地层发育齐全,地层厚度大,自上而下发育有白垩系、侏罗系、三叠系、二叠系、石炭系等地层。区块构造相对简单,主要为向西南倾的单斜,地层总体较为平缓,发育单斜构造背景下的地层、岩性、地层—岩性等复合圈闭(表 7-1)。

表 7-1　准噶尔盆地中部 4 区块层序地层

地层					年代/Ma	地层代码
界	系	统	群	组		
新生界	第四系	更新统			1.64	
	新近系	上新统		独山子组		N1d
		中新统		塔西河组		N1t
				沙湾组		N1s

续表

地层					年代/Ma	地层代码
界	系	统	群	组		
新生界	古近系	渐新统		安集海合组		E2-3a
		始新统				
		古新统		紫泥泉子组		E1z
中生界	白垩系	上统		东沟组		K2d
		下统	吐古鲁群	连木沁组		K1l
				胜金口组		K1s
				呼图壁组		K1h
				清水河组	145.6	K1q
	侏罗系	上统		喀拉扎组		J3k
				齐古组		J3q
		中统		头屯河组		J2t
				西山窑组		J2x
		下统		三工河组		J1s
				八道湾组	208	J1b
	三叠系	上统	小泉沟群	郝家沟组		T3hj
				黄山街组		T3h
		中统		克拉玛依组		T2k
		下统	上苍房沟群	烧房沟组		T1s
				韭菜园子组	245	T1j
古生界	二叠系	上统	下苍房沟群	梧桐沟组		P3wt
				泉子街组		P2q
		中统	上芨芨槽子群	红雁池组		P2h
				芦草沟组		P2l
				井井子组		P2jj
				乌拉泊组		P2wl
		下统	下芨芨槽子群	塔什库拉组		P1t
				石人子沟组	290	P1s
	石炭系	上统		奥尔吐组		C2a
				祁家沟组		C2q
				柳树沟组		C2l
		下统				

区块处于油源中心和油气运聚的有利指向区,油气丰度高,具有多层系生烃,多个含油气系统、多个物源方向的特点,是一个以二叠系、侏罗系为主要烃源岩,尤以二叠系优质烃源岩为主体的复式油气系统。该区块内存在四类供烃源系,第一类源于中二叠统烃源岩,第二类源于下二叠统烃源岩,第三类源于侏罗系煤系烃源岩,第四类源于侏罗系湖相烃源岩。风城组的烃源岩主要生烃期是晚侏罗世时期,下乌尔禾组主要生烃时期是白垩纪末—第三纪,侏罗系烃源岩在晚白垩世以后大量生烃。因此,区块具有多源、多期、分片成熟、多灶供烃的特点,构建了大中型油气田的雄厚资源基础。据第三次资源评价结果,资源丰度均在 $4.5\times10^4 t/km^2$ 以上。

目前,已在中部 4 区块与中部 2 区块之间的白家海凸起东北部发现了彩南油田。另外,紧邻工区东部的阜东 2 井在 J2t 日产油 $8m^3/d$,在该层段预测储量 $1589\times10^4 t$;西北部阜 4 井在三工河组(J1s)3778 ~ 3781m 井段试油日产 6.27t,阜 5 井在三工河组(J1s)3454 ~ 3460.5m 井段试油日产 7.2t,在三叠系小泉沟群(T2-3xq)试油日产 2.0t。2010 年,中石油阜东 2 井区 J2t 上报预测储量 $1589\times10^4 t$,也展示了该区巨大的勘探潜力。在工区东部的北 14 井、北 34 井和九运 1 井也在 J2t 组分别获得了日产 25t、1.44t、1.7t 的产能。并且在研究区东南部邻区侏罗系齐古组探明储量 $2100\times10^4 t$。

总之,工区在侏罗系、白垩系具有形成地层、岩性油藏的良好地质条件。前期已发现了一定规模的岩性、地层圈闭,圈闭群规模大,是寻找规模储量的现实阵地。区块的东北部埋藏浅、储集物性好,是寻找优质、可动用储量的有利区块,并且目前该区整体勘探程度较低,具有很大的勘探空间。

2012 年在准噶尔盆地中部 4 区块部署董 2 井北三维地震勘探采集项目,野外施工从 2012 年 3 月开始,到 2012 年 5 月底结束。

7.2.2 地质目标

中部 4 区块 2012 年部署三维地震 $1194km^2$,总线束 83 束,总炮数 35 448 炮。对新采集的数据进行处理获得了叠前偏移成果数据。本次绕射研究的目标层位为中侏罗统头屯河组。处理得到的成果剖面在中下部普遍存在一个非常醒目的强反射界面,即中侏罗统西山窑的底界。在这个强反射界面的上面也存在一个很强的反射界面,为早白垩统齐古组的底界。本次研究的目标层位位于这两个反射界面之间。两强反射界面之间的地层,总体上为中等频率,弱振幅,透明反射层。下部基本为一个完全透明的层,上部零星分布一些断续的,中等强度的反射轴。这个层因此分为两个组。下部为中侏罗统西山窑组,上部为中侏罗统头屯河组(图 7-17)。

如前所述,工区东部的北 14 井、北 34 井和九运 1 井,以及阜东 2 井工区等都

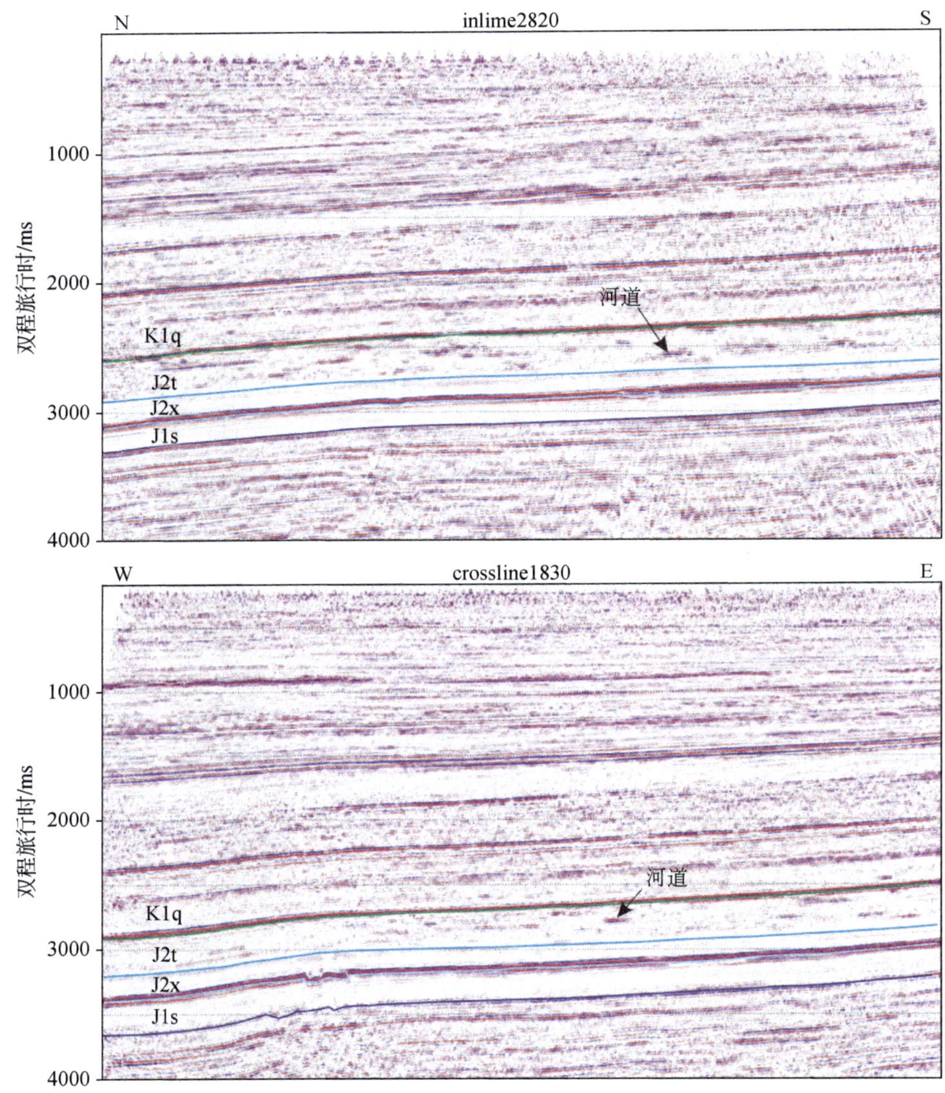

图 7-17　准噶尔盆地中部 4 区块叠前偏移剖面头屯河组的河道

在头屯河组获得工业产能，展示了该层位巨大的勘探潜力。

从三维数据最大振幅属性切片可以看出，二维剖面上目的层段发育的断续的中等强度振幅同相轴为河道。在本研究区，头屯河组河道广泛发育（图 7-18）。从最大振幅属性图上可以看出，该时期发育的河道无明显方向性和主次关系，总体上表现为辫状河的特征。这样，头屯河组底部河道和上部河道无明显继承、发展关系，基本都表现为中等弯曲、短源、辫状河的特征。

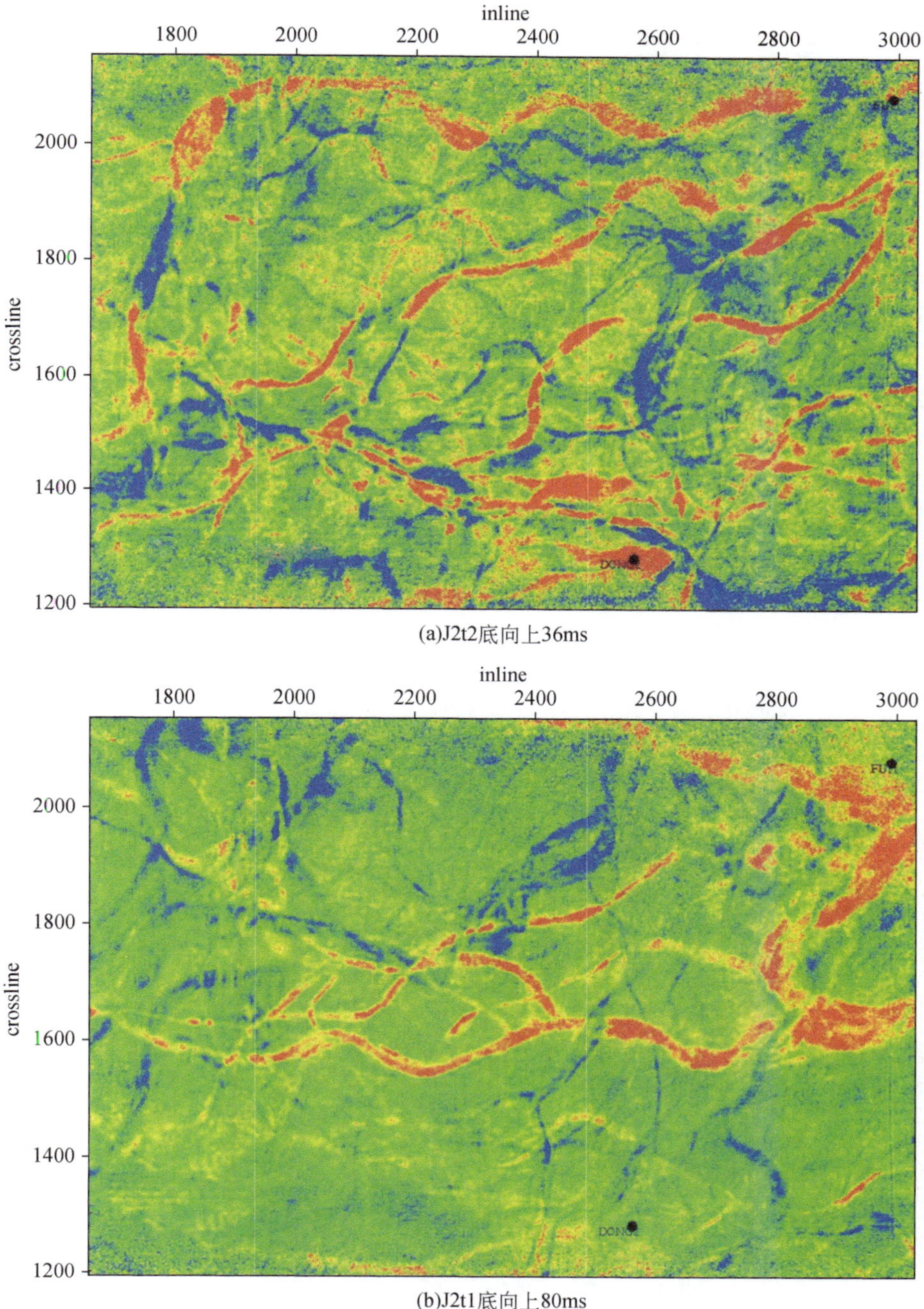

(a)J2t2底向上36ms

(b)J2t1底向上80ms

图 7-18　中部 4 区块三维成果数据头屯河组最大振幅属性显示的河道

7.2.3 绕射波剖面特征

工区中广泛发育的辫状河道,作为孤立砂体在全波场叠加剖面上表现为丰富的绕射波。如图 7-19 所示,在 crossline1510 叠加剖面上,在中侏罗统头屯河组发育大量弧状绕射同相轴。这些弧状绕射同相轴呈双曲线状,开口向下。虽然幅度不是很大,振幅不是很强,但双曲形态非常清楚。这些开口向下的双曲同相轴除大量分布于头屯河组外,在上部的白垩统齐古组也有发育。在对应的偏移剖面上,经偏移以后,这些双曲线状的同相轴收敛归位,绕射的尾巴不再存在。原来绕射的顶点位置剩余断续的同相轴,指示河道的位置。叠加剖面的弧状绕射和偏移剖面的断续短反射呈一一对应关系,证明其成因上的内在关联。

除河道形成的绕射外,剖面上也可见到由断裂形成的断点绕射(图 7-19,图 7-20)。crossline1510 叠加剖面上中侏罗统西山窑组底界的强反射界面存在明显断裂。断点作为绕射源形成绕射,在地震叠加剖面上表现为典型的长反射段绕射,具体表现为源自断点的单支绕射弧。绕射弧开口向下,向左,顶点指示断点的位置。右侧的半只应该是和反射波的干涉而抵消,不易识别(图 7-20)。

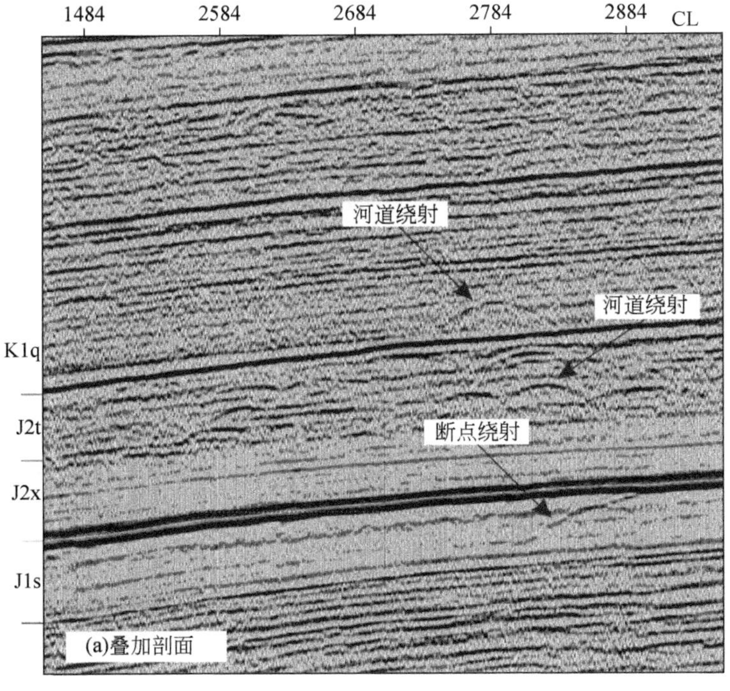

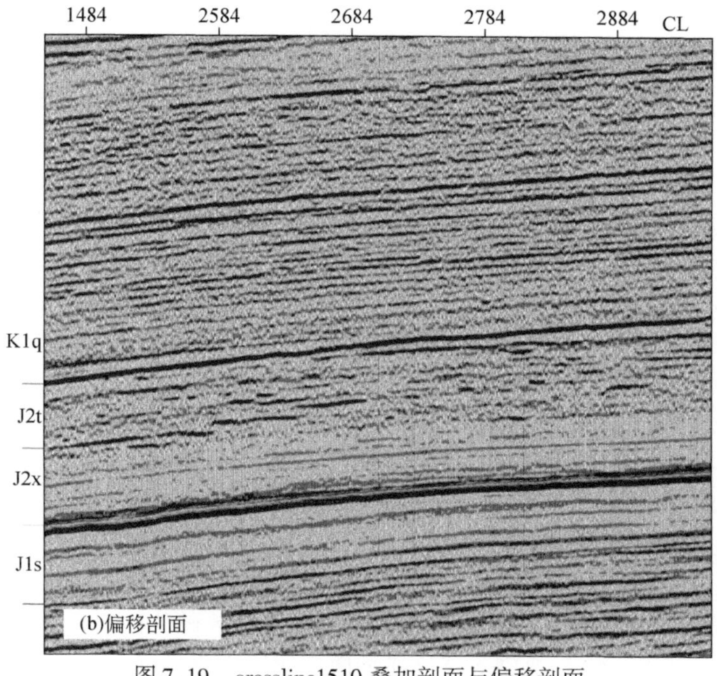

图 7-19　crossline1510 叠加剖面与偏移剖面

同样,在对应的偏移剖面上,经偏移以后,长反射段形成的单支绕射尾巴收敛归位,绕射的尾巴不再存在(图 7-19),证明其绕射波的基本特征。

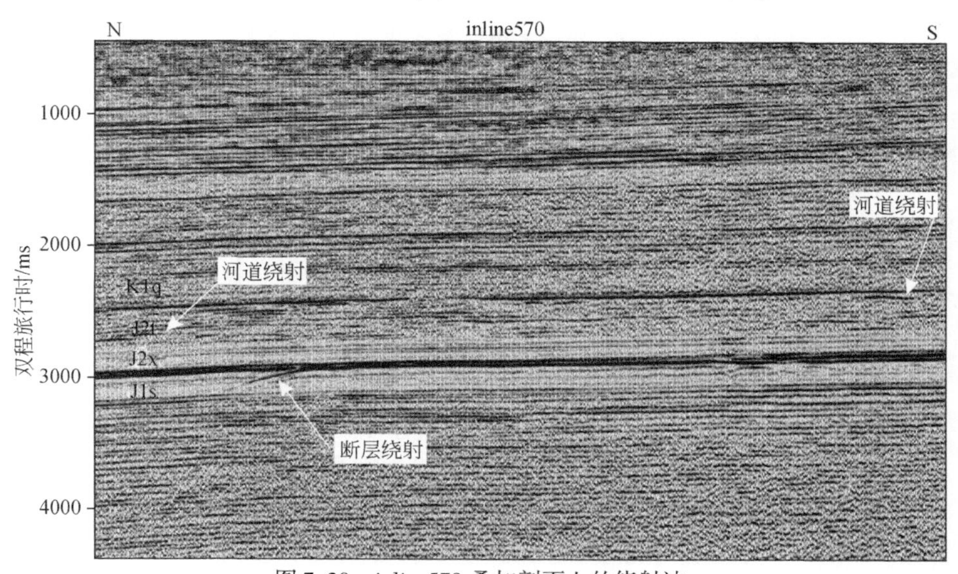

图 7-20　inline570 叠加剖面上的绕射波

7.2.4 绕射波分离成像

相较于反射能量，绕射能量较弱，利用绕射对河道进行精确定位较困难。为此，将绕射波分离技术引入工区的工作，以实现对辫状河道的准确刻画。

考虑到倾角域以及弹性波倾角域绕射波分离对速度精度的依赖，采用平面波域绕射波分离的方法进行绕射波的分离。具体方法同前。同样使用等效偏移距叠前时间偏移方法（EOM），将反 Radon 后的炮集数据进行叠前时间偏移。从叠前时间偏移及绕射波分离成果剖面对比看，处理得到的叠前时间偏移剖面河道砂、特殊岩性体、基底面成像清楚，河道砂体绕射收敛干脆、位置及形态明确，而绕射波分离资料上，河道砂体、基底面更清晰。以 inline2381 测线的数据为例，在图 7-21（a）上，在 250 ~ 270TRC，深度 2750ms（双程旅行时）所限定的区域范围，存在三个大致平行的同相轴。其中上、下两个较强，中间同相轴较弱。仅依靠这个剖面，难以解释期间河道或者其他地质体的存在。图 7-21（b）为分离出的绕射波偏移以后得到的剖面。在这个剖面上，反射能量基本已经去掉，剩下的为绕射能量的成像结果。可以看出，此时的河道已经明显凸显出来。河道砂体的边界清晰，形态明确。董 701 井的钻井结果也证实了绕射波分离剖面成像的正确性。

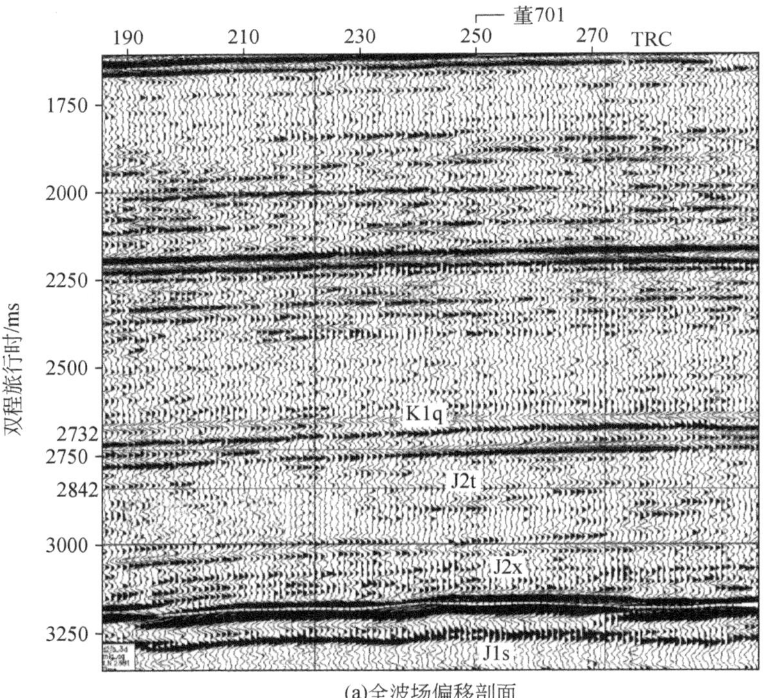

(a)全波场偏移剖面

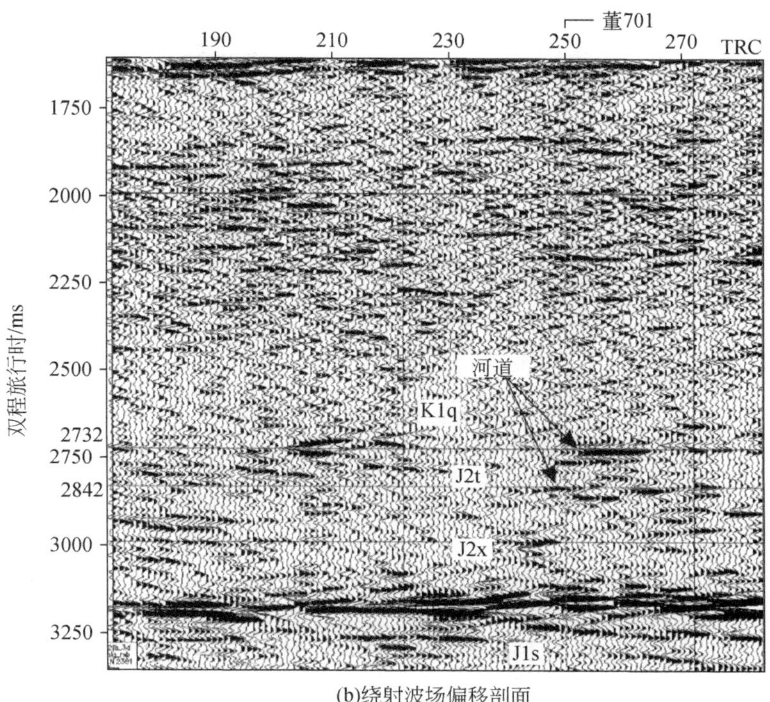

(b)绕射波场偏移剖面

图 7-21　inline2381 全波场偏移剖面和绕射波场偏移剖面对比

同样过董 701 井的 crossline1378 测线上,图 7-22(a)全波场偏移显示的剖面上,由于反射能量的压制,难以分辨、解释河道等小尺度的地质体的存在。但经绕射波与反射波分离以后,去除了反射能量,绕射能量得到了相对加强,单纯由绕射波成像的小尺度地质体成像出来。在图 7-22(b)上,由河道形成的同相轴边界清晰,位置明确。

图 7-23 是 inline2326 目的层位置全波场偏移剖面和绕射波偏移剖面局部放大图。该图主要显示了西山窑组和三工河组之间强反射界面的破碎。强界面破碎形成的绕射波在全波场剖面上由于反射能量的压制不能表现出来。在个别破碎程度较大的位置,在叠加剖面上显示出长反射段绕射的特征(图 7-20)。在多数情况下,没有特别的表现。经绕射分离后,反射能量被去除,绕射能量得到相对加强,由绕射反映出来的断裂特征在绕射波剖面上呈现出来。很显然,了解这种强反射轴的破碎对目的层的勘探部署是有意义的。这种均匀的破碎,可能意味着深部源岩层生成的烃类流体可以通过破碎的强反射界面向上迁移,并在河道砂体中储藏起来。

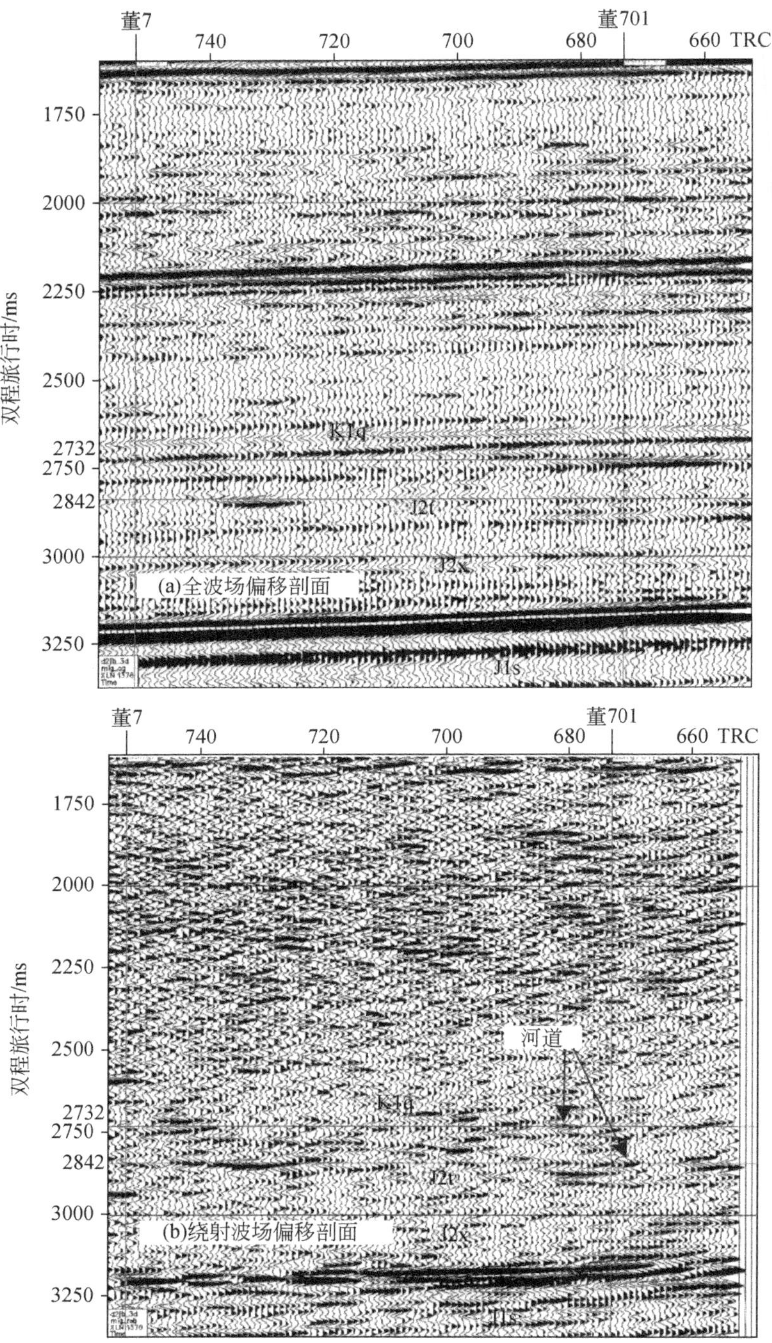

图 7-22　crossline1378 全波场偏移剖面和绕射波场偏移剖面对比

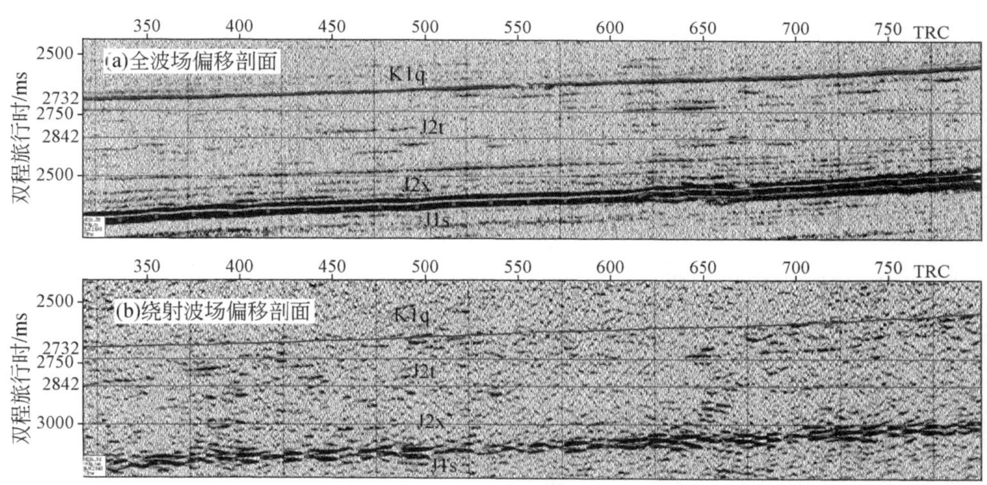

图 7-23 inline2363 全波场偏移剖面和绕射波场偏移剖面对比

7.2.5 绕射波平面效果

由于绕射地质体尺度较小,偏移处理后,绕射尾巴收敛,绕射目标的成像结果在偏移剖面上较小,识别起来比较困难。利用绕射波进行小尺度地质体刻画的优势在平面图上表现更加清楚。为对河道进行有效解释,我们使用地震资料的均方根振幅属相用以对沉积地层的泥沙含量进行定性判断,进而解释河道的发育。图 7-24 是三维绕射试验区三维数据体的切片图,图 7-24(a)是全波场的均方根振幅属性,图 7-24(b)为绕射波场均方根振幅属性。比较两种数据的振幅属性图可以看出,两者有着明显不同的特征,全波场振幅属相表现为北西向宏观构造特征,呈现的地质体主要特征主要为于图像范围的北西—南东对角线的区域。绕射波场振幅属性表现出北东向的构造特征,呈现的地质体特征主要位于图像范围的东北一角。从对河道的表现来看,全波场属性图由于反射能量的屏蔽作用,河道被高能的反射能量所屏蔽,不能准确呈现,图像中呈现的主要是反射同相轴的信息,利用分离的绕射波属性,河道的边界,形态都很好地呈现出来。

图 7-25 是在图 7-24 的基础上向下到 2842ms 的属性切片。同样,认为绕射波资料属性结果很好地反映了该深度河道的形态和位置。绕射资料展示的河道位置清晰,走向明确,形态完整。一些在全波场结果中无法表现出的小河道,也在绕射结果中得到准确刻画,较全波场属性有明显优势。比如,图 7-25(b)中红色虚线指示的河道比全波场图中的河道更加准确、清楚。另外,图 7-25(b)中,除红色曲线

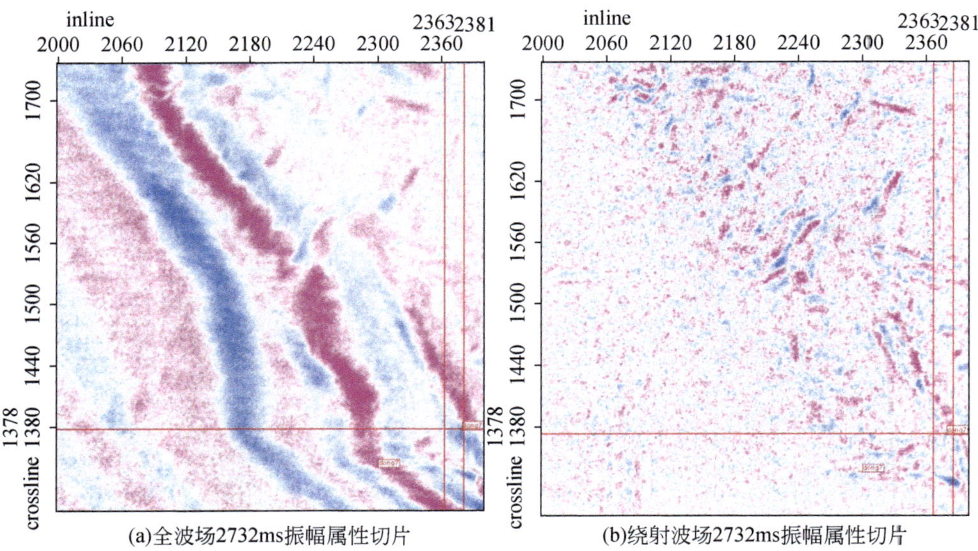

(a)全波场2732ms振幅属性切片 (b)绕射波场2732ms振幅属性切片

图 7-24 中央 4 区块三维全波场和绕射波场数据均方根振幅属性 2732ms 切片对比

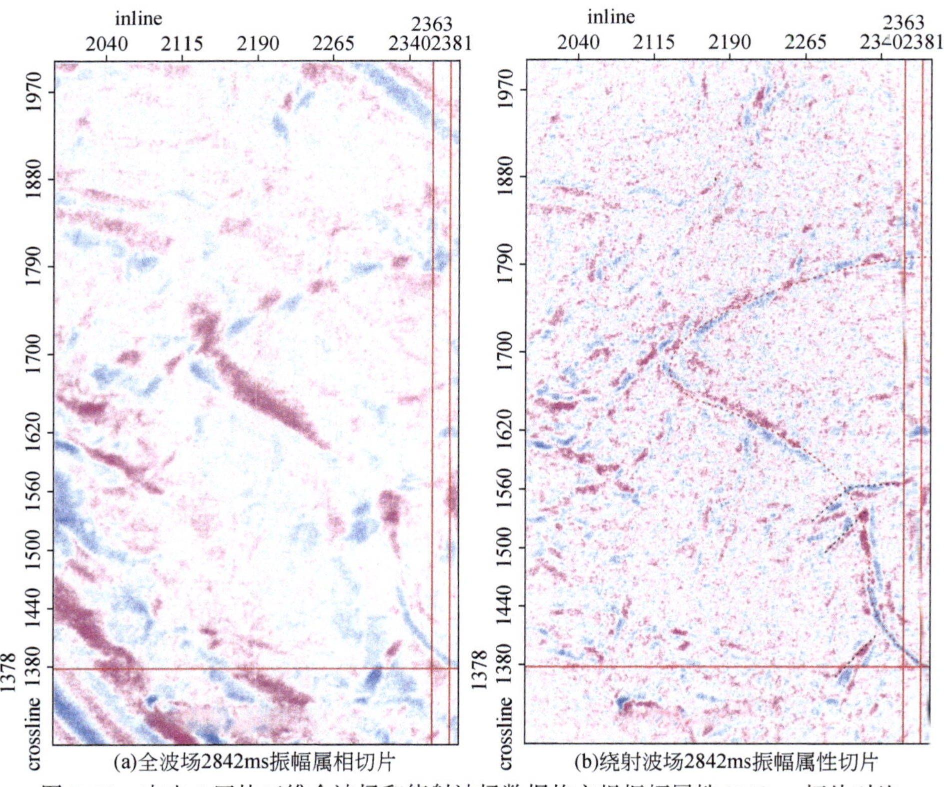

(a)全波场2842ms振幅属相切片 (b)绕射波场2842ms振幅属性切片

图 7-25 中央 4 区块三维全波场和绕射波场数据均方根振幅属性 2842ms 切片对比

指示的河道外,沿河道还明显出现和河道相交的构造细节(黑色虚线)。黑色虚线指示的构造细节在绕射波属性图上表现非常清楚。但这一现象在全波场属性图中基本难以识别。

图7-26是把头屯河组的顶和底作为时窗提取的均方根振幅属性切片。图7-26(a)是全波场数据,图7-26(b)是绕射波场数据。从全波场结果判断,董701井打的是一条北西向河道。但从绕射波属性图上看到,董701井经过的是一个北东向的小型构造。两者的结果完全不同。从图7-26(b)箭头所指的一段河道来看,河道位置清楚,河道形态清晰。而在全波场图[图7-26(a)]中,该段河道,由于反射能量的屏蔽,河道形态、位置都不十分清楚。另外,由全波场资料表现的河道一般较"粗""胖",位置不很清楚,而绕射波资料表现的河道较前者清晰得多,位置、形态都能得到最准确刻画。

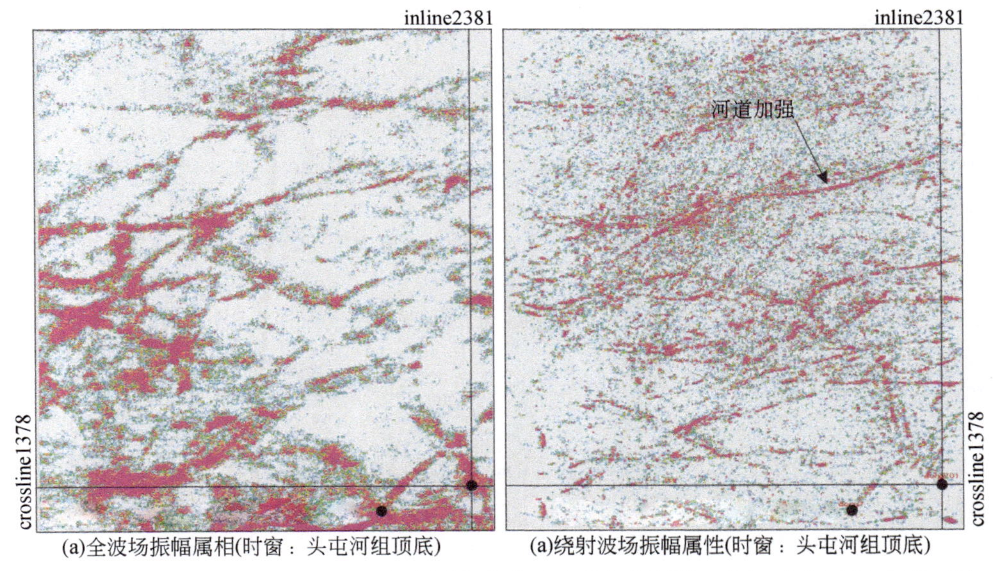

(a)全波场振幅属相(时窗：头屯河组顶底)　(a)绕射波场振幅属性(时窗：头屯河组顶底)

图7-26　中央4区块三维全波场和绕射波场数据均方根振幅属性(时窗:头屯河组)切片对比

参 考 文 献

陈建平,王绪龙,邓春萍,等. 2016. 准噶尔盆地油气源、油气分布于油气系统. 地质学报,90(3):421-450.

陈萍,张玲,王惠民. 2015. 准噶尔盆地油气储量增长趋势与潜力分析. 石油实验地质,37(1):124-128.

陈生昌,马在田,Wu Ru-Shan. 2007. 波动方程偏移成像阴影的照明补偿. 地球物理学报,50(3):845-850.

崔兴福,张关泉,吴雅丽. 2004. 三维非均匀介质中真振幅地震偏移算子研究. 地球物理学报,47(3):509-513.

第六物探队661队解释方法组. 1972. 多次迭加中的特殊波—绕射波、断面反射波. 石油物探,4:52-80.

段鹏飞,程久兵,陈爱萍,等. 2013. TI介质局部角度域高斯束叠前深度偏移成像. 地球物理学报,56(2):4206-4214

方刚,杜启振,栾锡武. 2017. 逆时偏移波场延拓中的几何扩散问题. 海洋地质与第四纪地质,37(1):162-167.

方刚,栾锡武,方建会. 2016. 弹性介质Hamilton正则方程与声波方程辛几何算法. 山东大学学报(理学版),51(11):99-106,114.

方刚,栾锡武,栾一功. 2017a. 弹性连续系统的Noether理论. 吉林大学学报(理学版),55(5):1278-1284.

方刚,栾锡武,张斌,等. 2017b. 弹性介质Hamilton正则方程与地震波方程. 中国海洋大学学报(自然科学版),47(7):121-126.

方旭庆,蒋有录,罗霞,等. 2013. 济阳坳陷断裂演化与油气富集规律. 中国石油大学学报(自然科学版),37(2):21-27.

高彩霞. 2010. 波动方程叠前成像数据规则化技术研究与应用. 石油天然气学报(江汉石油学院学报),32(6):271-273.

何晓松,孙林,张红斌. 2009. 盐下碳酸盐岩储层礁体识别. 石油地球物理勘探,44(增1):98-100.

侯贵廷,钱祥麟,蔡东升. 2001. 渤海湾盆地中、新生代构造演化研究. 北京大学学报:自然科学版,37(6):845-851.

胡朝元. 1982. 生油区控制油气田分布—中国东部陆相盆地进行区域勘探的有效理论. 石油学报,3(2):9-13.

胡见义,徐树宝,童晓光. 1986. 渤海湾盆地复式油气聚集(区)带的形成和分布. 石油勘探与开发,13(1):1-8.
胡中平. 2006. 溶洞地震波串珠状形成机理及识别方法. 中国西部油气地质,2(4):423-426.
华北石油勘探指挥部地调一大队. 1972. 多次叠加使绕射波加强. 石油地球物理勘探,6:79-84.
黄洪泽. 1975. 论折射法勘探中的绕射波射线轨迹. 地球物理学报,3:217-224.
黄洪泽. 1977. 论绕射波的机制. 地球物理学报,1:81-88.
黄建平,李振春,孔雪. 2012. 基于 PWD 的绕射波波场分离成像方法综述. 地球物理学进展,27(6):2499-2510,doi:106038/j. issn. 1004-2903. 2012. 06. 025.
黄中玉. 2001. 多分量地震勘探的机遇与挑战. 石油物探,40(2):131-137 .
蒋陶. 2018. 深层地震成像能量补偿方法在台西南盆地的研究与应用. 青岛:中国石油大学(华东)硕士学位论文.
金之钧. 2011. 中国海相碳酸盐岩层系油气形成与富集规律. 中国科学:地球科学,41(7):910-926.
康利,王鸿燕,李亚林. 2004. 多分量地震勘探技术新进展. 四川地质学报,24(1):51-55.
孔雪,李振春,黄建平. 2012. 基于平面波记录的绕射目标成像方法研究. 石油地球物理勘探,47(4):674-681.
莱复生. 1975. 石油地质学. 华东石油学院勘探系译. 北京:地质出版社.
李澈. 2013. 多波多分量地震勘探技术进展. 科协论坛,2013(7):125-126.
李德江,杨俊生,朱筱敏. 2005. 准噶尔盆地层序地层学研究. 西安石油大学学报(自然科学版),20(3):60-66.
李凡异,魏建新,狄帮让. 2009. 碳酸盐岩溶洞横向尺度变化的地震响应正演模拟. 石油物探,48(6):557-562.
李国玉,吕鸣岗. 2002. 中国含油气盆地图集(第二版). 北京:石油工业出版社.
李继光,栾锡武. 2018. 面向储层预测的地震保幅处理技术. 北京:科学出版社.
李录明,罗省贤. 1997. 多波多分量地震勘探原理与数据查理方法. 成都:成都理工大学出版社.
李录明,罗省贤. 1998. P-P 波及 P-SV 波叠前深度偏移速度模型建立方法. 地球物理学报,41(6):305-318.
李丕龙,冯建辉,陆永潮. 2010. 准噶尔盆地构造沉积与成藏. 北京:地质出版社.
李丕龙,张善文,宋国奇,等. 2003. 济阳成熟探区非构造油气藏深化勘探. 石油学报,24(5):10-15.
李绪宣,王建花,杨凯. 2012. 海上深水区气枪震源阵列优化组合研究与应用. 中国海上油气,24(3):1-6.
李绪宣,温书亮,顾汉明. 2009. 海上气枪阵列震源子波数值模拟研究. 中国海上油气,21(4):215-220.
李振春,等. 2004. 地震叠前成像理论与方法. 东营:中国石油大学出版社.
李振春,刘强,韩文功,等. 2018. VTI 介质角度域转换波高斯束偏移成像方法研究. 地球物理学报,61(4):1471-1481.
李振春,秦德文,叶月明,等. 2008. 基于时移成像条件的波动方程保幅成像. 勘探地球物理进展,31(4):270-273.

李振春,叶月明,仝兆. 2007. 起伏地表条件下基于高阶广义屏算子的叠前深度偏移. 勘探地球物理进展,30(5):377-381.

李振春,岳玉波,郭朝斌,等. 2010. 高斯波束共角度保幅深度偏移. 石油地球物理勘探,45(3):360-365.

李振春,张军华. 2004. 地震数据处理方法. 东营:中国石油大学出版社.

林隆栋. 2005. 论准噶尔盆地油气富集带. 新疆石油地质,26(5):499-501.

刘保童. 2008. 有空间假频时多道信号的一种插值方法. 甘肃联合大学学报(自然科学版),22(2):53-57.

刘保童. 2009. 一种基于傅里叶变换的去假频内插方法及应用. 煤田地质与勘探,37(2):63-67.

刘斌,邸志新,李晓峰,等. 2014. 一种基于局部倾角估计的倾角域绕射波分离与成像方法. 地球物理进展,29(5):2204-2210.

刘传虎. 2012. 宽方位地震技术与隐蔽油气藏勘探. 石油物探,51(2):138-145.

刘传虎. 2014. 准噶尔盆地隐蔽油气藏类型及有利勘探区带. 石油实验地质,36(1):25-32.

刘琦. 2009. 基于反射、散射波场分离的多次波消除方法研究. 长春:吉林大学硕士学位论文.

刘文革. 2008. 海相碳酸盐岩储层地震响应特征数值模拟. 成都:成都理工大学博士学位论文.

刘欣欣,印兴耀,栾锡武. 2018. 天然气水合物地层岩石物理模型构建. 中国科学:地球科学,48:1248-1266.

刘洋,牟永光,李承楚. 1998. 双相各向异性介质中地震波场数值模拟. SEG 北京国际地球物理研讨会论文详细摘要集,646-649.

刘洋,王典,刘财,等. 2011. 局部相关加权中值滤波技术及其在叠后随机噪声衰减中的应用. 地球物理学报,54(2):358-367.

刘洋,魏修成. 2005. 几种反射波时距方程的比较. 地球物理学进展,20(3):645-653.

刘玉金,李振春. 2012. 局部平面波模型约束下的迭代加权最小二乘反演三维地震数据规则化. 石油地球物理勘探,47(3):418-424.

刘玉金,李振春,黄建平,等. 2013. 绕射波叠前时间偏移速度分析及成像. 地球物理进展,28(6):3022-2039.

芦俊,王赟,陈开远. 2011. 煤田 3D3C 地震勘探研究—以淮南顾桥煤矿为例. 北京:地质出版社.

陆基孟. 1993. 地震勘探原理. 东营:中国石油大学出版社.

吕彬. 2014. 逆时偏移角道集构建及速度分析方法. 中国石油勘探,19(3):67-71.

马昭军,唐建明,徐天吉. 2010. 多波多分量地震勘探技术研究进展. 勘探地球物理进展,33(4):247-253.

牟永光. 1996. 储层地球物理学. 北京:石油工业出版社.

潘军,栾锡武,刘鸿,等. 2016. 异常振幅衰减技术在多道地震数据处理中的应用. 地球物理学进展,31(4):1639-1645.

潘军,栾锡武,孙运宝,等. 2015a. SRME 技术在海洋浅水高分辨率地震勘探中的应用. 地球物理学进展,30(1):0429-0434.

潘军,栾锡武,孙运宝,等. 2015b. 应用 TAUP 变换压制海洋高分辨率地震勘探中的线性干扰.

地球物理学进展,30(2):954-962.
裴正林. 2006. 层状各向异性介质中横波分裂和再分裂数值模拟. 石油地球物理勘探,41(1):17-25.
钱荣钧. 1976. 时间剖面上的绕射波. 石油地球物理勘探,5:19-36.
邱桂强,王勇,熊伟. 2011. 济阳坳陷新生代盆地结构差异性研究. 油气地质与采收率,18(6):1-5.
撒利明,姚逢昌,狄帮让. 2009. 缝洞型储层地震识别理论与方法. 北京:石油工业出版社.
宋明水. 2005. 东营凹陷南斜坡东部地区沙四段储层成岩作用研究. 成都理工大学学报:自然科学版,32(3):239-245.
宋明水. 2018. 济阳坳陷勘探形式与展望. 中国石油勘探,23(3):11-17.
宋明水,李存磊,张金亮. 2012. 东营凹陷盐家地区砂砾岩体沉积期次精细划分与对比. 石油学报,33(5):781-789.
孙东,潘建国,雍学善,等. 2010. 碳酸盐岩储层垂向长串珠状形成机制. 石油地球物理勘探,45(增1):101-104.
孙建国. 2002. Kirchhoff 型真振幅偏移与反偏移. 勘探地球物理进展,25(6):1-5.
孙歧峰,杜启振. 2011. 多分量地震数据处理技术研究现状. 石油勘探与开发,38(1):67-73.
滕吉文. 1964. 绕射波的动力学特征与介质物理参数间的关系. 地球物理学报,13(2):129-14.
王喜双,曾忠,易维启,等. 2010. 中国石油集团地球物理技术的应用现状及前景. 石油地球物理勘探,45(5):768-777.
王小杰,栾锡武. 2015. 基于小波分频技术的地层 Q 值提取方法研究. 石油物探,54(3):260-266.
王小杰,栾锡武. 2017. 基于小波分频技术的地层 Q 值补偿方法研究. 石油物探,56(2):206-209.
王小杰,栾锡武,王延光,等. 2016. 黏弹性介质叠前地震反演方法. 石油地球物理勘探,51(3):544-555.
王小杰,栾锡武,郑静静. 2015. 黏弹性介质纵波反射系数近似. 石油地球物理勘探,50(6):1059-1072.
王学忠,王金铸,乔明全. 2013. 准北春晖油田勘探成效分析. 特种油气藏,20(1):15-18.
王赟. 2017. 各向异性地球物理与矢量场. 科学通报,(23):2595-2605.
韦成龙,杨蜀冀,关晓春,等. 2014. 立体延迟气枪震源分析. 石油地球物理勘探,49(6):1027-1033.
翁史炀. 1985. 绕射积分偏移的成像原理及提高其偏移剖面质量的探讨. 石油物探,24(4):41-51.
吴智平,李伟,任拥军. 2003. 济阳坳陷中生代盆地演化及其与新生代盆地叠合关系探讨. 地质学报,77(2):280-286.
邢子浩. 2016. 预测反褶积与 SRME 及其组合方法在海上单道地震多次波压制中的应用研究. 青岛:山东科技大学硕士学位论文.
徐德奎,王玉英,郑江锋. 2016. 倾角导向的相干加强技术在改善复杂断块地震资料中的应用.

地球物理进展,31(3):1224-1228.
徐升,Gilles Lambaré. 2006. 复杂介质下保真振幅 Kirchhoff 深度偏移. 地球物理学报,49(5):1431-1444.
徐中英. 1981. 绕射深度偏移. 石油地球物理勘探,16(2):1-8.
徐中英,彭勇. 1992. 绕射丘状结构的成因及与油气藏的关系探讨. 天然气工业,12(2):19-23.
颜中辉,栾锡武,潘军,等. 2016. 海上浅地层剖面处理的关键去噪技术. 海洋地质前沿,32(9):64-70.
颜中辉,栾锡武,王赟,等. 2017. 基于经验模态分解的分数维地震随机噪声衰减方法. 地球物理学报,60(7):2845-2857.
杨午阳,Houzhu Zhang,茅金根,等. 2003. F-X 域弹性波动方程保幅偏移. 石油物探,42(3):285-288.
叶月明,李振春,仝兆岐. 2007. 起伏地表条件下的合成平面波偏移及其并行实现. 石油地球物理勘探,42(6):623-628.
叶月明,李振春,仝兆岐,等. 2008a. 双复杂介质条件下频率空间域有限差分法保幅偏移. 地球物理学报,51(5):1511-1519.
叶月明,李振春,仝兆岐,等. 2008b. 双复杂条件下带误差补偿的频率空间域有限差分法叠前深度偏移. 地球物理学进展,23(1):136-145.
叶月明,李振春,仝兆岐,等. 2009. 基于稳定成像条件下的保幅偏移. 石油地球物理勘探,44(1):28-32.
印兴耀,宗兆云,吴国忱. 2015. 岩石物理驱动下地震流体识别研究. 中国科学:地球科学,45(1):8-21.
袁茂林,黄建平,李振春,等. 2015. 局部角度域高斯束偏移参数优选研究. 石油物探,54(5):602-612.
岳玉波. 2011. 复杂介质高斯束偏移成像方法研究. 青岛:中国石油大学(华东)博士学位论文.
张秉铭,董敏煜,李承楚. 2000. 各向异性介质中弹性波多分量联合逆时深度偏移. 长春科技大学学报,30(1):67-70.
张关泉. 2000. 波场分裂、平方根算子与偏移. 反射地震学论文集. 上海:同济大学出版社.
张军华,仝兆岐,何潮观. 2003. 在 F-K 域实现三维波场道内插. 石油地球物理勘探,38(1):27-30.
张凯,段新意,李振春,等. 2015. 角度域各向异性高斯束逆时偏移. 石油地球物理勘探,50(5):912-918.
张善文. 2004. "跳出框框"是老油区找油的关键. 石油勘探与开发,31(1):12-14.
张善文. 2007. 成熟探区油气勘探思路及方法—以济阳坳陷为例. 油气地质与采收率,14(3):1-4.
张善文. 2012. 中国东部老区第三系油气勘探思考与实践. 石油学报,33(增刊1):53-61.
张永刚,王赟,王妙月. 2004. 目前多分量地震勘探中的几个关键问题. 地球物理学报,47(1):151-155.
张宇. 2006. 振幅保真的单程波方程偏移理论. 地球物理学报,49(5):1410-1430.

张枝焕,刘洪军,李伟,等. 2014. 准噶尔盆地车排子地区稠油成因及成藏过程. 地球科学与环境学报,36(2): 18-32.

张中杰. 2002. 多分量地震资料的各向异性处理和解释方法. 哈尔滨:黑龙江教育出版社,1-14.

赵波,王赟,芦俊. 2012. 多分量地震勘探技术新进展及关键问题探讨. 石油地球物理勘探,47(03):506-515.

朱生旺,曲寿利,魏修成,等. 2010. 通过压制共散射点道集映射噪声改善绕射波成像分辨率. 石油物探,49(2):107-114.

Albertin U,Yingst D,Kitchenside P. 2004. True-amplitude beam migration. 74th Annual International Meeting,SEG,Expanded Abstracts,2004: 398-401.

Alejandro A,et al. 2006. Target-oriented wave-equation inversion. Geophysics,71(4): A36-A38.

Audebert F,Froidevaux P,Rakotoarisoa H. 2002. Insights into migration in the angle domain. 72nd Annual International Meeting,SEG,Expanded Abstracts,1188-1191.

Backus M M,Chen R. 1975. Flat spot exploration. Geophys Prospect,23(3): 533-577.

Bai Y,Sun Z,Chen L,et al. 2011. Seismic Diffraction Separation in 2D and 3D Space. EAGE Expanded Abstracts,105:107.

Bansal R,Imhof M G. 2005. Diffraction enhancement in prestack seismic data. Geophysics,70(3): 73-79.

Berkovitch A,Belfer I,Hassin Y. 2009. Diffraction imaging by multifocusing. Geophysics,74(6): 76-81.

Beydoun W B,Mendes M. 1989. Elastic ray-Born L3-migration/inversion. Geophysical Journal International,97(1): 151-160.

Biondi B,Symes W W. 2004. Angle-domain common-image gathers for migration velocity analysis by wavefield-continuation imaging. Geophysics,69(5): 1283-1298.

Biondi B,Tisserant T. 2004. 3D angle-domain common-image gathers for migration velocity analysis. Geophysical Prospecting,52: 575-591.

Biot M A. 1956a. Theory of propagation of elastic waves in a fluid-Saturated porous solid. I. Low-Frequency range. Journal of Acoustic Society American,28(2):167-178.

Biot M A. 1956b. Theory of propagation of elastic waves in a fluid-Saturated porous solid. II. Higher frequency range. Journal of Acoustic Society American,28(1):179-191.

Bleistein N. 1987. On the imaging of reflectors in the earth. Geophysics,52(1): 931-942.

Bleistein N,Zhang Y,Xu S,et al. 2005. Migration/inversion: Think image point coordinates,process in acquisition surface coordinates. Inverse Problems,21: 1716-1744.

Brandsberg-Dahl S,de Hoop M V,Ursin B. 2003. Focusing in dip and AVA compensation on scattering-angle/azimuth common image gathers. Geophysics,68(1):232-254.

Castagna J P,Sun S,Siegfried R W. 2003. Instantaneous spectral analysis: Detection of low-frequency shadows associated with hydrocarbons. The Leading Edge,22: 120-127.

Červeny V,Popov M M,Psencik I. 1982. Computation of wave fields in inhomogeneous media. Geophys. J. R. astr. Soc,70: 109-128.

Claerbout J F. 1971. Toward a unified theory of reflector mapping. Geophysics,36(3):467-481.

Claerbout J F. 1992. Earth Soundings Analysis: Processing Versus Inversion. Boston,MA: Blackwell Scientific Publication.

Claerbout J F. 1994. Applications of two-and three-dimensional filtering. 64th Annual International Mecting,Society of Exploring Geophysics,1572-1575.

Claerbout J F,Brown M. 1999. Two-dimensional textures and prediction-error filters. 61st Mtg. Eur. Assoc. Expl. Geophys. Extended Abstracts,Session 1009.

Connolly P. 1999. Elastic impedance. The Leading Edge,18: 438-452.

de Bruin C G M,Wapenaar C P A,Berkhout A J. 1990. Angle dependent reflectivity by means of prestack migration. Geophysics,55(9): 1224-1234.

Deng F,McMechan G A. 2007. True-amplitude prestack depth migration. Geophysics,72(3): 155-166.

Deng F,McMechan G A. 2008. Viscoelastic true-amplitude prestack reverse-time depth migration. Geophysics,73(4): 144-155.

Dvorkin J,Nolen-Hoeksema R,Nur A I. 1994. The squirt-flow mechanism,Macroscopic description. Geophysics,59(3):428-438.

Dvorkin J,Nur A. 1993. Dynamic poroelasticity: A unified model with the squirt and the Biot mechanisms. Geophysics,58(4):524-533.

Fehmers G C,Hocker C F W. 2003. Fast structural interpretation with structure-oriented filtering. Geophysics,68(4): 1286-1293.

Fomel S,Landa E,Taner M T. 2007. Poststack velocity analysis by separation and imaging of seismic diffractions. Geophysics,72(6): U89-U94.

Fomel S. 2002. Applications of plane-wave destruction filters. Geophysics,67(6): 1946-1960.

Fomel S. 2004. Theory of 3D angle gathers in wave equation imaging. 74th Annual International Meeting,SEG,Expanded Abstracts,1053-1056.

Fomel S. 2010. Predictive painting of 4-D seismic volumes. Geophysics,75: A26-A30.

Gassmann F. 1951. Elastic waves through a packing of spheres. Geophysics,16(4): 673-685.

Gersztenkorn A,Marfurt K J. 1999. Eigenstructure-based coherence computations as an aid to 3-D structural and stratigraphic mapping. Geophysics,64(5): 1468.

Goldin S,V Khaidukov,V Kostin,et al. 2000. Separation of relected and diffracted objects by means of Gaussian beams decomposition. Proceedings of 5th International Conference on Mathematical and Numerical Aspects of Wave Propagation: Society for Industrial and Applied Mathematics and Institute de Recherche en Informatique et en Automatique.

Gray S H. 2005. Gaussian beam migration of common-shot records. Geophysics,70(4): 71-77.

Guitton A,Valenciano A. 2006. Robust imaging condition for shot-profile migration. SEG Expanded Abstracts:2519-2522.

Guitton A,Valenciano A,Beve D. 2007. Smoothing imaging condition for shot-profile migration. Geophysics,72(3): 149-154.

Hagedoorn J G. 1954. A process of seismic reflection interpretation. Geophysical Prospecting, 2: 85-127.

Hale D. 2011. Structure-oriented bilateral filtering of seismic images. 2011 SEG Annual Meeting. San Antonio: Society of Exploration Geophysicists, 3596-3600.

Hill N R. 1990. Gaussian beam migration. Geophysics, 55(11): 1416-1428.

Hill N R. 2001. Prestack Gaussian-beam depth migration. Geophysics, 66(4): 1240-1250.

Hoeber H C, Brandwood S, Whitcombe D N. 2006. Structurally consistent filtering. 68th EAGE Annual International Conference and Exhibition, Extended Abstracts, G036.

Hu J, Schuster G T, Valasek P. 2001. Poststack migration deconvolution. Geophysics, 66 (3): 939-952.

Hubral P, Schleicher J, Tygel M. 1992. Three - dimensional paraxial ray properties - Part I. Basic relations. Journal of Seismic Exploration, 1: 265-279.

Kanasewich E R, Phadke S M. 1988. Imaging discontinuities on seismic sections. Geophysics, 53: 334-345.

Keho T H, Beydoun W B. 1988. Paraxial ray Kirchhoff migration. Geophysics, 53(12): 1540-1546.

Khaidukov V, Landa E, Moser T J. 2004. Diffraction imaging by focusing-defocusing: An outlook on seismic superresolution. Geophysics, 69(6): 1478-1490.

Klimes L. 1984. Expansion of a high-frequency time-harmonic wavefield given on an initial surface into Gaussian beams. Geophysics Journal of the Royal Astronomical Society, 79(1): 106-118.

Klokov A, Baina R, Landa E. 2010a. Diffraction imaging for fracture detection: Synthetic case study. SEG Expanded Abstracts, 29: 3354-3358.

Klokov A, Baina R, Landa E. 2010b. Separation and Imaging of Seismic Diffractions in Dip Angle Domain. EAGE Expanded Abstracts.

Koren Z, Ravve I. 2010. Specular/diffraction imaging by full azimuth subsurface angle domain decomposition. SEG Expanded Abstracts, 3268-3272.

Kozlov E, Barasky N, Korolev E, et al. 2004. Imaging scattering objects masked by specular reflections. SEG Expanded Abstracts, 23(1): 1131-1135.

Krey T. 1952. The significance of diffraction in the investigation of faults. Geophysics, 17 (4): 843-858.

Kunz B F J. 1960. Diffraction problems in fault interpretation. Geophysical Prospecting, 8 (3): 381-388.

Landa E, Fomel S, Reshef M. 2008. Separation imaging and velocity analysis of seismic diffractions using migrated dip-angle gathers. SEG Expanded Abstracts, 2176-2180.

Landa E, Keydar S. 1998. Seismic monitoring of diffraction images for detection of local heterogeneities. Geophysics, 63(3): 1093-1100.

Landa E, Shtivelman V, Gelchinsky B. 1987. A method for detection of diffracted waves on common-offset sections. Geophysical Prospecting, 35(4): 359-373.

LeBras R, Clayton R W. 1988. An iterative inversion of back-scattered acoustic waves. Geophysics,

53(4): 501-508.

Levorsen A I. 1964. The obscure and subtle trap. AAPG Bulletin,48(5):141-156.

Levy S,Fullagar P K. 1981. Reconstruction of a sparse spike train from a portion of its spectrum and application to high-resolution deconvolution. Geophysics,46: 1235-1243.

Liu Y,Fomel S,Liu G C. 2010. Nonlinear structure-enhancing filtering using plane-wave prediction. Geophysical Prospecting,58:426-427.

Mahmoudian F,Margrave G F. 2009. A review of angle domain common image gathers. CREWES Research Report,21: 10-23.

Marfurt K J. 2006. Robust estimates of 3D reflector dip and azimuth. Geophysics,71(4): 29-40.

Moser T J, Howard C B. 2008. Diffraction imaging in depth. Geophysical Prospecting, 56(5): 627-641.

Muijs R, Robertsson J, Holliger K. 2007. Prestack depth migration of primary and surface-related multiple reflections: Part I-Imaging. Geophysics,72(2):59-69.

Nie P,Lichao Zhang,Yue Li,et al. 2014. Using the Directional Derivative Trace Transform for Seismic Wavefield Separation. IEEE Transactions on Geoscience & Remote Sensing,52(6): 3289-3298.

Nowak E J,Imhof M G. 2004. Diffractor localization via weighted Radon transforms. SEG Expanded Abstracts,2108-2111.

Ottolini R. 1983. Singal/noise separation in dip space. SEP Report,37: 144-149.

Papziner U, Nick K P. 1998. Automatic detection of hyperbolas in georadargrams by slant-stack processing and migration. First Break,16: 219-223.

Popov M M. 1982. A new method of computation of wave fields using Gaussian beams. Wave Motion, 4: 86-97.

Reshef M. 2007. Velocity analysis in the dip-angle domain. 69th EAGE meeting,Expanded Abstracts.

Reshef M,Landa E. 2009. Post-stack velocity analysis in the dipangle domain using diffractions. Geophysical Prospecting,57(5): 811-821.

Rickett J E. 2003. Illumination-based normalization for wave-equation depth migration. Geophysics, 68(4): 1371-1379.

Russell B H,Hedlin K,Hilterman F J,et al. 2003. Fluid-property discrimination with AVO: A Biot-Gassmann perspective. Geophysics,68(1):29-39.

Sacchi M D, Ulrych T J. 1996. Estimation of the discrete Fourier transform - A linear inversion approach. Geophysics,61(4): 1128-1136.

Sava P C,Fomel S. 2003. Angle-domain common-image gathers by wave-field continuation method. Geophysics,68(3): 1065-1074.

Schleicher J, Biloti R. 2007. Dip correction for coherence-based time migration velocity analysis. Geophysics,72(1):41-48.

Schleicher J,Costa J C,Novais A. 2007. A comparison of imaging conditions for wave-equation shot-profile migration. Geophysics,73(3): 219-227.

Schleicher J, Costa J C, Santos L T, et al. 2009. On the estimation of local slopes. Geophysics,

74: 26-33.

Schleicher J, Tygel M, Hubral P. 1993. 4-D true-amplitude finite-offset migration. Geophysics, 58(8): 1113-1126.

Sun J, Gajewski D. 1998. On the computation of the true-amplitude weighting functions. Geophysics, 63(5): 1648-1651.

Taner M T. 1976. Simplan: Similated plane-wave exploration, 46th Annual International Meeting, Society of Exploring Geophysics, 186-187.

Taner M T, Fomel S, Landa E. 2006. Separation and imaging of seismic diffractions using plane-wave decomposition. SEG Expanded Abstracts, 2401-2405.

Tarantola A. 1984. Inversion of seismic reflection data in the acoustic approximation. Geophysics, 49(8): 1259-1266.

Trad D, Ulrych T, Sacchi M. 2003. Latest views of the sparse Radon transform. Geophysics, 68(1): 386-399.

Trorey A W. 1970. A simple theory for seismic diffractions. Geophysics, 35(5): 762-784.

Tsingas C, El Marhfoul B, Al-Dajani A. 2010. Fracture detection by diffraction imaging. 72nd EAGE meeting, Expanded Abstracts.

Tygel M, Schleicher J, Hubral P, et al. 1998. Santos 2.6-D true-amplitude Kirchhoff migration to zero offset in laterally inhomogeneous media. Geophysics, 63(2): 557-573.

Ursin B. 2004. Parameter inversion and angle migration in anisotropic elastic media. Geophysics, 69(5): 1125-1142.

Valenciano A, Biondi B. 2003. 2D deconvolution imaging condition for shot profile migration. SEG Expanded Abstracts, 22(1): 1059-1062.

Wang Y. 2003. Sparseness-constrained least-square inversion: Application to seismic wave reconstruction. Geophysics, 68(5): 1633-1638.

Xu S, Chauris H, Lambare G. 2001. Common-angle migration: A strategy for imaging complex media. Geophysics, 66(6): 1877-1894.

Yang Jia-jia, Luan Xi-Wu, Fang Gang, et al. 2016. Elastic reverse-time migration based on amplitude-preserving P- and S-wave separation. Applied Geophysics, 13(3): 500-510.

Yang Jia-jia, Luan Xi-Wu, He Bing-Shou, et al. 2017. Extraction of amplitude-preserving angle gathers based on vector wavefield reverse-time migration. Applied Geophysics, 14(4): 492-504.

Yilmaz O, Taner M T. 1994. Discrete plane-wave decomposition by least-mean-square-error method. Geophysics, 59: 974-982.

Zhang Y, Sun J, Gray S, et al. 2001. Towards accurate amplitudes for one way wavefield extrapolation of 4-D common shot records. Expanded Abstracts of 71st SEG Mtg(workshop) 2001.

Zhang Y, Xu S, Bleistein N. 2007. True amplitude angle domain common image gathers from one-way wave equation migrations. Geophysics, 72(1): 49-58.

Zhang Y, Xu S, Zhang G Q. 2006. Imaging complex salt bodies with turning-wave one-way wave equation. 76th Annual International Meeting, SEG, Expanded Abstracts, 2324-2327.

Zhang Y, Zhang G Q. 2007. Explicit marching method for reverse - time migration. 77th Annual International Meeting, SEG, Expanded Abstracts, 2300-2303.

Zhang Y, Zhang G Q, Bleistein N. 2003. True amplitude wave equation migration arising from true amplitude one-way wave equations. Inverse Problems, 19: 1114-1138.

Zhang Y, Zhang G Q, Bleistein N. 2005. Theory of true-amplitude one-way wave equations and true-amplitude common-shot migration. Geophysics, 70: 1-10.

Zheng Y, Gray S, Cheadle S. 2002. Factors affecting AVO analysis of prestack migrated gathers. 64th EAGE Conference & Exhibition. Florence, Italy.

Zhu Xiao-San, Wu Ru-Shan. 2010. Imaging diffraction points using the local image matrices generated in prestack migration. Geophysics, 75(1): 1-9.